Dortmunder Beiträge zur Entwicklung und Erforschung des Mathematikunterrichts
Band 8

Herausgegeben von
H.-W. Henn,
S. Hußmann,
M. Nührenbörger,
S. Prediger,
C. Selter,
Dortmund, Deutschland

Eines der zentralen Anliegen der Entwicklung und Erforschung des Mathematikunterrichts stellt die Verbindung von konstruktiven Entwicklungsarbeiten und rekonstruktiven empirischen Analysen der Besonderheiten, Voraussetzungen und Strukturen von Lehr- und Lernprozessen dar. Dieses Wechselspiel findet Ausdruck in der sorgsamen Konzeption von mathematischen Aufgabenformaten und Unterrichtsszenarien und der genauen Analyse dadurch initiierter Lernprozesse.

Die Reihe „Dortmunder Beiträge zur Entwicklung und Erforschung des Mathematikunterrichts" trägt dazu bei, ausgewählte Themen und Charakteristika des Lehrens und Lernens von Mathematik – von der Kita bis zur Hochschule – unter theoretisch vielfältigen Perspektiven besser zu verstehen.

Herausgegeben von
Prof. Dr. Hans-Wolfgang Henn,
Prof. Dr. Stephan Hußmann,
Prof. Dr. Marcus Nührenbörger,
Prof. Dr. Susanne Prediger,
Prof. Dr. Christoph Selter,
Institut für Entwicklung und Erforschung
des Mathematikunterrichts,
Technische Universität Dortmund

Kathrin Akinwunmi

Zur Entwicklung von Variablenkonzepten beim Verallgemeinern mathematischer Muster

Mit einem Geleitwort von Prof. Dr. Christoph Selter

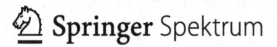 Springer Spektrum

RESEARCH

Kathrin Akinwunmi
TU Dortmund, Deutschland

Dissertation Technische Universität Dortmund, 2012

Tag der Disputation: 22.03.2012

Erstgutachter: Prof. Dr. Christoph Selter
Zweitgutachter: Prof. Dr. Marcus Nührenbörger

ISBN 978-3-8348-2544-5   ISBN 978-3-8348-2545-2 (eBook)
DOI 10.1007/978-3-8348-2545-2

Die Deutsche Nationalbibliothek verzeichnet diese Publikation in der Deutschen National-
bibliografie; detaillierte bibliografische Daten sind im Internet über http://dnb.d-nb.de
abrufbar.

Springer Spektrum
© Vieweg+Teubner Verlag | Springer Fachmedien Wiesbaden 2012

Einbandentwurf: KünkelLopka GmbH, Heidelberg

Gedruckt auf säurefreiem und chlorfrei gebleichtem Papier

Springer Spektrum ist eine Marke von Springer DE. Springer DE ist Teil der Fachverlagsgruppe
Springer Science+Business Media
www.springer-spektrum.de

Geleitwort

„Von dem schwarzen Kasten aus muss man immer so viele Kästchen wie die Nummer hinmalen. Um auszurechnen, wie viele Kästchen in der Blume sind, musst du z. B. bei der Nr. 3 4·3+1 rechnen", so beschreibt die Grundschülerin Kia ihr selbst erfundenes Plättchenmuster.

Sie hat eine nummerierte Figurenfolge aufgemalt, bei der sie jeweils ausgehend von einem in der Mitte angeordneten schwarzen Plättchen in alle vier Himmelsrichtungen zunächst je ein, dann zwei, dann drei und schließlich vier Plättchen angeordnet hat.

Mit Kias Erfindung beginnt diese Arbeit auf Seite 1, und mit Kias Erklärung endet sie auf Seite 290. Dazwischen befasst sich Kathrin Akinwunmi mit der Forschungsfrage, wie und mit welchen Mitteln Schülerinnen und Schüler der Grundschule mathematische Muster verallgemeinern, also erkennen und beschreiben, und wie sich dabei Variablenkonzepte entwickeln.

Hierzu geht die Autorin auf das Spannungsverhältnis zwischen der vorhandenen Bedeutung der Algebra für Mathematiklernen einerseits und den zu beobachtenden Schwierigkeiten von Lernenden andererseits ein. Diese Diskrepanz lässt die ‚Entwicklung von Variablenkonzepten' zu einem wichtigen Thema der mathematikdidaktischen Forschungs- und Entwicklungsarbeit werden.

Ihren Schwerpunkt setzt Frau Akinwunmi dabei auf die sog. frühe Algebra, hier verstanden als die zweite Hälfte der Grundschulzeit. In diesem Zusammenhang identifiziert sie die Entwicklung und Erforschung von neuen Unterrichtskulturen, Aufgaben und Lernkontexten sowie die Erforschung von Lern- und Denkprozessen der Schülerinnen und Schüler als zwei eng miteinander verwobene Forschungsfelder, denen sie sich in ihrer Arbeit widmet.

Zur Beantwortung ihrer Forschungsfrage analysiert die Autorin 30 Interviews mit Viertklässlerinnen und Viertklässlern – jeweils zehn zu den Aufgabenstellungen ‚Plättchenmuster', ‚Partnerzahlen' und ‚Zaubertrick'. Hierzu nutzt sie das epistemologische Dreieck als Analyseinstrument.

Frau Akinwunmi zeigt dabei auf, *dass* die Grundschülerinnen und Schüler in der Lage sind, das Gemeinsame zu erfassen und zu beschreiben, welches einzelnen Fällen oder Objekten zugrunde liegt und dadurch eine mathematische Regelmäßigkeit, ein Muster, eine Struktur oder eine Beziehung bildet.

Die Autorin analysiert zudem unter anderem, *wie* Musterstrukturierung und Versprachlichung zusammen hängen, welche Bedeutung der Kontext beim Verallgemeinern hat, wie Verallgemeinerungen und verschiedene Darstellungsformen zusammenhängen oder welche Rolle rekursive und explizite Sichtweisen dabei spielen.

Und sie führt aus, welche sprachlichen Mittel die Schülerinnen und Schüler einsetzen, um Verallgemeinerungen auszudrücken – etwa durch die Angabe von Wortvariablen wie ‚Nummer' oder von repräsentativen Beispielen, so wie es z. B. Kia getan hat.

Natürlich kann man auf der Grundlage dieser qualitativen Forschungsarbeit nicht verallgemeinern, wie Grundschülerinnen und Grundschüler verallgemeinern. Aber dank dieser ausgezeichneten Arbeit zur frühen Algebra kann man es besser verstehen.

Christoph Selter

Danksagung

Auf dem spannenden Weg der Fertigstellung dieser Dissertation haben mich in den letzten Jahren viele Menschen unterstützt, denen ich an dieser Stelle meinen herzlichsten Dank aussprechen möchte:

Prof. Dr. Christoph Selter danke ich für die großartige Betreuung der Arbeit, bei der er mich meinen eigenen Weg gehen ließ und mich darin unterstützte, meine eigenen Forschungsinteressen zu entwickeln und zu verfolgen – mir Freiheit und gleichzeitig Halt gab. Er hat mir zugehört, Mut gemacht, Verständnis gezeigt und für jedes Problem eine Lösung gefunden.

Prof. Dr. Marcus Nührenbörger danke ich für die Zeit und die unerschöpfliche Geduld, die er für beratende Gespräche aufbrachte, in denen er Fragen aufwarf, Anregungen gab und in denen ich unglaublich viel gelernt habe.

Dr. Florian Schacht, Annika Halbe und *Sarah Landwerth* danke ich für viele Stunden gemeinsamer Datenauswertung, in denen ihr Interesse am Forschungsthema und an den Denkwegen der Kinder unermüdlich blieb.

Katharina Kuhnke und *Jan Wessel* danke ich für den produktiven Austausch über unsere Dissertationen, für die Unterstützung bei der Datenauswertung und für das Korrekturlesen. Sie regten mich an, meine Arbeit immer wieder aufs Neue zu reflektieren.

Dr. Theresa Deutscher und *Dr. Andrea Schink* danke ich dafür, dass sie gemeinsam mit mir durch alle Höhen und Tiefen des Promovierens gingen und stets für mich da waren.

Prof. Dr. Stephan Hußmann danke ich dafür, dass er mich vom ersten Tag im IEEM an mit seiner Freude für die Forschung ansteckte und mich auf dem Weg begleitete und bestärkte.

Prof. Dr. Susanne Prediger danke ich für das Interesse, dass sie meiner Arbeit und dem Thema entgegenbrachte und für die Gespräche, die mir halfen, meine Gedanken zu ordnen und mein Forschungsinteresse auszuformen.

Meinen vielen lieben Kolleginnen und Kollegen der AG Primarstufe danke ich für die wertvollen Anregungen, die intensiven Gespräche und das tolle Arbeitsumfeld am IEEM.

Mein größter Dank gilt meiner *Familie*, insbesondere meiner Tochter *Johanna*. Für die Kraft, die sie mir geben, bin ich unendlich dankbar.

Kathrin Akinwunmi

Inhaltsverzeichnis

Abbildungsverzeichnis

Tabellenverzeichnis

Verzeichnis epistemologischer Dreiecke

Transkriptionsregeln

Mmh	bejahend, zustimmend
Mhh	überlegend
Mhmh	verneinend

(kursiver Text)	Handlungen, nonverbale Ausdrücke (Gestik, Mimik)
(26 sek.)	Angabe der Zeit für sprachliche Pausen und für nonverbale Handlungen
unterstrichener Text	deutlich betonte Wörter
#	Sprecher wird unterbrochen
[...]	Auslassung einer oder mehrerer Äußerungen.

Einleitung

___Blumen___ -Zahlen

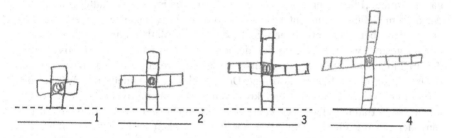

Abbildung 0.1: Erfundenes Plättchenmuster der Viertklässlerin Kia

> *„Die Phantasie arbeitet in einem schöpferischen Mathematiker*
> *nicht weniger als in einem erfinderischem Dichter."*
> Jean-Baptist le Rond d'Alembert,
> französischer Mathematiker (1717-1783)

Die wohl wichtigsten Ausgangspunkte, welche die vorliegende Arbeit motiviert und geprägt haben, bilden zwei bedeutsame Paradigmenwechsel der Mathematikdidaktik, die wie folgt beschrieben werden können:

- Wir verstehen das Lernen heute als konstruktiven Prozess, der in der Interaktion im Mathematikunterricht stattfindet, und wir sehen Lernende dementsprechend als Konstrukteure ihres mathematischen Wissens.
- Wir verstehen die Mathematik heute als die Wissenschaft von den Mustern und Strukturen. Dieses Verständnis der Mathematik ist für alle Stufen und Gebiete der Mathematik (vom Kindergarten bis zur Hochschule) gültig. Mathematik zu treiben beinhaltet demnach die Entdeckung, Beschreibung und Begründung von mathematischen Mustern.

Diese beiden grundlegenden Sichtweisen auf die Lernenden und auf die Mathematik sind fundamental für die aktuellen Entwicklungen der mathematikdidaktischen Forschung und gewinnen in zunehmendem Maße auch Bedeutung für die

Praxis des Mathematikunterrichts. Zentrales Element des alltäglichen Unterrichts ist daher die aktive Auseinandersetzung mit mathematischen Mustern, also das Entdecken, Beschreiben und Begründen, aber auch das Entwickeln, Weiterentwickeln und Nutzen von mathematischen Zusammenhängen, Strukturen und Beziehungen.

Ein Beispiel für eine solche Beschäftigung mit Mustern stellt das obige Schülerdokument der Viertklässlerin Kia dar (vgl. Abb. 0.1), die im Rahmen des Aufgabenformats ‚Plättchenmuster'[1] eine Folge aus quadratischen Plättchen erfindet. An diesem Schülerdokument lassen sich die Anforderungen erkennen, die aufgrund der oben angesprochenen Sichtweisen im Mathematikunterricht an die Kinder gestellt werden. In dem Schülerdokument von Kia ist die Kreativität und der Erfindungsreichtum leicht nachzuvollziehen, welche die Schülerin bei der Konstruktion ihres Musters aufbringt. Doch auch das Erkennen von Mustern und Strukturen bedarf eines genauso kreativen und konstruktiven Aktes. Um den allgemeinen Bauplan der Folge von Kia zu erkennen (um diese z.b. weiterzuführen oder um die für die Figuren benötigten Plättchen zu berechnen), muss die Betrachterin oder der Betrachter selbst aktiv werden und Beziehungen und Strukturen in die vier Folgeglieder hineindeuten, die Kia hier zur Verfügung stellt – er muss etwas *Allgemeines im Besonderen erkennen*.

Wenn Kinder im Mathematikunterricht über ihre entdeckten und auch entwickelten Muster sprechen möchten, so stehen sie vor der Anforderung, über etwas sehr mathematikspezifisches zu kommunizieren – über Regelmäßigkeiten, Strukturen und Beziehungen, die wie in Kias Muster über die gegebenen Objekte hinaus gehen und einen allgemeinen Charakter besitzen. Für diese anspruchsvolle Aufgabe stehen Mathematikerinnen und Mathematikern algebraische Ausdrücke, wie Variablen, Terme oder Gleichungen zur Verfügung, mit deren Hilfe sie die Sachverhalte auf allgemeiner Ebene erforschen und auch darstellen können. So ließe sich eine allgemeine Beschreibung der obigen Folge auf algebraischer Ebene folgendermaßen darstellen:

---

[1] Das Aufgabenformat ‚Plättchenmuster' ist Bestandteil der empirischen Untersuchung dieser Arbeit und wird an späterer Stelle beschrieben. Das dargestellte Schülerdokument entstammt jedoch der Vorstudie, bei der die Schülerinnen und Schüler aufgefordert wurden, eigene Muster zu erfinden, was nicht Gegenstand der Hauptstudie ist.

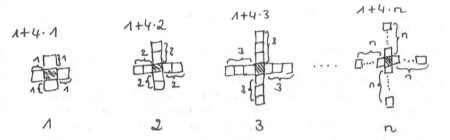

Abbildung 0.2: Algebraische Beschreibung von Kias Plättchenmuster

Wenn Grundschulkinder wie Kia noch keine Kenntnisse über Variablen besitzen, um die entdeckten oder entwickelten Muster zu beschreiben, dann stehen sie vor der schwierigen Anforderung, mit den ihnen verfügbaren Mitteln das *Allgemeine im Besonderen beschreiben* zu müssen.

Der Schülerin Kia steht die obige Möglichkeit der Beschreibung (Abb. 0.2) in der Grundschule noch nicht zur Verfügung. Bedeutet dies, dass Kia noch nicht in der Lage sein kann, ihr Muster, welches sie selbst konstruiert hat, allgemein zu beschreiben, da sie noch nicht der algebraischen Sprache mächtig ist? Wie kann Kia es schaffen, den allgemeinen Charakter ihres Musters über die vorhandenen Figuren hinaus zu verdeutlichen, ohne dafür Variablen zu verwenden, welche die Aufgabe übernehmen, mittels eines einzigen Symbols auf eine unbestimmte Stelle in der Folge oder eine unbestimmte Anzahl an Plättchen zu verweisen?

Forschungsgegenstand der Arbeit

Das Vorhaben der vorliegenden Arbeit wird von einer Verknüpfung zweierlei Perspektiven auf die oben beschriebene Tätigkeit des Verallgemeinerns (also dem Erkennen und Beschreiben) mathematischer Muster bestimmt. Das Verallgemeinern ist einerseits grundlegender Bestandteil eines Mathematikunterrichts, der den oben beschriebenen Sichtweisen auf die Mathematik und das Mathematiklernen folgt, und durchzieht so den gesamten Mathematikunterricht.

Andererseits stellt der Kontext des Verallgemeinerns einen zentralen Zugang zur Algebra in der Sekundarstufe dar und spielt als solcher eine wichtige Rolle bei dem Aufbau eines Variablenverständnisses. Wie im obigen Beispiel in der algebraischen Beschreibung des Musters erkennbar, stellen Variablen ein bedeutsames Mittel dar, um mit mathematischen Sachverhalten auf allgemeiner Ebene umgehen zu können. Sie ermöglichen es uns, mathematische Tätigkeiten allgemein durchzuführen, beispielsweise allgemein zu kommunizieren, zu argumentieren, zu explorieren oder Probleme zu lösen (MALLE 1993) – hier, um die Folge zu beschreiben.

Mit geeigneten Zugängen in die elementare Algebra und dem Aufbau eines tragfähigen Variablenbegriffs beschäftigt sich die Mathematikdidaktik bereits seit einigen Jahrzehnten. Anlass dazu gibt das existierende Spannungsverhältnis, welches zwischen der enormen Bedeutung von Variablen für die Algebra und den vielfältigen Schwierigkeiten der Lernenden im Umgang mit und im Verständnis von Variablen besteht. Da Variablen im Kontext des Verallgemeinerns solch nützliche Werkzeuge darstellen, verspricht man sich durch diesen Zugang eine Sinnstiftung für den Gebrauch von Variablen für die Lernenden. Gleichzeitig wird dem Verallgemeinern auch der Vorteil zugesprochen, die arithmetischen Kompetenzen der Schülerinnen und Schüler als Anknüpfungspunkte zu nutzen und so eine Brücke zwischen den Gebieten der Arithmetik und der Algebra (als verallgemeinerte Arithmetik) schlagen zu können.

Die vorliegende Arbeit möchte diese beiden Perspektiven auf das Verallgemeinern mathematischer Muster (als grundlegende Tätigkeit des Mathematikunterrichts und als zentralen Zugang zur Algebra) aufeinander beziehen und diese Verknüpfung nutzen, um Verallgemeinerungsprozesse bei der Auseinandersetzung mit mathematischen Mustern zu untersuchen.

In der empirischen Studie dieser Arbeit werden Verallgemeinerungsprozesse von Grundschulkindern bei der Erkundung und Beschreibung mathematischer Muster beobachtet. Es wird untersucht, wie Lernende der Primarstufe mathematische Muster verallgemeinern, wenn ihnen noch nicht die verallgemeinernden Mittel der algebraischen Sprache zur Verfügung stehen und welche sprachlichen Mittel in der Grundschule die wichtige Rolle der Variablen einnehmen. Zudem beschäftigt sich die Arbeit mit der Frage, inwiefern bei der Verallgemeinerung mathematischer Muster eine propädeutische Entwicklung von Variablenkonzepten nachgezeichnet werden kann, indem Begriffsbildungsprozesse rekonstruiert werden.

Aufbau der Arbeit

Die theoretische Fundierung der Arbeit beginnt in *Kapitel 1* mit einem Problemaufriss, der das oben angesprochene Spannungsverhältnis zwischen der Bedeutung von Variablen und den Schwierigkeiten der Lernenden beim Aufbau von Variablenkonzepten beschreibt. Aus dieser Diskrepanz werden bestehende Forschungsfelder zum Aufbau von Variablenkonzepten für die mathematikdidaktische Forschung herausgearbeitet, mit denen sich die Arbeit befassen möchte.

Ausgehend davon werden in den Kapiteln 2 bis 4 Grundlagen erörtert, die den theoretischen Rahmen der Arbeit konstituieren und das Forschungsinteresse und das Design der empirischen Untersuchung prägen. Diese Grundlagen gliedern sich in drei ineinandergreifende Aspekte (vgl. Abb. 0.3).

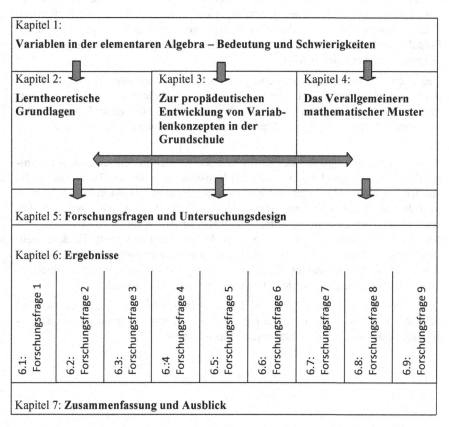

Abbildung 0.3: Aufbau der Arbeit

In *Kapitel 2* werden die lerntheoretischen Grundlagen der Arbeit dargestellt. Dazu wird zunächst eine konstruktivistische Perspektive auf die Begriffsentwicklung eingenommen (Kapitel 2.1) und anschließend die epistemologische Sichtweise auf Mathematiklernen dargestellt, die in der vorliegenden Arbeit auf der Theorie zur Konstruktion mathematischen Wissens nach STEINBRING (2005) fußt (Kapitel 2.2). Letztere ist einerseits lerntheoretisches Fundament der Arbeit, stellt aber andererseits auch die epistemologische Sichtweise bereit, mit der in der empirischen Untersuchung Lernprozesse nachgezeichnet werden.

In *Kapitel 3* werden zunächst die didaktischen Grundlagen der Arbeit für die Beschäftigung mit der propädeutischen Entwicklung von Variablenkonzepten beschrieben (Kapitel 3.1), bevor anschließend (Kapitel 3.2) auf aktuelle Ansätze zur Anbahnung algebraischen Denkens in der Grundschule (im internationalen Raum bekannt als ‚Early Algebra') eingegangen und die Rolle der natürlichen Sprache und der Wortvariablen bei der Entwicklung von Variablenkonzepten (Kapitel 3.3) thematisiert wird.

Das *Kapitel 4* beschreibt das Verallgemeinern mathematischer Muster aus Sicht der beiden oben angesprochenen Perspektiven – in Kapitel 4.1 zunächst als zentralen Zugang zur Algebra und in Kapitel 4.2 als grundlegende Tätigkeit eines Mathematikunterrichts, der die Mathematik als die Wissenschaft von den Mustern versteht.

Aus den zentralen Inhalten der Kapitel 2 bis 4 werden in den jeweiligen Zusammenfassungen (Kapitel 2.3, 3.4 und 4.3) Konsequenzen der Ausführungen für die empirische Studie abgeleitet und in Folgerungen zusammengeführt. In *Kapitel 5*, in welchem das Untersuchungsdesign der Arbeit beschrieben wird, wird aus diesen Folgerungen die zentrale Forschungsfrage der Arbeit entwickelt (Kapitel 5.1). Nachdem anschließend in Kapitel 5.2 der Aufbau der Interviewstudie dargestellt wird, wird in Kapitel 5.3 die zentrale Forschungsfrage hinsichtlich neun verschiedener Aspekte wieder aufgefächert, so dass in *Kapitel 6* dieser Struktur folgend je eine Forschungsfrage in den Kapiteln 6.1 – 6.9 beantwortet wird.

Das *Kapitel 7* fasst die Ergebnisse der empirischen Studie zusammen (Kapitel 7.1) und reflektiert deren Bedeutung für die in Kapitel 1 herausgestellten Forschungsfelder sowie für die Unterrichtspraxis (Kapitel 7.2).

1 Variablen in der elementaren Algebra – Bedeutung und Schwierigkeiten

Bereits seit Jahrzehnten beschäftigt sich die mathematikdidaktische Forschung mit einem Spannungsverhältnis, welches bezüglich Variablen in der elementaren Algebra besteht. Es handelt sich dabei um eine Diskrepanz zwischen der enormen Bedeutung von Variablen für den Mathematikunterricht einerseits und den vielfältigen Problemen andererseits, die Lernende im Verständnis und im Umgang mit Variablen aufzeigen. Ein verständiger Umgang mit Variablen ist für Schülerinnen und Schüler äußerst bedeutsam, für das Lernen und Treiben von Mathematik sogar unermesslich, denn auf dem Gebrauch von Variablen fußt der weitere Unterricht der Sekundarstufen in allen Themengebieten der Mathematik. Bei einem mathematischen Gegenstand von so hoher Bedeutung ist es entsprechend ernst zu nehmen, wenn Studien weltweit aufzeigen, dass Lernende beim Aufbau eines Verständnisses von Variablen erhebliche Schwierigkeiten aufweisen.

Im Folgenden wird dieses Spannungsverhältnis genauer betrachtet. Dazu werden im Kapitel 1.1 zunächst der Begriff der Variablen und seine verschiedenen Facetten näher beleuchtet, um eine begriffliche Grundlage für die theoretischen Ausführungen dieser Arbeit zu schaffen. Anschließend wird die Rolle von Variablen in der elementaren Algebra thematisiert und ihre Bedeutsamkeit für den Mathematikunterricht herausgestellt. Im Kapitel 1.2 werden Schwierigkeiten der elementaren Algebra und Probleme im Umgang mit Variablen beschrieben. Diese Ausführungen werden in Kapitel 1.3 aufeinander bezogen, sodass Forschungsinteressen bezüglich des Aufbaus des Variablenbegriffs herausgearbeitet werden können, die sich aus der beschriebenen Diskrepanz ergeben.

1.1 Die Bedeutung von Variablen und Variablenkonzepten

Variablen nehmen in der elementaren Algebra einen zentralen Stellenwert ein und sind dort allgegenwärtig, sodass die Algebra landläufig gerne auch pointiert als „die Wissenschaft des 24. Buchstabens des Alphabets" bezeichnet wird (KNUTH ET AL. 2005, 68, übersetzt K. A.). Um die Bedeutung der Variablen für die elementare Algebra und als Teil der algebraischen Sprache für den gesamten Mathematikunterricht zu verdeutlichen, soll hier zunächst die Vielschichtigkeit des Variablenbegriffs erörtert werden (Kapitel 1.1.1), bevor anschließend Rolle und Funktionen von Variablen beschrieben werden (Kapitel 1.1.2).

1.1.1 Variablen und Variablenkonzepte

„Was sind Variable eigentlich? Ich glaube, dass diese Frage niemand zufrie-denstellend beantworten kann, weil der Variablenbegriff zu schillernd und zu aspektenreich ist" (MALLE 1993, 44).

Mit dieser Einschätzung zeigt MALLE auf, dass der Variablenbegriff in seinen vielfältigen Bedeutungen durch eine Definition nicht umfassend erfasst werden kann. Die Schwierigkeiten der Begriffsbestimmung einer Variablen beginnen schon mit der Frage, was als Variable akzeptiert werden kann bzw. was von ihr abzugrenzen ist. Betrachtet man Variablen in ihrer Funktion als Stellvertreter, stellt man fest, dass es auch in der Sprache Worte oder Wortgruppen, wie „Ding", „Sache", „ein", „ein beliebiger", „irgendwelche" gibt, welche die Rolle von Variablen spielen (MALLE 1993, 44). Aufgrund ihrer äußeren Form lassen sich Variablen folglich nicht abgrenzen, schließlich hat die Mathematik lange Zeit auf Wortvariablen, wie „Haufen", „Menschen" oder „Tage" zurückgegriffen (vgl. Kapitel 2.4), bevor sich über die Abkürzung des lateinischen Wortes ‚res' für ‚Ding' die heutige Form der Buchstabenvariablen entwickelte. Auch heute würde man Wortvariablen, wie z.b. „eine reelle Zahl" in dem Satz „Das Quadrat einer reellen Zahl ist nicht negativ" nicht ihren Variablencharakter absprechen (MALLE 1993, 45). Variablen lassen sich folglich nicht auf Buchstaben in Stell-vertreterfunktion beschränken, sondern können in verschiedenen Formen – als Wörter oder andere Zeichen – auftreten.

Auch nach ihrer Funktion und ihrem Gebrauch lassen sich Variablen nicht ein-deutig eingrenzen. SCHOENFELD & ARCAVI (1988) vergleichen verschiedene existierende Beschreibungsversuche von Variablen im englischsprachigen Raum und gelangen zu der Erkenntnis, dass der Variablenbegriff so aspektenreich und schwer erfassbar ist, weil Variablen so vielfältige Einsatzmöglichkeiten besitzen. Variablen haben sich in vielen Disziplinen innerhalb und außerhalb der Mathema-tik als ein mächtiges, effizientes Werkzeug erwiesen, wobei sie aber in unter-schiedlichen Kontexten natürlich auch verschiedene Konnotationen und Bedeu-tungen besitzen. Diese vielfältigen Bedeutungen erweisen sich einerseits als Stär-ke von Variablen, können aber andererseits auch Schwierigkeiten für Lernende beinhalten, von welchen im Mathematikunterricht gefordert wird, sich in dieser Bedeutungsvielfalt zurechtzufinden und ein adäquates Verständnis von Variablen aufzubauen.

Die Rolle, die Variablen im Unterricht spielen, und die verschiedenen Bedeutun-gen, die sie dabei einnehmen, hängen in hohem Maße davon ab, welches Bild von der Algebra dem Unterricht jeweils zugrunde gelegt wird und verbunden damit auch, welche Ziele im Algebraunterricht verfolgt werden (USISKIN 1988). Auch wenn in der Literatur dennoch immer wieder versucht wird, Variablen zu definieren und damit die verschiedensten Formen und Bedeutungen zusammenfassend zu beschreiben², soll hier aus den oben genannten Gründen auf eine Definition von Variablen verzichtet werden. Vielmehr wird in den folgenden Ausführungen im Fokus stehen, dass Variablen vielfältige Gebilde sind und dass daher dieser Aspektenreichtum für die vorliegende Arbeit näher zu verdeutlichen ist.

Es gibt vielfältige Bemühungen, Bedeutungen von Variablen zu ordnen. Dabei versuchen frühere Arbeiten oft unabhängig voneinander, die verschiedenen Bedeutungen des Variablenbegriffs in Kategorien zu erfassen (USISKIN 1979; USISKIN 1988; KÜCHEMANN 1978; FREUDENTHAL 1973; FREUDENTHAL 1983; GRIESEL 1982; MALLE 1993), während neuere Arbeiten sich damit beschäftigen, die existierenden Kategorien verschiedener Autoren aufeinander zu beziehen, um eine fassbare Ordnung in die Vielfalt der Variablenbeschreibungen zu bringen (SIEBEL 2005; SPECHT 2009). Es soll deshalb hier auf einen ausführlichen Vergleich der Variablenkonzepte in der Literatur verzichtet und dafür auf die bereits existierenden Darstellungen von SIEBEL (2005) und SPECHT (2009) verwiesen werden, welche die verschiedenen Kategorisierungen von Variablenkonzepten von internationalen Autorinnen und Autoren aufeinander beziehen und somit einen guten Überblick über die Vielfalt der Sichtmöglichkeiten auf Variablen geben.

Die in der Literatur (oftmals auf präskriptiver Ebene) dargestellten verschiedenen Facetten des Variablenbegriffs werden im Folgenden als Variablenkonzepte bezeichnet.

Variablenauffassungen und Variablenaspekte

Grundsätzlich kann man Variablenkonzepte aus verschiedenen Blickwinkeln sortieren. Einerseits unterscheiden sie sich hinsichtlich ihres Verweischarakters („Wofür steht die Variable?") und andererseits bezüglich der Frage nach dem Umgang mit ihnen („Wie kann der Betrachter auf die Variable blicken?") (vgl. auch SIEBEL 2005). Die Unterscheidung zwischen diesen beiden Fragen benennt SPECHT (2009, 35) mit dem Begriffspaar *Variablenauffassungen* versus *Variablenaspekte*.

---

² Eine neuere ausführliche Definition gibt SPECHT (2009, 39): „Als Arbeitsdefinition wird im Folgenden unter einer Variablen ein allgemeines Objekt verstanden, das Werte annehmen kann (beispielsweise Zahlen, Körper und Algebren). Sie kann durch Worte, Buchstaben oder andere Symbole repräsentiert werden. In unterschiedlichen Kontexten kommen verschiedene Variablenauffassungen und Variablenaspekte zum Tragen. Variable wird dabei als Oberbegriff für bestimmte Unbekannte, für Unbestimmte und für Veränderliche verstanden. Variablen können unter dem Gegenstands-, den Einsetzungs- und dem Kalkülaspekt betrachtet werden".

Bezüglich der letzteren Frage unterscheidet MALLE (1993, 46) die folgenden drei Möglichkeiten, Variablen zu betrachten:

- **Gegenstandsaspekt:** *Variable als unbekannte oder nicht näher bestimmte Zahl (allgemeiner als unbekannter oder nicht näher bestimmter Denkgegenstand).*
- **Einsetzungsaspekt:** *Variable als Platzhalter für Zahlen bzw. Leerstelle, in die man Zahlen (genauer: Zahlnamen) einsetzen darf.*
- **Kalkülaspekt** (Rechenaspekt): *Variable als bedeutungsloses Zeichen, mit dem nach bestimmten Regeln operiert werden darf.*

Am Beispiel des Lösungsprozesses einer Gleichung zeigt er auf, dass dabei allein die Denk- und Blickweise des Betrachters auf die Variable von Belang ist, zur selben Variable (z.b. in einer Aufgabe, im Term oder in einer Gleichung) also unterschiedliche Betrachtungsweisen möglich sind. Dies wiederum lässt erkennen, dass die hier beschriebenen Variablenaspekte eng miteinander verbunden sind. Mit Hilfe eines Beispiels von MALLE (1993, 48) lässt sich dies illustrieren.

„Beim Aufstellen einer Formel, etwa der Formel $m = \dfrac{x+y}{2}$ für den Mittelwert m zweier Zahlen x und y, denkt man vermutlich an nicht näher bestimmte Zahlen, betont also den Gegenstandsaspekt. Setzt man anschließend für x und y Zahlen ein, um verschiedene Mittelwerte auszurechnen, betont man eher den Einsetzungsaspekt. Formt man die Formel um, etwa zu $x = 2m - y$, wendet man einfach gewisse Regeln an und betont damit den Kalkülaspekt."

Folglich ist auch innerhalb einer Aufgabe ein Wechsel zwischen den verschiedenen Betrachtungsweisen möglich und oft auch unabdingbar für das erfolgreiche Lösen eines Problems oder das Interpretieren eines Terms.

Hinsichtlich der Frage ‚Wofür steht die Variable?' soll in dieser Arbeit zwischen *Unbekannten, Unbestimmten* und *Veränderlichen* unterschieden werden. Diese Begrifflichkeiten gehen auf FREUDENTHAL (1973; 1983) zurück, welcher Unbekannten und Unbestimmten zunächst verschiedene Ziele ihres Gebrauchs zuordnet: „Wir verwenden vieldeutige Namen manchmal aus Unwissenheit, weil uns eben kein anderer, genauerer Name bekannt ist, manchmal weil es uns nicht interessiert, das Objekt genauer zu bezeichnen. Das erste ist in der Algebra der Fall mit den *Unbekannten* einer Gleichung, das zweite mit den *Unbestimmten* in einer allgemeinen Aussage." (FREUDENTHAL 1973, 262).

Diese Beschreibung FREUDENTHALS verdeutlicht den Unterschied der beiden Variablenauffassungen in deren Zweck, den sie erfüllen. Während die Unbekannte ‚aus der Not heraus' als solche bezeichnet wird, da eine nähere, genauere Benennung nicht möglich ist, ist es bei der Unbestimmten gerade Sinn und Ziel der

Unbestimmtheit des Namens, eine Aussage allgemein zu halten und somit die Zahlen, auf welche die Aussage zutreffen soll, nicht näher einzugrenzen (vgl. Tab. 1.1).

Bei der Beschäftigung mit der Bedeutung von Variablen in Funktionen fügt FREUDENTHAL (1983, 557) später hinzu, dass Variablen neben Unbestimmten und Unbekannten in funktionalen Zusammenhängen auch als *Veränderliche* zu betrachten sind. Dort werden Buchstaben zwar ebenfalls genutzt, um allgemeine Aussagen treffen zu können, jedoch besitzen sie hier einen viel dynamischeren Charakter und beschreiben etwas sich tatsächlich Veränderndes (vgl. Tab. 1.1).

Tabelle 1.1: Die Variablenauffassungen *Unbekannte, Unbestimmte*[3] und *Veränderliche*

Variable als Unbekannte	Variable als Unbestimmte	Variable als Veränderliche
z.B. $5 + x = 8$	z.B. $a \cdot b = b \cdot a \,; a, b \in \mathbb{R}$	z.B. $z = \dfrac{y}{x}$ Wie ändert sich z, wenn x wächst?
In der obigen Gleichung steht die Variable x für einen gesuchten Wert, der durch Lösung der Gleichung zu ermitteln ist. Der Buchstabe dient als Platzhalter für die (noch) nicht bekannte Zahl.	In dieser Gleichung verdeutlichen die beiden Variablen a und b, dass das Kommutativgesetz der Multiplikation für alle Zahlen eines bestimmten Zahlbereichs (hier $\mathbb{R}$) gilt. Die Buchstaben dienen als Platzhalter für beliebige und deshalb nicht näher zu bestimmende Zahlen aus dem Zahlbereich.	Um die gestellte Frage zu beantworten, muss beobachtet werden, wie es sich auf den Bruch $\dfrac{y}{x}$ auswirkt, wenn x größer wird. Die Variable x tritt hier als sich verändernde, einen Zahlbereich durchlaufende Zahl auf. Beispiel aus MALLE 1986a.

Auch MALLE (1993, 80) differenziert Variablen neben seinen Überlegungen zu verschiedenen Variablenaspekten, bei denen es um eine Unterscheidung zwischen möglichen Betrachtungsweisen auf Variablen bei ihrer Benutzung geht, nach ihrem Verweischarakter, also der Frage, auf welche Art und Weise Variablen die Zahlen repräsentieren, für die sie stehen. Er gelangt diesbezüglich zu einer Unterscheidung zwischen den folgenden Variablenauffassungen (MALLE 1993, 80),

---

[3]   In der Literatur findet sich anstelle der Unbestimmten auch der synonym zu verstehende Ausdruck ‚allgemeine Zahl' (vgl. beispielsweise SIEBEL 2005; BERLIN 2010b).

die im Vergleich zu FREUDENTHALS (1973; 1983) zwar andere Bezeichnungen liefert, inhaltlich jedoch mit dieser in Einklang gebracht werden kann:

- **Einzelzahlaspekt:** Variable als *beliebige, aber feste* Zahl aus dem betreffenden Bereich. Dabei wird nur *eine* Zahl aus dem Bereich repräsentiert.

- **Bereichszahlaspekt:** Variable als *beliebige Zahl* aus dem betreffenden Bereich, wobei jede Zahl des Bereichs repräsentiert wird. Dieser Aspekt tritt wiederum in zwei Formen auf:
    - **Simultanaspekt:** Alle Zahlen aus dem betreffenden Bereich werden *gleichzeitig* repräsentiert.
    - **Veränderlichenaspekt:** Alle Zahlen aus dem betreffenden Bereich werden *in zeitlicher Aufeinanderfolge* repräsentiert (wobei der Bereich in einer bestimmten Weise durchlaufen wird.).

Die folgende Abbildung (vgl. Abb. 1.1) soll die verschiedenen Repräsentationsmöglichkeiten verdeutlichen.

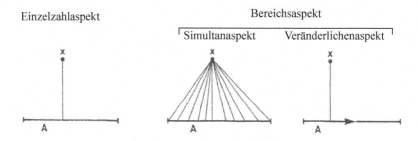

Abbildung 1.1: Variablenauffassungen nach MALLE (1993, 80)

In ihrer Gegenüberstellung von Variablenkonzepten verschiedener Autorinnen und Autoren bezieht SIEBEL (2005, 80) die Auffassungen von FREUDENTHAL (1973; 1983) und MALLE (1993) aufeinander und ordnet die Unbekannte dem Einzelzahlaspekt und die Unbestimmte dem Simultanaspekt nach MALLE zu. Unberücksichtigt bleibt dabei die Variable im Veränderlichenaspekt nach MALLE, welche SIEBEL (2005) deshalb FREUDENTHALS (1983) Veränderlichen zuordnet.

Zu einer Unterscheidung zwischen *Unbekannten, Unbestimmten*[4] und *Variablen als Veränderliche*, die bei MALLE (1993) und FREUDENTHAL (1973; 1983) das Ergebnis theoretischer Überlegungen ist, kommt auch KÜCHEMANN

---

4   KÜCHEMANN (1978) nutzt den Ausdruck ‚allgemeine Zahl'.

(1978), welcher im Rahmen einer breiten quantitativen Studie eine der frühsten und bekanntesten empirischen Forschungen zum Variablenverständnis durchgeführt hat. Neben diesen drei Aspekten benennt er die folgenden weiteren Konzepte ‚Letter evaluated', ‚Letter ignored' und ‚Letter as object', die aber keine Erweiterung der obigen Ausführungen erfordern, da heute gewöhnlich die Variable als ‚Letter evaluated' unter den Unbekanntenbegriff und der ‚Letter ignored' unter den Kalkülaspekt subsumiert werden (vgl. MALLE 1993), während die Bedeutung des ‚Letter as object' derweil als Fehlvorstellung identifiziert wird (vgl. Kapitel 1.2, MALLE 1993; OLDENBURG 2010).

Variablenauffassungen im Vergleich

RADFORD (1996) beschreibt die Variable als Unbestimmte und die Variable als Unbekannte als zwei relativ komplementäre Konzepte, da sie verschiedene Ziele verfolgen und demnach auch in unterschiedlichen Situationen genutzt werden. Die Unbestimmte erhält in der Algebra überall dort einen Platz, wo es um das Generalisieren oder auch um das Begründen mathematischer Muster geht, während die Unbekannte vor allem im Lösen von Gleichungen und im Problemlösen verortet ist. Auch zwischen der Entwicklung der beiden unterschiedlichen Variablenkonzepte liegen mehr als 1000 Jahre (von Diophantus bis Viète) (vgl. KIERAN 1992; siehe auch Kapitel 2.4.2).

Es wird hier deutlich, dass die dargestellten Variablenauffassungen Unbekannte, Unbestimmte und Veränderliche nicht so eng miteinander verbunden sind wie die oben beschriebenen Variablenaspekte (Gegenstand-, Einsetzungs- und Kalkülaspekt). So kann meist sehr eindeutig von einer Aufgabe gesagt werden, ob diese den Unbekannten-, oder den Unbestimmtenaspekt anspricht, wie die Beispiele in Tabelle 1.1 aufzeigen. Enger miteinander verbunden sind hingegen die Unbestimmte und die Veränderliche, die MALLE (1993) deshalb gerechtfertigter Weise unter der Bezeichnung Bereichszahlaspekt subsumiert. Da die Variable in beiden Fällen auf mehrere Zahlen eines bestimmten Bereichs verweist, ist nicht immer leicht zu entscheiden, ob diese Zahlen gleichzeitig oder in zeitlicher Reihenfolge repräsentiert werden. Auch bei funktionalen Zusammenhängen muss dies nicht immer klar differenzierbar sein, so tritt der Veränderlichenaspekt stärker bei einer Betrachtung der Funktion im Kovariationsaspekt (VOLLRATH 1989; VOLLRATH & WEIGAND 2007) auf, während bei einer Sicht auf eine Funktion als Ganzes ebenso der Simultanaspekt der Variablen im Fokus stehen kann.

1.1.2 Die Rolle von Variablen in der elementaren Algebra

Betrachtet man die Verwendung von Variablen in der Sekundarstufe, so wird man feststellen, dass mit der Einführung in der 7. (in neueren Schulbüchern auch bereits in der 6.) Jahrgangsstufe die Variable breiten Einzug in den Mathematikunterricht hält. Fortan wird es in der Schule kein Teilgebiet mehr geben, in welchem Variablen nicht verwendet werden. Sie sind feste Bestandteile aller Teilgebiete, die in der Schulmathematik bis hin zur Differenzial- und Integralrechnung in der Sekundarstufe II vorzufinden sind. Trotz ihres breiten Einsatzes haben sie ihren Platz doch zunächst in der elementaren Algebra, in der sie eingeführt und explizit thematisiert werden. Hier lernen die Schülerinnen und Schüler sie als Bestandteil der algebraischen Sprache kennen, welche sie in den folgenden Schuljahren als Ausdrucks- und Notationsmittel für jegliche mathematische Inhalte verwenden werden. Das Gebiet der elementaren Algebra und die dortige Rolle der Variablen sollen in diesem Kapitel näher beleuchtet werden.

Was ist überhaupt mit ‚elementarer Algebra' gemeint?

Der Ausdruck *elementare Algebra* hat sich in der Mathematikdidaktik mittlerweile fest für den Schulstoff des Algebraunterrichts der Sekundarstufe I etabliert. Dennoch stellt es keine leichte Aufgabe dar, das Gebiet der elementaren Algebra klar zu umreißen. Im Gegensatz zu anderen Gebieten der Algebra wird es nicht als eigenes Teilgebiet betrachtet und deshalb auch nicht als solches definiert. Dementsprechend schreibt SIEBEL (2005, 13f), welche sich um eine Leitvorstellung zur elementaren Algebra bemüht:

> „Fachwissenschaftliche Literatur beschäftigt sich nicht explizit mit elementarer Algebra, anders als etwa Algebra wird Elementare Algebra nicht in Vorlesungen eingeführt oder in Lehrbüchern für Mathematikstudierende dargestellt (in der deutschsprachigen Literatur). So wird in fachwissenschaftlichen Publikationen das Gebiet Elementare Algebra nicht bestimmt, sondern als Ausdrucksmittel verwendet."

Um das Gebiet aus mathematischer Sicht dennoch umfassend strukturieren zu können, arbeitet SIEBEL (2005, 73) eine allgemein-mathematische Leitvorstellung zur elementaren Algebra heraus, die sie wie folgt beschreibt:

> „Elementare Algebra ist die Lehre vom Rechnen mit allgemeinen Zahlen, die zu ‚guten' Beschreibungen quantifizierbarer Zusammenhänge befähigt.

Dafür haben sich Mathematisierungsmuster herausgebildet, die durch eine eigene Fachsprache explizit gemacht werden können:

- Mit Variablen werden allgemeine, unbekannte und veränderliche Zahlen dargestellt und handhabbar gemacht.

- Zahlen und Variable werden durch Operationen zu Termen und Gleichungen als Denkeinheiten verbunden und durch verschiedene Begriffe von Gleichheit in Zusammenhang gebracht.
- Durch die symbolische Darstellung von Zahlen, Variablen und Zusammenhängen wird ein kontextunabhängiger und regelgeleiteter Zeichengebrauch ermöglicht."

Geprägt hat den Begriff der elementaren Algebra MALLE (1993), der diese selbst als all das charakterisiert, „was mit Variablen, Termen und Formeln (Gleichungen, Ungleichungen) auf Schulniveau zu tun hat" (MALLE 1993, 1). VOLL-RATH & WEIGAND (2007, 7) bezeichnen *Terme, Gleichungen* und *Gleichungssysteme* als den „Kern" der Schulalgebra, der natürlich unweigerlich eng verbunden ist mit „dem Aufbau des Zahlensystems, der Entwicklung des Funktionsbegriffs", und weiteren Bereichen der Mathematik, sodass sie schließlich einen Lehrgang der Algebra für die Sekundarstufe in die vier Bereiche *Zahlen, Terme, Funktionen* und *Gleichungen* unterteilen.

Die elementare Algebra stellt also keine klar eingegrenzte Disziplin dar, sie dient aber als Grundlage für weiteren schulischen Unterricht. Eine wichtige Rolle kommt dabei sicherlich der Formelsprache zu, die im Unterricht der elementaren Algebra eingeführt, dann aber auf andere Teilgebiete und Disziplinen weiter ausgebreitet wird.

Ein verständiger Umgang mit der algebraischen Notationsweise ist Voraussetzung für ihre Anwendung in den späteren Gebieten. So wird als ‚Formelsprache' oder ‚formale Sprache' üblicherweise die algebraische Notationsweise bezeichnet – die Fachsprache der elementaren Algebra. Durch die Bedeutung, welche die algebraische Sprache für die weiteren Gebiete der Sekundarstufen I und II besitzt, wird die elementare Algebra oftmals nur als Mittel zum Zweck degradiert. Eine Schwierigkeit, die sich bereits an dieser Stelle aus der Betrachtungsweise der elementaren Algebra ergibt, ist dann eine fehlende geschlossene Sinnstiftung für die elementare Algebra an sich. Wenn die Algebra nur als Sprache erlernt wird, mit der man in höheren Schulstufen auftretende Probleme beschreiben kann und algebraische Tätigkeiten nur als Lösungsmittel zur Bearbeitung von späteren Aufgaben verstanden werden, dann kann die elementare Algebra und ihre Fachsprache zum Zeitpunkt des Erlernens für die Schüler noch keinen Sinn ergeben (siehe dazu Kapitel 1.2). Die elementare Algebra auf den Erwerb der Formelsprache zu beschränken, welche in den höheren Stufen bedeutsam wird, kann folglich keine zufriedenstellende Beschreibung darstellen.

Algebra als Sprache und als Tätigkeit

Ein erweitertes Verständnis davon, was die elementare Algebra ausmacht, kann gewonnen werden, folgt man LEE (1996), welche die Algebra als eine ‚Mini-Kultur' in der breiteren Kultur der Mathematik beschreibt. Darin stellt LEE (2001) die Algebra als Sprache, Denkweise, Tätigkeit, Werkzeug und als verallgemeinerte Arithmetik dar. Folgt man dieser Auffassung, so stellt die Einführung in die Algebra folglich einen Enkulturationsprozess dar (vgl. HEFENDEHL-HEBEKER 2007). Unter algebraisches Denken lassen sich dann alle Denkhandlungen fassen, welche diese Kultur ausmachen. Diese sind zum Beispiel „Generalisieren, Abstrahieren, Analysieren, Strukturieren und Restrukturieren ..." (HEFENDEHL-HEBEKER 2007, 180). Da diese aber ebenso Denkhandlungen sind, welche nicht nur in der Algebra, sondern in der gesamten Mathematik und darüber hinaus bedeutsam sind, ist es nicht sinnvoll, algebraisches Denken und mathematisches Denken voneinander abzugrenzen und die aufgeführten Denkhandlungen als spezifisch-algebraische Tätigkeiten herauszustellen. Vielmehr besitzen elementare menschliche Denkhandlungen eine besondere Bedeutung für das algebraische Denken (vgl. auch Kapitel 4.1, vgl. FISCHER ET AL. 2010).

Diese Auffassung der Algebra erweitert das zuvor beschriebene Verständnis der Algebra *als Sprache* um eine entscheidende Komponente. Sie stellt das algebraische Denken als Teil des mathematischen Denkens dar und algebraische Denkhandlungen als *eine Reihe von Tätigkeiten* innerhalb der Mathematik als Tätigkeit (vgl. FREUDENTHAL 1973; 1991).

Diese verschiedenen, jedoch eng verflochtenen Facetten der elementaren Algebra sollen bei der Betrachtung der Bedeutung der Variablen berücksichtigt werden. Dazu wird im Folgenden entsprechend der beiden Aspekte der elementaren Algebra zunächst auf die Rolle der Variablen in der algebraischen Sprache eingegangen (Kapitel 1.1.2.1) und herausgestellt, welche Bedeutung den Variablen als Teil der Formalisierung zukommt. Anschließend wird in Kapitel 1.1.2.2 die Bedeutsamkeit der Variablen als Mittel für algebraische Tätigkeiten dargestellt.

1.1.2.1 Variablen als Teil der Formalisierung

In den Ausführungen des Kapitels 1.1.1 lässt sich erkennen, dass der Variablenbegriff in seinem Aspektenreichtum sehr komplex und in seiner umfassenden Bedeutung schwer erfassbar ist. Es erscheint deshalb mehr als verständlich, dass es in der Geschichte der Mathematik Jahrtausende dauerte, bis Buchstaben als Variablen für unbekannte und unbestimmte Zahlen verwendet wurden (vgl. Kapitel 2.4). Mit der Entwicklung der Formelsprache in der symbolischen Algebra (beginnend also etwa im 16. Jh.) entstanden mannigfaltige bahnbrechende Möglichkeiten, deren Nachvollzug das Potential der algebraischen Formelsprache und damit natürlich auch der Verwendung von Variablen erahnen lässt. Als wichtige Errungenschaft lässt sich beispielsweise die Ablösung von arithmetischen Gesetzmäßigkeiten von geometrischen Beweisen nennen, da die algebraische Formelsprache es ermöglicht, Erkenntnisse auf algebraischer Ebene, also innerhalb des eigenen Systems, zu rechtfertigen und zu sichern (vgl. SIEBEL 2005). Ein Zeichengebrauch, der nicht auf Veranschaulichung zurückgreifen muss, befähigt außerdem dazu, neue mathematische Objekte symbolisch zu konstruieren, die sich konkreten Vorstellungen entziehen, wie z.b. negative Zahlen. Ein großer Gewinn, der durch die Entwicklung der Formelsprache erreicht wurde, stellt die Möglichkeit dar, mit Zeichen kontextunabhängig und regelgeleitet zu operieren und die Symbole somit selbst zu eigenständigen Entitäten des Denkens werden zu lassen (HEFENDEHL-HEBEKER 2001; SFARD 1995). Damit überwindet sie die Hindernisse, welche die Geometrie oder z.b. verbale Darstellungsweisen aufgrund ihrer Vorstellungsgebundenheit in ihren Möglichkeiten begrenzen (vgl. HEFENDEHL-HEBEKER 2001). Für eine Veranschaulichung des Leistungsvermögens der formalen Sprache und des Variablengebrauchs soll hier ein illustratives Beispiel von HEFENDEHL-HEBEKER (2001, 88ff) aufgegriffen werden. Es geht dabei um die Begründung eines einfachen arithmetischen Sachverhaltes: „Addiert man zu der Summe zweier Zahlen ihre Differenz, so erhält man das Doppelte der größeren Zahl. Subtrahiert man die Differenz von der Summe, so erhält man das Doppelte der kleineren Zahl.".

Argumentation auf einer verbal-begrifflichen Ebene

Mithilfe eines repräsentativen Zahlenpaares (z.B. 3 und 8) lässt sich ein verbaler Argumentationsstrang aufbauen, der die Begründungsidee über das Beispiel hinaus nachvollziehen lässt. Zerlegt man die größere Zahl 8 in die kleinere Zahl 3 und den Rest 5, dann lässt sich 8 auch als Summe von 3 + 5 beschreiben. Dabei entsteht als Rest gleichzeitig die Differenz zwischen der größeren und der kleineren Zahl. Als Summe ergibt sich dann folglich 3 + 8 = 3 + 3 + 5. Durch erneute Addition der Differenz ergibt sich schließlich der Term 3 + 3 + 5 + 5, aus dem durch Umgruppierung und Zusammenfügung der Mengen 8 + 8, also das Doppelte der größeren Zahl entsteht. Entsprechend ergibt sich durch Subtraktion der Differenz 5 von dem Term 3 + 3 + 5 der Term 3 + 3, was dem Doppelten der kleineren Zahl entspricht.

Argumentation durch geometrische Visualisierung

Eine geometrische Visualisierung der betreffenden arithmetischen Gesetzmäßigkeit kann entsprechend der unteren Abbildung aussehen, wobei ebenfalls das Zahlenbeispiel 3 und 8 als repräsentatives Beispiel dient, durch die visuellen

Strukturierungen aber der allgemeine Charakter der Begründung verdeutlicht wird (vgl. Abb. 1.2):

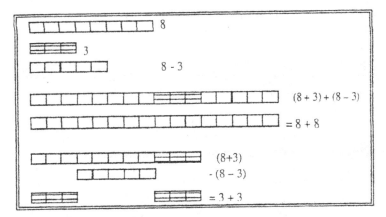

Abbildung 1.2: Geometrische Visualisierung einer arithmetischen Gesetzmäßigkeit (HEFENDEHL-HEBEKER 2001, 89)

Darstellung in algebraischer Sprache

Mithilfe der algebraischen Formelsprache lässt sich die Begründung mit den Variablen a und b für zwei natürliche Zahlen darstellen:

$(a + b) + (a - b) = a + b + a - b = 2a$ und

$(a + b) - (a - b) = a + b - a + b = 2b$

Bei der Betrachtung der obigen Darstellungsweisen der Begründung werden die Vorzüge der algebraischen Sprache schnell ersichtlich für diejenigen, die sie beherrschen, das heißt, die sie zu interpretieren und zu verstehen wissen.

Die verbal-begriffliche Beschreibung eines Zahlenbeispiels ermöglicht es, die allgemeine Gesetzmäßigkeit exemplarisch anhand von konkreten Zahlen nachvollziehbar darzustellen. Benötigt werden hier nicht wenige verbale Beschreibungen von Zahlbeziehungen und Zahlverknüpfungen (wie die ‚kleinere Zahl', ‚die größere Zahl', ‚die Summe', ‚die Differenz', ‚der Rest', ‚das Doppelte der größeren Zahl', usw.), welche es ermöglichen, „die Spuren von Zahlen durch einen längeren Rechenweg zu verfolgen, ohne dass sie in nicht wiedererkennbarer Weise in numerischen Zwischenergebnissen verschmelzen" (HEFENDEHL-HEBEKER 2001, 90).

Eben hier liegt aber auch die Grenze der vorstellungsgebundenen Beschreibungsmöglichkeiten, denn wenn die darzustellenden Gesetzmäßigkeiten komplexer sind, werden auch die Beschreibungen der Zahlbeziehungen aufwendiger, sind schlechter zu verfolgen und die notwendige inhaltliche Vorstellung zum Nachvollzug wird immer schwieriger. Auch die geometrische Visualisierung stößt schnell an ihre Grenzen, sobald komplexere Zusammenhänge aufgezeigt werden sollen, und zum Beispiel nicht mehr durch lineare oder flächige Darstellungen veranschaulicht werden können oder sobald der Zahlbereich nicht auf natürliche Zahlen beschränkt bleiben soll. Die Stärke der algebraischen Sprache liegt folglich in der Ablösung von der Vorstellungsgebundenheit der Argumentation und somit in der Überwindung der Grenzen, denen verbal-begriffliche oder geometrische Darstellungen unterliegen. Sie ermöglicht es, inhaltsgebundene Operationen durch inhaltsinvariantes Hantieren auf symbolisch-syntaktischer Ebene zu ersetzen. Durch das regelgeleitete Operieren mit Symbolen entlasten sie das inhaltliche Denken und erhöhen gleichzeitig die operative Reichweite (HEFENDEHL-HEBEKER 2003).

Variablen als Bestandteil der algebraischen Sprache kommt diesen Ausführungen zufolge eine besondere Bedeutung zu, da sie, vergleichbar mit Wörtern in Sätzen, die bedeutungstragenden Komponenten darstellen, die der algebraischen Sprache den Inhalt verleihen. Sie sind somit wichtiger Teil der Idee der Formalisierung und damit von unermesslichem Wert für die Mathematik.

VOLLRATH & WEIGAND (2007, 14) kennzeichnen den Umgang mit Variablen und Termen folglich zurecht als ein zentrales Bildungsziel für den Algebraunterricht:

„Die Schüler sollen mit Variablen und Termen grundlegende Ausdrucksmittel der Algebra kennenlernen, diese „Formalsprache" verstehen und richtig verwenden. Mit Hilfe dieser Sprache sollen sie Zusammenhänge in der Mathematik, aber auch in wichtigen Anwendungsbereichen wie Naturwissenschaften, Technik und Sozialwissenschaften angemessen beschreiben und verstehen können. Insbesondere sollen sie in dieser Sprache kommunizieren und argumentieren können."

1.1.2.2 Variablen als Mittel für mathematische Tätigkeiten auf allgemeiner Ebene

Bei der Betrachtung der elementaren Algebra als eine Reihe von Denkhandlungen (vgl. Kapitel 1.1.2) stellen sich Variablen als Mittel oder Werkzeuge für diese algebraischen Tätigkeiten dar. Sie bilden den Gegenstand eben dieser oben beschriebenen Denkhandlungen, denn sie sind die symbolischen Objekte, mit denen in der Algebra operiert wird. Zugleich sind sie Werkzeuge, welche algebraische Denkhandlungen ermöglichen und unterstützen.

Die Funktion von Variablen, etwas allgemein ausdrücken zu können, findet sich in diesem Sinne bereits 1770 bei EULER (1959), welcher den Schwerpunkt der Algebra in seiner *Vollständigen Anleitung zur Algebra* bekanntlich ja darin sieht, aus bekannten Größen Unbekannte zu bestimmen und sich vorrangig mit der Gleichungslehre beschäftigt. Dennoch beschreibt er bei der Einführung von Buchstaben Variablen in der Rolle von Unbestimmten, welche auf allgemeine Art die Methoden repräsentieren können, die dabei helfen, die unbekannten Größen zu finden:

„Da dies [Zahlen verbunden mit Pluszeichen geben eine Summe an] an und für sich klar ist, so bemerke man noch, daß auf allgemeine Art die Zahlen durch Buchstaben, wie a, b, c, d usw. angedeutet werden. Wenn man also schreibt a+b, so bedeutet dies die Summe der beiden Zahlen, welche durch a und b ausgedrückt werden, dieselben mögen nun so groß oder klein sein wie sie wollen. […] Wenn man nur weiß, welche Zahlen durch solche Buchstaben angedeutet werden, findet man in jedem Falle durch die Rechenkunst [Arithmetik] die Summe oder den Wert derartiger Ausdrücke." (EULER 1959, 43f, Ergänzung K.A.)

„Wenn nun, um die Sache allgemein zu machen, anstatt der wirklichen Zahlen Buchstaben gebraucht werden, so begreift man auch leicht die Bedeutung, wie z.B.: a-b-c+d-e. Er deutet an, daß die durch die Buchstaben a und d ausgedrückten Zahlen addiert und davon die übrigen b,c,e, welche das Zeichen – haben, sämtlich abgezogen werden müssen." (EULER 1959, 45)

Dass EULER (ebd.) hier die Variable zunächst als Unbestimmte begreift, verdeutlicht sein Ausdruck, ‚dieselben mögen nun so groß oder klein sein wie sie wollen', was auf die Beliebigkeit der zu wählenden Zahlen und ihre nicht näher zu bestimmende Größe hindeutet. Ersichtlich wird aber auch, dass EULER den Zweck des Aufstellens eines allgemeinen Ausdrucks wiederum darin sieht, dass die Unbestimmtheit der Buchstaben irgendwann endet und mithilfe bekannter Zahlenwerte dann auch arithmetisch gerechnet werden kann, was ganz seiner Auffassung der Algebra als Verallgemeinerung der Arithmetik entspricht, die „auf allgemeine Art alles dasjenige in sich [begreift], was bei den Zahlen und deren Berechnung vorfällt" (EULER 1959, 43).

MALLE (1993, 10) beschreibt, dass sich wichtige Tätigkeiten des Mathematikunterrichts nur mit Hilfe von Variablen auf allgemeiner Ebene durchführen lassen, beispielsweise beim „allgemeinen Problemlösen, allgemeinen Kommunizieren (Mitteilen), allgemeinem Argumentieren (Begründen, Beweisen) und allgemeinem Explorieren." Dazu fasst MALLE (1993, 57) die Funktionen von Variablen (als Grundbaustein von Termen und Formeln) in folgenden Punkten zusammen:

- Mit Termen bzw. Formeln kann man innermathematische Prozesse und Gesetzmäßigkeiten allgemein beschreiben.
- Mit Termen bzw. Formeln kann man außermathematische Sachverhalte allgemein beschreiben, d.h. Modelle für außermathematische Situationen entwerfen.
- Mit Termen bzw. Formeln kann man eine Situation explorieren und damit allgemeine Einsichten in eine besondere Situation erhalten.
- Mit Termen bzw. Formeln kann man abstrakte Problemlösungen planen und Probleme allgemein lösen.
- Mit Termen bzw. Formeln kann man allgemeingültige Argumentationen (Begründungen, Beweise) führen.
- Mit Termen bzw. Formeln kann man Wissen (insbesondere Rechengänge und Beziehungen) übermitteln und dadurch über Situationen auf einer abstrakten bzw. allgemeinen Ebene kommunizieren.

Zusammenfassend lässt sich für die Rolle der Variablen folglich festhalten, dass Variablen dazu dienen, zentrale mathematische Tätigkeiten auf allgemeiner Ebene ausführen zu können.

Die Bedeutung von Variablen für die elementare Algebra

In den obigen Ausführungen wird deutlich, dass Variablen vielschichtige und aspektenreiche Gebilde sind, deren Vielseitigkeit ihre Stärke und Einsatzflexibilität ausmachen. In der elementaren Algebra können zwei zentrale Funktionen von Variablen erkannt werden, die ihre Bedeutsamkeit erahnen lassen. Einerseits sind Variablen Teil der Idee der Formalisierung (vgl. HEFENDEHL-HEBEKER 2001), also der Entwicklung einer formalen algebraischen Sprache, welche es ermöglicht kontextunabhängig und regelgeleitet Zeichen zu gebrauchen, was nicht nur historisch von unermesslichem Wert für die Entwicklung der Algebra ist, sondern auch die Möglichkeit bietet, die Grenzen der vorstellungsgebundenen Mathematik zu überwinden und somit die operative Reichweite zu ‚unvorstellbaren‘ mathematischen Objekten und Denkhandlungen zu erhöhen. Andererseits beschreibt MALLE (1993) eine ganze Bandbreite von mathematischen Tätigkeiten, welche durch die Verwendung von Variablen auf einer allgemeinen Ebene ausgeführt werden können.

Mit diesen Funktionen nehmen Variablen in der elementaren Algebra einen hohen Stellenwert ein. Die elementare Algebra bildet selbst aber wiederum eine Voraussetzung für weiteres einsichtsvolles Mathematiklernen, da sie einerseits als Sprache fungiert, in der und mithilfe welcher Lernende Mathematik treiben, und andererseits als Mini-Kultur der Mathematik (LEE 2001) die Ausbildung von allgemeinen algebraischen Denkhandlungen ermöglicht, die grundlegende mathematische Tätigkeiten darstellen.

1.2 Schwierigkeiten beim Variablenverständnis

Die Probleme, die Schülerinnen und Schülern in der Algebra aufzeigen, werden international beschrieben. Mitte der Neunziger zeigt die TIMSS-Studie auf, „daß Algebra Schülern am Ende der 8. Jahrgangsstufe noch große Schwierigkeiten bereitet. Dies ist nicht nur in Deutschland, sondern in den meisten der teilnehmenden Länder der Fall. Sicherheit kann nur im Umgang mit einfachsten Aufgaben erwartet werden" (BAUMERT ET AL. 1997, 68). Im Jahr 2007 liegen die Leistungen der Achtklässlerinnen und Achtklässler aller 50 teilnehmenden Länder auf dem Gebiet der Algebra im Mittel sowohl unter der Gesamtleistung in Mathematik als auch unter den Leistungen in den anderen getesteten Gebieten „Number", „Geometry" und „Data and Chance" (vgl. MULLIS ET AL. 2008, 416ff). Als eine der schwierigsten Hürden des Algebraunterrichts erweist sich ein fehlendes Variablenverständnis und darauf aufbauend natürlich auch ein Mangel an zielgerichtetem verständigem Umgang mit Variablen (vgl. AMEROM 2002).

Beim Erlernen von Variablen und der algebraischen Sprache ergeben sich verschiedene Schwierigkeiten, die in diesem Kapitel skizziert werden. Dazu werden zunächst die Probleme illustriert, welche nicht nur Schülerinnen und Schülern der Sekundarstufen mit der Formelsprache zeigen, sondern auch Schulabsolventen, welche elementare Sachverhalte mit Variablen ausdrücken sollen (vgl. MALLE 1993). Anschließend werden die verschiedenen Schwierigkeiten im Variablenumgang genauer betrachtet, wobei die fehlende Sinnstiftung und die Überbetonung des kalkülhaften Handelns beim Erlernen von Variablen sowie übliche Fehlvorstellungen und Hindernisse beim Übergang zwischen Arithmetik und Algebra angesprochen werden.

Probleme im Umgang mit Variablen

MALLE (1983; 1993) stellt im Rahmen von Untersuchungen zum Aufstellen und Interpretieren von Formeln erstaunliche Mängel bei allen Befragten im Umgang mit Gleichungen, Termen und Variablen fest. In einem bewusst breit gewählten Spektrum von Versuchspersonen zeigen sowohl Schülerinnen und Schüler verschiedener Altersstufen und Leistungsniveaus als auch Schulabsolventen und sogar Akademiker, dass sie nicht in der Lage sind, einfache Gleichungen zu entwickeln oder entsprechend zu interpretieren. MALLE (1983, 15) spricht davon, dass „etwa die Hälfte der Schulabgänger fundamentale Schwierigkeiten im Umgang mit Variablen und Gleichungen hat". Die beiden folgenden Beispiele von MALLE (1993) sollen einen Einblick in die Probleme geben, die Schulabsolventen trotz langjährigen Algebraunterrichts im Umgang mit einfachen algebraischen Gleichungen nachgewiesen werden konnten.

Beispiel - Christa (36, Akademikerin)

Interviewer (legt folgende Aufgabe vor):

An einer Universität sind P Professoren und S Studenten. Auf einen Professor kommen 6 Studenten. Drücken Sie die Beziehung zwischen S und P durch eine Gleichung aus!

Ch.: (schreibt) $6S = P$

I.: Nehmen wir mal an, es sind 10 Professoren. Wie viele Studenten sind es dann?

Ch.: 60.

I.: Setzen Sie das in die Gleichung ein!

Ch: $6 \cdot 60 = 10$. Aha, das kann nicht stimmen. (Nach einer Pause schreibt sie) $P + 6S = P + S$.

I.: Was bedeutet das?

Ch.: Die Professoren und die auf jeden Professor fallenden 6 Studenten ergeben zusammen alle Professoren und Studenten.

I.: Hhmm … Bei dieser Gleichung könnte man auf beiden Seiten P subtrahieren. Was ergibt sich dann?

Ch.: (streicht P auf beiden Seiten durch) $6S = S$.

I.: Kann das stimmen?

Ch.: Ja natürlich … die Gruppen zu 6 Studenten ergeben zusammen alle Studenten.

I.: Setzen Sie wieder Zahlen ein!

Ch.: 10 Professoren und 60 Studenten. Dann ist das $6 \cdot 60 = 10$. Das kann nicht stimmen. (Nach einer Pause schreibt sie) $P + S = 7$

I.: (räuspert sich)

Ch.: (bessert aus zu) $P + 6S = 7$

I.: Was bedeutet das?

Ch.: Ein Professor und seine 6 Studenten sind zusammen 7 Personen.

(MALLE 1993, 1)

---

1. Beispiel - Walter (23, Akademiker)

I: Können Sie die Gleichung $\frac{x}{8} = 9$ lösen?

W: (schweigt minutenlang) Ich weiß nicht mehr, wie das geht. Da gibt es eine Regel, aber die habe ich leider vergessen.

(MALLE 1993, 3)

Die beiden Beispiele, die in den folgenden Abschnitten eine Analyse erfahren, geben einen Einblick in die Schwierigkeiten, welche die Interviewteilnehmer mit elementaren Aufgaben der Schulalgebra aufzeigen. Die ursprünglich von ROSNICK & CLEMENT (1980), ROSNICK (1981) und KAPUT & CLEMENT (1979) durchgeführte ‚Studenten-Professoren-Aufgabe' führte in den USA zu vergleichbaren Ergebnissen.

1.2.1 Die Überbetonung des Kalküls und die fehlende Sinnstiftung

Obwohl die Gleichung, mit welcher der dreiundzwanzigjährige Walter im Interview konfrontiert wird, inhaltlich der Frage ‚Welche Zahl geteilt durch acht ist gleich neun?' entspricht, kann der Akademiker keinen Lösungsansatz finden. MALLE (1993) schreibt solche Ergebnisse im Umgang mit algebraischen Ausdrücken der Überbetonung des Kalküls sowie der Trennung zwischen dem Buchstabenrechnen und dem Rechnen mit Zahlen im Algebraunterricht zu. Dort werde meist nach der Einführung der Variablen in der 7. Klasse sehr schnell auf das regelhafte Umformen von Termen und das Lösen von Gleichungen fokussiert. Dabei werde das Kalkül leicht zu einer „Kunst für sich" erhoben (MALLE 1993, 15), hinter der inhaltliche Bedeutungen von algebraischen Ausdrücken oder Variablen nicht genug Beachtung finden. Die Dominanz des Kalküls und der Termumformungen gehe einher mit der falschen Auffassung, dass wiederholtes Üben den Schülerinnen und Schülern zu einer richtigen Anwendung der unverstandenen Regeln verhelfe (vgl. dazu WINTER 1984a; WITTMANN 1992). Dabei nimmt die Diskussion um den erforderlichen qualitativen und quantitativen Umfang des Kalküls im Mathematikunterricht zu, gerade in Anbetracht der wachsenden Integration der Neuen Medien als technische Hilfsmittel wie auch als Bildungsinhalte (vgl. HISCHER 1993; 2003).

Genauso wenig, wie sich die Variable in ihrer umfassenden Bedeutung in einer Definition erfassen lässt (siehe Kapitel 1.1.2.1), können Lernende ein Verständnis von Variablen durch das bloße Nachvollziehen einer gegebenen Definition oder einer Beschreibung dessen, was unter Variablen zu verstehen ist, aufbauen. Dennoch wird nach einmaliger Bedeutungsklärung im Unterricht häufig zu schnell dazu übergegangen, mit Variablen zu rechnen und dabei eine eindeutige Interpretationsmöglichkeit von Variablen zu suggerieren. Durch die Trennung von Semantik und Syntax im Algebraunterricht können Schüler leicht zu der Auffassung gelangen, dass das Buchstabenrechnen nichts mit dem Zahlenrechnen zu tun hat und akzeptieren das regelgeleitete Rechnen als Spiel mit scheinbar willkürlichen bzw. von der Lehrkraft vorgegebenen Spielregeln (MALLE 1993). Diese Regeln widersprechen oftmals den intuitiven Handlungen der Schülerinnen und Schüler (wie beispielsweise bei dem typischen Fehler: $(a+b)^2 = a^2+b^2$). Die Algebra wird auf diese Weise schnell zu einem undurchsichtigen und unbeliebten Gebiet, in welchem die syntaktischen Vorgaben des Lehrers auswendig gelernt und korrekt angewendet werden müssen, wie die folgende Schüleraussage eines Beispiels von ANDELFINGER (1985, 97) illustriert:

> „Achte Klasse, Gleichungslehre. Die Schüler fragen ihren neuen Mathe-Lehrer: 'Wie ist das bei Ihnen? Bei unserem bisherigen Mathe-Lehrer mußten wir beim Rüberbringen immer das Vorzeichen ändern.'".

Ein weiteres Beispiel zeigt die allen Schülern wohl bekannte binomische Formel $(a+b)^2 = a^2+2ab+b^2$, bei der die meisten Schülerinnen und Schüler bei einer Befragung von MALLE (1985) antworteten, dass diese Formel gilt, weil sie so von der Lehrkraft angegeben wurde oder im Formelheft steht. Von Kindern wird die fehlende Sinnhaftigkeit im Unterricht oftmals hingenommen, um den Erwartungen der Lehrerin oder des Lehrers entgegenzukommen (ANDELFINGER 1985, KOPP 1996). Sie befolgen die vorgegebenen Regeln, ohne nach ihrem Sinn oder nach ihrem Bezug zu anderen mathematischen Gebieten zu fragen.

> „At this level, algebra is simply a game with symbols, justified to pupils on the grounds that, like chess or Latin, it is a good training for the mind. There may also be vague suggestions that algebraic manipulation is essential practice for rehearsing (unspecified) skills needed in the future. For most people, learning algebra is a bit like being taught how to kick, trap and head a ball without ever knowing about the game of soccer, or practicing musical scales without ever playing a tune" (MASON et al. 1985, 2).

Die Möglichkeit des kontextlosen, regelgeleiteten Operierens mit Symbolen auf syntaktischer Ebene, welches gerade die in Kapitel 1.1 beschrieben Stärke der algebraischen Sprache ausmacht, wird für die Lernenden leicht zur Hürde, wenn darüber die inhaltliche Anbindung der Symbole nicht mehr als notwendig gesehen wird.

KAPUT ET AL. (2008b) veranschaulichen in der nebenstehenden Abbildung (vgl. Abb. 1.3), wie die Lernenden in der Algebra ihren Fokus auf die verschiedenen Ebenen der mathematischen Zeichen legen können.

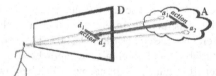

Abbildung 1.3: Fokussierung auf Symbole (KAPUT ET AL. 2008b, 26)

Um den Forderungen des Unterrichts gerecht zu werden, konzentrieren sich Schülerinnen und Schüler dann vorrangig auf die Regeln, mit denen auf syntaktischer Ebene (,D') mit den abstrakten Objekten zu operieren ist, anstatt die Objekte auf ihren inhaltlichen Sinn (,A') hin verstehen zu wollen.

Dass die Überbetonung des Kalküls zu Lasten des inhaltlichen Verständnisses geht, zeigen verschiedene Studien, die verdeutlichen, dass Kinder besondere Probleme bei der inhaltlichen Interpretation oder Verwendung der algebraischen Sprache als Darstellungsmittel haben (vgl. VOLLRATH & WEIGAND 2007, 13).

So zeigen beispielsweise FRANKE & WYNANDS (1991) in einer umfangreichen Studie zum Variablenverständnis, dass Schülerinnen und Schüler der neunten Jahrgangstufe erhebliche Probleme beim inhaltlichen Umgang mit Variablen haben. Mängel lassen sich vor allem beim Interpretieren und beim Aufstellen von formalen Darstellungen finden, während hingegen das syntaktische Operieren weniger Schwierigkeiten bereitet.

Die folgende Abbildung (vgl. Abb. 1.4) zeigt beispielsweise Notationsversuche von Kindern bei der Beschreibung des Sachverhalts „In einem Stall sind H Hasen und G Gänse. Es sind um vier Hasen mehr als Gänse."

4H > G   GH4 >   HG   H+G4H > G
                        4 >

Abbildung 1.4: Schülerdarstellungen des Sachverhalts „In einem Stall sind H Hasen und G Gänse. Es sind um vier Hasen mehr als Gänse." (MALLE 1993, 36)

BERLIN (2007) vergleicht die algebraische Formelsprache mit einer unbekannten Fremdsprache, die jedem Lernenden, der ihr begegnet, zunächst fremd anmuten muss. Dabei fehlt der Formelsprache allerdings ein entscheidender sinnstiftender Faktor im Vergleich zu anderen Sprachen. „Zum einen ist häufig die Motivation zum Erlernen einer Fremdsprache wie Englisch, Chinesisch oder Russisch, natürlich gegeben – es ist der Wunsch, sich mit anderen Menschen aus anderen Ländern auszutauschen. […] Diese offensichtlichen Gründe gelten nicht beim Erlernen der algebraischen Formelsprache. Es ist nicht einsichtig, warum Buchstaben plötzlich für Zahlen eintreten und zu welchem Zweck Termumformungen geübt werden müssen" (BERLIN 2007, 18). Eine Sinnstiftung für die Verwendung von Variablen und algebraischer Sprache ist deshalb nicht leicht zu erzielen. Für Kinder ist es häufig nicht nachzuvollziehen, weshalb die sprachlich geäußerte Formulierung der arithmetischen Beziehung oder die arithmetische Lösung anstelle des Aufstellens einer allgemeinen Gleichung im Algebraunterricht nicht ausreichend sind. Viele Vorteile, welche die Mathematiker an der Formelsprache schätzen, können auch erst im geübten Umgang mit ihr (also quasi im Sprechen dieser Sprache) erfahren werden.

1.2.2 Die Vieldeutigkeit von Variablen

Bereits in Kapitel 1.1.1 wurde beschrieben, dass die Vieldeutigkeit einerseits eine Stärke der Variablen hinsichtlich ihrer vielfältigen Gebrauchsmöglichkeiten dar-stellt, andererseits aber auch eine Schwierigkeit für Lernende ist, welche sich in dieser Deutungsvielfalt zurecht finden müssen. Bei einer Überbetonung des Kal-küls im Unterricht werden die Schülerinnen und Schüler mit der inhaltlichen Interpretation der Variablen alleingelassen und es entsteht neben dem inhaltslo-sem syntaktischem Hantieren vor allem eine ganze Bandbreite an nicht tragfähi-gen Interpretationen von Variablen. Dieses Kapitel gibt eine Übersicht über Fehl-vorstellungen, die in der Literatur aufgeführt werden.

Fehlvorstellungen

Eine verbreitete Deutung für Buchstabenvariablen im mathematischen Kontext stellt für Kinder eine Interpretation der Buchstaben als Namen für bestimmte Zahlen dar (SPECHT 2009). Diese Interpretation verhilft den Lernenden aus dem Dilemma, dass Buchstaben im Kontext der Mathematik eigentlich nichts zu su-chen haben und zum Rechnen Zahlen gebraucht werden (BERLIN 2010b). Die Schülerinnen und Schüler gehen dabei davon aus, dass sich hinter dem Buchsta-ben eine bestimmte Zahl verbirgt, welche durch den Buchstaben bezeichnet ist, sodass der Buchstabe als Eigenname für diese Zahl fungiert. Folgende Tabelle (vgl. Tab. 1.2) soll einen Überblick über Deutungen der Variablen als Namen geben, welche SPECHT (2009) in ihrer Studie bei Schülerinnen und Schülern der 4. und 8. Klasse vorfindet. Die Beispiele sind ebenfalls dieser Untersuchung entnommen.

Tabelle 1.2: Deutungen von Buchstabenvariablen als Namen (vgl. SPECHT 2009, 137)

Variablenauffassung	Erläuterung	Beispiel
Alphabetsposition	Der Wert des Buchstabens ergibt sich aus seiner Position im Alpha-bet. a=1, b=2, ...	„Mm, und dann könnte man ja vielleicht, das x ist der mm, nee, wie viele hat das Alphabet? 26 also der 25. Buchstabe, nee, der 24. Und das ist der 25. Also 24 mal 25 und mm nee 24 mal f nee andersrum ne, äh und dann (..) Was war das jetzt? y (..) dann 25 mal 24." (Katja, 4. Klasse)
Anfangsbuchstabe	Der Wert der Zahl beginnt mit dem Buchstaben, z.B. ‚z' steht für ‚zehn'	„[…] Und wofür steht z?" – „(14 sec.) Zehn" – „Für zehn? (.) Warum zehn?" – „Weil zehn mit z anfängt (lacht)." (Lara, 4. Klasse)

Römische Zahl	Der Buchstabe stellt eine Zahl in römischer Schreibweise dar.	„Sollen das römisch soll das eine römische Zahl sein oder was? Dann hole ich meine Mappe, da habe ich nämlich römische Zahlen drin." (Jörn, 4. Klasse)
x = 1· x = 1	Der Buchstabe steht für den Wert 1.	„X plus null also x steht ja immer für eins, also ist das dann ja eins x." „also wenn, wenn ja, wenn x alleine steht, dann ist das immer eins, eins x." (Kea, 8. Klasse)

Während die ersten drei Deutungsmöglichkeiten häufig von Schülerinnen und Schülern der 4. Jahrgangsstufe vorgenommen werden, interpretieren die Achtklässlerinnen und Achtklässler die Buchstaben als Name für den Wert eins. SPECHT (ebd.) führt diese Deutung auf eine falsche Anwendung der Regel zum Weglassen des Multiplikationszeichens ‚x = 1x" zurück.

Die in der Literatur oft als Umkehrfehler bezeichneten Probleme bei der Formelaufstellung zu der auf Seite 23 dargestellten Studenten-Professoren-Aufgabe werden meist auf eine hartnäckige Fehlvorstellung bezüglich der verwendeten Variablen S und P zurückgeführt (vgl. MALLE 1983; 1993; BERTALAN 2007a; ROSNICK 1981). Diese werden von den Probanden häufig nicht als Variablen betrachtet, welche für die Anzahl an Studenten (S) steht, sondern als Objekte selbst (S für Studenten). Dies wiederspricht der *Objekt-Zahl-Konvention*, die besagt, dass „in der elementaren Algebra [...] Buchstaben nicht die zugrundeliegenden konkreten Objekte, sondern gewisse diesen Objekten zugeordnete Zahlen (bzw. Größen)" darstellen (MALLE 1993, 108). Folglich gelangen die Probanden dann zu der Formel $P=6S$ als Übersetzung der Information ‚*ein Professor entspricht* (=) 6 *Studenten*'. Bei einer solchen Auffassung von Variablen werden Buchstaben ähnlich Einheiten behandelt, für die eine Notationsweise in dieser Art völlig den Konventionen entspräche, wie sich beispielsweise an der Formel 1 dm = 10 cm nachvollziehen lässt. Eine solche inadäquate Deutung von Variablen als Objekte wird dadurch begünstigt, dass Buchstaben im Mathematikunterricht nicht ausschließlich als Variablen verwendet werden, sondern oftmals auch als Namen für Objekte genutzt werden. In der Geometrie stehen Buchstaben für Punkte, Geraden oder Seiten, ‚p' und ‚q' werden für Aussagen verwendet, ein ‚v' repräsentiert Vektoren oder ein ‚f' Funktionen (vgl. SPECHT 2009). Variablen, welche im Gegensatz zu anderen Buchstaben folglich eine spezifische Deutung erfahren müssen, werden im Unterricht aber nicht immer entsprechend gegenüber anderen Verwendungen abgegrenzt (vgl. MACGREGOR & STACEY 1997). BERTALAN (2007a) beschreibt, wie ein Einstieg in die elementare Algebra über die Geometrie diesen Deutungswechsel implizit lassen kann und weiterhin die Betrachtung von Variablen als Objekte ermöglicht:

„Es wird zum Beispiel die Berechnung des Flächeninhalts eines Rechtecks betrachtet und im Wesentlichen erläutert, dass man statt *Flächeninhalt = Länge · Breite* auch kürzer $A = l \cdot b$ schreiben könne. Werden die Variable l und b dabei als Abkürzungen für die Worte *Länge* und *Breite* eingeführt, so grenzt dieser Zugang den Begriff der Variable nicht vom rein abkürzenden Charakter der als Einheiten verwendeten Buchstaben ab. Die Einführung der Variable als Namen der Seiten des Rechtecks kann dazu führen, dass keine Ablösung vom konkreten Objekt erfolgt: in der Flächeninhaltsformel werden die Buchstaben l und b dann weiterhin mit den Seiten des Rechtecks selbst und nicht mit ihren Längen identifiziert." (BERTALAN 2007a, 29).

Die obigen Ausführungen zeigen auf, dass Variablen vielfältige Deutungsmöglichkeiten für Kinder besitzen, wenn diese im Unterricht noch nicht mit Variablen konfrontiert wurden. Auch der Mathematikunterricht trägt nicht immer dazu bei, ein entsprechendes Verständnis von Variablen zu entwickeln, da der besondere Charakter der Variablen oftmals nur implizit angesprochen und nicht genügend von anderer Verwendung von Buchstaben abgegrenzt wird (vgl. BERTALAN 2007a). Auch werden verschiedene Variablenkonzepte im Unterricht nicht immer unterschieden und es dominiert dann die den Schülerinnen und Schülern zugänglichere und leichter vermittelbare Unbekannte, während andere Variablenkonzepte nicht oder nur implizit eingeführt werden (HARPER 1987). Dies führt leicht dazu, dass die Lernenden nicht genug zwischen den verschiedenen Variablenkonzepten unterscheiden können (FUJII 2003).

Implizite Auffassungen von Variablen im Unterricht

Bei einer impliziten Einführung der verschiedenen Variablenkonzepte werden diese im weiteren Unterricht mit steigender Erfahrung im Umgang mit Variablen meist nicht zu tragfähigen Konzepten entwickelt. Lehrkräfte, die mit unverstandenen Buchstabenvariablen konfrontiert werden, greifen in Erklärungsnot auf kurze Erläuterungen für die jeweilige Bedeutung der Variablen zurück, um Schülerinnen und Schüler zur erfolgreichen Lösung der aktuellen Aufgabenstellung zu verhelfen. Einen guten Einblick in ein solches Unterrichtsgespräch in einer achten Jahrgangsstufe gibt RADFORD (1999, 92), in welchem die Lehrkraft den Lernenden die Variable als Unbestimmte mit der Erklärung „„n" is meant to be any number" näherbringen möchte.

Ausschnitt der Aufgabe und des Transkripts:
Observe the following pattern:

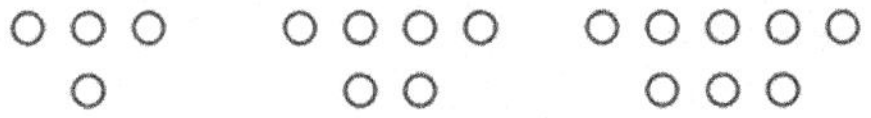

Fig. 1   Fig. 2   Fig. 3

c)   How many circles would the top row
     of figure number "n" have?

student 1: How many circles would the top row of figure 14 have? n is fourteen.
student 2: No it's not!
student 1: Yeah it is!
student 3: What is n? (*asking the teacher who coincidentally is walking by*)
student 2: (*talking to the teacher*) What is n? We do not know.
teacher: (*turning the page and reading the question aloud*) How many circles
     would the top row of figure number n have?
student 3: What is n?
student 1: n is fourteen because n is the fourteenth letter of the alphabet. Right?
student 2: (*counting aloud the letters that student 1 wrote on the table previously*)
     one, two three, four, five, six, seven, eight, nine, ten, eleven, twelve,
     thirteen, fourteen.

[…]

teacher: "n" is meant to be any number.
student 2: OK.
student 1: n is what?
teacher: Any number (*in the meantime student 3 comes back to question a.*)
student 1: I don't understand.
teacher: You don't understand?
student 1: No.
[…]
teacher: (*talking to student 3*) Do you understand what n is?
student 3: Which one? (*pointing to the figures on the sheet*) this, this or this?
teacher: It does not matter which one.
[…]
teacher: (*talking to student 2 after a long period in which the students re
     mained silent*) OK. There, do you have an idea what is n?
student 1: Fourteen.
teacher: It may be fourteen …
student 2: (*interrupting*) any number?
teacher: (*continuing the explanation*) … it may be 18, it may be 25…

> student 1: Oh! That can be any number?
> student 2: (*interrupting*) The number that we decide!
> student 1: OK then, (*taking the sheet*) OK, n can be ... uhh...
> student 2: Twelve.
> student 1: Yeah.
> teacher: But ... yeah. What were you going to write?
> student 1: 12.
> student 2: 12.
> [...]
> teacher: And if you leave it to say any number. How can we find ... how can
>   we find the number of circles for any term of the sequence (*making a
>   sign with the hands as if going from one term to the next*)
> student 2: Figure n? There is no figure n!
> student 1: (*talking to student 2*) He just explained it! N is whatever you want
>   it to be.
> student 2: (*talking when student 1 is still talking*) What is it?
> student 1: OK. Umm ... seven. (*writing on the sheet*)
> student 2: Not on top! It's seven circles (*taking the sheet and looking at the
>   figures*)
> student 1: Yeah! And in the bottom is 5 circles!
> student 2: (*writes the answer and starts reading the next question*) How many
>   circles would ... (*inaudible*) ... 12 circles (*writing the answer*).
>
> (RADFORD 1999, 91f)

Um die geforderte Anzahl der Punkte des n-ten Folgeglieds zu berechnen, deutet Schüler 1 den Buchstaben n direkt als Codierung des Zahlwertes 14 über die Position des Buchstaben n im Alphabet, was oben als typische Interpretation beschrieben wurde (vgl. Seite 27). Da der zweite Schüler diese Deutung bezweifelt, wird die Lehrkraft nach der Bedeutung des Zeichens gefragt. Diese spielt mit ihrer Erklärung auf die Bedeutung der Variablen als Unbestimmte an, indem sie betont, dass n jede beliebige Zahlen ‚sein' kann. In ihrer Frage „How can we find the number of circles for any term of the sequence', gibt sie später auch die Rolle der Variablen n an, die hier dazu dienen kann, eine allgemeine Formel zur Anzahlbestimmung einer beliebigen Figur aufzustellen. Die Schüler verstehen jedoch den verallgemeinernden Charakter der Variablen nicht entsprechend der Intention der Lehrkraft, sondern gehen nun davon aus, dass sie zur Lösung der Aufgabe eine beliebige Zahl auswählen können, die dann anstelle des Buchstaben n tritt. Damit verfolgt die Schülergruppe weiterhin die Beantwortung der Aufgabenstellung der konkreten Anzahlbestimmung und der Frage ‚how many circles'. Die Variable fungiert dem Verständnis der Schüler entsprechend hier nicht mehr als Platzhalter mit dem Ziel, die Allgemeinheit des Terms auszudrücken, und verliert somit ihren Unbestimmtencharakter.

Diese Unterrichtsszene zeigt auf, welche Schwierigkeiten im Mathematikunterricht bei der Aushandlung der Bedeutung von Buchstabenvariablen entstehen können, vor allem dann, wenn sich Lehrkräfte durch den täglichen Umgang mit Variablen nicht immer deren Bedeutungsvielfalt und somit auch nicht der Komplexität bewusst sind, die Variablen mit sich bringen (SPECHT 2009, 19). Vielmehr wird davon ausgegangen, dass der Hinweis, dass der Buchstabe n einen Platzhalter für beliebige Zahlen darstellt, ausreicht, um ein scheinbar bereits existierendes Variablenkonzept in Erinnerung zu rufen.

1.2.3 Der Bruch zwischen Arithmetik und Algebra

Bei der Suche nach Ursachen für die auftretenden Schwierigkeiten beim Erlernen der Algebra wird in vielen Forschungen festgestellt, dass sich der Weg von der Arithmetik der Grundschule in die Algebra voller Hürden und Umbrüche gestaltet. Die bestehende Kluft zwischen der Arithmetik als dem Rechnen mit Zahlen und der Algebra als dem Rechnen mit Buchstaben wird deshalb oftmals als ‚cognitive gap' oder ‚didactical cut' bezeichnet (vgl. HERSCOVICS & LINCHEVSKI 1994; SPECHT 2009). Eine Reihe von Schwierigkeiten im Algebraunterricht lässt sich darauf zurückführen, dass Lernende typische arithmetische Strategien oder Vorstellungen aktivieren und diese auf algebraische Aufgabenstellungen übertragen. Während Buchstabenvariablen in der Sekundarstufe als neue Zeichen an die Lernenden herangetragen werden, besitzen viele den Kindern bekannte Zeichen (z.B. das Gleichheitszeichen) in der Algebra eine veränderte – oftmals erweiterte – Bedeutung gegenüber ihrem früheren Gebrauch in der Arithmetik und bedürfen nun einer veränderten Interpretation. Die verschiedenen neuen Konzepte bezüglich alter und neuer Zeichen sind stark verflochten, denn viele Umdeutungen werden genau dann erforderlich, wenn Variablen im Mathematikunterricht eingeführt werden (CORTES ET AL. 1990). Die so entstehenden, in der Literatur thematisierten Schwierigkeiten der Schülerinnen und Schülern beim Übergang zwischen Arithmetik und Algebra werden in den folgenden Abschnitten skizziert.

Ergebnisfokussierung

Im Arithmetikunterricht machen Schülerinnen und Schüler die Erfahrung, dass das Ausführen einer Rechnung zu einem Ergebnis führt, welches durch einen numerischen Wert repräsentiert wird. In der Algebra hingegen führt das Anwenden von Operationen auf Terme oder Gleichungen oftmals wiederum zu algebraischen Ausdrücken oder es werden Gleichungen oder Formeln hergeleitet mit dem Ziel des Erhaltens eines solchen algebraischen Objekts (vgl. Professoren-Studenten-Aufgabe, vgl. S. 23). Wenn Lernende mit dieser neuen Form von Ergebnissen noch nicht vertraut sind, versuchen sie oft auf unterschiedlichste Weise, ein numerisches Ergebnis zu erhalten. So berichtet BOOTH (1988), dass Lernende bei der unten abgebildeten Aufgabe (vgl. Abb. 1.5) zwar den Term *2n* aufstellen, ihn dann aber nicht als Lösung akzeptieren wollen, da er keine numerische Länge angibt.

What can you write for the perimeter of this shape:
Part of the shape is not drawn.
There are *n* sides altogether, each of length 2.

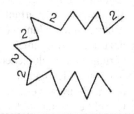

Abbildung 1.5: Aufgabe zum Aufstellen eines Terms aus der Untersuchung von BOOTH (1988, 23)

Operationszeichen als Handlungsaufforderung

Operationszeichen verändern im Übergang von der Arithmetik zur Algebra ihre Bedeutung, da sie im Term plötzlich zu Bestandteilen eines Zahlnamens werden. Während sie in der Arithmetik noch als „Aktionszeichen", also als Aufforderung zu Handlungen interpretiert werden, müssen die Lernenden in der Algebra solche Handlungsaufforderer nun als Teil eines Ergebnisses bzw. eines algebraischen Objekts akzeptieren. MALLE (1993) beobachtet, dass Schülerinnen und Schülern eine Auffassung des Terms ‚x+3' als unbestimmte Zahl schwerfällt und es dann zu folgender Argumentation kommt: „Wie kann ich 3 zu x addieren, wenn ich nicht weiß, wie groß x ist?" Nicht selten führt das Unverständnis über eine solch unfertige Rechnung dazu, dass die Kinder „irgendwelche sich anbietende Rechenhandlungen durchführen", um zu einem akzeptablen Endergebnis zu gelangen (MALLE 1993, 137). Die Auffassung von Operationszeichen als Handlungsaufforderungen wird ebenso als Grund dafür gesehen, dass viele Lernende bei Termen wie ‚a+b' oder ‚2x+5y' das Operationszeichen eliminieren möchten, um zu dem vereinfachten Ergebnis ‚ab' bzw. ‚7xy' zu gelangen (vgl. BOOTH 1988).

Gleichheitszeichen als Aufgabe-Ergebnis-Trennung

Die Veränderungen der Bedeutungen des Gleichheitszeichens beim Übergang von der Arithmetik zur Algebra werden in der Literatur schon seit längerem thematisiert (KIERAN 1981; KIERAN 1992; MALLE 1993; WINTER 1982; CORTES ET AL. 1990). In der Grundschulzeit wird das Gleichheitszeichen in der Arithmetik beim Ausführen von Rechenoperationen als Zeichen zur Trennung zwischen Aufgabe und Ergebnis eingesetzt, was auch als ‚Aufgabe-Ergebnis-Deutung' bezeichnet wird. CORTES ET AL. (1990, 28) vergleichen diese Verwendung des Gleichheitszeichens mit der Taste „=" auf dem Taschenrechner, die bei Betätigung das Ergebnis der eingegebenen Rechnung anzeigt. WINTER (1982) erläutert diese Deutung des Gleichheitszeichens am Beispiel der Addition:

> „Die Aufgabe-Ergebnis-Deutung einer Gleichung (eines Rechensatzes) erscheint insofern ganz natürlich, als sie den zeitlichen Weg des Denkens und auch des damit verbundenen praktischen Handelns Stück für Stück räumlich nachzeichnet: Man hat z.B. 7 Gegenstände, fügt noch 4 weitere Gegenstände dazu und hat nunmehr zusammen 11 Gegenstände. In 7+4 steckt die Aufforderung zum praktischen Handeln (Zufügen, Zusammenfügen, Zusammentun, o.ä. mit realen Gegenständen) oder doch wenigstens zum Weiterzählen (von 7 aus noch um 4 weiter), und in 11 wird das Ergebnis des Handelns notiert. Das Gleichheitszeichen dazwischen scheidet zunächst einmal nur die Niederschrift des Handlungsbefehls von der des Handlungsergebnisses. Es sondert sozusagen das Gegebene vom Gesuchten, das Frühere vom Späteren, den Anfangszustand vom Endzustand." (WINTER 1982, 186).

Diese Auffassung des Gleichheitszeichens lässt die oft bei Lernenden festzustellenden Kettengleichungen, wie beispielsweise 26+8=34+12=46+23=69 als Rechnung für die Addition der Summanden 26, 8, 12 und 23 entstehen (vgl. KIERAN 1981). Beim Vergleich von amerikanischen Schulbüchern stellen McNEIL ET AL. (2006) fest, dass diese besonders häufig die Aufgabe-Ergebnis-Deutung des Gleichheitszeichens nahelegen. Während für viele Kontexte des Arithmetikunterrichts eine Deutung des Gleichheitszeichens als Aufgabe-Ergebnis-Trennung ausreichend für eine Bewältigung der Aufgaben ist, tritt mit der Einführung von Variablen das den Kindern scheinbar so vertraute Zeichen nun in vielfältigen neuen Situationen mit ganz unterschiedlichen Bedeutungen auf (vgl. SIEBEL 2005). PREDIGER (2007, 92) gibt folgende Übersicht über die verschiedenen Interpretationsmöglichkeiten des Gleichheitszeichens:

- Operationszeichen (Aufgabe-Ergebnis-Deutung)
- Relationszeichen:
  - arithmetische, aber symmetrisch verstandene Gleichheit
  - Bestimmungsgleichung
    (Gleichheit als Bedingung für Unbekannte)
  - allgemeine Formeln im Sachzusammenhang
    (inhaltliche Gleichheit)
  - Äquivalenz gleichwertiger Terme (formale Gleichheit)
- Setzungszeichen (Definition)

Im Gegensatz zur Aufgabe-Ergebnis-Deutung, welche stets eine Lese-Richtung von links nach rechts erfordert und damit eine asymmetrische Beziehung zwischen den beiden Seiten des Gleichheitszeichens herstellt, treten mit der Nutzung des Zeichens als Relationszeichens auch die neuen Eigenschaften der Symmetrie und der Transitivität[5] auf (KIERAN 1992). Dabei lassen sich je nach Kontext verschiedene Facetten des Relationszeichens finden. So kann es im arithmetischen Kontext eine Gleichwertigkeit der Ausdrücke auf den beiden Seiten des Gleichheitszeichens beschreiben (z.B. $54 = 19 + 35$), während es in einer Bestimmungsgleichung (wie beispielsweise $x^2 + x - 6 = 0$, in der eine Unbekannte gesucht wird, welche die Gleichung erfüllt) die Gleichheit als Bedingung fordert. In Formeln geben Relationszeichen eine allgemeingültige Gleichheit in einem spezifischen Sachzusammenhang an, sodass eine gesuchte Größe (auf der linken Seite) durch den angegebenen Term (auf der rechten Seite) bestimmt werden kann. Schließlich kann das Gleichheitszeichen im algebraischen Kontext ebenso auf die formale Gleichwertigkeit verweisen, die aussagt, dass zwei algebraische Ausdrücke durch Umformung ineinander überführt werden können. Eine andere Bedeutung trägt das Gleichheitszeichen als Setzungszeichen in funktionalen Zusammenhängen, in welchen es eine Zuordnung zwischen x- und y-Wert angibt, also eine definierende Funktion hat.

Die Schwierigkeit der vielfältigen Bedeutungen des Gleichheitszeichens, die mit dem Beginn des Algebraunterrichts unumgänglich werden, liegt nicht nur im Aufbau des Verständnisses der verschiedenen Deutungsweisen, sondern ebenfalls darin, dass in vielen Situationen ein flexibler Wechsel zwischen unterschiedlichen Interpretationsmöglichkeiten (oftmals innerhalb einer Aufgabe) nötig ist (PREDIGER 2007). Wenn Schülerinnen und Schüler beim Gleichungslösen nicht über ein angemessenes Gleichungskonzept verfügen, resultiert dies dann gegebenenfalls im blinden Anwenden der Regel „Change Side – Change Sign" (KIERAN 1992, 400), anstelle eines Verständnisses, dass auf beiden Seiten des Gleichheitszeichens die gleiche Operation durchgeführt werden muss, um die bestehende Gleichheit aufrecht zu erhalten.

1.3 Weiterführende Forschungsinteressen

Eine Zusammenführung der Ausführungen der Kapitel 1.1 und 1.2 verdeutlicht die Bedeutsamkeit des verständigen Umgangs mit Variablen und des Aufbaus von Variablenkonzepten für den Mathematikunterricht und für die mathematikdidaktische Forschung. Sie zeigt auf, dass Variablen und Variablenkonzepte fundamental für die elementare Algebra und somit für den Mathematikunterricht der Sekundarstufen sind, Schülerinnen und Schüler aber oft nur ein unzureichendes Verständnis aufbauen. Mangelnde Variablenkonzepte können fatale Folgen für

---

[5] Als typisches Beispiel sei hier das Gleichsetzungsverfahren zum Lösen von Gleichungssystemen genannt.

die Lernenden haben, da sie nicht nur in der elementaren Algebra eine besondere Rolle spielen, sondern die Algebra wiederum bedeutsam für den gesamten weiteren Mathematikunterricht ist. Die besondere Bedeutung erhalten Variablen einerseits als Teil der Formalisierung in der algebraischen Sprache (Kapitel 1.1.2.1), mit welcher in der Mathematik kommuniziert, argumentiert oder dargestellt wird, andererseits aber auch als Werkzeug für mathematische Prozesse, da Variablen zum Mathematiktreiben auf allgemeiner Ebene befähigen (Kapitel 1.1.2.2). Ein mangelndes inhaltliches Verständnis von Variablen beeinflusst folglich jegliches Lernen im Mathematikunterricht, da Variablen dort allgegenwärtig sind und zudem oftmals auch von den Lernenden gefordert wird, flexibel zwischen verschiedenen Variablenaspekten zu wechseln und zu erkennen, welche Variablenauffassung dem Kontext entsprechend angemessen ist (vgl. SPECHT 2009, 37).

Dabei ist ein umfassend ausgebautes Variablenverständnis natürlich kein Garant für die Beherrschung der verschiedenen Fähig- und Fertigkeiten, die in der elementaren Algebra nötig sind. In Kapitel 1.2 wurde vielmehr aufgezeigt, dass die Hürden, welche Kinder auf dem Weg von der Arithmetik zur Algebra überwinden müssen, vielschichtiger Natur sind. Die verschiedenen neuen Konzepte sind stark verflochten. So beschreiben CORTES ET AL. (1990), dass Variablen nicht nur gleichzeitig mit den veränderten Bedeutungen des Gleichheitszeichens auftreten, sondern sich die Entwicklungen der beiden Begriffe gegenseitig bedingen und einander in neuem Licht erscheinen lassen. Wenngleich also Lösungsansätze für die Schwierigkeiten der Schülerinnen und Schüler mit der elementaren Algebra nicht auf einen Aspekt reduziert werden dürfen, sind die verschiedenen Begriffe der elementaren Algebra dennoch so vielschichtig, dass ihnen in der Forschung nicht immer gleichzeitig begegnet werden kann und sich Forschungsarbeiten meist sinnvollerweise auf den einen oder anderen Aspekt der Algebra konzentrieren. Variablen wurden in Kapitel 1.1 als fundamentaler Bestandteil der elementaren Algebra herausgestellt. Es wird deshalb hier davon ausgegangen, dass ein verständiger Umgang mit Variablen eine Grundvoraussetzung für viele Lernprozesse in der elementaren Algebra darstellt und der Aufbau von Variablenkonzepten somit ein besonderes Augenmerk in der mathematikdidaktischen Forschung verdient.

In diesem Kapitel wurde dargelegt, wie das Spannungsverhältnis zwischen Bedeutung und Schwierigkeiten der Variablen in der elementaren Algebra den Aufbau von tragfähigen Variablenkonzepten zu einer wichtigen und ebenso herausfordernden Aufgabe für Mathematikunterricht und Forschung werden lässt. So ist es nicht verwunderlich, dass sich die mathematikdidaktische Forschung seit geraumer Zeit darum bemüht, die Ursachen aufzuspüren, die für die Verständnisschwierigkeiten der Lernenden verantwortlich sind. Ausgiebig hat man sich bereits damit beschäftigt, Schwierigkeiten im Verständnis und im Umgangs mit

Variablen zu untersuchen (vgl. Kapitel 1.2; KIERAN 1992). Dass das Wissen um die Probleme der Schülerinnen und Schüler jedoch nicht automatisch eine Verbesserung der Situation hervorruft, zeigen KÜCHEMANN ET AL. (2011) eindrucksvoll auf, wenn sie beschreiben, dass die Leistungen der britischen Sekundarstufenschüler sich heute im Vergleich zur Studie vor etwa 30 Jahren (KÜCHEMANN 1978) unwesentlich verbessert haben.

Zwei zusammenhängende Forschungsfelder

Ebenso wichtig und längst nicht so hinreichend ausgearbeitet ist auch eine Analyse des bestehenden Unterrichts der elementaren Algebra hinsichtlich seiner Möglichkeiten und Grenzen sowie die *Entwicklung und Erforschung von neuen Unterrichtskulturen, Aufgaben und Lernkontexten*, die eine Verbesserung der jetzigen Situation erzielen, also die Entwicklung tragfähiger Variablenkonzepte fördern und die insbesondere die Kluft zwischen Arithmetik und Algebra verkleinern.

Eng verbunden mit der Entwicklung und Erforschung von Lerngelegenheiten ist die *Erforschung von Lern- und Denkprozessen* der Schülerinnen und Schüler beim Aufbau von Variablenkonzepten. Forschungen, die sich dieser Frage annehmen (vgl. BERTALAN 2007a; 2007b; MELZIG 2010; BERLIN 2007; 2010b), versuchen Lern- und Begriffsbildungsprozesse von Lernenden beim Aufbau von tragfähigen Variablenkonzepten nachzuzeichnen. Sie beobachten aus kompetenzorientierter Perspektive (vgl. Kapitel 3), wie Schülerinnen und Schüler Variablen im Rahmen von Lernumgebungen interpretieren und verwenden und ermitteln auf diese Weise Lerngelegenheiten für den Aufbau von Variablenkonzepten und ebenso auftretende Hürden im Lernprozess.

Diese beiden hier dargestellten Forschungsfelder (die Erforschung von *Lernprozessen* und *Lernkontexten*) sind nicht nur gleichermaßen von Bedeutung für die Entwicklung von Variablenkonzepten, sondern auch eng miteinander verflochten (vgl. Kapitel 3.1). Ihnen kann nicht einzeln begegnet werden, da sich einerseits Entwicklungsprozesse immer nur in einem bestimmten Rahmen (einem Lernkontext) beobachten lassen und andererseits eine Entwicklung und Erforschung von Lerngelegenheiten stets eine Erkundung der Lern- und Denkwege von Kindern impliziert.

Nachdem im folgenden Kapitel 2 zunächst die lerntheoretischen Grundlagen beschrieben werden, die den Rahmen dieser Arbeit konstituieren, werden darauf aufbauend in Kapitel 3 die hier herausgestellten Forschungsinteressen erneut aufgegriffen. Unter Rückgriff auf das genetische Prinzip wird aufgezeigt, in welcher Weise die vorliegende Arbeit der untrennbaren Verknüpfung der dargestellten Forschungsfelder und damit auch dem aufgezeigten Spannungsverhältnis zwischen der Bedeutung von Variablen und den Schwierigkeiten der Lernenden begegnet.

2 Lerntheoretische Grundlagen

Im vorherigen Kapitel wurde die Diskrepanz zwischen der Bedeutung von Variablen in der elementaren Algebra und im gesamten Mathematikunterricht der Sekundarstufen einerseits und den erheblichen Schwierigkeiten beim Verständnis und im Umgang mit Variablen von Lernenden andererseits beschrieben. Aus diesem Spannungsverhältnis wurden Forschungsinteressen bezüglich des Aufbaus von Variablenkonzepten[6] herausgestellt, mit welchem sich die vorliegende Arbeit beschäftigt.

Bei einem Forschungsvorhaben, welches sich mit der Entwicklung des Variablenbegriffs befasst, ist es von zentraler Bedeutung zu klären, wie Begriffsentwicklung lerntheoretisch verstanden und schließlich auch beobachtet werden kann. In Kapitel 2 werden deshalb die lerntheoretischen Positionen dargelegt, welche dieser Arbeit zugrunde liegen. Nachdem eine konstruktivistische Sichtweise auf das Lernen und den Erwerb von Begriffen eingenommen wird (Kapitel 2.1), soll anschließend darauf aufbauend das für diese Arbeit genutzte Verständnis von Begriffen und Begriffsentwicklung beschrieben werden (Kapitel 2.2), auf das bei der empirischen Untersuchung zurückgegriffen wird, um Begriffsentwicklung identifizieren und aufzeigen zu können. Als Grundlage dient der vorliegenden Arbeit die Theorie zur Konstruktion mathematischen Wissens von STEINBRING (2005), die sowohl eine theoretische Fundierung für die Auseinandersetzung mit Variablenkonzepten bietet als auch ein Analyseinstrument für die in der Arbeit erforschten Begriffsbildungsprozesse bereitstellt. Damit stellen diese Teile des zweiten Kapitels zugleich auch einen Vorgriff auf das methodologische Vorgehen dieser Arbeit dar, welches in Kapitel 5 dargelegt wird.

In Kapitel 2.3 werden schließlich die lerntheoretischen Anhaltspunkte für die Auseinandersetzung mit der Entwicklung von Variablenkonzepten zusammengefasst und die daraus entstehenden Konsequenzen für das Forschungsinteresse dieser Arbeit herausgestellt.

---

[6] Der Begriff Variablenkonzepte bezieht sich auf die in Kapitel 1.1 herausgearbeiteten Facetten des Variablenbegriffs.

2.1 Begriffsentwicklung aus konstruktivistischer Perspektive

„Bei lehrbuchartigem, dozierendem Unterricht wird in aller Regel nicht lange gefackelt: Man gibt eine explizite Definition, erläutert sie durch Beispiele und Gegenbeispiele, verkündet, daß die Konvexität[7] aus diesem und jenem Grunde wichtig oder interessant ist und geht dann rasch zu Sätzen und ihren Beweisen über. Diese ökonomische Vorgehensweise ermöglicht nach aller Erfahrung nur einer Minderheit hochmotivierter und überdurchschnittlich geübter Schüler/Studenten ein effektives Lernen. In allgemeinbildenden Schulen müssen wir uns jedenfalls um einen Zugang bemühen, der sowohl maximale Eigeninitiative begünstigt als auch die Bedeutungshaltigkeit des zu erwerbenden Begriffs von vornherein erkennen lässt" (WINTER 1983, 177).

Die Forderung nach ‚maximaler Eigeninitiative‘, die WINTER hier für die Begriffsbildung 1983 formulierte, hat sich mittlerweile unter den Namen ‚aktiventdeckendes Lernen‘ als grundlegendes didaktisches Prinzip für den Mathematikunterricht herausgebildet. Mit seinem Einzug in die Lehrpläne in den Achtzigern führte das aktiv-entdeckende Lernen zu einem Paradigmenwechsel im Mathematikunterricht, der die Gestaltung von Lehr- und Lernprozessen in allen Jahrgangsstufen durchzog (WITTMANN 1990). Im Zentrum steht hierbei die veränderte Sichtweise auf *Lernen als aktiven Konstruktionsprozess*, welche passivistische Positionen des *Lernens als Abbilden* und des *Lernens in kleinen und kleinsten Schritten* ablöst (vgl. MALLE 1993, 32; WITTMANN 1990).

Passivistische Lerntheorien verstehen Schüler als passive Objekte der Belehrung und sprechen den Lehrkräften eine aktive Rolle in der „dosierten Vermittlung und Einübung linear („vom Leichten zum Schweren") aufgereihter Wissenselemente und Fertigkeiten sowie in der möglichst vollständigen Kontrolle des Lernfortschritts hinsichtlich einer immer besseren Anpassung des Istzustands an den Sollzustand" (WITTMANN 1988, 339) zu. Das aktiv-entdeckende Lernen geht im Gegensatz dazu davon aus, „daß Wissenserwerb, Erkenntnisfortschritt und die Ertüchtigung in Problemlösefähigkeiten nicht schon durch Information von außen geschieht, sondern durch eigenes aktives Handeln unter Rekurs auf die schon vorhandene kognitive Struktur, allerdings in der Regel angeregt und somit erst ermöglicht durch äußere Impulse." (WINTER 1989, 2).

---

[7]   Winter führt seine Gedanken an dem Beispiel des Begriffs der Konvexität aus. Konvexität steht also hier stellvertretend für Begriffe.

Mit diesem neuen Verständnis des Lernens geht eine neue Rollenverteilung zwischen Lehrer und Schüler einher, die WINTER (1984b, 26) der alten Lehrerrolle in Tabelle 2.1 gegenüberstellt.

Tabelle 2.1: Die veränderte Rolle des Lehrers im aktiv-entdeckenden Lernen nach WINTER (1984b, 26)

Lernen durch gelenkte Entdeckung	Lernen durch Belehrung
Lehrer bietet herausfordernde, lebensnahe und relativ reich strukturierte Situation an.	(durch „didaktische Exposition") Lehrer gibt das Lernziel möglichst eng im Stoffkontext an.
Lehrer ermuntert die Schüler zum Beobachten, Erkunden, Probieren, Vermuten, Fragen.	Lehrer erarbeitet den neuen Stoff durch Darbietung oder gelenktes Unterrichtsgespräch.
Lehrer gibt Hilfen als Hilfen zum Selbstfinden.	Lehrer gibt Hilfen als Hilfen zur Produktion der gewünschten Antwort.
Lehrer versucht, die allgemeine Bedeutung des Lernstoffes zu erhellen, an zentraler Stelle stehen Ideen und Fähigkeiten.	Lehrer beschränkt sich vorwiegend auf die innermathematische Einordnung des Stoffes, an zentraler Stelle stehen Techniken und Fertigkeiten.
Lehrer setzt auf die Neugier und den Wissensdrang der Schüler.	Lehrer setzt auf seine Methoden der Vermittlung.
Lehrer betrachtet die Schüler als Mitverantwortliche im Lernprozeß.	Lehrer neigt dazu, allein die Verantwortung zu tragen.
Lehrer ist bestrebt, die Schüler zur Eigenkontrolle von Lösungsansätzen zu bringen.	Lehrer bewertet allein Lösungsvorschläge und qualifiziert allein Schülerbeiträge.
Lehrer versteht sich als erziehende Persönlichkeit und fühlt sich für die Gesamtentwicklung der Schüler verantwortlich.	Lehrer versteht sich hauptsächlich als Instrukteur, als Vermittler von Stoff.
Lehrer fördert auch intuitive Handlungsweisen (praktisches Handeln, Anschauen, plausibles Schließen usw.) und den muttersprachlichen Ausdruck.	Lehrer tendiert zur möglichst raschen Abkopplung von intuitiven Handlungsweisen und zum frühzeitigen Gebrauch von Fachsprache.
Lehrer versucht, dem Beziehungsreichtum mathematischer Sachverhalte Rechnung zu tragen.	Lehrer sortiert den Stoff in kleine Lernschritte vor und betont eher Seperationen und Isolationen der Inhalte voneinander.
Lehrer thematisiert das Lernen und macht Strategien zum Lösen von Problemen und zum Einordnen und Behalten von Lerninhalten bewußt.	Lehrer vermeidet Reflexionen über das Lösen von Problemen und das Lernen, er unterrichtet naiv.

Zurückgeführt werden diese unterschiedlichen Konzeptionen des Lernens (*als Abbilden* oder *als Konstruieren*) auf verschiedene zugrundeliegende Lerntheorien, auch wenn PREDIGER (2004) herausstellt, dass sich das aktiv-entdeckende Lernen zunächst auf präskriptiver Ebene (*Wie sollte Lernen organisiert werden?*) und erst später auf deskriptiver Ebene (*Wie funktioniert Lernen?*) entwickelte. So findet man Ansätze des aktiv-entdeckenden Lernens für den Mathematikunterricht bereits 1916 in KÜHNELS „Neubau des Rechenunterrichts" (1950), in welchem er für den eigenständigen Erwerb von mathematischen Fähig- und Fertigkeiten plädiert unter anderem mit der vielzitierten Forderung „Nicht Leitung und Rezeptivität, sondern Organisation und Aktivität" (KÜHNEL 1950,70), welche heute den Begriff des aktiv-entdeckenden Lernens prägt. Erst mit der Verbreitung konstruktivistischer Ansätze (vor allem durch die Arbeiten PIAGETS (2003), die den Behaviorismus (SKINNER 1958; 1965) und sein Verständnis von Lernen als Abfolge von Reiz-Reaktionsprozessen verdrängten (GLASERSFELD 1997), konnte sich das aktiv-entdeckende Lernen auch lernpsychologisch einordnen (PREDIGER 2004, 127). Die Forderungen des aktiv-entdeckenden Lernens, dass mathematisches Wissen aktiv erarbeitet und mathematische Begriffe eigentätig entdeckt werden müssen, so wie sie in Forschung und Praxis Konsens gefunden haben, finden eine Argumentationsgrundlage in dem Verständnis von Lernen als einem aktiven Konstruktionsprozess.

Konstruktivistische Ansätze sind zu verschiedenen Ausprägungen erwachsen, die sich vor allem darin unterscheiden, ob sie die Konstruktion des Wissens eher als Prozess im einzelnen Individuum oder in der Gesellschaft und in Kommunikation mit anderen, also sozial-konstituiert, verstehen (COBB & BAUERSFELD 1995).

Als Vertreter des ‚radikalen Konstruktivismus' fokussiert beispielsweise GLASERSFELD (1997) die Gebundenheit jeglicher Erkenntnis an das Subjekt. Da Realität durch individuelle Konstruktion des Individuums entsteht, ist keine objektive, vom Subjekt unabhängige Wahrnehmung von Realität außerhalb des erkennenden Subjektes möglich. Somit kann Wissen auch im Unterricht nicht durch die Lehrkraft vermittelt oder vom Schüler wahrgenommen werden, sondern kann nur vom Individuum aktiv für sich selbst konstruiert werden (GLASERSFELD 1997).

Kritisiert wird an dieser radikal-konstruktivistischen Position heute im Allgemeinen, dass sie die soziale Dimension der Erkenntnis und Erkenntnisaushandlungen nicht angemessen berücksichtigt (ERNEST 1991, ERNEST 1994), wobei GLASERSFELD (1997) selbst Einwände dieser Art als unbegründet zurückweist. Vertreter des ‚sozialen Konstruktivismus' verstehen Lernen als soziale Wissenskonstruktion, wobei auch diese Positionen sich wiederum unterscheiden, je nachdem, ob sie die eine radikal-konstruktivistische Grundlage um die Dimension der Sprache erweitern (d.h. durch Sprache wird das individuell konstruierte Wissen auf Viabilität geprüft (GLASERSFELD 1997)) oder sich an VYGOTSKY (1978) orientieren, der davon ausgeht, dass jegliches Denken aufgrund der Gebundenheit an Sprache von sozialer Natur ist (ERNEST 1994; SFARD 2008).

COBB & BAUERSFELD (1995, 8) betonen, dass es sich aufgrund der gemeinsamen konstruktivistischen Grundlage nicht um grundsätzlich gegensätzliche Auffassungen handelt, sondern der Grad zwischen *collectivism* und *individualism* je nach Forschungsinteresse fließend ist.

„When the focus is on the individual, the sociol fades into the background, and vice versa. Further, the emphasis given to one perspective or the other depends on the issues and purposes at hand."

Kontextbedeutung im Konstruktivismus

Mit der konstruktivistischen Sichtweise auf Lernen ergeben sich selbstverständlich auch neue Anforderungen an den Mathematikunterricht, an die Lehrtätigkeit und die Aufgabenkultur.

„Wenn Wissen stets eine individuelle Konstruktion und Lernen ein aktiver, konstruktiver Prozess in einem bestimmten Handlungskontext ist, muss die Lernumgebung den Lernenden Situationen anbieten, in denen eigene Konstruktionsleistungen möglich sind und kontextgebunden gelernt werden kann." (REINMANN-ROTHMEIER & MANDEL 2006, 626)

Solche Betrachtungen betonen die Rolle von Lernumgebungen und Unterrichtsformen, die konstruktivistische Begriffsbildung ermöglichen, für den Lernprozess. Aufgabe des Mathematikunterrichts ist es, Lernumgebungen bereitzustellen, die eine Konstruktion von Begriffen anregen und eine Unterrichtskultur zu schaffen, die konstruktive Begriffsbildung unterstützt.

HUSSMANN (2001) zeigt diesbezüglich in einer Studie am Beispiel der Integralrechnung auf, dass Schülerinnen und Schüler bei geeigneten Lernumgebungen in der Lage sind, auch komplexe mathematische Begriffe selbstständig zu konstruieren und diese Konstruktionsprozesse bei Motivation durch die Lernumgebung keiner belehrenden Eingriffe durch die Lehrperson bedürfen. Durch einen Vergleich traditioneller Unterrichtsmethoden mit dem Einsatz von Lernumgebungen, die dem konstruktivistischen Standpunkt entgegenkommen, zeigt die Studie ebenfalls ein tieferes Verständnis der selbst konstruierten Begriffe, welche den curricularen Ansprüchen vollständig genügen.

Mit dem Begriff *guided reinvention* betont FREUDENTHAL (1991), dass Schülerinnen und Schüler in ihrem Konstruktionsprozess weder allein gelassen werden dürfen, noch von ihnen ein vollständiges Nach-Erfinden des historisch gewachsenen mathematischen Wissens verlangt werden kann. Vielmehr erfinden die Lernenden die Begriffe im Mathematikunterricht unter veränderten Bedingungen und der Lernprozess muss von der Lehrkraft organisiert und begleitet werden. Dies macht es möglich, dass alle Kinder auf unterschiedlichem Niveau ein Stück des Nacherfindungsprozesses wahrnehmen können, was nicht nur motivationsfördernd wirkt, sondern auch den Charakter der Mathematik als Tätigkeit erleben lässt. Im Unterricht sind dann folglich Situationen herbeizuführen, in denen – bezogen auf die Einführung von Variablen – die Notwendigkeit für die symbolische Sprache so deutlich empfunden wird, dass ein Wiedererfinden angeregt wird.

Vor dem hier ausgebreiteten konstruktivistischem Hintergrund lassen sich in dem obigen Zitat von WINTER (1983) (siehe S. 40) zwei Forderungen erkennen, denen Begriffsbildung im Mathematikunterricht genügen muss:

- Wenn Begriffsbildung der konstruktivistischen Sichtweise auf Lernen (dem aktiv-entdeckendem Lernen) gerecht werden will, so müssen Begriffe eigentätig entdeckt werden.

- Dieser Konstruktionsprozess von Begriffen muss in sinnstiftende Kontexte eingebettet sein, sodass Schülerinnen und Schüler von Beginn des Lernprozesses an Transparenz über die Bedeutung des Begriffs erhalten.

DEWEY (1974) macht eben die Vernachlässigung eines konstruktivistischen, sinnstiftenden Begriffsaufbaus für das in Kapitel 1.2 dargestellte mangelnde Symbolverständnis verantwortlich, wenn er schreibt

„A symbol which is induced from without, which has not been led up to in preliminary activity, is, as we say, a bare or mere symbol; it is dead and barren. [...] It condemns the fact to be a hieroglyph: it would mean something if one only had the key. The clue being lacking, it remains an idle curiosity, to fret and obstruct the mind, a dead weight to burden it" (DEWEY 1974, 24f).

2.2 Begriffsentwicklung aus epistemologischer Perspektive

Um Begriffsbildungsprozesse vor dem in Kapitel 2.1 beschriebenen Hintergrund lerntheoretisch zu fassen, wird in der vorliegenden Arbeit auf die Theorie zur Konstruktion mathematischen Wissens von STEINBRING (2005) zurückgegriffen, welche sowohl die Bedeutung der individuellen Konstruktion der Lernenden als auch die Bedeutung der Interaktion berücksichtigt.

Die von STEINBRING (2005) eingenommene epistemologische Sichtweise auf Lernprozesse greift das Verständnis von einer Entwicklung mathematischer Bedeutung als soziale Konstruktion auf, wie es in der Interaktionsforschung beschrieben wird (NAUJOK ET AL. 2008; VOIGT 1984). Der Interaktionismus versteht mathematisches Wissen als intersubjektiv konstruiert, indem „mathematische Bedeutungen von Individuen subjektiv konstruiert und zwischen ihnen sozial konstituiert" werden." (VOIGT 1995, 154). Eine zentrale Rolle spielt dabei die Aushandlung von Bedeutung in der Interaktion, die Intersubjektivität entstehen lässt (VOIGT 1991) und deren Nachvollzug aus interaktionistischer Perspektive eine Erforschung von Interaktionsmustern und die diesen zugehörigen Elementen (wie beispielsweise Rahmungen (KRUMMHEUER 1984), Partizipationsformen (KRUMMHEUER & BRANDT 2001), Routinen (VOIGT 1984) usw.) ermöglicht (KRUMMHEUER & VOIGT 1991, 18). Forschung richtet sich im Interaktionismus deshalb vor allem auf die Unterrichtskommunikation als Forschungsgegenstand und versteht sie nicht wie konstruktivistische Ansätze nur als Medium der Wissensaushandlung (SIERPINSKA 1998, KRUMMHEUER & BRANDT 2001, 15).

Eine epistemologische Sichtweise auf die in der Interaktion stattfindenden Lernprozesse erweitert die beschriebene interaktionistische Perspektive, indem sie individuelle Deutungen der Lernenden in den Blick nimmt und sich so ebenfalls der subjektiven Wissenskonstruktion in der Interaktion widmet (STEINBRING 1998a). Eine Verbindung zwischen individual-psychologischer und kollektivistischer Perspektive, also subjektiver Konstruktion von Wissen und Aushandlung von Bedeutung in der Interaktion schafft STEINBRING, indem er auf LUHMANNS (1997) Begriff der Kommunikation zurückgreift (Kapitel 2.2.1; STEINBRING 2000b). Zusätzlich steht im Zentrum Steinbrings Theorie ebenso die spezifische Natur und damit epistemologische Besonderheit mathematischer Begriffe, die in Kapitel 2.2.2 ausgeführt wird.

2.2.1 Der besondere Charakter von Kommunikation

LUHMANN (1997) macht in seiner Beschreibung sozialer Systeme auf das Problem aufmerksam, dass das soziale System und das psychische System zunächst zwei völlig getrennte Systeme sind. So ist insbesondere Kommunikation ein autopoietisches System, welches sich selbst reproduziert, sodass Kommunikation ausschließlich auf Kommunikation beruht und wiederum Kommunikation erzeugt (BARALDI ET AL. 1997). Das psychische System hingegen beruht ausschließlich auf Bewusstheit (STEINBRING 2009). „Ein soziales System kann nicht denken, ein psychisches System kann nicht kommunizieren." (LUHMANN 1997, zitiert nach STEINBRING 2009, 108). Dennoch bedingen sich beide Systeme und bilden „wechselseitig eine »Portion notwendiger Umwelt«: Ohne Teilnahme von Bewußtseinssystemen gibt es keine Kommunikation, und ohne Teilnahme an Kommunikation gibt es keine Entwicklung des Bewußtseins" (BARALDI ET AL. 1997, 86), was aufzeigt, dass sich Kommunikation nur unter der Teilnahme von psychischen Systemen entwickelt und die Entwicklung des psychischen Systems ebenso den Rahmen der Kommunikation erfordert. Um diese wechselseitige Interdependenz zu erklären, bezieht LUHMANN (1997) sich auf SAUSSURES Beschreibung des sprachlichen Zeichens (SAUSSURE 2001; 1997).

SAUSSURE (1997; 2001) beschreibt das sprachliche Zeichen (signe, später sème) als Einheit seines Lautbildes (signifiant, später Aposème – meist übersetzt mit *Bezeichnendes*) und seiner bedeutungtragenden Seite (signifié, später Parasème – meist übersetzt mit *Bezeichnetes*). Die beiden Seiten prägen das Zeichen und sind untrennbar miteinander verbunden. So existiert das Zeichen nicht als bloße Zusammensetzung zweier unabhängiger Teile, sondern als Vereinigung aller semantischen und lautsprachlichen Aspekte (Abb. 2.1).

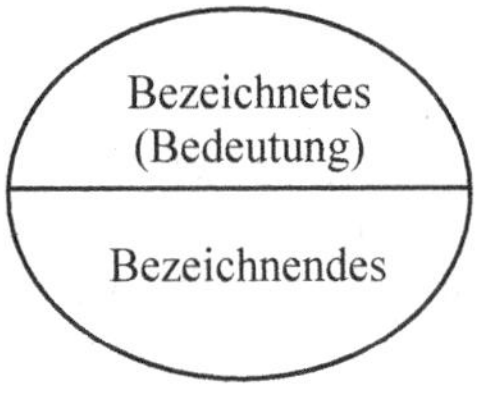

Bezeichnetes
(Bedeutung)

Bezeichnendes

Abbildung 2.1: Das sprachliche Zeichen (SAUSSURE 2001, 136)

„Unter anderem beseitigt oder möchte das Wort *sème* jede *Vorherrschaft* und jede anfängliche Trennung zwischen stimmlicher Seite und der ideologischen Seite des Zeichens beseitigen. Es stellt *das Ganze des Zeichens* dar, das heißt Zeichen und Bedeutung in einer Art Persönlichkeit vereint." (SAUSSURE 1997, 358f, Hervorhebung im Original)

Kommunikation realisiert sich nach LUHMANN (1997) erst dann, wenn die Unterscheidung zwischen Bezeichnendem (,Mitteilung' bei LUHMANN) und Bezeichnetem (,Information' bei LUHMANN) von den Teilnehmenden der Kommunikation aktiv hergestellt wird.

"Man spricht von Kommunikation, wenn Ego versteht, daß Alter eine Information mitgeteilt hat; diese Information kann ihm dann zugeschrieben werden. Die Mitteilung einer Information (Alter sagt zum Beispiel »Es regnet«) ist nicht an sich Information. Die Kommunikation realisiert sich nur, wenn sie verstanden wird: wenn die Information (»Es regnet«) und Alters Intention für die Mitteilung (Alter will zum Beispiel Ego dazu bringen, einen Regenschirm mitzunehmen) als unterschiedliche Selektionen verstanden werden. Ohne Verstehen kann Kommunikation nicht beobachtet werden: Alter winkt Ego zu, und Ego läuft ruhig weiter, weil er nicht verstanden hat, daß der Wink ein Gruß war. Das Verstehen realisiert die grundlegende Unterscheidung der Kommunikation: die Unterscheidung zwischen Mitteilung und Information" (BARALDI ET AL. 1997, 89).

Die Herstellung einer Beziehung zwischen der Mitteilung und der Information als notwendiges Moment für das Zustandekommen der Kommunikation erklärt die beschriebene Interdependenz zwischen sozialem und psychischem System und damit auch das ‚Verstehen' als einerseits konstruktiven Akt des Empfängers einer Mitteilung[8] und andererseits als Prozess der Kommunikation.

„In einer Interaktion werden somit laufend in Form von "Bezeichnenden" Mitteilungen gegeben, die von den intendierten Informationen (den "Bezeichneten") unterschieden werden müssen, und erst durch die Wahrnehmung dieser Unterscheidung kann Verstehen in Form der Herstellung eines "Zeichens" entstehen." (STEINBRING 2000b, 33).

Unter Rückgriff auf Luhmanns Verständnis von Kommunikation wird die Entwicklung von Wissen für STEINBRING (2005) beobachtbar in der Rekonstruktion von Beziehungsherstellungen zwischen Bezeichnendem und Bezeichnetem in der Kommunikation, wobei diese wiederum nur ersichtlich wird, indem der Empfänger einer Mitteilung selbst wieder ein Bezeichnendes artikuliert (STEINBRING 2000b).

2.2.2 Der besondere Charakter mathematischer Begriffe

Die Beschäftigung mit der Konstruktion mathematischen Wissens erfordert neben den obigen Überlegungen zur Beschaffenheit von Kommunikation zusätzlich eine Berücksichtigung der besonderen Natur mathematischer Begriffe, welche einen zweiten bedeutsamen Aspekt der epistemologischen Perspektive auf Lernprozesse darstellt (STEINBRING 2000b).

Mathematische Begriffe sind relational

Im Mathematikunterricht stellt Begriffsbildung eine besondere Anforderung an die Lernenden dar, da mathematische Begriffe in ihrem Wesen von besonderer Beschaffenheit sind. Mathematik wird heute generell als die Wissenschaft von den Mustern beschrieben (vgl. Kapitel 4.2.2), die sich mit dem Entdecken, Beschreiben und Begründen von mathematischen Mustern, d.h. von jeglicher Art von Strukturen, Beziehungen und Regelmäßigkeiten – realer oder auch gedanklicher Natur – beschäftigt (DEVLIN 2006). Mathematische Begriffe sind folglich geprägt von ihrer Strukturreichhaltigkeit. Das Wesen mathematischer Begriffe soll im Folgenden näher ausgeführt werden und so auf Grundlage des vorangehenden Kapitels eine für den Mathematikunterricht erweiterte Sichtweise auf die Konstruktion mathematischen Wissens in der Interaktion eingenommen werden.

Die Beschäftigung mit Mustern im Mathematikunterricht stellt eine besondere, mathematikspezifische Anforderung an die Lernenden dar. Während nichtmathematische Objekte empirisch fassbare, für sich allein stehende Gegenstände

---

[8] Für eine Verankerung von Saussures Verständnis von Begriffen im Konstruktivismus siehe GLASERSFELD (1997, 211ff).

sind, so besitzen mathematische Objekte in sich schon eine Struktur, sie sind also strukturelle Gefüge, die nicht isoliert existieren können. Mathematische Objekte sind sozial konstituierte Objekte, die durch ihren relationalen Charakter geprägt sind. Eine Primzahl z.b. ist erst durch die Bezeichnung einer definierenden Beziehung (die Eigenschaft, nur durch eins und sich selbst teilbar zu sein) konstituiert (vgl. STEINBRING 2005, 67), rein äußerlich ist einer Zahl nicht anzusehen, ob sie eine Primzahl ist oder nicht.

Mathematische Begriffe sind strukturell und operational

Auch bei SFARD (1991) findet sich eine Beschreibung des relationalen Charakters mathematischer Begriffe, doch betont sie ebenso, dass diese sowohl struktureller Natur sind als aber auch eine operationale Facette besitzen. Symmetrie kann beispielsweise einerseits statisch als Eigenschaft einer geometrischen Figur, andererseits aber auch als eine Transformation einer geometrischen Figur aufgefasst werden (SFARD 1991, 5). „[…] the terms "operational" and "structural" refer to inseparable, though dramatically different, facets of the same thing. Thus, we are dealing here with *duality* rather than *dichotomy*." (SFARD 1991, 9).

Obwohl mathematische Begriffe also immer durch eine operationale und eine strukturelle Seite geprägt sind, scheint eine strukturelle Sichtweise für Lernende schwerer zugänglich zu sein und bedarf eines Prozesses der *Vergegenständlichung* (*reification*) von mathematischen Operationen.

> „Unlike in real life, however, a closer look at these entities will reveal that they cannot be separated from the processes themselves as self-sustained beings. Such abstract objects like $\sqrt{1}$, -2 or the function 3 (x + 5) + 1 are the results of a different way of looking on the procedures of extracting the square root from − 1, of subtracting 2, and of mapping the real numbers onto themselves through a linear transformation, respectively. Thus, mathematical objects are an outcome of *reification* – of our mind's eye's ability to envision the result of processes as permanent entities in their own right." (SFARD & LINCHEVSKI 1994a, 194. Hervorhebung im Original)

In der Entwicklung mathematischer Begriffe erfolgt nach SFARD (1991) eine Deutungsverschiebung von *Prozess zu Objekt* und von *Operation zu Struktur*. Dieser Deutungsverschiebung liegen drei sich bedingende epistemologische Prozesse zugrunde, welche SFARD (ebd.) als *Interiorization* (Verinnerlichung), *Condensation* (Verdichtung) und *Reification* (Vergegenständlichung) bezeichnet. *Interiorization* beschreibt dabei das Vertrautwerden mit der Operation und deren Verinnerlichung im Sinne von PIAGET (vgl. PULASKI 1971, 18), *Condensation* die allmählich allgemeiner werdende Betrachtung des Prozesses als Ganzes. Diese beiden Prozesse (Interiorization und Condensation) stellen eine Voraussetzung für die Vergegenständlichung (Reification) des Begriffs dar, die im Gegensatz zu den beiden ersten Prozessen plötzlich erfolgt, wenn die Lernenden in der Lage sind, den Begriff losgelöst vom Prozess als eigenständiges Objekt zu betrachten. Die Vergegenständlichung von mathematischen Begriffen erfordert Symbole, wie SFARD (1991) am Beispiel der historischen Entwicklung des Variablenbegriffs aufzeigt (vgl. auch Kapitel 3.3.1). Die Vergegenständlichung von Strukturen und Beziehungen lassen immer abstraktere Objekte entstehen, die wiederum Grundlage für neue Operationen sein können (KAPUT ET AL 2008b).

Mathematische Begriffe sind nur durch Zeichen erfahrbar

STEINBRING (2005) beschreibt, dass diese Besonderheit des mathematischen Wissens, welche in ihrem relationalen Charakter liegt, mathematikspezifische Anforderungen an Lernende heranträgt.

> „The particular epistemological difficulty of mathematical knowledge – contained in the specific role of the mathematical signs and symbols – consists in the fact that mathematical knowledge does not simply relate to given objects, but also that relations, structures and patterns are expressed in it. [...] Because of the relational character of mathematical knowledge, the students are faced with a particular challenge in their processes of learning, understanding and making their independent constructions of mathematics." (STEINBRING 2005, 4)

STEINBRING (2005) spricht hierbei den Zeichen und Symbolen eine besondere Rolle im Mathematikunterricht zu, da sie zugleich Träger des mathematischen Wissens und Gegenstand der Kommunikation des Mathematikunterrichts sind, denn mathematisches Wissen kann nur mit Hilfe von Zeichen und Symbolen kommuniziert werden. So besitzen sie die schwierige Aufgabe, auf mathematische Objekte zu verweisen, die aufgrund ihres theoretischen Charakters weder sichtbar noch empirisch erfahrbar sind (vgl. DUVAL 1999; 2000). Da mathematisches Wissen nur durch Zeichen kommuniziert werden kann, besteht die Gefahr, die Zeichen als bloße Repräsentanten, die für die mathematischen Objekte stehen, mit den Objekten selbst zu verwechseln (DUVAL 1999; STEINBRING 2005). Da bei der Entwicklung des Begriffs aber gerade die Bewusstwerdung und Ausdifferenzierung der bezeichnenden und semantischen Aspekte des Begriffs relevant sind (LUHMANN 1997; WYGOTSKI 1986), kann eine Vermischung und Verwechslung als eine mathematikspezifische Schwierigkeit der Begriffsbildung aufgefasst werden.

Diese mathematikspezifischen Anforderung, die bei der besonderen Deutung von mathematischen Zeichen entsteht, kann gerade in der Algebra Schwierigkeiten hervorrufen, wenn Kinder sich im Unterricht nicht ausreichend mit der Interpretation von und der Kommunikation über mathematische(n) Zeichen beschäftigen und die interpretationsfreie Nutzung nicht nur erlaubt, sondern sogar erwünscht ist. Ein regelgeleitetes Handeln ermöglicht es, Operationen auf Symbole auszuüben, ohne diese inhaltlich deuten zu müssen. Bei der kalkülhaften Anwendung, welche in Kapitel 1.1 als Stärke der Formalisierung dargestellt wurde, kann es so dazu führen, dass eine inhaltliche Anbindung der Zeichen fehlt und es zum mangelnden inhaltlichen Verständnis kommt, das in Kapitel 1.2 beschrieben wurde. Bei zu einseitiger Fokussierung auf die Ebene des syntaktischen Operierens mit den Symbolen (vgl. S. 25) kann die oben beschriebene Ausdifferenzierung der mathematischen Begriffe im Sinne DUVALS (1999) und WYGOTSKIS (1986) nicht geschehen (SFARD & LINCHEVSKI 1994b). Dadurch können die in Kapitel 1.2 beschriebenen mangelnden inhaltlichen Konzepte und die Schwierigkeiten bei der inhaltlichen Deutung von Variablen erklärt werden (KAPUT ET AL. 2008b).

2.2.3 Das epistemologische Dreieck

In seiner Theorie zur Konstruktion mathematischen Wissens in der Interaktion (STEINBRING 2005) beschreibt STEINBRING das epistemologische Dreieck (Abb. 2.2), welches die beiden Aspekte der besonderen Natur der Kommunikation und des spezifischen Charakters mathematischer Begriffe verbindet. In diesem greift STEINBRING auf SAUSSURES Begriffe ‚Bezeichnendes', ‚Bezeichnetes' und ‚Zeichen' zurück (vgl. S. 46) und entwickelt das so entstehende semiotische Dreieck weiter (STEINBRING 2000b).

Es trägt nunmehr der spezifischen Rolle der mathematischen Zeichen in ihrer oben beschriebenen Besonderheit Rechnung. Anstelle SAUSSURES „Bezeichnenden" tritt im Mathematikunterricht das „Zeichen/Symbol", das im Gegensatz zu SAUSSURES Bezeichnenden selbst eine interne relationale Struktur beinhaltet (STEINBRING 2005) sowie auch die zugehörigen Referenzkontexte, die zur Deutung der mathematischen Zeichen herangezogen werden und an die Stelle von SAUSSURES ‚Bezeichneten' treten. STEINBRING geht davon aus, dass die Bedeutung der Zeichen/Symbole von den Lernenden aktiv hergestellt werden muss und die Deutung mathematischer Zeichen angemessener Referenzkontexte bedarf. „Bedeutungen für mathematische Begriffe werden als Wechselbeziehungen zwischen Zeichen-/ Symbolsystemen und Referenzkontexten/ Gegenstandsbereichen vom Erkenntnissubjekt (z.B. der Schülerin oder dem Lehrer) aktiv konstruiert" (STEINBRING 2000a, 9).

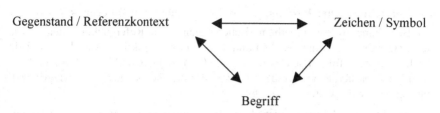

Abbildung 2.2: Das epistemologische Dreieck (STEINBRING 2000a, 9)

Den mathematischen ‚Begriff', der SAUSSURES ‚Zeichen' ersetzt, beschreibt Steinbring als eigenständige Entität, die einerseits in der Herstellung der Wechselbeziehung zwischen mathematischem Zeichen und Referenzkontext konstituiert wird, andererseits selbst aber ebenfalls die Deutung der Zeichen maßgeblich prägt.

> „The referential mediation [between sign and reference context] is steered by conceptual mathematical knowledge and at the same time, conceptual mathematical knowledge emerges in the referential mediation." (STEINBRING 2005, 179, […] hinzugefügt K.A.)

Die Beziehungen zwischen den Eckpunkten des Dreiecks beschreibt STEINBRING als „sich wechselweise stützendes und ausbalancierendes System" (STEINBRING 2009, 109) infolgedessen es bei der Deutung mathematischer Zeichen nicht zu endgültigen, eindeutigen Definitionen kommt, sondern zu einem ständigen Wandel und zur Weiterentwicklung des mathematischen Wissens durch Umdeutungen und Neuinterpretationen der Zeichen und Referenzkontexte.

Ein wesentliches Merkmal des epistemologischen Dreiecks ist die Austauschbarkeit der Positionen der Zeichen/Symbole und Referenzkontexte (STEINBRING 2005, 30). Da beide ihrem Wesen nach Strukturen und Beziehungen verkörpern, sind Zeichensysteme und Referenzkontexte gleichberechtigt. „Sign-systems and reference contexts then have equal rights and are equivalent on the temporal dimension with neither preceding the other" (STEINBRING 2005, 30). So können Referenzkontexte schnell zum Zeichen und neu gedeutete mathematische Zeichen ebenso zu Referenzkontexten werden, auf deren Grundlage wiederum neue Zeichen gedeutet werden können.

In der vorliegenden Arbeit kann die Entwicklung von Variablenkonzepten den obigen Ausführungen entsprechend als eine sich stetig erneuernde Beziehungsherstellung zwischen mathematischen Zeichen und Referenzkontexten aufgefasst werden und kann als solche mit Hilfe des epistemologischen Dreiecks beobachtet werden (vgl. Kapitel 5.2.4).

Die Herstellung einer Beziehung zwischen Zeichen und Referenzkontext
Die Beziehung zwischen mathematischen Zeichen und Referenzkontexten ist von den Lernenden selbst herzustellen und somit ein konstruktiver Akt, der innerhalb der Interaktion erfolgt. Die Herstellung dieser Beziehung soll in diesem Abschnitt noch genauer betrachtet werden, da auf ihr die Beobachtung der Begriffsbildungsprozesse der Untersuchung fußt.

Die beschriebene Wissenskonstruktion im Mathematikunterricht darf nicht verstanden werden als ein geradliniger Prozess, der sich immer genau dann ereignet, wenn die Lehrkraft ein neues abstraktes Zeichen an die Lernenden heranträgt und dieses von den Schülerinnen und Schülern zu deuten ist. Stattdessen gibt es in der Unterrichtsinteraktion fortwährend vielfältige Situationsmöglichkeiten für die Herstellung von Beziehungen zwischen Zeichen und Referenzkontexten in den Deutungen und Konstruktionen mathematischer Zeichen. Die folgende Unterrichtsepisode aus STEINBRING (1999, 517) stellt ein Beispiel einer solchen Zeichenkonstruktion für die Variable als *Unbekannte* (vgl. Kapitel 1.1) der Schülerin Kim dar.

Die Unterrichtsepisode (in einem jahrganggemischten 3. & 4. Schuljahr) ereignet sich im Kontext *Streichquadrate*[9] zur Begründung der Frage „Wie kann man in einem Streichquadrat, in dem eine Zahl fehlt, diese Lücken so füllen, daß das Streichquadrat wieder hergestellt ist" (STEINBRING 1999, 516).

„Schon an früherer Stelle im Unterricht hat Kim ihr Vorgehen angedeutet. Später darf Kim ihre Überlegungen vorstellen. Sie berechnet zunächst ausführlich aus den Zahlen 13,15 und 17 in der Diagonalen die Zauberzahl 45. Dann führt sie eine neue Deutung ein: Man kann auch mit der unbekannten Zahl rechnen.

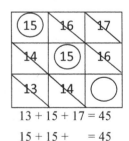

$$13 + 15 + 17 = 45$$
$$15 + 15 + \_\_ = 45$$

165 K   Und dann kreist man das ein hier, hier. [*kreist das leere Feld ein*] Und dann muß man hier ausrechnen, fünfzehn und fünfzehn sind ja dreißig, wieviel noch fehlt zur Fünfundvierzig.

Mit Unterstützung der Lehrerin notiert Kim die Additionsaufgabe als eine Ergänzungsaufgabe. Mit dem Bezeichnenden "15 + 15 + __ = 45" wird intentio-

---

[9]   Werden im Streichquadrat drei Zahlen nach einem bestimmten Streichalgorithmus (aus jeder Zeile und Spalte nur eine Zahl) gewählt und addiert, ergibt sich immer die gleiche Summe - hier ‚Zauberzahl' (WITTMANN & MÜLLER 1992, 27).

nal auf den Streichalgorithmus für drei Zahlen verwiesen und gleichzeitig auf die "unbekannte" Zahl auf dem leeren Feld; auf diese Weise wird ein neues (offenes) Zeichen geschaffen und in mathematischen Symbolen hingeschrieben. Die neue Beziehung (unbekannte Zahl bzw. "Variable") wird in zwei Weisen symbolisiert, einmal im Streichquadrat als "eingekreiste Zahl" zur Ermittlung der Zauberzahl, zum anderen in der Rechnung als "fehlender Summand" in einer Additionsaufgabe, bei der die zu ermittelnde Zauberzahl – das Ergebnis – schon bekannt ist. In diesem Darstellungskontext wird situationsbezogen mit einer "mathematischen Unbekannten" gearbeitet; diese unbekannte Zahl (die fehlende Zahl) wird in einer mathematischen Beziehung als neues Wissen konstruiert (als das neue mathematische Objekt) und in die strukturellen Beziehungen des Streichquadrats eingebunden" (STEINBRING 1999, 517).

Wie Kim im obigen Beispiel nutzen Lernende in der Interaktion verschiedene an den Kontext gebundene Mittel, um auf unbekanntes, strukturelles Wissen zu referieren. Solche von den Lernenden verwendeten Zeichen können u.a. folgende Formen annehmen:

- "verbal formulations, own words with descriptions based on concrete examples
- communication by means of pointing and referring to (deictic)
- mathematical symbols: number signs, operation signs, letters, variables,...
- arithmetical sentences such as sums or products, and equations, systems of equations, ...
- tables, geometrical diagrams, graphs of functions, ...

These forms of signs range from the spontaneously and interactively created signs that are situated in particular learning environments to sign formats that are conventionalized and commonly used in mathematical instruction."

(STEINRBING 2005, 184)

Die Aushandlung von Zeichen in der Interaktion

Bei der Verwendung von mathematischen Zeichen betont STEINBRING (2006), dass diese im Entwicklungsprozess des mathematischen Wissens nicht den äußeren Standards und Konventionen der Mathematik, sondern der individuell empfundenen Angemessenheit des Zeichens als Repräsentant für das mathematische Wissen genügen müssen.

„An important problem consists in understanding how signs are produced already in elementary, initial mathematical learning processes, and whether this is at all possible already in the beginning. A very essential statement is that neither the reference context nor the signs themselves can be equated with mathematical knowledge, that is with conceptual relations. This is on the one hand a difficulty of "grasping" mathematical knowledge. On the other hand, this problem contains the possibility of grasping conceptual knowledge in relative independence from the *form* of the signs. One must see that signs are unavoidable and indispensable for recording mathematical knowledge, however the kind and the form of the signs are not unequivocally fixed. One does not necessarily need the typical algebraic signs such as letters and operation symbols, to record algebraic relations, as these signs themselves are not the algebraic knowledge in question. To a certain extent one is free to choose other sign forms, and these possibilities of choice serve for the change, development and optimization of mathematical signs a suitable characterization of the invisible conceptual mathematical knowledge." (STEINBRING 2006, 157)

Aus diesem Grund hält STEINBRING es für wichtig, dass die Lernenden zunächst in der Interaktion mit verschiedenen Formen von mathematischen Zeichen vertraut werden, anstatt zu lernen, fertige Zeichen nach vorgefertigten Regeln anzuwenden (STEINBRING 2006). Dem zugrunde liegt seine Auffassung, dass mathematischen Begriffe selbst sozial-konstituiert werden und nicht bereits als fertige Produkte vorliegen.

„The meaning of the mathematical signs and symbols is thus not determined beforehand, but it emerges in the production of a relation to a reference context and the type of this relation is also developed in the interaction." (STEINBRING 2005, 58).

Die konstruktivistische Sichtweise, die dieser Arbeit für den Aufbau von Variablenkonzepten zugrunde gelegt wird, darf nun nicht so verstanden werden, als müssten die Schülerinnen und Schüler sämtliche algebraische Notationsformen selbstständig nacherfinden. Gerade die algebraische Sprache ist eine von vielen Konventionen geprägte Sprache, welche sich über den Austausch und die Kommunikation von Mathematikern durch die Jahrtausende entwickelt hat (vgl. Kapitel 3.2). Es kann also unmöglich von den Schülerinnen und Schülern erwartet werden, unsere heutigen Konventionen der algebraischen Notationsweise nachzuerfinden (MALLE 1993). Andererseits lassen sich aber viele Schwierigkeiten im Umgang mit Symbolen und Fehlvorstellungen auch gerade auf äußeres Aufzwingen von symbolischen Notationsweisen zurückführen (MASON ET AL. 1985). Dabei wird fälschlicherweise davon ausgegangen, dass Kinder Symbole verinnerlichen und damit auch operieren können, wenn diese im Unterricht (meist von der Lehrkraft) verwendet werden. Ein einsichtiges Nutzen von Symbolen kann aber nur dann geschehen, wenn Kinder die Zeichen in der Kommunikation als adäquate Repräsentanten dessen erkennen, was sie ausdrücken möchten, also Hilfsmittel in der Kommunikation über Mathematik sind.

2.2.4 Die Rolle der ‚Alltagsbegriffe' in der Begriffsentwicklung

Die Freiheit, die STEINBRING (2005; 2006) den Zeichen für die Kodierung des mathematischen Wissens zuspricht, lässt sich auch bei SAUSSURE (2001) finden. Dieser betont die Freiheit (Arbitrarität) des sprachlichen Zeichens, da dessen Bedeutung nicht von vornherein in ihm selbst liegt, sondern erst in der Interaktion geschaffen wird. So ist die Bedeutung eines Zeichens zwar nicht willkürlich, da seine Verwendung Berechtigung durch die Sprachgemeinschaft erfahren muss (fest in der „langue"), doch wird sie im sozialen Austausch konstituiert (in der „parole") und ist somit veränderbar[10].

Dabei hebt SAUSSURE die Bedeutung des sprachlichen Aktes bei der Konstruktion der Zeichen hervor, indem er beschreibt, dass Sprache keine bloße Abbildung von Gedanken ist, da weder Bezeichnetes noch Bezeichnendes „präexistent" sind (SAUSSURE 2001, 143). Beim Sprechen verbindet sich der Gedanke mit der lautlichen Substanz und wird so zum Zeichen. Dadurch kann Sprache nicht mehr als reines Kommunikationsmittel aufgefasst werden. Sprechen ist nicht nur ein Ausdrücken des bereits innerlich existierenden Begriffes, sondern Teil der Begriffsbildung, da die Existenz des Begriffes beides benötigt, die Vorstellung und das Lautbild.

An dieses Verständnis von Begriffen und Begriffsentwicklung, welche SAUSSURE für das sprachliche Zeichen formuliert, lassen sich WYGOTSKIS (1986) Ausführungen zur Begriffsgenese anknüpfen, welche insbesondere für die propädeutische Entwicklung von Begriffen bedeutsam erscheinen. Wie SAUS-SURE (1997; 2001) sieht auch WYGOTSKI (1986, 9) den Begriff (WYGOTSKI benutzt synonym den Begriff der Wortbedeutung) als unzertrennbare Vereinigung von lautlichen und gedanklichen Aspekten, als „lebendige Einheit des Lautganzen und der Bedeutung". Dieser These liegt seine Auffassung von der unauflöslichen Verbindung von Denken und Sprechen zugrunde. Unter Sprache versteht WY-GOTSKI (ebd.) dabei sowohl tatsächlich hörbare als auch innere Sprache, da sprachliches Denken seines Erachtens in der Entwicklung des Kindes bei der Ablegung des Egozentrismus[11] von außen nach innen verlagert wird.

Sprache ist somit ein Denkmittel, von dem Kinder in ihrer Entwicklung abhängig sind. Erkennbar wird die Einheit von Denken und Sprechen nach WYGOTSKI (ebd.) im Begriff, denn dieser stellt eine Ganzheit des Wortes auf der sprachlichen Seite und des Gedankens auf der semantischen Seite dar. WYGOTSKI

---

[10] Für SAUSSURES Unterscheidung der Sprache in ‚langue', ‚parole' und ‚langage' siehe SAUSSURE 2001.

[11] Der Egozentrismus beschreibt eine von PIAGET (1997) erforschte Denkeinstellung von Kindern zwischen etwa 2 / 4-7 Jahren.

(ebd.) stellt heraus, dass man dabei nicht von einer rein assoziativen Verbindung von Wort und Gedanken (separat existierende Objekte und Bezeichnungen werden durch Assoziation miteinander verbunden) ausgehen darf, so wie es in der Assoziationspsychologie getan wurde, denn der Zusammenhang von Wort und Gedanken ist struktureller Art, sowohl Wort als auch Gedanke sind Teile des Begriffs. „Ein seiner Bedeutung entkleidetes Wort ist kein Wort: es ist ein leerer Klang, folglich ist die Bedeutung ein notwendiges, konstituierendes Merkmal des Wortes selbst" (WYGOTSKI 1986, 293). Für WYGOTSKI (ebd.) stellt der Begriff eine Verallgemeinerung dar, da sich ein Wort immer auf eine ganze Klasse von Gegenständen bezieht und nie auf einzelne Objekte. Diese Verallgemeinerung, welche „die Wirklichkeit völlig anders widerspiegelt, als sie in den unmittelbaren Empfindungen und Wahrnehmungen wiedergegeben wird" ist ein zwar ein Akt des Denkens, der aber wortgebunden ist. So ist die Wortbedeutung gleichzeitig gedanklicher und sprachlicher Art.

Auch WYGOTSKI (1986) spricht, wie SAUSSURE (2001), Begriffen Veränderbarkeit zu. So beschreibt er, dass sich Begriffe nicht entwickeln könnten, wenn die Beziehung von Wort und Gedanke als Assoziation aufgefasst würde. Schließlich wäre Begriffsbildung nur eine Verknüpfung von gegebenen Objekten und Wörtern, die sich nicht verändern. Es könnten höchstens assoziierte Objekte oder Wörter auf der einen oder anderen Seite hinzukommen und sich eventuell mit der Zeit wieder lösen. Der Begriff hingegen ist ein dynamisches Gebilde, der durch die Veränderlichkeit der Beziehung des Gedankens zum Wort geprägt ist. So kann der Begriff mit jedem Kontext und jedem Zeichen neu konstituiert werden. Dies geschieht nach WYGOTSKI (ebd.) in zwei Richtungen: Einerseits durch eine Bewegung vom Wort zum Gedanken (bei der Deutung von Wörtern) oder vom Gedanken zum Wort (beim Sprechen). WYGOTSKI (ebd.) spricht von einem Werden des Gedankens im Wort. „Der Gedanke drückt sich nicht im Wort aus, sondern erfolgt in ihm" (WYGOTSKI 1986, 301). Demzufolge ist die Versprachlichung nicht dem Gedanken nachgelagert, sondern beide Vorgänge bedingen einander. Der Übergang vom Gedanken zur Sprache ist ein „Vorgang der Zergliederung des Gedankens und seiner Neuerschaffung in Wörtern" (WYGOTSKI 1986, 353).

Alltagsbegriffe und wissenschaftliche Begriffe

WYGOTSKI (1986) unterscheidet zwei Arten von Begriffen, die in ihrer Entwicklung unterschiedlich verlaufen: ‚*spontane Begriffe*' oder ‚*Alltagsbegriffe*' und ‚*wissenschaftliche Begriffe*'. Beim Sprechen bilden Kinder spontane Begriffe, die sich aus einer Bewegung vom Gedanken zum Wort ergeben. Diese Art von Begriffsbildung vollzieht sich üblicherweise vom Besonderen zum Allgemeinen. Im Gegensatz dazu erfolgt die Entwicklung von wissenschaftlichen Begriffen (z.b. im Unterricht) vom Wort zum Gedanken und vom Allgemeinen zum Besonderen. Alltagsbegriffe haben Ihre Schwäche in der Unbewusstheit. Sie werden zwar eigenständig von Kindern verwendet, können aber beispielsweise oft nicht definiert werden. Wissenschaftliche Begriffe hingegen sind bewusst, können aber nicht spontan angewendet werden, weil sie nicht in die Aktivitäten des Kindes eingearbeitet sind. Die Kinder verbinden keine persönliche Erfahrung mit dem Begriff. Alltagsbegriffe und wissenschaftliche Begriffe entwickeln sich unterschiedlich und bedingen einander. Wissenschaftliche Begriffe benötigen bereits ein hinreichend erarbeitetes System von Alltagsbegriffen, mit denen der wissenschaftliche Begriff verknüpft und mit Leben gefüllt werden kann. Demgegenüber befreien wissenschaftliche Begriffe Denkakte im Begriffssystem durch Verallgemeinerung, da sie Alltagsbegriffe bewusst werden lassen und neu systematisieren. WYGOTSKI (1986) gibt hier das Beispiel der Begriffe „Stuhl", „Tisch", usw. als Alltagsbegriffe und „Möbel" als wissenschaftlicher Begriff. Das Kind verwendet die Begriffe „Stuhl" und „Tisch" spontan, das Wort „Möbel" kann dem Kind allgemein erläutert werden. Durch die Schaffung einer Beziehung der Begriffe kann das Kind nun den abstrakten Begriff „Möbel" einerseits mit Inhalt füllen, andererseits erscheinen „Stuhl" und „Tisch" in neuer Systematisierung (z.b. als gleichwertige Objekte einer vorher unbekannten Klasse oder dem Begriff der Möbel hierarchisch unterstellt). Für die Bewusstwerdung von Begriffen setzt WYGOTSKI (ebd.) ein unbewusstes Vorhandensein von Alltagsbegriffen voraus. Eine völlige direkte bewusste Neuerschaffung von Begriffen aus dem Nichts ist nicht möglich WYGOTSKI 1986, 254).

Folgt man WYGOTSKI (ebd.) in der Unterscheidung verschiedener Arten von Begriffen, so lässt sich festhalten, dass es im Grundschulunterricht im Hinblick auf die Propädeutik des Variablenbegriffs um die Entwicklung ‚spontaner Begriffe' geht. Diese spontanen Begriffe/Alltagsbegriffe bereiten einerseits den Boden für eine systematische Einführung des wissenschaftlichen Begriffs der Variablen in der Sekundarstufe. Sie bieten Referenzkontexte und Bezugspunkte für die Deutung der Variablen als abstrakte neue Zeichen. Andererseits werden die spontanen unbewussten Begriffe der Kinder auf eine verallgemeinerte Stufe angehoben, wenn der Variablenbegriff im Unterricht explizit eingeführt wird. So kann nach WYGOTSKI (ebd.) eine Durchdringung des Variablenbegriffs aus der Anbahnung von zwei Richtungen der Begriffsentwicklung gelingen.

Auch WINTER (1983) beschreibt die Bedeutung solcher Alltagsbegriffe.

> „In der Auseinandersetzung mit der Umgebung entwickeln sich die Alltagsbegriffe und wird die Umgangssprache erworben, und sie ist das unersetzliche Medium der Verständigung. Die Annahme ist irrig, Vorbegriffe und Umgangssprache gingen nicht relevant in die Fachsprache der entwickelten Mathematik ein." WINTER (1983, 182f)

Diese Vorbegriffe bilden Schülerinnen und Schüler zu Beginn der Entwicklung eines Begriffs (vgl. die vier Stufen der Begriffsentwicklung nach WINTER (1983)) auf der Stufe der *Phänomene*. Bei der Entwicklung von Alltagsbegriffen kann man noch nicht von explizitem oder bewusstem Begriffsverständnis sprechen (ebenso wie auf der zweiten Stufe der *Rekonstruktion*), jedoch ist der „naive Gebrauch von Begriffswörtern in Verwendungssituationen" für WINTER (ebd.) grundlegend für die weiteren Stufen der Begriffsentwicklung. Wissenschaftlich-mathematische Begriffe[12] hingegen werden erst in der dritten und vierten Stufe der Begriffsbildung erworben, wenn es um die *Systematische Einordnung* des Begriffs und seinen *Transfer auf weitere Phänomene* geht.

2.3 Zusammenfassung

In diesem Kapitel wurde die Entwicklung von Begriffen aus lerntheoretischer Sicht beleuchtet und dabei die Grundlagen für das Forschungsinteresse dieser Arbeit erörtert.

Als lerntheoretische Grundlage wurde in Kapitel 2.1 eine konstruktivistische Position eingenommen, vor deren Hintergrund sich die Entwicklung von Variablenkonzepten als aktive Konstruktion der Lernenden darstellt. Aus konstruktivistischer Perspektive zeigt sich die Bedeutsamkeit von Lernkontexten, welche den Schülerinnen und Schülern eine aktiv-entdeckende und sinnstiftende Begegnung mit Variablen ermöglichen müssen.

Folgerung 2.1   *Der Aufbau von Variablenkonzepten erfordert eine aktive Begriffserarbeitung von den Lernenden, die im Rahmen sinnstiftender Lernkontexte geschehen muss.*

Auf diesen Ausführungen baut die in Kapitel 2.2 ausgebreitete Theorie zur Konstruktion neuen mathematischen Wissens in der Interaktion von STEINBRING (2005) auf, die Begriffsbildung theoretisch fassbar macht, gleichzeitig aber auch mit dem epistemologischen Dreieck ein Analyseinstrument bietet, welches für die Beschreibung der Lernprozesse in der empirischen Untersuchung aufgegriffen werden kann. Im Hinblick auf die propädeutische Entwicklung von Variablenkonzepten erweist sich für die vorliegende Arbeit die aktive Herstellung einer Beziehung zwischen mathematischem Zeichen und Referenzkontext als beson-

---

[12]   Winter bezieht sich hierbei auf den von Wygotski eingeführten Begriff des „wissenschaftlichen Begriffs".

ders bedeutsam. Diese ist in der Beobachtung der Lernprozesse nicht nur dann sichtbar, wenn an Lernende neue mathematische Zeichen herangetragen werden, sondern auch dann, wenn sie mit ihren eigenen Mitteln in der Kommunikation über Mathematik auf strukturelles Wissen verweisen und mathematische Zeichen in der Interaktion entwickelt und ausgehandelt werden (vgl. Kapitel 2.2.3).

Folgerung 2.2 *Mathematische Begriffe entwickeln sich in der Herstellung einer Beziehung zwischen Zeichen und Referenzkontext. Diese entsteht in der Interaktion in der Verwendung und Deutung von mathematischen Zeichen.*

Propädeutischen Begriffen (im Sinne von Wygotskis ,Alltagsbegriffen'), die in der Kommunikation beobachtet werden können, sprechen WYGOTSKI (1986) und WINTER (1983) eine wichtige Rolle in der Begriffsentwicklung zu (vgl. Kapitel 2.2.4); weshalb sie folglich auch in der Erforschung von Variablenkonzepten besondere Berücksichtigung erfahren müssen.

Folgerung 2.3 *Propädeutische Begriffe besitzen, obwohl sie unbewusst sind, eine wichtige Rolle in der Begriffsentwicklung.*

3 Zur propädeutischen Entwicklung von Variablenkonzepten in der Grundschule

Nachdem im vorangehenden Kapitel die lerntheoretischen Grundlagen dargestellt wurden, die das Verständnis von Begriffen und Begriffsentwicklung der Arbeit beschreiben, werden in diesem dritten Kapitel didaktische Anhaltspunkte für die Erforschung des Aufbaus von Variablenkonzepten erörtert. Sie stellen die Notwendigkeit und den Charakter einer propädeutischen Entwicklung von Variablenkonzepten in der Grundschule heraus und verdeutlichen, wie den verschiedenen Forschungsinteressen begegnet werden kann, die in Kapitel 1 herausgearbeiteten wurden.

Zunächst werden in Kapitel 3.1 zwei grundlegende didaktische Prinzipien (das genetische Prinzip und das Spiralprinzip) und ihre Bedeutung für die empirische Studie beschrieben. Im Anschluss sollen Diskussionspunkte und Ergebnisse aus der einschlägigen internationalen Forschung dargestellt werden, welche sich mit der Algebra in der Grundschule beschäftigt und bereits untersuchte Möglichkeiten und Herausforderungen der Anbahnung algebraischen Denkens in den unteren Jahrgangsstufen aufzeigt (Kapitel 3.2).

Im Rahmen einer propädeutischen Entwicklung von Variablenkonzepten in der Grundschule, in welcher es nicht um die Einführung und Verwendung von symbolischen Notationsweisen, sondern um die Anbahnung fundamentaler Begriffe geht, spielen Sprache und Wortvariablen eine bedeutende Rolle. Diese wird in Kapitel 3.3 unter Rückgriff auf die phylogenetische Entwicklung der algebraischen Sprache und vor dem Hintergrund des Prinzips der fortschreitenden Schematisierung beleuchtet.

In Kapitel 3.4 werden schließlich die didaktischen Anhaltspunkte für die Auseinandersetzung mit der Entwicklung von Variablenkonzepten zusammengefasst und daraus entstehende Konsequenzen für das Forschungsinteresse dieser Arbeit abgeleitet.

3.1 Didaktische Grundlagen

In Kapitel 1 wurden aus dem beschriebenen Spannungsverhältnis, welches zwischen der Bedeutung von und den Problemen mit Variablen in der elementaren Algebra besteht, verschiedene Forschungsfelder herausgearbeitet, die in der mathematikdidaktischen Forschung wachsendes Interesse hervorrufen. Im Fokus stehen dabei einerseits die *Lernprozesse* der Schülerinnen und Schüler beim Aufbau von Variablenkonzepten und andererseits förderliche *Lernkontexte*, welche die Entwicklung von tragfähigen Variablenkonzepten initiieren.

Die Auffassung, dass diese Forschungsfelder untrennbar miteinander verbunden sind und somit auch nur ganzheitlich untersucht werden können, ist maßgeblich für das Forschungsinteresse der vorliegenden Arbeit. Es werden deshalb in Kapitel 3.1.1 die Verbindung zwischen der Erforschung von Lernprozessen und Lernkontexten herausgestellt und die hieraus resultierenden Folgerungen für das Vorgehen der Arbeit aufgezeigt. Dazu werden in Kapitel 3.1.1.1 zunächst grundlegende Sichtweisen auf mathematische Lernprozesse und deren Beobachtung dargelegt, die richtungsweisend für die Erforschung des Aufbaus von Variablenkonzepten sind. Darauf aufbauend wird anschließend unter Rückgriff auf das genetische Prinzip verdeutlicht, dass die Genese des kindlichen Denkens und die Genese des mathematischen Inhalts einen untrennbaren Prozess bilden (DEWEY 1974), der an den Lernkontext gebunden ist und folglich auch nur vor dessen Hintergrund ganzheitlich untersucht werden kann (Kapitel 3.1.1.2).

In der vorliegenden Untersuchung wird der Aufbau von Variablenkonzepten nicht bei der Einführung von Buchstabenvariablen in der 7. Jahrgangsstufe (wie beispielsweise bei MELZIG 2010; BERTALAN 2007b), sondern die propädeutische Entwicklung der Begriffe im Grundschulalter in den Blick genommen. Die Gründe für das Interesse an der Erforschung der propädeutischen Entwicklung von Variablenkonzepten im Primarbereich werden in Kapitel 3.1.2 durch eine Anbindung an das Spiralprinzip dargelegt, welches die Notwendigkeit einer frühzeitigen Entwicklung von Variablenkonzepten aufzeigt.

3.1.1 Das genetische Prinzip

Betrachtet man die in Kapitel 1.3 aufgeführten Forschungsfelder im Hinblick auf ihre Verortung in der Mathematikdidaktik, so lässt sich zunächst feststellen, dass die Fragen nach den Denkprozessen der Kinder und nach der Entwicklung von geeigneten Lernumgebungen zur Förderung und zur Initiierung von Lernprozessen recht unterschiedliche Ziele der mathematikdidaktischen Forschung verfolgen. STEINBRING (1998b) beschreibt zwei Ausrichtungen der Mathematikdidaktik und unterscheidet dabei zwischen *konstruktiver* Mathematikdidaktik, welche sich mit der Initiierung von Lernprozessen beschäftigt (u.a. durch die Konstruktion von guten Lernumgebungen), und *analytischer* (auch als *rekonstruktiv* bezeichnete) Mathematikdidaktik, die sich vor allem das Verstehen von Lernprozessen zum Ziel setzt. Die rekonstruktive Mathematikdidaktik trägt zur Verbesserung des Mathematikunterrichts bei, indem sie versucht, die „mathematischen Wissenskonstruktionen im Kontext sozialer Lehr- und Lernprozesse theoretisch zu erklären" (NÜHRENBÖRGER & SCHWARZKOPF 2010a, 13). Mit der Möglichkeit, Lernprozesse und Unterrichtsinteraktion nachzuvollziehen, nimmt sie indirekter Einfluss auf den Mathematikunterricht als die konstruktive Mathematikdidaktik, deren Resultate oftmals direkt auf den Unterricht beziehbar und gegebenenfalls auch direkt anwendbar bzw. umsetzbar sind. Dafür zielt die theoretische Explizierung von Lern- und Unterrichtsprozessen auf grundlegende Veränderungen zur Verbesserung von Unterricht und bietet „Lehrkräften neue Mittel zur Diagnose und Analyse alltäglicher eigener Unterrichtsprozesse" (ebd). Konstruktive und rekonstruktive Mathematikdidaktik stellen sich als zwei komplementäre, sich gegenseitig fördernde Teilgebiete der mathematikdidaktischen Forschung dar. Die in Kapitel 1.3 aufgeführten Forschungsfelder lassen sich hinsichtlich dieser Unterscheidung einordnen. Die Fragen *Wie lässt sich die Entwicklung tragfähiger Variablenkonzepte fördern?* und *Wie lässt sich die Kluft zwischen Arithmetik und Algebra verkleinern?* mit ihrer Zielsetzung der Initiierung von Lernprozessen gehören der konstruktiven Mathematikdidaktik an. Die Erforschung der Entwicklung von tragfähigen Variablenkonzepten hingegen lässt sich in die rekonstruktive Mathematikdidaktik einordnen. Die vorliegende Arbeit möchte sich explizit beider Forschungsfelder und aller aufgezeigten Fragen in ganzheitlicher Weise annehmen und verortet sich damit sowohl in der konstruktiven wie auch in der rekonstruktiven Mathematikdidaktik. Diese Verbindung der Erforschung der Denkprozesse der Kinder und der Lernkontexte wird durch die der Arbeit zugrundeliegende genetische Sichtweise auf Lernprozesse begründet, die deshalb im Folgenden zunächst im Kapitel 3.1.1.1 durch eine Darstellung der zentralen mathematikdidaktischen Leitideen *Kompetenz-, Prozess-* und *Subjektorientierung* vorbereitet und anschließend in Kapitel 3.1.1.2 beschrieben wird.

3.1.1.1 Kompetenz-, Prozess- und Subjektorientierung als grundlegende Sichtweisen der Mathematikdidaktik

Als zentrale Sichtweisen auf das Lernen von Mathematik im Unterricht beschreibt SELTER (2005; 2006) *Kompetenz-, Prozess-* und *Subjektorientierung.* Diese ineinander spielenden Perspektiven auf Kinder als selbstverantwortliche Subjekte des Lernens, auf das Vertrauen in deren individuelle Lernwege und auf die Mathematik als Tätigkeit (FREUDENTHAL 1982) anstelle eines fertigen Regelwerks bilden Grundlage für die vorliegende Arbeit und werden deshalb im Folgenden skizziert.

Im Sinne der Subjektorientierung berücksichtigt guter Unterricht die individuellen Lernwege der Kinder, geht sensibel auf die Denkprozesse der Lernenden ein (SELTER & SPIEGEL 1997) und wird gestaltet unter der Annahme, dass Kinder grundsätzlich anders denken, „als Erwachsene denken, als Erwachsene es vermuten, als Erwachsene es möchten, als andere Kinder und als sie selbst" (SELTER 2005, 9).

Die Bedeutung einer Wahrnehmung von individuellen Lernwegen soll anhand eines Beispiels zu Besonderheiten beim Zählen von Schulanfängern aus ‚Wie Kinder rechnen' von SELTER & SPIEGEL (1997, 49&80) verdeutlicht werden. So ist es nicht selten, dass Kinder beim Erwerb der Zahlwortreihe während des Zählprozesses folgende Passage durchlaufen: „achtundneunzig, neunundneunzig, hundert, einhundert, zweihundert, dreihundert, vierhundert, ..." Bei genauerer Betrachtung lässt sich in diesem ‚Fehler' ein kreativer Konstruktionsprozess der Lernenden erkennen, welche sich den Verlauf der unbekannten Zahlwortreihe aus dem bereits bekannten Zahlenraum herleiten und dessen Bauprinzip übertragen. So wird im Zahlenraum bis hundert sukzessiv zunächst der erstgesprochene Einer erhöht (ein-unddreißig, zwei-unddreißig, drei-unddreißig, usw.). Eine Übertragung dieser Zählregelmäßigkeit führt bei Überschreitung des Hunderters zu der Zahlenfolge ein-hundert, zwei-hundert, drei-hundert usw. Durch eine kompetenzorientierte Betrachtung dieser Zählprozesse lässt sich erkennen, dass hinter zunächst vermeintlichen ‚Fehlern' der Kinder vernünftige und ebenfalls kreative Überlegungen stecken, die eher einer Würdigung als einem Abtun als falsche, irrationale Denkweisen bedürfen (vgl. SPIEGEL & SELTER 2006; SPIEGEL & SELTER 2003).

Eine Kompetenzorientierung beachtet vorrangig die bereits vorhandenen Leistungen und Fähigkeiten der Kinder. „Man bemüht sich, deren Denkweisen als prinzipiell sinnvolles Vorgehen zu verstehen und ihnen dieses auch zu signalisieren" (SPIEGEL & SELTER 2003, 47). Wie beim Erwerb der Zahlwortreihe aktivieren Schülerinnen und Schüler ihr im Grundschulunterricht erworbenes arithmetisches Wissen in dem neuen Gebiet der Algebra (MACGREGOR & STACEY 1997). In Kapitel 1.2 wurde beschrieben, dass in der elementaren Algebra jedoch viele aus dem Grundschulunterricht bekannte Zeichen (z.B. das Gleichheitszeichen) nun mit neuen erweiterten Bedeutungen versehen werden. In der dargestellten Literatur wird beschrieben, dass genau dann Schwierigkeiten im Algebraunterricht entstehen können, wenn Lernende hier ihr Wissen aus der Arithmetik nutzen. Wie im Beispiel zum Zählen von Schulanfängern, entsprechen das alte Bauprinzip, die alten Regeln der Arithmetik und die alte Bedeutung der bisher so scheinbar vertrauten Zeichen eben nicht den Konventionen der elementaren Algebra.

Obwohl MALLE (1986b, 11) bereits 1986 schreibt, dass auch in der elementaren Algebra Kinder ihre „eigene Logik" nutzen, deren Nachvollzug sowohl für die Forschung als auch für die Lehrkraft im Unterricht gewinnbringend sein kann, kann man die Hinwendung zur Kompetenzorientierung in der internationalen Forschung zur elementaren Algebra etwa in die Neunziger datieren. Seitdem liegt der Fokus vieler Arbeiten nicht mehr auf den Fehlern und Problemen der Schülerinnen und Schüler in der Algebra, sondern beschäftigt sich mit den Kompetenzen und dem Vorwissen von Schülern sowie mit den Fragen um das Wesen der elementaren Algebra und der Entwicklung des algebraischen Denkens auf der Grundlage konstruktivistischer Sichtweisen auf die Lernprozesse der Kinder (vgl. KIERAN 2007). Die so gewonnenen Ergebnisse von Studien, die sich mit den Kompetenzen befassen, die bereits Grundschulkinder im Bereich des algebraischen Denkens vorweisen, wurden in Kapitel 3.1.2.2 dargestellt.

Seit der kognitiven Wende Mitte des 20. Jahrhunderts und der Verbreitung konstruktivistischer Erkenntnistheorien versteht man Kinder, wie auch Erwachsene als aktive Konstrukteure ihres Wissens (vgl. Kapitel 2.1). Mit dieser Fokussierung auf die Lernenden wächst auch das Verständnis der Individualität der Lernwege, denn ein aktiver Lernprozess gestaltet sich zwingenderweise als ein Lernprozess auf ,eigenen Wegen' (SELTER 1994; 2005). Den individuellen Denkwegen der Kinder muss sich nun die Lehrkraft nähern, sodass „sich das Kind zunächst der Lehrerin verständlich macht – nicht umgekehrt" (WIELPÜTZ 1998, 10). Lernwege verlaufen dabei jedoch nicht geradlinig, sondern enthalten notwendige Umwege, Rückschritte und Sprünge (HENGARTNER 1992), die einen Nachvollzug zur herausfordernden Aufgabe werden lassen.

Im Hinblick auf eine *subjekt-* und *kompetenzorientierte* Sichtweise auf das Lernen erweist es sich von zentraler Bedeutung, welches Vorwissen Kinder für den konstruktiven Aufbau des Variablenbegriffs mitbringen um Anknüpfungspunkte aufzuspüren. Dabei darf unter dem Begriff Vorwissen nicht nur der Besitz von Faktenwissen verstanden werden, denn es umfasst vielmehr die Denk- und Vorgehensweisen und die Art der Lernbildungsprozesse, welche Kinder auf propädeutischer Ebene im Hinblick auf den Aufbau von Variablenkonzepten zu leisten vermögen. Diese Perspektive ist unweigerlich verbunden mit der Auffassung der *Mathematik als Prozess*, anstelle eines Fertigproduktes, das sich als Faktenwissen in den Köpfen der Kinder ansammelt (SELTER 2006). Diese Auffassung trägt der in Kapitel 1.1.2 dargestellten Beschreibung der Algebra als eine Reihe von Tätigkeiten innerhalb der Mathematik als Tätigkeit (FREUDENTHAL 1973; 1991) Rechnung. Lernprozesse stellen sich dann nicht mehr als Anhäufung von fertigem Wissen dar, sondern als eine Ausbildung einer Geisteshaltung, die in den Prozessen des Mathematiktreibens deutlich wird (FREUDENTHAL 1982). Auch die elementare Algebra lässt sich so folglich nicht durch das Auftreten von algebraischen Objekten (wie Variablen oder Gleichungen) erkennen, sondern wird in algebraischen Tätigkeiten im Mathematiktreiben sichtbar.

3.1.1.2 Die genetische Sichtweise auf mathematische Lernprozesse

Gerade das Zusammenspiel der oben beschriebenen Perspektiven ist bedeutsam für die genetische Sichtweise auf mathematische Lernprozesse, die im Rahmen dieser Arbeit eingenommen wird. Eine reine kindorientierte Auffassung, Kinder nicht als unvollständige Erwachsene zu sehen, die durch Belehrung ihr fehlerhaftes Denken nach und nach durch sinnvolles Erwachsenendenken ausbessern, gehört bereits zum Gedankengut der Reformpädagogik (OELKERS 1996). Dort verbreitet sich die pädagogische Grundidee, Kinder als aktive Subjekte ihres Lernens wahrzunehmen und ihnen das Recht einer freien Entfaltung der Persönlichkeit einzuräumen. GLÄSER (1920) beschreibt die Forderung nach Achtung vor dem kindlichen Denken wie folgt:

„Das Kind fordert, und seine erste und oberste Forderung ist die, daß wir es ernst nehmen; das ist dasselbe wie Wahrhaftigkeit. Wir sind werdende und seiende Menschen; etwas anderes ist auch das Kind nicht. Wozu also unsere Verstellung ihm gegenüber, als ob wir nicht Werdende seien, all das Theater von Würde, Vollkommenheit und Herablassung." (GLÄSER 1920, 74)

Viele reformpädagogische Ansätze plädieren dabei allerdings für eine bedingungslose Orientierung am kindlichen Denken, was Kritiker die Bedeutsamkeit der Fachorientierung vermissen lässt. DEWEY (1974) betont 1902 in seinem Werk *The Child and the Curriculum* bereits die Notwendigkeit einer Balance zwischen Kind- und Fachorientierung (WITTMANN 1995a; 2003), welche das Verständnis der genetischen Sichtweise auf mathematische Lernprozesse konstituiert.

„„Progressive Pädagogen" erwarten vom Kind, daß es Erkenntnisse aus seinem eigenen Geiste heraus „entwickelt", daß es sich Dinge ausdenkt oder für sich ausarbeitet, ohne „fachliche Rahmenbedingungen" zu benötigen. Aus dem Nichts kann aber nichts entwickelt werden. Entwicklung heißt nicht, daß dem kindlichen Geist irgend etwas entspringt, sondern, daß substantielle Fortschritte gemacht werden, und das ist nur möglich, wenn eine geeignete Lernumgebung zur Verfügung steht. Die Kinder müssen zwar von sich aus arbeiten, aber wie sie arbeiten, wird fast ganz von der Lernumgebung und dem Stoff, an dem sie sich üben, abhängen. Das Problem der Richtungsgebung ist so das Problem, geeignete Anregungen für das Kind auszuwählen, die bei der Gewinnung der neuen Erfahrung wirksam werden sollen. Es ist unmöglich zu sagen, welche neuen Erfahrungen wünschenswert und welche notwendig sind, wenn man die Entwicklungsrichtung nicht kennt" (DEWEY 1974, übersetzt von WITTMANN 1996, 4)

Im Gegensatz zu reformpädagogischen Ansätzen impliziert die heutige Auffassung eine Orientierung am Denken der Kinder im Sinne SELTERS Subjektorientierung (2005; 2006) die von DEWEY proklamierte notwendige fachliche Perspektive. So spricht SELTER (2005, 12) von einem „produktiven Spannungsverhältnis zwischen Offenheit und Zielorientierung", welches einen genetischen Mathematikunterricht ausmacht (SELTER 1997).

Von Bedeutung für die vorliegende Arbeit ist dabei, dass das genetische Prinzip nicht nur die Bedeutsamkeit des fachlichen Kontextes aufzeigt, deren Rolle im konstruktivistischen Lernverständnis bereits in Kapitel 2.1 dargestellt wurde, sondern ebenso die unauflösliche Verbindung zwischen kindlichem Lernprozess und der Mathematik beschreibt, die DEWEY (1974, übersetzt von WITTMANN 1996, 4) wie folgt darstellt:

> „Wir sollten weder den Stoff als fest und fertig und außerhalb der kindlichen Erfahrungswelt stehend betrachten, noch die kindliche Entwicklung als starr und unbeeinflußbar ansehen. Das Kind und die Fachinhalte sind vielmehr Pole, die einen einzigen Prozeß definieren."

Erst auf der Grundlage des oben beschriebenen Verständnisses der Mathematik als Prozess (vgl. Kapitel 3.1.1.1) lässt sich die Bedeutung von DEWEYS ,Prozeß' erfassen, denn Lernen bedeutet eben nicht eine Entwicklung des kindlichen Denkens in der Auseinandersetzung mit der fertigen Mathematik, sondern eine *ganzheitliche Genese der Mathematik als Tätigkeit und des kindlichen Denkens*.

Vor dem Hintergrund dieser Sichtweise bedeutet die Erforschung der Entwicklung von Variablenkonzepten eine Beobachtung der kindlichen Denkprozesse, wie auch der Mathematik (hier also des Variablenbegriff) in ihrer Prozesshaftigkeit. Demzufolge sind Variablen nicht als fertige Konstrukte zu verstehen, denen sich Kinder durch geeignete Lernkontexte nähern und die sie schließlich möglichst im intendierten normativen Sinne übernehmen, sondern auch der Variablenbegriff entwickelt sich im Begriffsbildungsprozess des Kindes in der Auseinandersetzung mit dem dargebotenen Lernkontext.

FREUDENTHAL (1978, 72) spitzt diese Verbindung zwischen Fach und Lernprozess noch weiter zu, wenn er schreibt, dass die Mathematik als Tätigkeit (hier das Mathematisieren) nicht außerhalb der Betrachtung von Lernprozessen beobachtet werden kann.

> „Yet where can students, and where can their trainers, find an exposition of mathematising, its tactics and strategies, neatly divided into chapters, sections and subsections? The answer is simple: Nowhere. Indeed nowhere, because all this is implicit, included in our mathematical activity, and this lack of explicitness is its strength. It is our habit and second nature, and therefore is it hard to analyse it by introspection. But there is a mighty method to discover it: the observation and intelligent analysis of the learning processes of others.

All that is a pedestrian habit in ourselves becomes a fundamental discovery as soon as we see it arising in the activity of younger, less skilled persons;"

Eine Berücksichtigung der genetischen Sichtweise bedeutet für die vorliegende Arbeit zum einen, die Perspektiven vom Kind und vom Fach aus bei der Erforschung der Entwicklung von Variablenkonzepten von Anfang an ganzheitlich zu integrieren und zum anderen, den Lernkontext[13] aufgrund der dargestellten Verflechtung von Lernprozess und -kontext in den Fokus der Forschung zu rücken.

Die volle Bedeutung des genetischen Prinzips für die vorliegende Arbeit kann über die hier dargestellte didaktische Betrachtung hinaus erst an späterer Stelle gewonnen werden, nachdem die hier angedeuteten Verbindungen zwischen der mathematischen Tätigkeit (des Verallgemeinerns vgl. Kapitel 4), den konzipierten Lernumgebungen der empirischen Untersuchung (vgl. Kapitel 5) und den Lernprozessen der Schülerinnen und Schülern konkretisiert werden. In Kapitel 5.3 wird das genetische Prinzip deshalb erneut aufgegriffen und dessen Auswirkung auf die Forschungsfragen der empirischen Untersuchung aufgezeigt.

3.1.2 Das Spiralprinzip

Neben der oben beschriebenen genetischen Sichtweise auf mathematische Lernprozesse, soll als zweites grundlegendes didaktisches Prinzip das Spiralprinzip beschrieben werden, welches das Vorhaben der vorliegenden Arbeit begründet, die Entwicklung von Variablenkonzepten in ihrer Propädeutik, also bei Lernenden der Grundschule zu untersuchen. Das Spiralprinzip wird heute als eines der zentralsten Prinzipien der Mathematikdidaktik gesehen. Es basiert auf der pädagogischen Forderung BRUNERS (1970, 26f), die grundlegenden Ideen der Mathematik bereits frühzeitig auf einer dem Kind zugänglichen Weise und mit einem „Nachdruck auf dem intuitiven Erfassen und Gebrauchen" an die Lernenden heranzutragen und diese dann im folgenden Curriculum auf wachsendem Niveau aufzugreifen und zu erweitern. Grundlegende Begriffe, die für den Mathematikunterricht bedeutsam sind, sollten folglich so früh wie möglich an die Kinder herangetragen werden, wobei das Niveau entsprechend dem Auffassungsvermögen zu wählen ist. Eine ähnliche Entwicklung von frühzeitigen Lernprozessen beschreibt auch die Konzeption des *Vorgreifendem Lernens*, in welcher es ebenso wenig um das ‚Verfrühen erwachsener Mathematik' geht (STREEFLAND 1985, 272), sondern darum „die *intuitiv vorhandenen* Fähigkeiten der Schüler zu stärken und für die Anregung *langfristiger Lernprozesse* zu nutzen" (SEL-

---

[13]   Mit dem Begriff Lernkontext wird hier und im Folgenden der fachliche Kontext bezeichnet, also der mathematische Gegenstand, mit welchem die Lernenden konfrontiert werden. In der empirischen Studie sind dies die konkreten Lernumgebungen, die an die Lernenden hergetragen werden.

TER 1994, 22, Hervorhebung im Original). Um eine spiralförmige Entwicklung der fundamentalen Ideen zu ermöglichen, in welcher bekanntes Wissen immer wieder auf höheren Ebenen aufgegriffen und weiterentwickelt wird, gehört zum vorgreifenden Lernen immer auch ein rückschauendes Lernen. Diese beiden gegensätzlichen und doch zusammengehörenden Lernprinzipien benennt FREU-DENTHAL (1991, 117f) mit dem Begriffspaar *prospective* und *retrospective learning*.

Auf der Basis des Spiralprinzips formuliert WITTMANN (1974, 68) drei grundlegende Prinzipien für den Mathematikunterricht:

- „Prinzip des vorwegnehmenden Lernens

  Die Behandlung eines Wissensgebietes soll nicht aufgeschoben werden, bis eine endgültig-abschließende Behandlung möglich erscheint, sondern ist bereits auf früheren Stufen in einfacher Form einzuleiten. [...]

- Prinzip der Fortsetzbarkeit

  Die Auswahl und die Behandlung eines Themas an einer bestimmten Stelle des Curriculums soll nicht ad hoc, sondern so erfolgen, daß auf höherem Niveau ein Ausbau möglich wird. Zu vermeiden sind vordergründige didaktische Lösungen, die später ein Umdenken erforderlich machen.

- Aufbauprinzip

  [...] Die Konstruktion eines Begriffes oder einer Erkenntnis hat der Analyse voranzugehen. Im Hinblick auf das genetische Prinzip kann man dies auch so ausdrücken: Die Schaffung von mathematischen Modellen und einfache Anwendungen („In-Gebrauch-Nehmen") haben der Begriffs- und Strukturanalyse voranzugehen."

Die Vorteile, die BRUNER in seiner präskriptiven Beschreibung dem Lehren und Lernen von fundamentalen Ideen zuspricht, fasst KNOESS (1989, 13) wie folgt zusammen:

- „Der Lehrgegenstand wird faßlicher.
- Einzelheiten werden nicht so schnell wieder vergessen, da sie über die gelernte Struktur wieder erschlossen werden können.
- Fundamentale Ideen sind das geeignetste Mittel für (Übungs-)Transfer,
- und sie verkleinern den „Abgrund" zwischen elementarem und fortgeschrittenem Wissen."

Hierbei ist der zuletzt benannte Aspekt von besonderem Interesse für die elementare Algebra. So neigt der Mathematikunterricht doch gerade in der Algebra dazu, fundamentale Ideen, wie auch die der Variablen, erst relativ spät einzuführen, da der formale und abstrakte Charakter und die Komplexität der Begriffe dem Verständnis jüngerer Kinder nicht zugänglich zu sein scheinen. Gerade für die Algebra betont BRUNER (1970) jedoch diesen propädeutischen Zugriff auf die fundamentalen Ideen:

„Nur wenn solche Grundbegriffe in einer formalisierten Ausdrucksweise, wie bei mathematischen Gleichungen oder sprachlich komplizierten Gedankengängen, vorgetragen werden, liegen sie außerhalb der Reichweite des jüngeren Kindes, wenn es nicht zuvor Gelegenheit hatte, sie intuitiv zu verstehen und selbst auszuprobieren." (BRUNER 1970, 26).

Das frühzeitige Anbahnen der fundamentalen Ideen muss nach BRUNER (1970) mit „intellektueller Redlichkeit" geschehen. Dies bedeutet, dass die Schülerinnen und Schüler zwar den zu erlernenden Begriff zunächst nur auf einem grundlegenden Niveau erarbeiten, sich dieser aber dann ohne Brüche weiterentwickeln lassen muss. Ebenso bezieht sich diese Aussage auch auf grundlegende *Tätigkeiten* der Mathematik, die in früheren Jahrgangsstufen nicht auf demselben Niveau ausgeführt werden können, wie in späteren Jahrgangsstufen, in welchen vielleicht andere formale Hilfsmittel zur Verfügung stehen, jedoch betont BRUNER (1970, 27), dass „der Unterschied [...] im Niveau, nicht in der Art der Tätigkeit" liegt. In Kapitel 1.1.2 wurde die elementare Algebra unter anderem als eine *Reihe von Tätigkeiten* innerhalb der Mathematik als Tätigkeit dargestellt. Denkhandlungen, die den typischen Charakter algebraischen Denkens bilden, wie beispielsweise das Verallgemeinern, Abstrahieren, Analysieren, Strukturieren und Restrukturieren (vgl. HEFENDEHL-HEBEKER 2007, 180), stellen deshalb ebenso Tätigkeiten dar, die von jüngeren Kindern auf einem anderen Niveau ausgeführt werden können, als auf der von Schülerinnen und Schülern in der Sekundarstufe erwarteten Ebene.

Ganzheitlicher Mathematikunterricht muss die fundamentalen Ideen der elementaren Algebra im Sinne des Spiralprinzips entwickeln. Die fundamentalen Ideen der Arithmetik „Rechnen, Rechengesetze, Rechenvorteile" und „arithmetische Gesetzmäßigkeiten und Muster" (vgl. WITTMANN & MÜLLER 2004a), verweisen von ihrem Wesen her auf die Algebra (WITTMANN 1997). Eine künstliche Trennung der eigentlich so verwandten Teilgebiete der Arithmetik und Algebra hingegen lässt eben jene Umbrüche im Lernprozess entstehen, die in Kapitel 1.2 als ‚cognitive gap' beschrieben wurden (vgl. SIEBEL & FISCHER 2010; SCHLIEMANN ET AL. 2007).

3.2 ‚Early Algebra'

Im vorherigen Kapitel wurde die Notwendigkeit aufgezeigt, Variablenkonzepte im Sinne des Spiralprinzips und des vorgreifenden Lernens frühzeitig anzubahnen. Damit wird nicht nur das Ziel verfolgt, den Aufbau der für den Mathematik-unterricht so fundamentalen Konzepte der Variablen zu fördern, sondern eben-falls die bestehende Kluft zwischen Arithmetik und Algebra (vgl. ‚cognitive gap' Kap. 1.2) zu überwinden und eine Kontinuität im Unterricht der Primar- und Sekundarstufe herzustellen.

Das Interesse einer Förderung des algebraischen Denkens in der Grundschule hat sich im Laufe der letzten zwei Jahrzehnte international verbreitet, auch wenn dabei selten auf die oben dargestellten didaktischen Hintergründe des Spiralprin-zips und des vorgreifenden Lernens zurückgegriffen wird. Besonders in den USA, in welcher die Algebra sehr lange Zeit in Kursen strikt getrennt und isoliert be-handelt wurde und nur der elitären Schülerschaft zugänglich war (KILPATRICK & IZSAK 2008; CHAZAN 2008; KAPUT 2008), hat sich eine Bewegung zur Integration der Algebra in den regulären Mathematikunterricht und damit gleich-zeitig auch in den Unterricht der unteren Jahrgangsstufen unter dem Namen „Early Algebra" gebildet.[14] Mittlerweile haben sich die Grundideen dieser Re-form in den NCTM Standards (NATIONAL COUNCIL OF TEACHERS OF MATHEMATICS 2000), mit der Vorschule beginnend, fest etabliert. Bis die Ziele der Early Algebra Anklang in der internationalen mathematikdidaktischen Forschung fanden, gab es viele Kontroversen um die Frage, ob es sinnvoll ist, algebraisches Denken bereits in die unteren Jahrgangsstufen zu integrieren, was sicherlich auch den verschiedenen umstrittenen Ansätzen zur Umsetzung dieser Idee zuzuschreiben ist[15].

Auch in Deutschland, in welchem man sich mit den gleichen in Kapitel 1.2 be-schriebenen didaktischen Problemen der elementaren Algebra konfrontiert sieht, werden die Schwierigkeiten im Umgang mit Variablen bereits oftmals der späten Einführung und dem überlasteten Lehrplan zugeschrieben, welcher die schnelle Hinführung und anschließende Überbetonung des Kalküls fördert. So beschreibt KOPP (1996) die Situation der Einführung von Variablen in der 7. Jahrgangsstufe wie folgt:

> „Man beginnt, sich erstmals bewußt mit Termen zu beschäftigen, die Buch-staben enthalten; bis zum Ende des 7. Schuljahres muß dann bereits eine Fülle von Gesetzen und Umformungsregeln gelernt sein. Den Schülern bleibt dabei kaum Zeit, mit dieser neuen Seite der Mathematik vertraut zu werden. So ge-raten Fragen nach dem Sinn des Variablenkonzepts schnell in den Hinter-

---

[14] Für einen Überblicksartikel und eine grundsätzliche Diskussion der „Early Algebra" siehe CARRAHER & SCHLIEMANN 2007.
[15] Umstritten sind zum Beispiel die Ansätze DAVYDOVS (1975) (vgl. dazu Kritik von FREUDENTHAL 1986; 1974). Für aktuelle Projekte zu diesem Ansatz siehe DOU-GHERTY 2008.

grund, schon nach kurzer Zeit werden sie nicht mehr gestellt. Der Lehrer steht vor einem umfangreichen Lehrplan, dem er gerecht werden muß, und aus Schülersicht ist es dann wichtiger, sich mit den Variablen zu arrangieren, sie zur Zufriedenheit des Lehrers zu verwalten." (KOPP 1996, 524)

Bei den folgenden Ausführungen zur Early Algebra geht es vor allem darum, deren allgemeine Zielsetzungen und Grundlagen zu beschreiben (Kapitel 3.2.1) und Ergebnisse der einschlägigen Forschung zu Kompetenzen von Grundschulkindern aufzuzeigen (Kapitel 3.2.2), um hieraus didaktische Schlussfolgerungen für die empirische Studie ziehen zu können. Eine ausführlichere Beschreibung der verschiedenen existierenden Ansätze erscheint aufgrund ihrer Vielfalt für die vorliegende Arbeit nicht sinnvoll. Stattdessen wird in Kapitel 4 der Ansatz des Verallgemeinerns detailliert betrachtet, der sich vor den dargelegten lerntheoretischen und didaktischen Hintergründen als gewinnbringend für die Arbeit erweist.

3.2.1 Algebraisierung des Mathematikunterrichts der Grundschule

Kritik an der Early Algebra, die zunächst nicht nur von Seiten der Forschung, sondern auch der Lehrkräfte, bezüglich der Thematisierung von Algebra in der Grundschule geäußert wurde, kann im Wesentlichen wie folgt zusammengefasst werden (vgl. auch KAPUT 2008a).

Warum sollten die Schülerinnen und Schüler in der Primarstufe bereits mit Inhalten konfrontiert werden, die in der Sekundarstufe Schwierigkeiten bereiten? Müsste man nicht davon ausgehen, dass dieser Stoff so schwer ist, dass man ihn eher nach hinten verlagern müsste, anstatt nach vorne? Und ist das Lernpensum in der Grundschule nicht bereits so umfangreich, dass es keinen Platz mehr für zusätzliche Inhalte bietet?

In der Tat kann man diesen Zweifeln schnell zustimmen, wenn man mit dem Begriff ,Algebra' für die Grundschule jene Algebra assoziiert, die aus dem Sekundarstufenunterricht bekannt ist und die jene Schwierigkeiten mit sich bringt, die in Kapitel 1.2 dargestellt wurden. Die Vorstellung, die dabei zu Recht herangezogen wird, beschreiben KAPUT ET AL. (2008a, XVIII) mit den Worten „algebra-as-we-were-taught-it follows arithmetic-as-we-were-taught-it". Darauf aufbauend wird teilweise die Ansicht vertreten, dass in der Primarstufe höchstens eine propädeutische Anbahnung von algebraischem Denken stattfinden kann, da zunächst kognitive Kompetenzen und arithmetische Fähigkeiten solide ausgebaut sein müssen, bevor sich algebraisches Denken entwickeln kann (HERSCOVICS & LINCHEVSKI 1994). Diese Ansicht, dass Algebra auf der Arithmetik aufbaut, arithmetische Fähigkeiten also zwingende Voraussetzung für das algebraische Denken darstellen und Algebra deshalb auch nach der Arithmetik unterrichtet werden muss, führen auch DETTORI ET AL. (2001) an. PIAGET (2003, 118f;

PIAGET & INHELDER 1972) geht in seinem Stufenmodell der kognitiven Entwicklung zudem davon aus, dass Kinder erst in der Stufe des formalen Denkens (also ab ca. 11/12 Jahren) zu in der Algebra benötigten formalen Denkhandlungen in der Lage sind. So ordnet KÜCHEMANN (1978) auch das Verständnis der drei Variablenbegriffe *Unbekannte, Unbestimmte* und *Variable* dieser Stufe zu.

MACGREGOR & STACEY (1997) betrachten diese Sichtweise auf das Lernen von Algebra als zu unzulänglich und wenig hilfreich. Durch die Aussage, dass Kinder zunächst ein gewisses kognitives Level erreicht haben müssen, um Variablen angemessen zu interpretieren, können weder Fehler oder Fehlvorstellungen der Kinder erklärt noch Ursachen gefunden und erst recht keine Verbesserung der Situation erzielt werden. Sie zeigen in einer breiten Studie auf, dass hinter den schlechten Algebraleistungen der Kinder mehr Gründe liegen als eine fehlende kognitive Entwicklung. Fehler entstehen unter anderem durch

- "intuitive assumptions and sensible, pragmatic reasoning about an unfamiliar notation system;
- analogies with symbol systems used in everyday life, in other parts of mathematics or in other school subjects;
- interference from new learning in mathematics;
- poorly-designed and misleading teaching materials."

(MACGREGOR & STACEY 1997, 1)

Diese Faktoren werden aber beeinflusst durch den bisherigen und aktuellen Unterricht der Lernenden sowie durch die Lernmaterialien.

Um die oben beschriebenen Zweifel auszuräumen, müssen Vertreter der Early Algebra immer wieder klarstellen[16], dass es bei der Integration algebraischen Denkens in den Grundschulunterricht nicht um eine verfrühte Einführung der abstrakten algebraischen Inhalte der Sekundarstufen gehen soll. Ebenso wenig soll Algebra als zusätzlicher Inhaltsbereich oder zusätzlicher Lernstoff die bestehenden Standards oder Lehrpläne füllen. Bei der Integration algebraischen Denkens in den Grundschulunterricht sprechen Vertreter vielmehr von einer ‚Algebraisierung' des gesamten Mathematikunterrichts und gehen dabei von einer sich gegenseitig bereichernden Wechselbeziehung zwischen Arithmetik und Algebra aus (vgl. KAPUT & BLANTON 2001, CARPENTER & FRANKE 2001). KAPUT & BLANTON (2001) sehen in der Betonung algebraischen Denkens in der Grundschule die Möglichkeit, ebenfalls dem bestehenden Mathematikunterricht der Primarstufe mehr Tiefe und Einsicht zu verleihen. WINTER (1982, 196) sieht die Algebra dabei sogar „im Dienst der Arithmetik und des Sachrechnens", wel-

---

[16] CARRAHER ET AL. (2008) stellen dies beispielsweise in dem Artikel mit dem gleichnamigen Titel „Early Algebra is not the same as Algebra Early" klar.

che dazu beiträgt „das arithmetische Prozessieren zu mehr Durchsichtigkeit und größerer Reichhaltigkeit" zu führen.

Der Arithmetikunterricht der Primarstufe darf folglich nicht so aufgefasst werden, als ginge es vorrangig um das Ausführen verschiedener Rechenoperationen mit dem Ziel des Erlangens eines Ergebnisses (KIERAN 1989), denn vielmehr geht es um die den Rechnungen zugrunde liegenden allgemeinen Handlungen und Gesetzmäßigkeiten, welche die Kinder verallgemeinern und verinnerlichen sollen.

„When we teach arithmetic, whether we realize it or not, our real aim is to teach algebra. For it is extremely unlikely that our children will ever meet in later life the exact numbers they had in any problem at school. When we give them any particular exercise, our hope is that they will see that the same method could be applied to many similar problems. So that even when we are dealing with the *particular* numbers of arithmetic, we are hoping to convey *general* ideas, which belong to algebra." (SAWYER 1964, 90f)

Lernende sind also implizit dazu aufgefordert, in den Rechnungen das Allgemeine zu sehen, was in Kapitel 3 als eine typisch algebraische Denkhandlung herausgearbeitet wird. Dieser Auffassung folgend beinhaltet der Arithmetikunterricht bereits sehr viel Algebra, was unweigerlich zu der Einsicht führt, dass Arithmetik ohne Algebra unmöglich ist (HEWITT 1998). Sobald es im Arithmetikunterricht nicht vorrangig um das Ausrechnen geht, sondern Rechnungen und Gleichungen auch auf ihre Struktur hin betrachtet oder allgemeine Gesetzmäßigkeiten hinter den konkreten Zahlenwerten untersucht werden (z.B. in der Gleichung „78 – 49 + 49 = 78", FUJI & STEPHENS 2008, 127), birgt dies Potential für eine propädeutische Entwicklung des algebraischen Denkens und der Variablenkonzepte. Eine algebraische Sichtweise auf Rechnungen, Terme und Gleichungen vertieft wiederum das Wissen im arithmetischen Kontext (FUJI & STEPHENS 2008). SCHOENFELD (2008) geht sogar noch einen Schritt weiter und macht den Arithmetikunterricht mit seiner momentanen Fokussierung auf Algorithmen und auswendig zu lernenden Rechenregeln für die Schwierigkeiten beim Übergang von Arithmetik zur Algebra verantwortlich. So führt er z.B. für das Gleichheitszeichen aus:

„I believe that „most arithmetic statements are read as instructions to compute" because they are taught as such, without an eye toward the future use of the symbols. On the basis of repeated experience with arithmetic examples in which arithmetic statements are treated as instructions to compute, it is only natural that students will come to understand them that way." (SCHOENFELD 2008, 489).

Für WARREN (2001a; 2001b) zeigt sich die Überbetonung der Algorithmen und des Ausrechnens im Unterricht beispielsweise, wenn Schülerinnen und Schüler am Ende der Grundschulzeit nur unzureichendes Verständnis der Kommutativität der Addition und Multiplikation zeigen oder aber diese Rechengesetze oftmals auch auf Subtraktion und Division übertragen. Wird in der Arithmetik hingegen von Anfang an bereits Wert auf Struktursinn oder den verständnisvollen Gebrauch von mathematischen Zeichen gelegt, so sieht SCHOENFELD (2008) hierin eine mögliche Grundlage für eben solche Einsichten in der Algebra. Betrachtet man diese Aussage in Verbindung mit den in Kapitel 3.1.2 ausgeführten Überlegungen zum spiraligen Aufbau der zentralen Ideen der Mathematik, so lässt sich festhalten, dass ein Arithmetikunterricht nicht den dort formulierten didaktischen Zielen genügt, wenn er nicht auch den späteren Gebrauch und die Bedeutung mathematischer Zeichen im Auge behält und den Arithmetikunterricht nicht aus algebraischer Perspektive betrachtet[17]. Stattdessen lässt er die Ganzheitlichkeit außer Acht, die in vielen Bereichen des Mathematikunterrichts (z.B. bei der Erarbeitung des Zahlenraums oder des Einmaleins) längst zur Selbstverständlichkeit geworden ist (vgl. WITTMANN & MÜLLER 1990; WITTMANN & MÜLLER 1992).

Im Arithmetikunterricht können die Schülerinnen und Schüler auf verschiedenen Ebenen mit arithmetischen Regelmäßigkeiten, Zahlbeziehungen und Gesetzen konfrontiert werden – entweder in einer metasprachlichen Form, welche die betreffenden mathematischen Muster explizit benennt oder anhand von exemplarischem Aufzeigen der arithmetischen Besonderheiten, bei welchen die Schülerinnen und Schüler dann aufgefordert sind, selbst den allgemeinen Charakter des Musters herauszuarbeiten (PIMM 1987). Im ersten Fall dient die algebraische Sprache als ‚Metasprache der Arithmetik' (PIMM 1987, 164), was eine Isolierung der Algebra aus dem Arithmetikunterricht undenkbar erscheinen lässt.

Wenn aber Arithmetikunterricht bereits Algebra beinhaltet, so kann für eine Anbahnung des algebraischen Denkens in der Grundschule die Forderung nur lauten, das Algebraische am Arithmetikunterricht zu explizieren und sichtbar zu machen (FUJII 2003). Zur Überbrückung des ‚cognitive gaps' (Kapitel 1.2) kann nicht erst in der Sekundarstufe begonnen werden, algebraische Konzepte aufzugreifen. Vielmehr ist es Aufgabe des Arithmetikunterrichts, die Bezüge, die zwischen Arithmetik und Algebra bestehen, von Beginn an aufzuzeigen und entsprechende Bedeutungen, die zum algebraischen Denken führen, im Sinne des Spiralprinzips frühzeitig aufzubauen.

---

[17] Für ein Beispiel zum spiraligen Aufbau „Von Punktmustern zu quadratischen Gleichungen" siehe WITTMANN 1997.

HEFENDEHL-HEBEKER (2001, 93) vergleicht die Entwicklung des algebraischen Denkens mit der Entwicklung der Zahlbegriffs in der Grundschule, bei welcher besondere didaktische Sorgfalt aufgebracht wird, wenn „der Mathematikunterricht der Grundschule […] Kinder wesentliche Stufen, die die Geschichte in Jahrtausenden auf dem Wege von einem gegenstandsbezogenen zu einem symbolisch eigenständigen Zahlbegriff durchlaufen hat, im Zeitraffer nacherleben [lässt]". Für den Übergang von der Arithmetik zur Algebra, welcher eine ebenso große Komplexität in sich bergen kann, vermisst sie solche didaktischen Hilfen, weshalb sie die folgenden beiden Fragen aufwirft (HEFENDEHL-HEBEKER 2001, 94):

▪ „Kann man im Arithmetikunterricht Grunderfahrungen vermitteln, die sinnvolle Anlässe bieten, Variable und Formeln gedanklich zu konzipieren, und zeigen, dass diese Konstrukte nützlich sind?

▪ Gibt es auf dem Wege vom Zahlenrechnen zur Symbolsprache der elementaren Algebra vermittelnde Übergänge und Darstellungsformen, die eine ähnlich unterstützende Funktion übernehmen können wie die homogenen Hilfsobjekte bei der Zahlbegriffsentwicklung?"

3.2.2 Untersuchungen zu algebraischen Kompetenzen von Grundschulkindern

In der Diskussion um die Anbahnung der Algebra in der Grundschule haben sich viele Studien mit den algebraischen Kompetenzen von Schülerinnen und Schülern der Primarstufe beschäftigt (vgl. AMEROM 2002; CARPENTER & FRANKE 2001; SCHLIEMANN ET AL. 2007; FUJII & STEPHENS 2001; SPECHT 2009; RUSSEL ET AL. 2011 u.a.). Insbesondere bezüglich der Formalisierung, so beispielsweise des Zeitpunkts, zu welchem Kinder mit Buchstabenvariablen konfrontiert und an formale Notationsweisen herangeführt werden sollten, gibt es Kontroversen.

So beschäftigen sich einige Studien explizit nur mit der natürlichen Ausdrucksweise der Lernenden und vermeiden jegliche von außen aufgezwungene Formalisierung. Sie zeigen auf, dass Kinder im Arithmetikunterricht bereits eine Vielzahl an Vorkenntnissen auf informeller Ebene besitzen, welche die Basis für algebraische Denkhandlungen bilden kann. Lernende sind bereits frühzeitig in der Lage, im Arithmetikunterricht mit ihren eigenen sprachlichen Mitteln, Verallgemeinerungen (arithmetische Muster, Zahlbeziehungen oder Rechengesetze) zu erkennen und zu verifizieren (vgl. CARPENTER & FRANKE 2001; FUJII & STEPHENS 2001; CARPENTER ET AL. 2003; RUSSEL ET AL. 2011; BRITT & IRWIN 2011).

BASTABLE & SCHIFTER (2008) zeigen zum Beispiel auf, wie Kinder mit ihrer
natürlichen Sprache in der Lage sind, über allgemeine Gesetzmäßigkeiten der
Arithmetik zu reflektieren und sogar deren Allgemeingültigkeit zu begründen,
wenn sie beispielsweise folgenden Fragen nachgehen:

- Ergeben bei Malaufgaben die Tauschaufgaben immer das gleiche Ergebnis?
- Spielt die Reihenfolge der Zahlen bei Plusaufgaben eine Rolle?
- Ist es egal, ob ich die kleinere von der größeren Zahl abziehe oder von der
  kleineren zur größeren ergänze?

Andere Studien (wie beispielsweise SCHLIEMANN ET AL. 2007) sprechen
Grundschülern nicht nur eine Vielfalt von Kompetenzen bezüglich algebraischen
Denkens zu, sondern beschreiben auch ihre Fähigkeiten, algebraische Notations-
weisen zu verstehen und anzuwenden. BRIZUELA & SCHLIEMANN (2004),
CARRAHER ET AL. (2001) und SCHLIEMANN ET AL. (2007) schildern, dass
Dritt- und Viertklässler im Rahmen sinnstiftender Kontexte sowohl Variablen
gebrauchen als auch Diagramme, Funktionsgraphen und –tabellen nutzen und
aufeinander beziehen können.

Eine frühe Formalisierung der kindlichen Denkweisen wird in der Literatur jedoch kontrovers diskutiert. TEPPO (2001) kritisiert die Studien von CARRAHER
ET AL. (2001), da die Autoren bei den Unterrichtsversuchen selbst kaum zwischen den verschiedenen Konzepten von Variablen unterscheiden bzw. diese
vermischen[18] und die Vermischung der Konzepte (von Unbekannten und Unbestimmten) auch bei den Kindern nicht zu tragfähigen Variablenkonzepten führen
kann (vgl. Kapitel 1.2). TALL (2001) ist außerdem der Auffassung, dass die
individuellen Vorkenntnisse sowie Denkwege und –hürden nicht berücksichtigt
werden, sondern die Nutzung von Variablen unabhängig von den eigenen Denkwegen der Kinder eingeführt wird. RADFORD (2001b) bezweifelt, dass in den
Untersuchungen von CARRAHER ET AL. (2001) tatsächlich echte algebraische
Operationen ausgeführt werden, wie die Autoren den Kindern zuschreiben, da es
sich in den beschriebenen Beispielen jeweils nur um arithmetische Operationen
handelt und die Variable nur jeweils als Zeichen mitgeführt wird, und nicht *mit*
ihr operiert wird. Auf diese Weise werden die Untersuchungen als kritisch ange-
sehen, da hier früh zu einer formalen Ausdrucksweise gedrängt wird, welche die
Kinder zwar bereitwillig übernehmen und verwenden, aber die hinter den Symbo-

---

[18] Dies zeigt sich oftmals, wenn sie Kontexte nutzen, in denen die Variable als Unbekannte gebräuchlich ist, die Kinder aber dann zu einer Nutzung der Variablen als Unbestimmte gedrängt werden, sodass die Lernenden in den Unterrichtsversuchen sichtli-
ches Unbehagen über den Nutzen und den Gebrauch von Variablen zeigen (vgl. CAR-
RAHER ET AL. 2000).

len stehenden Konzepte der Variablen und die Bedeutung der Terme nicht im Zentrum der Studien stehen. Stattdessen verstehen CARRAHER ET AL. (2001) und SCHLIEMANN ET AL. (2007) unter algebraischen Kompetenzen der Kinder vorrangig, dass diese die Verwendung von Variablen in den verschiedenen Kontexten nachvollziehen können und sie zunehmend selbst im Unterricht nutzen.

Eine noch frühere Formalisierung befürworten die auf DAVYDOV (1975) zurückgehenden Ansätze des Measure Up-Projektes (vgl. DOUGHERTY & SLOVIN 2004; SLOVIN & DOUGHERTY 2004; DOUGHERTY 2008), welche die Lernenden direkt zu Beginn des Mathematikunterrichts, noch vor dem ersten Kontakt mit der Arithmetik an den Buchstabengebrauch heranführen. Kritisch diskutiert werden diese Ansätze vor allem, weil sie einerseits nicht die vorschulischen numerischen Erfahrungen der Lernenden berücksichtigen (FREUDENTHAL 1986; 1974) und andererseits Buchstaben im geometrischen Kontext zur Einführung von Variablen verwenden, vor denen BERTALAN (2007a) warnt, da sie leicht zur in Kapitel 1.2 beschriebenen Fehlvorstellung von Variablen als Namen führen können.

AMEROM (2002) zeigt in ihren Untersuchungen zur Entwicklung der algebraischen Denkens in der Grundschule auf, dass die Schülerinnen und Schüler zwar auf natürlichem Wege allgemeine Ausdrücke für ihre Entdeckungen finden und auch dazu neigen, diese selbsttätig abzukürzen, sich jedoch eine zu schnelle Hinführung zur symbolischen Schreibweise eher destruktiv auswirkt. Kinder nutzen in der Studie in einem Unterrichtsversuch inkonsistente Notationsweisen, welche ebenso vielen mathematischen Konventionen widersprechen. Ein Aufgreifen und Thematisieren von verschiedenen Bedeutungen von Buchstaben trägt dabei eher zur Verwirrung, als zur Vertiefung der Konzepte bei. AMEROM (2002) warnt deshalb vor Euphorie über die Kompetenzen der Grundschulkinder und einer hierdurch entstehenden verfrühten Hinführung zur formalen algebraischen Sprache.

3.2.3 Zusammenführung der Überlegung zur propädeutischen Entwicklung von Variablenkonzepten

Die Ausführungen dieses Kapitels zeigen auf, dass eine frühzeitige Entwicklung des algebraischen Denkens und damit verbunden auch der Variablenkonzepte nicht nur nach dem Spiralprinzip und dem vorgreifenden Lernen notwendig ist (Kapitel 3.1.2), sondern belegen auch, dass jüngere Kinder bereits Vorkenntnisse auf diesem Gebiet mitbringen, welche in den unteren Jahrgangsstufen bereits entwickelt werden und dabei gleichzeitig den Arithmetikunterricht der Primarstufe vertiefen können. Die Idee der Early Algebra wird in der Literatur weiter dahingehend verfolgt, dass Arithmetik und Algebra tiefliegende gemeinsame Charakteristika besitzen und somit die Arithmetik nicht als ein von der Algebra getrenntes Gebiet aufzufassen ist (vgl. CARRAHER & SCHLIEMANN 2007). „Insgesamt ist eine Tendenz dahin zu erkennen, dass algebraisches Denken mehr und mehr in arithmetisches Denken eingebettet und zusammen und nicht getrennt von diesem unterrichtet wird" (SPECHT 2009, 55). Verstärkt betont wird dabei, dass die Entwicklung des algebraischen Denkens in der Grundschule die Thematisierung der Algebra in der Sekundarstufe nicht vorwegnehmen, sondern vorbereiten soll und es sich folglich nicht um eine *frühe*, sondern eine *propädeutische* Entwicklung der Algebra handelt. Auch wenn die Ziele der Early Algebra-Reform mittlerweile im Konsens von Curricula und internationaler mathematikdidaktischer Forschung getragen werden (NCTM 2000; CARPENTER & FRANKE 2001), so gibt es dennoch viele kontroverse Diskussionen um die verschiedenen existierenden Ansätze, die bestrebt sind, den Kindern in der Primarstufe das algebraische Denken näherzubringen.

In Kapitel 1.1.1 wurde herausgestellt, dass die Variablenkonzepte der Unbekannten und der Unbestimmten relativ komplementäre Konzepte darstellen, die für unterschiedliche Ziele eingesetzt werden und demnach auch eigene Lernkontexte benötigen. Entsprechend ändern sich auch die Ansätze für die propädeutische Entwicklung von Variablenkonzepten, je nachdem welches Variablenkonzept an die Lernenden herangetragen werden soll. In Kapitel 4.1.2 wird die Verbindung zwischen den Variablenkonzepten und den Zugängen zur Algebra erläutert, bevor anschließend das Verallgemeinern mathematischer Muster als ein zentraler Zugang zur (frühen) Algebra detailliert beschrieben wird, welcher vor dem Hintergrund der dargestellten lerntheoretischen und didaktischen Ausführungen geeignet erscheint, die Entwicklung der Variablen als Unbestimmte und als Veränderliche anzuregen.

Die verschiedenen Auffassungen über den Grad der Formalisierung der Algebra in der Grundschule, die in Kapitel 3.2.2 beschrieben wurden, reflektieren dabei die unterschiedlichen Bedeutungen, die der natürlichen Sprache in den jeweiligen Ansätzen zugemessen werden. Die Rolle der natürlichen Sprache und der Wortvariablen soll deshalb in Kapitel 3.3 näher beleuchtet werden. Nach einer abschließenden Zusammenführung der didaktischen Grundlagen in Kapitel 3.4 werden in Kapitel 4.1 die hier angerissenen Aspekte der Early Algebra wieder aufgegriffen und vertieft, die für das Vorhaben der vorliegenden Arbeit gewinnbringend erscheinen.

3.3 Die Bedeutung der Sprache und der Wortvariablen

In Kapitel 1.1.2.2 wurden Variablen und die algebraische Sprache als Mittel beschrieben, mit welchem allgemeine mathematische Sachverhalte ausgedrückt und somit kommunizierbar gemacht werden können. Untrennbar damit verbunden scheinen auf den ersten Blick auch Buchstabenvariablen zu sein, mit deren Hilfe Zahlen allgemein dargestellt werden können. Traditionell erfolgt im Mathematikunterricht der Sekundarstufe deshalb eine Hinführung zu Buchstabenvariablen recht schnell (nicht früh), sodass anschließend zur Manipulation und Operation mit den neuen Objekten übergegangen werden kann. Dabei ist die formale Sprache nicht das einzige Mittel, um Muster und Strukturen im Mathematikunterricht darzustellen. Eine hohe Bedeutung kommt bei der Entwicklung der algebraischen Sprache der Beschreibung von Mustern und Strukturen in der natürlichen Sprache zu.

Diese Bedeutung der Sprache beim propädeutischen Aufbau von Variablenkonzepten soll in diesem Kapitel aus zwei Perspektiven beleuchtet werden. Zum einen soll die historische Entwicklung der Variablen betrachtet und die dortige Bedeutung von Wortvariablen herausgearbeitet werden, wobei gleichzeitig dargestellt wird, wie phylogenetische Betrachtungen für didaktische Überlegungen bezüglich des Aufbaus von Variablenkonzepten genutzt werden können (Kapitel 3.3.1). Zum anderen wird auf der Grundlage des didaktischen Prinzips der fortschreitenden Schematisierung in Kapitel 3.3.2 beschrieben, welche Rolle der Sprache in der ontogenetischen Entwicklung der Algebra zugemessen wird. Zuletzt wird die Funktion der in der Literatur als Quasi-Variablen bezeichneten konkreten, aber allgemein gemeinten Zahlen als Vorläufer von Variablen beim Verallgemeinern mathematischer Zusammenhänge vorgestellt (Kapitel 3.3.3).

3.3.1 Zur phylogenetischen Entwicklung der algebraischen Sprache

Ohne die Diskussion um die Möglichkeiten geschichtlicher Betrachtungen mathematischer Themengebiete und Konzepte in der Tiefe ausbreiten zu wollen[19], soll zu Beginn dieses Abschnitts aufgezeigt werden, welche Ziele mit der Reflexion der phylogenetischen Entwicklung von Variablen verfolgt werden sollen und auch können. Natürlich lassen sich aus der historischen Entwicklung von Variablen keine direkten Überlegungen (einer Eins-zu-Eins-Übertragung von Phylogenese zur Ontogenese) zur Entwicklung des algebraischen Denkens im Individuum ableiten, da individuelle Lernprozesse verständlicher Weise anders ablaufen, als

---

[19] Für eine breitere Diskussion siehe RADFORD (1997), welcher die unabdingbare Berücksichtigung der soziokulturellen Natur des mathematischen Wissens bei der Reflexion phylogenetischer Entwicklungen beschreibt.

die Entwicklung mathematischer Begriffe durch (oftmals kommunikative) Entstehungsprozesse von und zwischen Mathematikern (RADFORD 2001a)[20]. Welche Erkenntnisse lassen sich also aus der historischen Entwicklung für die ontogenetische Entwicklung des Variablenbegriffs gewinnen?

Zunächst einmal kann eine Betrachtung der historischen Entwicklung die Komplexität algebraischer Gebiete aufzeigen, welche sich oftmals über viele Jahrhunderte (für die Entwicklung der Algebra sogar über Jahrtausende) hinweg entfalteten. Über die ständige Verwendung und Weiterentwicklung von Symbolen geraten die Anstrengungen, die ihre Entwicklung gekostet haben, automatisch in Vergessenheit und sie werden als selbstverständlich oder trivial wahrgenommen (ARCAVI 1995). So kann die phylogenetische Entwicklung auch auf epistemologische Hürden aufmerksam machen.

„Nun muß man damit rechnen, daß geistige Hürden, die sich dem Verständnis eines mathematischen Gegenstandes im Laufe seiner geschichtlichen Entwicklung entgegengestellt haben, auch die Lernprozesse unserer heutigen Schüler/innen blockieren können. Ihre Kenntnis kann also helfen, im gegenwärtigen Schulunterricht Lernschwierigkeiten zu verstehen, zu antizipieren und aufzufangen" (HEFENDEHL-HEBEKER 1989, 7).

Weiterhin zeigt die Reflexion der historischen Entwicklung von mathematischen Begriffen oftmals auch die Motivationen auf, aus denen heraus sie entwickelt wurden (ARCAVI 1995) und macht auf die Bedeutung des soziokulturellen Diskurses aufmerksam (RADFORD 2001a). Schließlich entstanden mathematische Begriffe zur Bewältigung von echten (und nicht didaktisch nachempfundenen) Problemen und nur jene Notationsweisen wurden aufgenommen und weitergetragen, die sich als nützlich herausstellten. Schülerinnen und Schüler haben im Unterricht jedoch kaum die Gelegenheit, diese Notwendigkeit nachzuempfinden. FREUDENTHAL (1983) bezeichnet es als antididaktische Umkehrung, wenn die fundamentalen Konzepte, die sich im Laufe der mathematischen Geschichte entwickelt haben, im Unterricht wie definierte Produkte als Selbstzweck an die Schülerinnen und Schüler herangetragen werden. Für ARCAVI (1995) zeigt sich FREUDENTHALS (1983) antididaktische Umkehrung in der Algebra gerade bei der Verwendung der symbolischen Sprache. So habe es Jahrtausende gedauert, bis die Mathematik so weit war, auf rein symbolischer Ebene mit Zeichen zu operieren und diese interpretationsfreie Manipulation von Symbolen nicht nur viele Probleme lösbar machte, sondern auch den Weg für die Entwicklung neuer

---

[20] Man betrachte dazu beispielsweise die Entwicklung der euklidischen und projektiven Geometrie und der Topologie, die sich nach PIAGET & INHELDER (1971) ontogenetisch in genau umgekehrter Reihenfolge entwickelt als historisch (PULASKI 1971, 113).

mathematischer Objekte und für die Entwicklung der abstrakten Algebra ebnete. Im Unterricht finde man hingegen Schülerinnen und Schüler, die nach syntaktischen Regeln ohne jegliches inhaltliches Denken mit Symbolen operieren, wobei sie jedoch nicht wissen, aus welchem Grund und auch nicht erkennen, welche Probleme sie damit lösen können (ARCAVI 1995; vgl. auch AMEROM 2002).

Die Entwicklung der algebraischen Sprache verzeichnet einen langen Weg in der Geschichte der Mathematik. Die folgende Darstellung verkürzt die ausführlichen Beschreibungen der Entwicklung der Algebra von SIEBEL (2005), KIERAN (1992) und AMEROM (2002) und fokussiert dabei auf die Entstehung und Verwendung symbolischer Sprache und insbesondere der Variablen. Sie greift dabei auf eine Unterteilung der algebraischen Notationsentwicklung in drei Zeitabschnitte (BOYER 1968, 201; NESSELMANN 1842) zurück:

Die rhetorische Algebra

In der rhetorischen Algebra der Antike (vor etwa 4000 Jahren), wurden sowohl die Problemstellungen als auch die Formulierungen der Lösungswege rein sprachlich in „Ermangelung **aller** Zeichen" (NESSELMANN 1842, 302, Hervorhebung im Original), folglich also durch Worte, beschrieben. Um unbekannte Mengen darzustellen, wurden in Ägypten bzw. in Babylonien Ausdrücke, wie beispielsweise ‚Haufen', ‚Tag' oder ‚Mensch', verwendet.

Die synkopierte Algebra

Mit den Schriften Diophantus wurden in der synkopierten Algebra (beginnend etwa um 250 n. Chr.) symbolische Zeichen als Abkürzungen in den sonst rein sprachlichen Ausführungen verwendet. Für *Unbekannte* wurden Buchstaben genutzt, die jeweils Abkürzungen für die in der Rechnung häufig benannten Objekte darstellten. Im Unterschied zum späteren Gebrauch von Variablen wurde mit den hier verwendeten Zeichen also nicht gerechnet, sondern sie dienten allein der Darstellung. Ebenso waren die Unbekannten auch unmittelbar an Koeffizienten oder ihre Potenzen gebunden. Vorgehensweisen wurden anhand von Beispielrechnungen mit konkreten Zahlen dargestellt. NESSELMANN (1842) weist darauf hin, dass es Diophantus aufgrund dieser Darstellung nicht möglich war, mehrere Unbekannte einzuführen und er stattdessen diese in geschickten Vorbereitungen der Aufgabe zu eliminieren vermochte.

Die symbolische Algebra

Im 16. und 17. Jahrhundert wurden Buchstaben sowohl für *unbekannte* und auch als *unbestimmte* Zahlen verwendet und es entstanden durch Viète und Descartes ganze Zeichensysteme. Diese koexistierten zunächst, bis sich das kartesische

System durchsetzte. Die symbolische Darstellungsweise verbreitete sich jedoch erst im 18. Jahrhundert und ermöglichte es, Beschreibungen mathematischer Zusammenhänge durchgängig innerhalb des Systems darzustellen, ohne auf verbale Formulierung zurückgreifen zu müssen. Die symbolischen Zeichen für Variablen entstanden aus dem Aufgreifen der Abkürzungen in der synkopischen Algebra. Das Zeichen x entstand mit der Zeit aus dem lateinischen Wort ‚res' für ‚Sache', ‚Ding' oder ‚Unbekannte'.

Die Entwicklung der algebraischen Sprache fasst AMEROM (2002, 37) tabellarisch wie folgt zusammen:

Tabelle 3.1: Zusammenfassende Darstellung der algebraischen Sprache zu verschiedenen Etappen in der Entwicklung der Algebra nach (AMEROM 2002)

	rhetoric	syncopated	symbolic
written form of the problem	Only words	words and numbers	words and numbers
written form in the solution method	only words	words and numbers; abbreviations and mathematical symbols for operations and exponents	words and numbers; abbreviations and mathematical symbols for operations and exponents
representation of the unknown	word	symbol or letter	letter
Representation of given numbers	specific numbers	Specific numbers	letters

Die Entwicklung der symbolischen Notationsweise ermöglichte einen kontextunabhängigen und regelgeleiteten Symbolgebrauch und damit auch eine Loslösung algebraischer Argumentationen von der Geometrie und arithmetischen Referenzobjekten. Die Geometrie war nun nicht mehr die einzige Möglichkeit, algebraische Erkenntnisse zu sichern und diente folglich anstelle des Beweisens nun der Visualisierung. Die enge Verbindung zwischen Algebra und Geometrie gestaltete sich wechselseitig: mit algebraischen Mitteln ließen sich geometrische Muster beschreiben und mithilfe der Geometrie ließen sich algebraische Gesetzmäßigkeiten veranschaulichen.

SFARD (1995) spricht Symbolen eine Schlüsselrolle in dieser beschriebenen Entwicklung zu, da erst durch den kontextunabhängigen Umgang mit Symbolen Zeichen als eigenständige mathematische Objekte betrachtet werden können, was eine Vergegenständlichung derselben ermöglicht. „Nach und nach verschiebt sich die dem Zeichen zugeschriebene Bedeutung durch wiederholten Gebrauch dahingehend, dass es direkt auf eine Variable verweist, nicht mehr auf das Wort ‚res'" (SPECHT 2009, 26). Mit Bezug auf die in Kapitel 2.2.2 dargestellte Theorie der *Reification* (Vergegenständlichung) kann die Analyse der phylogenetischen Entwicklung die Komplexität der Variablen als Unbestimmte bzw. Veränderliche verdeutlichen.

„To our modern eyes, the idea of a variable as any number seems so obvious and simple, we can hardly understand why it did not appear many centuries earlier. After all, letters were used in mathematics already in antiquity (e.g., in Euclid's Elements, c. 300 BC.). This fact, however, becomes much less surprising when one realizes that a variable as a given imposes functional thinking–it requires an ability to think simultaneously about entire families of numbers rather than about any specific quantity. Thus, the introduction of a parameter demands a very sharp change of perspective for which structural understanding of computational processes is indispensable." (SFARD 1995, 25).

Auf der Grundlage dieser Reflektion der phylogenetischen Entwicklung von Variablen betont SFARD (1995) die Notwendigkeit von Symbolen und deren Manipulation für eine tiefgreifende Durchdringung des Variablenbegriffs. Demzufolge bleiben verbale Notationsweisen, wie sie in der rhetorischen und auch der synkopierten Algebra vorkamen, untrennbar mit operationalen Sichtweisen verbunden (SFARD & LINCHEVSKI 1994a). Während eine Vergegenständlichung von mathematischen Begriffen der Verwendung von symbolischer Sprache vorbehalten bleibt, kommen Wortvariablen aber dennoch eine gewichtige Rolle in der Entwicklung der Prozess-Objekt-Dualität mathematischer Begriff im Sinne der Verinnerlichung und Verdichtung zu, welche Voraussetzung für eine spätere Vergegenständlichung darstellen (vgl. Kapitel 2.2.2).

3.3.2 Zur ontogenetischen Entwicklung der algebraischen Sprache

Neben der oben aufgeführten historischen Perspektive auf die Entwicklung der algebraischen Sprache beschäftigen sich verschiedene Studien damit, die Rolle der Sprache und der Wortvariablen in der ontogenetischen Entwicklung der Algebra nachzuzeichnen. Sie stellen dabei einheitlich die natürliche Sprache als einen nicht zu vernachlässigenden Vorläufer für die symbolische Notation dar. Zunächst besitzt die sprachliche Ebene einen großen Einfluss auf die Interpretationsweisen der Schülerinnen und Schüler von Variablen. SPECHT (2009, 176) vergleicht in einer Studie Variablendeutungen von Kindern, denen mathematische Aussagen (wie z.B. $x + 0 = $) in verschiedenen Formulierungen vorgelegt wurden. Dabei stellt sich heraus, dass Kinder eine Interpretation der Variablen als Unbestimmte besonders häufig bei natürlichsprachlichen Formulierungen und bei einer Verwendung von Wortvariablen vornehmen. Selbst in der achten Klasse, in welcher die Jugendlichen bereits vertraut mit Buchstabenvariablen sind, treten bei natürlichsprachlichen und mit Wortvariablen versehenen Aussagen fast ausschließlich Deutungen der Variablen als Unbestimmte auf, während sich bei formalen Formulierungen eine ganze Bandbreite von Interpretationen zeigt und die Unbestimmte nur zu 17% in den Variablen erkannt wird. Interessanterweise sind die Viertklässler auch ohne Vorkenntnisse zu Variablen aus dem Unterricht zu einem hohen Anteil in der Lage, Wortvariablen und natürlichsprachliche Ausdrücke als Unbestimmte zu deuten. Die Ergebnisse dieser Studie zeigen auf, dass das im Rahmen der Untersuchung gezeigte Variablenverständnis der Kinder in der 4. und 8. Jahrgangsstufe auf den verschiedenen vorgelegten sprachlichen Ebenen sehr ähnlich ist, was aufgrund der unterschiedlichen Vorkenntnisse der Schüler aus dem Mathematikunterricht eigentlich nicht zu erwarten gewesen wäre. Dies zeigt einerseits, dass in der vierten Klasse bereits „zielführende Auffassungen von Variablen vorhanden zu sein [scheinen], andererseits deutet sich an, dass die Interpretationen nur schwierig zu verändern sind" (SPECHT 2009, 178), sodass das Verständnis der symbolischen Formelsprache in der 8. Klasse wiederum eher ernüchternd wirkt.

Auch CARPENTER ET AL. (2003) zeigen auf, dass Grundschulkinder mit Mitteln der natürlichen Sprache durchaus in der Lage sind, algebraische Gesetzmäßigkeiten allgemein darzustellen – wie zum Beispiel „*When you add zero to a number you get the number you started with*", "*When multiplying two numbers, you can change the order of the numbers*" (CARPENTER ET AL. 2003) oder „Zero subtracted from another number equals that number" (CARPENTER & FRANKE 2001).

Obwohl die natürliche Sprache oftmals als notwendige Voraussetzung für das Erlernen der algebraischen Sprache beschrieben wird (HERSCOVICS & LINCHEVSKI 1994; REDDEN 1996), stellt die Ausdrucksmöglichkeit von mathematischen Zusammenhängen in der natürlichen Sprache selbstverständlich kein hinreichendes Kriterium für das Erlernen der algebraischen Sprache dar. Von der verbalen, durch Wortvariablen geprägten, allgemeinen Beschreibung zur symbolischen Notationsweise ist ein nicht zu unterschätzender Abstraktionsschritt nötig, durch welchen „inhaltsgebundene Operationen durch inhaltsinvariante Denkoperationen" ersetzbar werden (HEFENDEHL-HEBEKER & MELZIG 2010, 34). Die oben aufgeführten Studien zeigen aber Kompetenzen der Lernenden im Gebrauch der Sprache und der Wortvariablen für die Beschreibung und Deutung algebraischen Zusammenhänge auf, an die für die Entwicklung der algebraischen Sprache angeknüpft werden kann.

Das Prinzip der fortschreitenden Schematisierung

Einen didaktischen Anhaltspunkt für die Verknüpfung von natürlicher und algebraischer Sprache in der ontogenetischen Entwicklung bietet das für den Arithmetikunterricht formulierte *Prinzip der fortschreitenden Schematisierung*. Dieses fordert die Anknüpfung der Entwicklung formaler Notationsweisen an die informellen Ausdrucksweisen der Lernenden. Es beschreibt, dass Kinder auf natürlichem Weg zu Algorithmen und konventionellen Notationen gelangen, indem sie ihre eigenen Rechenwege fortlaufend verkürzen, verbessern, schematisieren und auch symbolisieren (TREFFERS 1983). Durch Vergleich und Reflexion von Lösungswegen kann eine Entwicklung auf der Grundlage informeller Notationsweisen im Sinne einer fortschreitenden Schematisierung erzielt werden (SELTER 1997).

Für die Entwicklung der algebraischen Sprache als Fachsprache der elementaren Algebra bedeutet dies, dass auch hier der Unterricht an die Sprache und Darstellungsweisen des Kindes anknüpfen und diese im Sinne der fortschreitenden Schematisierung weiterentwickeln muss. „Zunächst verfügt das Kind über seine ,eigene Sprache', von der das Verstehen des Kindes ausgeht. Daher ist auch das Verständnis eines Fachgebietes an diese Sprache gebunden, d.h. sie muss im Unterricht aufgegriffen werden" (SIEBEL 2005, 114). Gerade im Algebraunterricht ist ein Aufgreifen der informellen Sprache der Lernenden bei der Hinführung zur neu zu erlernenden symbolischen Notationsweise wichtig, da bereits bekannt ist, dass Schülerinnen und Schüler Schwierigkeiten im Verständnis der abstrakten Symbole aufweisen. Eine besondere Beobachtung der kindlichen Ausdrucksweisen ist im Algebraunterricht vor der Einführung algebraischer Notationsweisen, wie Variablen, deshalb unerlässlich (BASTABLE & SCHIFTER 2008). Die algebraische Sprache kann von den Schülerinnen und Schülern nicht als Hilfsmittel zur Beschreibung von mathematischen Sachverhalten genutzt werden, wenn diese ihnen selbst noch fremd ist und das Ausdrücken in der fremden Sprache noch Mühe bereitet. Für den ,flüssigen' Gebrauch der algebraischen Sprache müssen Kinder demnach frühzeitig, jedoch mit allmählich wachsender Schematisierung in den bekannten Gebieten der Arithmetik, der Geometrie und auch des Sachrechnens an diese Sprache herangeführt werden. Dies sollte im Mathematikunterricht der Grundschule mit dem Verallgemeinern (natürlich nicht in Form von Buchstaben) beginnen (KAPUT 2000). Für die Einführung von Variablen hebt SPECHT (2007) hervor, dass die Bedeutung der Sprache und der Einfluss von verschiedenen Formulierungsformen berücksichtigt werden muss und durch eine Anknüpfung an die informellen Darstellungsweisen der Schülerinnen und Schüler und deren Reflexion das Verständnis von Variablen begünstigt und auch Fehlvorstellungen thematisiert werden können. Auch MASON ET AL. (1985) weisen darauf hin, dass bei der Einführung der algebraischen Sprache auch der natürlichen Sprache bei der Verallgemeinerung mathematischer Zusammenhänge genügend Raum gegeben werden muss. Als individuelle Ausdrücke der Lernenden lässt sich oftmals eine Mischung von Bildern, Wörtern und Symbolen erkennen, wenn den Kindern keine bestimmte Notationsweise vorgeschrieben wird (MASON ET AL. 1985). Es sollte den Schülerinnen und Schülern auch nach der Einführung von Buchstabenvariablen genügend Gelegenheit gegeben werden, die natürliche Sprache als Ausdrucksmittel für Muster anzuwenden, anstatt sie zur Benutzung der fremden formalen Sprache zu drängen. Der Übergang von natürlicher Sprache zur Symbolverwendung darf folglich nicht als einmaliger Schritt abgehandelt werden.

Für Mathematiker ergibt sich durch die Verwendung von Buchstabenvariablen gegenüber Wortvariablen eine Reihe von Vorteilen. „Buchstabenvariablen erlauben eine *knappere, übersichtlichere, unmißverständlichere, kontextfreiere Darstellung* und ermöglichen vor allem ein *regelhaftes Operieren*" (MALLE 1993, 45, Hervorhebung im Original). Da dies aber nicht unbedingt zu den obersten Prioritäten der Schülerinnen und Schüler zählen muss, ist es nachvollziehbar, wie das in Kapitel 1.2 beschriebene Problem der von den Kindern empfundenen Sinnlosigkeit des Variablengebrauchs zustande kommen kann. Wenn die Stärke der algebraischen Sprache und insbesondere des Gebrauchs von Variablen in ihrer Möglichkeit liegt, allgemeine Sachverhalte kurz und übersichtlich darzustellen, kann diese Stärke den Lernenden nur vermittelt werden, wenn diese zuvor mit ihren sprachlichen Mitteln versuchen zu verallgemeinern. Dann erweist sich die algebraische Sprache als nützliches Mittel für Darstellungen, die ansonsten nur mühsam und umständlich umschrieben werden können und es ergibt sich eine Sinnstiftung für den Gebrauch von Variablen (SCHOENFELD & ARCAVI 1988).

Die Erfahrung, „dass durch die Konkretisierung des Gedachten unterschiedliche symbolische Darstellungen genutzt werden können", sehen BARZEL & HUSSMANN (2007) als wichtige Erkenntnis vor dem Übergang zur symbolischen Darstellung an. Aus diesem Grund ist es wünschenswert, dass die Schülerinnen und Schüler aus dem Empfinden der Notwendigkeit heraus selbst die algebraische Sprache wählen. Eine zu schnelle oder frühzeitige Hinführung zu Symbolen, für welche die Schülerinnen und Schüler selbst noch keine Notwendigkeit erkennen und welche sie dann auch nicht als sinnvoll erachten, kann schnell zu der in Kapitel 1.2.1 beschriebenen fehlenden Sinnstiftung für den Umgang mit Variablen führen. Soll die algebraische Sprache als wichtiges Werkzeug im Mathematikunterricht kennengelernt werden, mit der es möglich ist, allgemeine Sachverhalte zu beschreiben (vgl. Kapitel 1.1.2.2), müssen die Lernenden zunächst auch vor Probleme gestellt werden, deren Lösung eine allgemeine Beschreibung von mathematischen Sachverhalten erfordern. Versucht man hingegen, die Schülerinnen und

Schüler in der 7. Klasse mit aller Macht an Variablen heranzuführen, weil dies eben der Zeitpunkt ist, an der Variablen eingeführt werden und ringt um didaktische Kontexte, welche Variablen als möglichst sinnvoll erscheinen lassen, um sie zu erlernen und für spätere Probleme nutzbar zu machen, dann gelangt man wiederum zu FREUDENTHALS (1983) in Kapitel 3.3.1 dargestellten didaktischen Umkehrung. Algebraische Symbole sollten also nicht eingeführt werden, bevor die Probleme zu deren Lösung sie beitragen, nicht verstanden und als echte Probleme empfunden werden (ARCAVI 1995).

3.3.3 Die Rolle von Quasi-Variablen

Wenn Kinder allgemeine Zusammenhänge ausdrücken möchten, bevor ihnen die Möglichkeiten der algebraischen Sprache zur Verfügung stehen, so greifen sie oftmals auf konkrete Zahlenbeispiele zurück. Die konkreten Zahlen, die aber von den Kindern allgemeiner gedacht werden und wie Variablen als Platzhalter dienen, werden in der Literatur als Quasi-Variablen bezeichnet (FUJII & STEPHENS 2001). So können Kinder beispielsweise über die Gültigkeit der Gleichung 78+49-49=78 und deren allgemeine von den konkreten Zahlen unabhängige Struktur diskutieren, bevor sie diese mit den Buchstabenvariablen a+b-b=a beschreiben können. Auch wenn die Verwendung von Zahlen als Platzhalter für unbestimmte Zahlen eindeutig den Konventionen des Zahlgebrauchs widerspricht, so lässt sich dennoch in den Argumentationen der Kinder ein propädeutisches Unbestimmtenkonzept erkennen, dessen Nutzen und Stärke FUJII & STEPHENS (2001) gerade darin sehen, einer einseitigen Betonung des Variablenkonzeptes der Unbekannten in der Grundschule entgegenzuwirken (die oftmals in Gleichungen mit Variablenzeichen wie □, __ oder ○ angesprochen werden) und die Rolle der Variablen als Unbestimmte zu stärken. COOPER & WARREN (2011, 193) sehen in der Verwendung von Quasi-Variablen bei der Verallgemeinerung mathematischer Sachverhalte (was sie als *quasi-generalisation* bezeichnen) eine notwendige Vorstufe vor der Verallgemeinerung mit natürlicher oder algebraischer Sprache.

FISCHER (2009) beobachtet solch eine Verwendung konkreter Zahlen mit Stellvertreterfunktion bei der Abstraktion der Zahlauffassung von konkreten zu unbestimmten Zahlen. Sie unterscheidet dabei vier Stufen, in denen sich die Kinder allmählich von der bestimmten Zahl lösen und diese mit allgemeinem Charakter versehen. Während die Schülerinnen und Schüler auf der ersten Stufe konkrete Zahlen als solche mit absoluter Größe nutzen, um mit deren Hilfe Rechnungen auszuführen, die zu einem numerischen Ergebnis führen, verstehen sie die bestimmten Zahlen auf der zweiten Stufe als eine Art Baustein, dessen Größe zwar konkret, aber nicht relevant ist. Solche Zahlen werden in Rechnungen nicht direkt zu Zwischenergebnissen verbunden und hinterlassen eine nachvollziehbare Spur.

Auf der dritten Stufe verwenden Kinder bestimmte Zahlen nur noch als Stellvertreter für beliebige Zahlen, also im Sinne von Quasi-Variablen, bevor sie in der vierten Stufe schließlich unbestimmte Zahlen nutzen, sich also von konkreten Zahlauffassungen ganz lösen. Allgemein gedachte, aber bestimmte Zahlen können folglich als Brücke zwischen bestimmten und unbestimmten Zahlen dienen, da Kinder sich hierbei erstmals mit dem Stellvertretergedanken der Variablen auseinandersetzen und dieses kommunizieren können, auch wenn noch kein Zeichen für das dahinterliegende Konzept der Unbestimmten gefunden wurde.

Eine besondere Rolle spielen Quasi-Variablen auch bei mathematischen Beweisen. So stellt sich für KRUMSDORF (2009a; 2009b) das *beispielgebundene Beweisen* als „changierender Prozess zwischen Latenz, subjektiver Realisierung und sprachlicher Manifestation einer allgemeinen Begründung." (KRUMSDORF 2009a, 711) dar, bei welchem Kinder zwischen dem induktiven Prüfen und der Formalisierung einer Beweisidee eben auf konkrete Zahlen zurückgreifen, solange sie noch nicht der algebraischen Sprache mächtig sind. Diese konkreten und doch allgemein gedachten Zahlen verhelfen den Kindern, auch bei mangelnden Verallgemeinerungsmöglichkeiten eine subjektiv realisierte Beweisidee auszudrücken. Jedoch beschreibt KRUMSDORF (2009b) ebenso, dass man bei mangelnden Verallgemeinerungen nicht zwischen dem induktiven Prüfen anhand von Beispielen und dem allgemeingültigen Beweisen einer Behauptung unterscheiden kann. Hierdurch betont er die Bedeutsamkeit der Verallgemeinerung für den Argumentationsprozess.

3.4 Zusammenfassung

In diesem Kapitel wurde die Bedeutung des genetischen Prinzips und des Spiralprinzips sowie die Rolle der Sprache und der Wortvariablen bezüglich der Entwicklung von Variablenkonzepten diskutiert. Die sich hieraus ergebenden Konsequenzen für die vorliegende Arbeit werden im Folgenden herausgestellt.

Die genetische Sichtweise auf den Aufbau von Variablenkonzepten verbindet die in Kapitel 1 herausgearbeiteten Forschungsinteressen und stellt dabei die Bedeutung des Lernkontextes für den Forschungsprozess heraus. Auf der Grundlage des genetischen Prinzips stellt sich der mathematische Lernprozess als eine ganzheitliche Genese der Mathematik als Tätigkeit und des kindlichen Denkens dar. Die Erforschung der Entwicklung von Variablenkonzepten umfasst folglich die Konstruktion des Wissens auf Seiten der Lernenden und die Entwicklung des Variablenbegriffs auf Seiten der Mathematik in ihrer Prozesshaftigkeit. Dieser Prozess ist an den Lernkontext gebunden.

Folgerung 3.1   *Die Bedeutung des Lernkontextes ist für das vorliegende Forschungsinteresse zu berücksichtigen, ebenso wie die Integration der Perspektiven vom Kind und vom Fach auf die Entwicklung von Variablenkonzepten.*

Forschungen zur Entwicklung von Variablenkonzepten fokussieren vor allem im deutschsprachigen Raum auf Lernende in der ersten Sekundarstufe und begleiten dort Lernprozesse bei der Einführung von Variablen (vgl. BERLIN 2010b; MELZIG 2010). Das Spiralprinzip verdeutlicht jedoch die Notwendigkeit, sich dem Aufbau dieser fundamentalen Idee der elementaren Algebra auf propädeutischer Ebene bereits in der Grundschule kontinuierlich zu widmen. Eine Anbahnung von tragfähigen Variablenkonzepten in der Grundschule ermöglicht einerseits eine Anknüpfung an das im Grundschulunterricht erworbene Vorwissen und ist andererseits gleichzeitig gewinnbringend für den bestehenden Mathematikunterricht der Primarstufe, da eine algebraische Sichtweise auf den Arithmetikunterricht die dortigen Inhalte vertiefen kann. Ein Einblick in die einschlägige Literatur der Early Algebra (Kapitel 3.2) zeigt auf, mit welchen Kompetenzen bei der Anbahnung algebraischen Denkens in den unteren Jahrgangsstufen gerechnet werden kann, aber auch mit welcher Vorsicht eine frühzeitige Formalisierung zu behandeln ist.

Folgerung 3.2   *Variablenkonzepte sollten als fundamentale Idee der elementaren Algebra im Sinne des Spiralprinzips bereits in der Grundschule angebahnt werden. Grundschulkinder weisen bereits vielfältige algebraische Kompetenzen auf, an die eine propädeutische Entwicklung von Variablenkonzepten anknüpfen kann.*

Sowohl aus phylo- als auch aus ontogenetischer Perspektive kann der Sprache und insbesondere den Wortvariablen für die Entwicklung der formalen algebraischen Sprache eine hohe Bedeutung zugemessen werden (Kapitel 3.3). Vor allem Wortvariablen und in der Literatur als ‚Quasi-Variablen' bezeichnete konkrete, aber allgemein gemeinte Zahlen (Kapitel 3.3.3) können wichtige Schritte auf dem Weg zu Buchstabenvariablen darstellen, an die im Sinne des Prinzips der fortschreitenden Schematisierung (3.3.2) angeknüpft werden kann. Ihnen ist in der Analyse der Lernprozesse deshalb besondere Aufmerksamkeit zu schenken.

Folgerung 3.3   *Natürliche Sprache und Wortvariablen stellen wichtige Aus-gangspunkte für die Entwicklung der algebraischen Sprache dar. Im Sinne der fortschreitenden Schematisierung sollte eine Formalisierung an die Ausdrucksweisen der Kinder anknüpfen.*

4 Das Verallgemeinern mathematischer Muster

Die Bedeutung des Lernkontextes für die Entwicklung von Variablenkonzepten wurde in Kapitel 3.1 herausgestellt, in welchem unter Rückgriff auf das genetische Prinzip aufgezeigt wurde, dass Lernprozesse immer an den Lernkontext gebunden sind und somit auch nur vor dessen Hintergrund beforscht werden können. Die vorliegende Arbeit greift in der empirischen Studie auf den Kontext des Verallgemeinerns mathematischer Muster zurück, welcher in Bezug auf die in Kapitel 2 und 3 dargelegten lerntheoretischen und didaktischen Grundlagen als förderlich für die Initiierung einer Auseinandersetzung mit Variablenkonzepten erscheint. In diesem Kapitel wird deshalb die Tätigkeit des Verallgemeinerns und seine Rolle für das Forschungsvorhaben der Arbeit beschrieben.

Verallgemeinern ist ein Begriff, der nicht nur in der Mathematik und in anderen wissenschaftlichen Disziplinen, sondern auch häufig in der Alltagssprache Verwendung findet. Er ist somit ein sehr weitreichender Begriff, der vielleicht mit dem Ausdruck ,etwas-allgemein(er)-machen' umschrieben werden könnte. Wann aber ist etwas allgemein? PESCHEK (1988) beschreibt das Dilemma, dass sich zwar über einen vorliegenden Sachverhalt meist schnell sagen lässt, ob er allgemein ist oder nicht[21], sich der Begriff aber nur schwer fassbar ist, wie folgt:

> „Für den Mathematiker (und meist wohl auch für den Didaktiker) sind "abstrakt" und "allgemein" vornehmlich metamathematische Begriffe, d.h. man bedient sich dieser Begriffe, wenn man über Mathematik spricht, aber sie sind nicht innerhalb der Mathematik definiert und hier – wie in der Didaktik – auch kaum Gegenstand eigener Untersuchungen. Klare Begriffsbestimmungen wird man in der Mathematik(didaktik) also kaum finden (sie scheinen auch schwierig und für viele Fragestellungen nicht zwingend notwendig), immerhin läßt sich aber implizit anhand der Verwendung der Begriffe ein gewisser (Minimal-)Konsens darüber feststellen, was unter den Begriffen jeweils verstanden wird" (PESCHEK 1988, 128).

Ein implizites Verständnis der Tätigkeit des Verallgemeinerns kann für die vorliegende Untersuchung nicht ausreichend sein. Es erscheint aber ebenso wenig zielfördernd, den Begriff des Verallgemeinerns in seiner Breite und all seinen

---

[21] So führt er als Beispiele die Gleichungen a+b = b+a und 2+3 = 3+2 an, über die recht einvernehmlich gesagt werden kann, dass Erstere allgemeiner ist (PESCHEK 1988, 128).

verschiedenen Facetten zu beschreiben[22]. Aus diesem Grund soll hier die Tätigkeit des Verallgemeinerns direkt detailliert aus den zwei Perspektiven beleuchtet werden, die das Verständnis des Verallgemeinerns in dieser Arbeit konstituieren. Dazu wird das Verallgemeinern zunächst aus algebraischer Perspektive (Kap. 4.1) und vor dem Hintergrund des Verständnisses der Mathematik als der Wissenschaft von den Mustern (Kap. 4.2) betrachtet und anschließend (in Kapitel 4.3) ausgeführt, wie sich diese beiden Perspektiven im Hinblick auf die propädeutische Entwicklung von Variablenkonzepten zusammenführen lassen.

4.1 Das Verallgemeinern als Leitidee zur Einführung von Variablen

Das Verallgemeinern stellt (neben dem Problemlösen, dem Modellieren und dem funktionalen Denken) einen zentralen Zugang zur Algebra in der Sekundarstufe dar (BEDNARZ ET AL. 1996). Da ihm nicht nur eine hohe Zugänglichkeit (MASON ET AL. 2005; 2011) und intrinsische Motivation (LEE 1996) zugesprochen wird, sondern auch immer wieder die mit ihm verbundenen Möglichkeiten der propädeutischen Entwicklung des algebraischen Denkens betont werden (KAPUT & BLANTON 1999; 2000; MASON ET AL. 2005), erscheint das Verallgemeinern für die vorliegende Arbeit von besonderem Interesse. Es wird deshalb zunächst in Kapitel 4.1.1 die Tätigkeit des Verallgemeinerns aus algebraischer Perspektive erörtert und darauf aufbauend in Kapitel 4.1.2 der Kontext des Verallgemeinerns als Einstieg in die Algebra und die ihm zugesprochenen Möglichkeiten und Grenzen beschrieben.

4.1.1 Die Tätigkeit des Verallgemeinerns aus algebraischer Perspektive

Das Verallgemeinern stellt international einen verbreiteten Zugang zur Algebra dar (vgl. Kapitel 4.1.2) und hat unter dem Begriff *Generalization* Einzug in viele Curricula aller Schulstufen gehalten (vgl. Kapitel 3.2.1, NCTM 2000). Obwohl sich auch die mathematikdidaktische Forschung weltweit dem Thema mit wachsender Intensität widmet, gibt es dennoch kaum Versuche, den Begriff des Verallgemeinerns zu definieren.

FISCHER ET AL. (2010) geben einen Überblick über das Wesen des algebraischen Denkens und seine wichtigen Komponenten und versehen dort das Verall-

---

22 Für eine breite Darstellung der verschiedenen oftmals konträren Auffassungen der Begriffe *Abstraktion* und *Verallgemeinerung* aus verschiedenen Perspektiven der Mathematikdidaktik, Philosophie und Psychologie sei auf PESCHEK (1988) verwiesen.

gemeinern mit der Bedeutung „*aus vielen einzelnen Fällen ein allgemeines Muster oder einen allgemeinen Zusammenhang herleiten – das allen Gemeinsame erfassen.*" Sie heben hervor, dass es sich dabei nicht um eine mathematikspezifische Tätigkeit, wie etwa dem *Mathematisieren* oder dem *Kalkül-entwickeln* handelt, sondern um eine allgemeine elementare menschliche Denkhandlung, die in der Algebra aber eine wichtige Rolle spielt (siehe auch Kapitel 1.1.2). Dabei grenzen sie sie von anderen Denkhandlungen, wie dem *Abstrahieren, Strukturieren, Darstellen* oder *Konstruieren* ab. Sicherlich sind diese Denkhandlungen eng mit dem Verallgemeinern verwoben und sind deshalb nicht streng voneinander trennbar, dennoch bietet eine Umschreibung der einzelnen Tätigkeiten eine gute Vorstellung davon, was unter dem Begriff des Verallgemeinerns im Vergleich zu anderen elementaren Handlungen in der Algebra zu verstehen ist (FISCHER ET AL. 2010).

„Allgemeine menschliche Denkhandlungen, die in der Algebra eine wichtige Rolle spielen:

- *Verallgemeinern:*
  aus vielen einzelnen Fällen ein allgemeines Muster oder einen allgemeinen Zusammenhang herleiten – das allen Gemeinsame erfassen.
- *Abstrahieren:*
  weglassen bestimmter Merkmale zur Hervorhebung anderer Eigenschaften (die meist von allgemeinerem Interesse sind)
- *Strukturieren:*
  eine Struktur (lat. Bauart), d.h. eine Ordnung, in etwas hineinsehen oder schaffen; etwas gliedern
- *Darstellen:*
  Situationen, Muster, Zusammenhänge mit spezifischen Darstellungsmitteln erfassen/beschreiben
- *Konstruieren*:
  etwas Neues erzeugen aus Bestehendem
- *Deuten und Umdeuten*:
  in einer Darstellung Bedeutungen erkennen und zwischen Bedeutungen wechseln
- ..." (FISCHER ET AL. 2010, 2)

Exemplarisch soll hier die Tätigkeit des Verallgemeinerns an einer geometrisch-visualisierten Folge näher betrachtet werden:

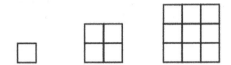

Abbildung 4.1: Folge aus quadratischen Plättchen (vgl. Kapitel 5)

Wird die obige Folge aus quadratischen Plättchen (vgl. Abb. 4.1) an Lernende mit der Aufforderung zur Fortführung („*Wie geht es weiter?*' oder ‚*Zeichne das vierte Muster.*') herangetragen, so sind die Schülerinnen und Schüler veranlasst, nach einer Regelmäßigkeit zu suchen, welche die drei gegebenen Figuren der Folge aufweisen und die es ermöglicht, eine vierte Figur mit eben derselben Regelmäßigkeit, demselben Bauplan zu konstruieren. Dazu sind die Lernenden zunächst aufgefordert, die gegebenen Objekte zu strukturieren (*hier z.B.: Reihen und Spalten hinein zu deuten*). Zudem müssen sie die erkannten Strukturen der Figuren in Beziehung setzen und Gemeinsamkeiten und Unterschiede erfassen – sowohl innerhalb der Figur (*hier z.B.: eine Figur hat genauso viele Spalten wie Zeilen; die Seitenlängen der Figur sind immer gleich*) als auch zwischen den Figuren (*hier z.B.: die Anzahl der Spalten und Zeilen wächst von Figur zu Figur je um eins; es kommt von Figur zu Figur ein Winkel mit aufeinanderfolgenden ungeraden Anzahlen an Plättchen hinzu*). Diese hergestellten Zusammenhänge können die Lernenden nun nutzen, um sie auf weitere Figuren zu übertragen, bzw. weitere Folgeglieder zu konstruieren. Das Verallgemeinern stellt sich für dieses, für den Einstieg in die Algebra beliebte Aufgabenbeispiel (vgl. Kapitel 5) als grundlegende, unerlässliche Tätigkeit dar. Das Beispiel verdeutlicht aber ebenso, wie eng die von FISCHER ET AL. (2010) aufgeführten algebraischen Denkhandlungen (hier unter anderem das Strukturieren, das Verallgemeinern und das Konstruieren) miteinander verbunden sind.

Zwei Aspekte des Verallgemeinerns sollen im Folgenden für die Erfassung des Begriffs betont werden und die obige Beschreibung von FISCHER ET AL. (2010) ergänzen.

4.1.1.1 Verallgemeinern – kognitive und sprachliche Tätigkeit

Im Unterricht geht es meist nicht nur um die Erfassung einer Allgemeinheit, sondern ebenso um die Kommunikation über und das Darstellen von erkannten allgemeinen Zusammenhängen. Auch an dieser Stelle wird das Verallgemeinern als Prozess gefordert, um das Gemeinsame verschiedener Fälle ausdrücken zu können. Aus dieser sprachlichen Perspektive beschreibt KAPUT (2000, 6) die Rolle des Verallgemeinerns in der Algebra wie folgt:

„Generalizing involves deliberately extending the range of one's reasoning or communication beyond the case or cases considered, explicitly identifying and exposing commonality across cases, or lifting the reasoning or communication to a level where patterns across and relations among cases or situations become the focus, rather than the cases or situations themselves. Appropriately expressed, the patterns, procedures, relations, structures, etc., can become the objects of reasoning or communication. "

In dieser Arbeit bezeichnet die Tätigkeit des Verallgemeinerns sowohl das *Erfassen* als auch das *Versprachlichen* von allgemeinen Zusammenhängen. Zu betonen ist hierbei, dass diese beiden Prozesse jedoch nicht als zwei separate Tätigkeiten verstanden werden, wie in den Studien von COOPER & WARREN (2011) oder BERLIN (2010b, 198), sondern unter Rückgriff auf die lerntheoretischen Ausführungen in Kapitel 2.2.4 untrennbare Bestandteile eines Denkens in Begriffen bilden (vgl. WYGOTSKI 1986; vgl. SFARD 2008). Auf das obige Beispiel der Folge aus quadratischen Plättchen (vgl. Abb. 4.1) bezogen, bedeutet dies beispielsweise, dass die Aussage *‚eine Figur hat genauso viele Spalten wie Zeilen'* auf einer Strukturierung der Figur in Spalten und Zeilen basiert, Spalten und Zeilen also folglich nicht nur Werkzeuge der Verbalisierung, sondern auch Referenzkontexte zur Deutung der Figuren darstellen.

4.1.1.2 Verallgemeinern – allgemeine und algebraische Tätigkeit

Oben wurde das Verallgemeinern beschrieben als allgemeine menschliche Denkhandlung, die in der Algebra eine wichtige Rolle spielt (FISCHER ET AL. 2010, 2). Dies verdeutlicht, dass es Verallgemeinerungen auch außerhalb der Mathematik gibt. Kinder verallgemeinern von Geburt an, wenn sie assimilieren und ihre Umwelt um sich herum erfassen (MASON 2008; 2011). Dies macht HEWITT (2001) beim Vergleich zwischen dem Verallgemeinern im Spracherwerb und in der Algebra deutlich, bei welchem die Lernenden in beiden Fällen aufgefordert sind, aus gegebenen Beispielen allgemeine Regeln und Gesetzmäßigkeiten zu konstruieren. So wie das Kind aus den bekannten Vergangenheitsformen ‚talked' und ‚walked' eine allgemeine Regel ableiten mag, die es zu dem Satz ‚we goed to the park yesterday' führt (HEWITT 2001, 308), so wird der gleiche Prozess im Kontext numerischer Muster und Operationen später im Mathematikunterricht als algebraisch charakterisiert werden.

Auch wenn diese Verallgemeinerungen bereits eine erste Grundlage für das algebraische Denken bilden (MASON 2008), lässt sich – eben weil es sich um eine *allgemeine* Tätigkeit handelt – festhalten, dass nicht jeder Verallgemeinerungsprozess als mathematisch oder algebraisch bezeichnet werden kann. Für eine Beschreibung des Verallgemeinerns aus algebraischer Perspektive erscheint es deshalb für die vorliegende Arbeit sinnvoll, die oben dargestellte Tätigkeit auf den Rahmen mathematischer Kontexte einzugrenzen. MASON (2008) spricht von algebraischem Denken genau dann, wenn die natürliche Fähigkeit des Verallgemeinerns im Kontext von mathematischen Mustern, Strukturen und Beziehungen entwickelt wird. Es wird dabei davon ausgegangen, dass zwischen dem Verallgemeinern als mathematischer und als nicht-mathematischer Tätigkeit keine beschreibbare Trennlinie besteht. Vielmehr sollte die Besonderheit, dass das Verallgemeinern aus algebraischer Perspektive in enger Verbindung mit dem Verallgemeinern als allgemeine menschliche Tätigkeit steht, als Stärke zur Förderung algebraischen Denkens gesehen und genutzt werden.

Diesen Ausführungen entsprechend, soll die oben angeführte Beschreibung von FISCHER ET AL. (2010) erweitert und die Tätigkeit des Verallgemeinerns aus algebraischer Perspektive für die vorliegende Arbeit aufgefasst werden als

das Gemeinsame erfassen und beschreiben, welches vielen einzelnen Fällen oder Objekten zugrunde liegt und dadurch eine mathematische Regelmäßigkeit, ein Muster, eine Struktur oder eine Beziehung bildet.

4.1.2 Der Kontext des Verallgemeinerns als Zugang zur Algebra

Im vorangehenden Abschnitt wurde die Tätigkeit des Verallgemeinerns aus algebraischer Perspektive beschrieben. Der *Kontext des Verallgemeinerns* bezeichnet demnach Lerngelegenheiten, die darauf abzielen, diese Tätigkeit zu initiieren und zu fördern. Diese werden international als zentrale, sinnstiftende Zugänge in die elementare Algebra verstanden. Sie nehmen in der Entwicklung von Lernumgebungen und Schulbüchern einen ebenso wachsenden Stellenwert ein, wie in der mathematikdidaktischen Forschung zum Lehren und Lernen von Algebra (vgl. MASON ET AL. 2005; 2011; ENGLISH & WARREN 1998). Studien berichten, dass Lernende bei der Einführung in die Algebra über das Verallgemeinern besonders durch das direkte Erfahren eigener Kompetenzen, die Möglichkeiten zu selbstgesteuerten Aktivitäten und die Kreativität in der Lernendeninteraktion motiviert werden (LEE 1996). Im Folgenden sollen Erfahrungen aus der Literatur zum Kontext des Verallgemeinerns als Einstieg in die Algebra und zur Einführung der Variablen zusammengetragen werden und Vorteile dieses Zugangs vor dem Hintergrund der in Kapitel 3 ausgebreiteten didaktischen Grundlagen reflektiert werden.

Anzumerken ist zuvor, dass das Verallgemeinern keinen alleinigen Zugang in die Algebra darstellen kann. Neben dem Verallgemeinern gelten vor allem das Problemlösen, das Modellieren und die Thematisierung funktionaler Zusammenhänge als Zugänge in die elementare Algebra (BEDNARZ ET AL. 1996). Es soll deshalb an dieser Stelle explizit bemerkt werden, dass die Betonung des Verallgemeinerns in dieser Arbeit anderen Zugängen keine Bedeutung absprechen möchte. Vielmehr beleuchten die Zugänge unterschiedliche Charakteristika der Algebra, sodass kein Zugang für sich allein den Anspruch erheben kann, die umfassende Bedeutung der Algebra repräsentieren zu können (vgl. SIEBEL 2005). Für eine umfassende Erarbeitung des Variablenbegriffs kommt es vielmehr auf eine Thematisierung seiner verschiedenen Facetten an, wofür auch wiederum verschiedene Lernkontexte benötigt werden (vgl. Kapitel 1.1.1). Eine Fokussierung auf eine Einstiegsmöglichkeit darf folglich nicht auf Kosten der anderen Zugänge geschehen (vgl. WHEELER 1996). Deshalb dürfen die Ausführungen der Vorteile des Verallgemeinerns hier nur als Begründung der Auswahl eines passenden Lernkontextes für die Untersuchung der vorliegenden Arbeit verstanden werden.

In Kapitel 1.1.1 wurde die Unterschiedlichkeit der verschiedenen Variablenkonzepte beleuchtet. Dabei wurde herausgestellt, dass die aufgeführten *Variablenaspekte* (Gegenstandaspekt, Einsetzungsaspekt und Kalkülaspekt (MALLE 1993)) sehr eng miteinander verbunden sind und Lernende auch oftmals innerhalb einer Aufgabenbearbeitung flexibel zwischen den verschiedenen Betrachtungsweisen der Variablen wechseln müssen. Hingegen werden die aufgeführten *Variablenauffassungen* (Unbekannte, Unbestimmte und Veränderliche (FREUDENTHAL 1973, 1983)) durch unterschiedliche Kontexte angesprochen. Gerade die Unbekannte und die Unbestimmte stellen sich als komplementäre Auffassungen dar (RADFORD 1996; FREUDENTHAL 1973), weshalb diese entsprechend andere Lernkontexte benötigen. HARPER (1987) führt an, dass für Lernende das Variablenkonzept als Unbestimmte auch wesentlich schwieriger zu greifen ist als das der Unbekannten. Dennoch beschreibt FREUDENTHAL (1973, 264) die Unbestimmte als geeigneter für eine Einführung der Variablen im Unterricht:

> „Es ist eine alte Frage, ob man den Buchstabengebrauch bei den Unbekannten oder Unbestimmten anfangen soll. Wenn man sich das Motivationsmaterial ansieht (Unbestimmte in allgemeinen algebraischen, geometrischen, physikalischen und tagtäglichen Relationen, Unbekannte beim Lösen von Problemen), so scheinen die Gleichungen und die Unbekannten im Vorteil zu sein. Doch ist das nur bedingt richtig. Sieht man sich den Motivationsstoff an, so sind es einfache Aufgaben und Rätsel, auf die die Schüler schon im Rechenunterricht trainiert worden sind, und die sie auch ohne ‚x‘ lösen können. Ich meine, daß die Unbestimmten besser vieldeutige Namen exemplifizieren als die Unbekannten. In einer Algebra, die nahe den Anwendungen betrieben wird, drängen die Unbestimmten sich übrigens von selber auf; sie melden sich in allerlei Formeln, mit denen die Wirklichkeit in Natur und Gesellschaft erfaßt wird.“

Der hier vorgestellte Kontext des Verallgemeinerns eignet sich für den Aufbau der Variablenkonzepte als Unbestimmte und als Veränderliche. Mit der Wahl des

Kontextes entscheidet sich die vorliegende Arbeit folglich bewusst für eine Fokussierung auf den Unbestimmten- und den Veränderlichenaspekt und lässt die Unbekannte unberücksichtigt. Diese Konzentration ist zum einen sinnvoll, um den Aufbau der Variablenkonzepte intensiv in den Blick nehmen zu können, zum anderen gibt es auch in der Literatur Hinweise auf die Notwendigkeit einer stärkeren Betonung des Unbestimmtenkonzepts (Kapitel 1.1.1; FREUDENHTAL 1973 und vgl. Kapitel 1.2.2), welches aufgrund seiner schweren konzeptuellen Greifbarkeit im Algebraunterricht oftmals auf impliziter Ebene hinter der Unbekannten zurückstehen muss (HARPER 1987).

4.1.2.1 Unbestimmte und Veränderliche beim Verallgemeinern

Unbestimmte und Veränderliche werden durch den Kontext des Verallgemeinerns angesprochen, da ihnen bei der Verallgemeinerung mathematischer Muster eine maßgebliche Rolle zukommt. KAPUT ET AL. (2008b) beschreiben die Notwendigkeit von Wörtern oder Zeichen mit Variablencharakter bei der Verallgemeinerung wie folgt:

> „The only way a person can make a single statement that applies to multiple instances (i.e., a generalization), without making a repetitive statement about each instance, is to refer to multiple instances through some sort of unifying expression that refers to all of them in some unitary way, in a single form, some way to unify the multiplicity. Generalizing is the act of creating that symbolic object." KAPUT ET AL. (2008b, 20)

In Kapitel 1.1.2.2 wurden Variablen als Mittel des Verallgemeinerns dargestellt, mit deren Hilfe verschiedene mathematische Tätigkeiten auf allgemeiner Ebene durchgeführt werden können. Da also Variablen Mittel des Verallgemeinerns sind, ist der Kontext des Verallgemeinerns bei einer Sinnstiftung zur Beschäftigung mit Variablen im Unterricht unumgänglich.

4.1.2.2 Der Kontext des Verallgemeinerns vor dem Hintergrund des Spiralprinzips

Von besonderem Interesse für das Forschungsvorhaben der vorliegenden Arbeit ist die hohe Zugänglichkeit, die dem Verallgemeinern als Einstieg in die Algebra in der Literatur zugesprochen wird. Fasst man das Verallgemeinern als eine zentrale algebraische Denkhandlung auf, welche aber eben nicht mathematikspezifisch ist, sondern eine allgemeine menschliche Denkhandlung darstellt, die in vielen Situationen (generell in der Sprache und in der Begriffsbildung) eine wichtige Rolle spielt (vgl. Kap. 4.1.1.2; FISCHER ET AL. 2010; MASON 2008; HEWITT 2001), so lässt sich schnell erkennen, dass das Verallgemeinern das in

Kapitel 3.1 geforderte Anknüpfen am Vorwissen der Schülerinnen und Schüler und die Entwicklung im Sinne des Spiralprinzips ermöglicht. Diese Verbindung zwischen dem Vorwissen der Kinder, dem Mathematikunterricht der Grundschule und der Entwicklung algebraischen Denkens formulieren MASON ET AL. (2005, IX) wie folgt:

> „Algebraic thinking (particularly the recognition and articulation of generality) is within reach of all learners, and vital if they are to participate fully in society. Everyone who gets to school has already displayed the powers needed to think algebraically and to make sense of the world mathematically. They have all generalised and expressed generalities to themselves and others. What they need is encouragement and permission to develop those powers in a supportive setting. Furthermore, generalization, being fundamental to mathematics, is a part of every mathematical topic. Put another way: A lesson without learners having the opportunity to express a generality is not a mathematics lesson."

Wird, MASON ET AL. (2005) folgend, davon ausgegangen, dass Grundschulkinder durch die natürliche Fähigkeit des Verallgemeinerns bereits Vorkenntnisse zum algebraischen Denken mitbringen, so verdrängt dies auch automatisch die Frage nach dem Zeitpunkt des Erreichens einer kognitiven Bereitschaft für algebraische Denkprozesse (vgl. Kapitel 3.2). Deshalb möchten BLANTON & KAPUT (2005, 35; 2011) ,algebra readiness' nicht als Zeitpunkt verstanden wissen, ab welchem die Kinder nun für die Einführung algebraischen Denkens bereit sind, sondern als einen übergangslosen kontinuierlich steigenden Prozess, der auf den bisherigen Erfahrungen im Bilden und Verbalisieren von Verallgemeinerungen beruht und bereits mit Eintritt in die Schulzeit beginnt.

Aus semiotischer Perspektive untersucht RADFORD (2000; 2003; 2005; 2010a; 2010b), der sich seit über zehn Jahren in Langzeitstudien dem Verallgemeinern mathematischer Muster als Zugang zur elementaren Algebra widmet, diesen kontinuierlichen Entwicklungsprozess der Variablen, der verschiedene semiotische Ebenen durchläuft. Dabei beginnen Verallgemeinerungen zunächst auf einer dinglichen Ebene (*factual generalization*), zu der deiktische Ausdrücke auf konkreter Zahlenebene (deictic function), Wiederholung andeutende Wörter (generative action function) (RADFORD 2000) sowie rhythmisches Zählen (RADFORD 2005) gehören. Expliziter Bestandteil des Diskurses wird die Unbestimmte als solche erstmals auf der Ebene der kontextualisierten Verallgemeinerungen (*contextual generalization*) (RADFORD 2003; 2010b). Die Unbestimmte muss hierbei noch keinen formalen algebraischen Zeichencharakter haben, wird aber durch im Kontext bestimmte Wörter für Objekte (in Musterfolgen zum Beispiel die Wörter Figur, Stelle, Reihe, oder ähnliches) zu Zeichen für Verallgemeinerungen kreiert. Die Unbestimmte als Buchstabenvariable stellt schließlich die dritte Ebene dar, welche RADFORD (2003) als *symbolic generalization* bezeichnet. Die Bedeutung, die RADFORD (2010a) der Einbeziehung dieser verschiedenen semiotischen Ebenen bei der Betrachtung der Entwicklung von Variablenkonzepten zuspricht, soll an dieser Stelle RADFORDS (2010a) folgende Ausführung zur propädeutischen Entwicklung des algebraischen Denkens verdeutlichen:

> „Letters, indeed, have never been either a necessary or a sufficient condition
> for thinking algebraically. [...] But before I go further, let me reassure you
> that my idea is not to challenge the power of symbolic algebra. Rather, I am
> trying to convince you that it is worthwhile to entertain the idea that there are
> many semiotic ways (other than, and *along with*, the symbolic one) in which
> to express the algebraic idea of unknown, variable, parameter, etc. I deem this
> point important for mathematics education for the following reason. Ontoge-
> netically speaking, there is room for a large conceptual zone where students
> can start thinking algebraically, even if they are not yet resorting (or at least
> not to a great extent) to alphanumeric signs. This zone, which we may term
> the *zone of emergence of algebraic thinking*, has remained largely ignored, as
> a result of our obsession with recognising the algebraic in the symbolic only."
> (RADFORD 2010a, 3, hervorgehoben im Original)

Mit dieser Sichtweise auf das algebraische Denken zeigt RADFORD einerseits die Möglichkeiten der frühzeitigen Entwicklung des algebraischen Denkens auf, er betont andererseits aber auch aus semiotischer Perspektive erneut die Bedeutung der natürlichen Sprache und der Wortvariablen, die in Kapitel 3.3 dargestellt wurde.

Die obigen Ausführungen verdeutlichen nicht nur die Kohärenz des Verallgemeinerns als Einstieg in die Algebra mit den in Kapitel 3 dargestellten didaktischen Forderungen nach einem spiraligen Aufbau der fundamentalen Ideen und nach einem Aufgreifen der vorhandenen Fähigkeiten der Lernenden auf intuitivem Niveau (vgl. Kapitel 3.4), sie führen auch Möglichkeiten für eine propädeutische Entwicklung der elementaren Algebra im Arithmetikunterricht der Primarstufe vor Augen. Der kontinuierlichen Entwicklung des algebraischen Denkens wird beim Verallgemeinern ein hoher Stellenwert zugesprochen, da dieser Einstieg in die Algebra nicht auf eine sporadische Thematisierung von Verallgemeinerung reduziert werden kann, sondern einer langfristigen Einbettung und einer Sensibilisierung für Verallgemeinerungen im Mathematikunterricht bedarf (MASON 1996).

Die enge Beziehung zwischen Arithmetik und Algebra wurde bereits in Kapitel 3.2.3 angesprochen und kann hier vor dem Hintergrund des Verallgemeinerns erneut betrachtet werden. Der Übergang zwischen diesen beiden mathematischen Gebieten ist fließend und eine klare Trennung ist nicht möglich. So kann einerseits algebraisches Denken bereits im arithmetischen Umgang mit Zahlen erkannt werden, andererseits muss ein Auftreten von Buchstabenvariablen nicht immer automatisch algebraische Handlungen bedeuten (vgl. HERCOVICS & LINCHEVSKI 1994, LINCHEVSKI 1995). Die oft in der Literatur verwendete Beschreibung der Algebra als *verallgemeinerte Arithmetik* darf dabei nicht so verstanden werden, dass im Algebraunterricht nun mit Buchstaben allgemein gerechnet wird wie vorher mit Zahlen in der Arithmetik. Stattdessen bedeutet die Algebra vielmehr eine Explizierung der bereits in der Arithmetik integrierten allgemeinen algebraischen Denkhandlungen (MASON ET AL. 2005). Wird der Übergang zwischen Arithmetik und Algebra als eine „Bewegung" vom Rechnen mit konkreten Zahlen zum Nachdenken über allgemeine Beziehungen zwischen Zahlen gesehen (vgl. CARRAHER & SCHLIEMANN 2007), so lässt sich algebraisches Denken überall dort im Grundschulunterricht vorfinden, wo über Muster, Strukturen und Beziehungen reflektiert und gesprochen wird. KAPUT & BLANTON (1999) sehen deshalb im Grundschulunterricht verschiedene Möglichkeiten, Verallgemeinerungen im Hinblick auf eine Förderung algebraischen Denkens in den Unterricht zu integrieren. Diese werden hier zusammengefasst dargestellt:

- Im Arithmetikunterricht lassen sich viele Themen unter algebraischer Perspektive betrachten, so z.B. arithmetische Operationen und ihre Eigenschaften, Beziehungen zwischen Operationen, Gesetzte (wie Kommutativität usw.), aber auch Regelmäßigkeiten und Strukturen unseres Dezimalsystems und Zahleigenschaften.
- Die Beschäftigung mit mathematischen Mustern, so z.B. mit Zahlenmustern oder figurierten Mustern und die Behandlung von funktionalen Beziehungen bietet explizit die Möglichkeit Muster und Strukturen zu entdecken, zu beschreiben und zu begründen.
- Beim Modellieren können Schülerinnen und Schüler mit der Verallgemeinerung bei der Mathematisierung von Situationen konfrontiert werden und so Verallgemeinerungen als Mittel zur mathematischen Beschreibung von realen Situationen kennenlernen.
- Erste abstrakte Objekte und Strukturen können für Verallgemeinerungen und Denkhandlungen genutzt werden (wie z.B. für Erkundungen von geraden und ungeraden Zahlen als erste Begegnung mit Restklassen).

Diese aufgeführten Punkte beschreiben (exemplarisch) die Möglichkeiten der Integration des Verallgemeinerns in den bestehenden Mathematikunterricht der Primarstufe im Hinblick auf ihre fachliche Einbettung auf curricularer Ebene. Dies ist vor allem bezüglich der in Kapitel 3.2.1 beschriebenen Argumentation für die Early Algebra bedeutsam, die explizit von einer bereichernden Vertiefung des bestehenden Stoffes anstelle einer Erweiterung der Lerninhalte spricht (KAPUT & BLANTON (2001). Substantielle Aufgabenformate, wie beispielsweise

Rechendreiecke, Zahlenmauern oder Zahlenketten, sind in besonderer Weise dazu geeignet, die Lernenden zu Entdeckungen von mathematische Mustern und Strukturen anzuregen und es lassen sich bereits in den Bearbeitungen von Grundschulkindern viele mathematische Tätigkeiten erkennen, welche in Kapitel 4.1.1 als wichtige Denkhandlungen der Algebra ausgemacht wurden (SIEBEL 2010). Es ist also zu betonen, dass Verallgemeinerungen im Mathematikunterricht nicht neuer Aufgaben bedürfen, sondern dass davon auszugehen ist, dass der bestehende Mathematikunterricht und existierende Lernmaterialien bereits überall dort Potential für Verallgemeinerungen und für die propädeutische Entwicklung algebraischer Denkweisen besitzen, wo es um die Beschäftigung mit mathematischen Mustern geht und den Kindern Zeit und Gelegenheit gegeben wird, diese zu entdecken und sich mit anderen darüber auszutauschen[23].

Auf didaktischer Ebene hingegen ist eine Veränderung des Unterrichts sehr wohl notwendig, um algebraisches Denken im Arithmetikunterricht anzubahnen und Verallgemeinerungen zu fördern. KAPUT & BLANTON (2001) sehen diese Notwendigkeit der Weiterentwicklung des bestehenden Unterrichts drei Richtungen betreffend:

- Aufgaben und Lernumgebungen müssen so gestellt werden, dass sie Gelegenheiten für Verallgemeinerungen und fortschreitende Formalisierung mathematischer Muster und Strukturen bieten. Dies beinhaltet auch eine Veränderung und ‚Algebraisierung‘ bestehender arithmetischer Aufgaben.
- Lehrkräfte müssen geschult und für Verallgemeinerungen sensibilisiert werden, sodass sie Gelegenheiten zum Verallgemeinern erkennen und diese im Unterricht aufgreifen und fruchtbar machen können.
- Im Klassenraum muss eine Unterrichtskultur geschaffen werden, die Verallgemeinerungen und Formalisierungen unterstützt und Kindern regelmäßig Gelegenheit gibt, über mathematische Muster zu sprechen.

Die hier als Forderungen an den Unterricht formulierten Aspekte stehen dabei bereits seit einiger Zeit auf der Agenda der konstruktiven mathematikdidaktischen Forschung[24] (KIERAN 2011).

---

[23] Siehe z.B. KOPP 2001 für eine Anbahnung an Variablen durch Erkundungen von Strukturen von Zahlenmauern.

[24] Zum 1. Punkt siehe beispielsweise BLANTON & KAPUT 2002. Zum 2. siehe beispielsweise KAPUT & BLANTON 1999; 2000, BLANTON & KAPUT 2005; SIEBEL & FISCHER 2010. Zum 3. siehe beispielsweise CARPENTER ET AL. 2003.

4.1.2.3 Folgen - ein Kontext zum Verallgemeinern

Zur Verdeutlichung der oben beschriebenen Ausführungen soll an dieser Stelle die Beschäftigung mit Folgen als exemplarischer Kontext des Verallgemeinerns dargestellt und an diesem die oben angesprochenen Vorteile solcher Lerngelegenheiten erläutert werden[25]. Die Erkundung und Fortführung von Folgen wird in der Literatur als sinnstiftender Zugang für eine erste Berührung mit der Algebra und Variablen beschrieben (BERLIN 2010a; HUSSMANN & LEUDERS 2008a; COOPER & WARREN 2011; MOSS & McNAB 2011), aber auch für den Mathematikunterricht der Grundschule eignen sich Folgen in vielerlei Hinsicht. Sie bieten reichhaltige Möglichkeiten für arithmetische Erkundungen und Entdeckungen, für eine Einbindung der prozessbezogenen Kompetenzen, für produktive Übungen und für Eigenproduktionen (SELTER 1996).

Insbesondere das Hochrechnen und Prognostizieren von hohen Folgegliedern kann einen sinnstiftenden Anlass bieten, Variablen und die algebraische Sprache zu nutzen; vor allem dann, wenn andere Verfahren (wie eine graphische Darstellungen, ein iteratives Vorgehen oder eine tabellarische Übersicht) eines größeren rechnerischen Aufwands bedürfen und die algebraische Sprache nicht nur eine zeitliche Erleichterung, sondern auch eine Verminderung des Aufwands verschafft (BARZEL & HUSSMANN 2007). Bei der Beschäftigung mit Wachstumsprozessen entsteht sehr schnell die Frage *'Wie geht es weiter?'*, welche in besonderer Weise eine intrinsische Motivation zur Herausbildung von zentralen mathematischen Begriffen, wie der Variablen und des Terms, erzeugt (HUSS-MANN & LEUDERS 2008a).

Zur Visualisierung von Folgen

Folgen lassen sich rein numerisch (als Zahlenfolgen) darstellen, existieren aber ebenso in geometrisch-visualisierter Form in verschiedensten Darstellungen. Für eine erste Anbahnung an algebraische Betrachtungsweisen von Folgen werden beispielsweise gerne Streichholzfolgen genutzt (REDDEN 1996;HUSSMANN & LEUDERS 2008b) oder aber auch figurierte Zahlen (WITTMANN & MÜLLER 2004b,101), die schon den Pythagoreern zur Erklärung von Zahlenmustern und Gesetzmäßigkeiten dienten (STEINWEG 2006; WITTMANN & ZIEGENBALG 2004).

Durch eine geometrische Veranschaulichung können vertiefte Einblicke in die der Folge zugrunde liegenden mathematischen Beziehungen entwickelt werden, schließlich stellt ein geometrisch-visualisiertes Muster kein Abbild einer algebrai-

---

[25] Zugleich stellen die Ausführungen ein Vorgriff auf die Beschreibungen der Aufgabenformate dar.

schen Struktur dar, sondern ist selbst ein eigenständiges Muster, dessen charakteristische Strukturen vom Lernenden bei der Deutung aktiv zu konstruieren sind (BÖTTINGER 2006, BÖTTINGER & STEINBRING 2007). Dies bedeutet gleichzeitig, dass die geometrische Darstellung eines Musters im Vergleich zu einer rein numerischen Folge nicht immer eine Vereinfachung ist (vgl. STEINWEG 2001; STEINWEG 1998; ORTON ET AL. 1999). In einem Vergleich zwischen tabellarisch dargestellten und geometrisch-visualisierten Musterfolgen stellen ENGLISCH & WARREN (1998) sehr unterschiedliche Herangehensweisen der Schülerinnen und Schüler fest, wobei die Verallgemeinerungen der tabellarisch dargestellten Muster sich für die Kinder einfacher gestalten. Bei diesen tendieren die Schülerinnen und Schüler jedoch oftmals zu einem Ausprobieren der verschiedenen möglichen Operationen als einzig mögliche Strategie, während die geometrisch-visualisierten Muster dazu anregen, verschiedene Sichtweisen auf das Muster einzunehmen, unterschiedliche Strukturierungen in Teilstücke vorzunehmen und auch entstehende Terme auf ihre Gleichheit zu untersuchen (ebd.). Die geometrisch-visualisierte Musterfolge dient folglich nicht dazu, Verallgemeinerungen zu vereinfachen. Ihr Nutzen liegt vielmehr in der Verbindung zwischen den Repräsentationsformen selbst, in ihrem Potential für eine Vernetzung algebraischer und geometrischer Strukturen (BÖTTINGER & SÖBBEKE 2010; MOSS & McNAB 2011) und der Möglichkeit des ‚Erfahrbarmachens‘ der dynamischen Wechselbeziehung zwischen Geometrie und Algebra (HUSSMANN 2008, HUSSMANN & OLDENBURG 2008) bei der Verallgemeinerung.

BERTALAN (2007a; 2007b; MELZIG 2010) testet in einer Unterrichtsreihe zum Einstieg in die Algebra in der 7. Jahrgangsstufe die Lernumgebung ‚x-beliebig‘ (vgl. Abb. 4.2; AFFOLTER ET AL. 2003, 22f), die eine räumlich wachsende Würfelfolge für den Einstieg in die Algebra nutzt. Sie zeigt dabei, dass die Lernumgebung Möglichkeiten für einen konstruktiven Aufbau von tragfähigen Variablenkonzepten bietet. Die Aufgaben stellen einen sinnstiftenden Zugang dar, bei dem Kinder erste Erfahrungen mit dem Beschreiben und Formalisieren von Mustern machen können.

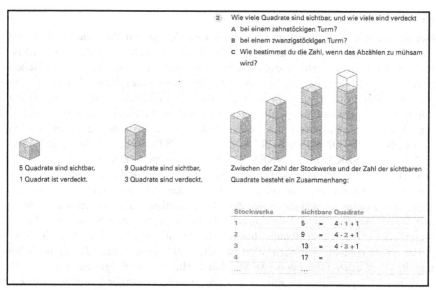

Abbildung 4.2: Ausschnitt aus der Lernumgebung ,x-beliebig' aus dem *mathbu.ch 7* (AFFOLTER ET AL. 2003, 22)

Eine ebenso vielversprechende Lernumgebung zu Würfelfolgen lässt sich bei HENGARTNER ET AL. (2006) finden. In diesem für die 3. bis 6. Jahrgangsstufe konzipierten Aufgabenformat beschäftigen sich die Lernenden mit Würfelfolgen, die im Gegensatz zur Lernumgebung des *Mathbu.chs* (AFFOLTER ET AL. 2003) zweidimensional dargestellt sind (vgl. Abb. 4.3). Neben der Berechnung der Würfelanzahlen der ersten zehn Folgeglieder und des 20. Folgeglieds ist von den Schülerinnen und Schülern zusätzlich eine Beschreibung des Wachstums gefordert (HENGARTNER ET AL. 2006, 117). Abschließend sind die Lernenden angehalten, eine eigene „Reihe von Figuren" zu erfinden.

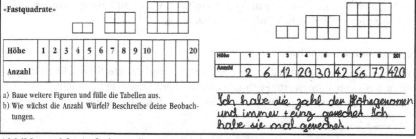

Abbildung 4.3: Aufgabenstellung und Schülerdokument zur Würfelfolge „Fastquadrate" (HENGARTNER ET AL. 2006, 117)

Rekursive und explizite Vorgehensweisen

Bei der Auseinandersetzung mit Folgen lassen sich in den Vorgehensweisen der Schülerinnen und Schüler grundsätzlich unterschiedliche Strategien zur Musterstrukturierung und zur Anzahlbestimmung ausmachen. Dabei kann zwischen *expliziten Strukturierungen*, bei welchen der Wert eines Folgeglieds für eine gesuchte Stelle durch einen Term mit Bezug zur Stelle direkt berechnet werden kann, und *rekursiven Strukturierungen*, bei welchen die Bestimmung des gesuchten Wertes auf dem Wert des Folgevorgängers beruht, unterschieden werden (ORTON & ORTON 1999; BERTALAN 2007b; STEINWEG 2006; WIELAND 2006). BEZUSZKA & KENNEY (2008) beschreiben rekursive und explizite Vorgehensweisen als zwei sich ergänzende Strategien. Rekursive Herangehensweisen knüpfen an das Vorwissen der Kinder aus dem Arithmetikunterricht an (z.b. dem Zählen in Schritten oder der Multiplikation durch wiederholte Addition). In der Algebra werden jedoch schnell die Grenzen dieser Strategie sichtbar, wenn Schülerinnen und Schüler beispielsweise aufgefordert sind, hohe Stellenwerte zu berechnen (Welchen Wert hat die 100. Stelle?) oder die Stelle eines gegebenen Wertes anzugeben (An welcher Stelle hat die Folge den Wert 500?). Bei diesen Fragestellungen zeigen sich die Stärken expliziter Vorgehensweisen, welche schnell zum Term führen können. Dennoch ist die Ausbildung rekursiven Denkens fundamental und im Algebraunterricht nicht zu vernachlässigen (vgl. BEZUSZKA & KENNEY 2008). Für den Algebraunterricht sollten rekursive Vorgehensweisen folglich nicht vermieden, sondern aufgegriffen, thematisiert und mit expliziten Strategien in Verbindung gebracht werden (LANNIN ET AL. 2006). Bei der Beschäftigung mit Zahlenfolgen stellen HARGREAVES ET AL. (1999) die Differenzenbildung zwischen den Folgegliedern als überwiegende Strategie der 487 befragten sieben- bis elfjährigen Kinder dar. Sowohl bei linearen als auch bei quadratischen Zahlenfolgen[26], wenden die Kinder Strategien nicht flexibel an und ziehen die Differenzenbildung anderer Strategien, wie beispielsweise der Suche nach Eigenschaften der Zahlen oder nach Malreihen, vor. Den Grund dafür vermuten HARGREAVES ET AL. (ebd.) in einer Überbetonung linearer Zusammenhänge und gleichzeitiger Vernachlässigung von anderen, beispielsweise quadratischen Folgen im Unterricht.

Proportionalitätsannahme

Zusätzlich zu diesen grundsätzlichen Sichtweisen auf Musterfolgen kann bei der Bestimmung von Folgewerten oftmals eine weitere Strategie beobachtet werden, bei welcher die Kinder ein proportionales Wachstum der Folge annehmen, was

---

[26] Als quadratisch bezeichnen HARGREAVES ET AL. (1999) alle Folgen, mit konstanter Differenz zwischen den Differenzen der Folgeglieder.

hier im Folgenden als *Proportionalitätsannahme* bezeichnet werden soll. Die Schülerinnen und Schüler versuchen dann, die gesuchten Anzahlen durch ein Vervielfachen (z.B. durch Verdopplung) der bereits bekannten Anzahlen von Folgegliedern zu erhalten (BERTALAN 2007b). STACEY (1989) unterscheidet dabei zwischen zwei verschiedenen Strategien, welche Kinder unter der Annahme von Proportionalität verwenden, um Folgeglieder von höheren Stellen zu bestimmen. Bei der Strategie *difference method* multiplizieren die Schülerinnen und Schüler die Differenz zwischen den Folgegliedern mit der gesuchten Stelle und gelangen so beispielsweise bei der Folge 3n-2 (1,4,7,10,...) zum Folgewert $3 \cdot 20 = 60$. Um diese Strategie von der grundlegenden rekursiven Vorgehensweise des Differenzenbildens besser abzugrenzen zu können, benennen ORTON & ORTON (1999, 106) diese Strategie mit dem Ausdruck *difference product*. Bei der zweiten, auf der Annahme von proportionalem Wachstum beruhenden Strategie, welche von STACEY (1989) als *whole-object method* bezeichnet wird, gehen die Schülerinnen und Schüler davon aus, dass Folgewerte vervielfacht werden können, um Vielfache der Stellen zu ermitteln, beim oberen Beispiel also den Wert der vierten Stelle zu verdoppeln ($2 \cdot 10$), um so für die achte Stelle den Folgewert 20 zu erhalten. ORTON & ORTON (1999,106) nennen diese Strategie auch *short cut*. Sie beschreiben außerdem, dass Proportionalitätsannahmen besonders häufig auftreten, wenn Kinder rekursive Herangehensweisen, wie die Differenzenbildung, nutzen. Im Unterricht bedarf es oftmals einer Unterstützung von der Lehrkraft, um Kindern die Probleme der intuitiven Strategien *difference product* und *short cut* aufzuzeigen (ORTON & ORTON 1999).

4.2 Das Verallgemeinern als grundlegende Tätigkeit im Mathematikunterricht

Das Verallgemeinern wurde oben sowohl für den Einstieg in die elementare Algebra als auch für die propädeutische Entwicklung des algebraischen Denkens in der Grundschule als vielversprechender Kontext dargestellt, welcher die in Kapitel 3.4 aufgestellten didaktischen Forderungen an einen Aufbau von Variablenkonzepten berücksichtigt. Im Folgenden wird das Verallgemeinern vor dem Hintergrund eines Verständnisses der Mathematik als die Wissenschaft von den Mustern erneut betrachtet, da sich die in Kapitel 4.1.1 beschriebene Tätigkeit aus dieser Perspektive als grundlegende Tätigkeit darstellt, welche den gesamten Mathematikunterricht durchzieht. Dazu wird in Kapitel 4.2.1 zunächst die Auffassung der Mathematik als die Wissenschaft von den Mustern erörtert und anschließend in Kapitel 4.2.2 beschrieben, welche Rolle dem Verallgemeinern in dieser zukommt.

4.2.1 Mathematik als die Wissenschaft von den Mustern

> *„Was ist Mathematik? Wenn Sie diese Frage dem erstbesten Passanten auf*
> *der Straße stellen, wird dieser Ihnen höchstwahrscheinlich antworten:*
> *»Mathematik ist die Lehre von den Zahlen.« [..] Mehr werden Sie nicht*
> *herausfinden, und doch ist dies mitnichten eine angemessene Definition von*
> *Mathematik. Diese Definition ist nämlich seit 2500 Jahren überholt.*
> *Und die Antwort auf die Frage »Was ist Mathematik?« hat sich seitdem*
> *mehrmals gewandelt."* (DEVLIN 2003, 20)

Inzwischen haben sich die verschiedenen Gebiete der Mathematik so unterschiedlich entwickelt, dass es in Anbetracht dieser Vielfalt tatsächlich nicht leicht fällt, die Frage um das Wesen der Mathematik zu beantworten. Eine mittlerweile verbreitete Beschreibung dessen, was den verschiedenen Bereichen der Mathematik gemein ist, ist die Bezeichnung der Mathematik als die Wissenschaft von den Mustern. Auch wenn diese Definition ein heute weitgehend etabliertes Bild der Mathematik darstellt, so ist der hier genutzte Begriff des Musters dennoch leicht missverständlich. Deshalb schreibt DEVLIN (2003, 97):

> „Eine etwas erweiterte Definition könnte lauten: »Mathematik ist die Wissenschaft von Ordnungen, Mustern, Strukturen und logischen Beziehungen. « Doch weil die Mathematiker unter dem Begriff »Muster« all die anderen Elemente dieser erweiterten Definition ohnehin einschließen, ist die Kurzdefinition tatsächlich umfassend – falls man weiß, was unter »Mustern« zu verstehen ist."

Dabei betont DEVLIN (1998, 4), dass es sich hierbei um „Zahlenmuster, Formenmuster, Bewegungsmuster, Verhaltensmuster und so weiter" handeln kann.

> „Solche Muster sind entweder wirkliche oder vorgestellte, sichtbare oder gedachte, statische oder dynamische, qualitative oder quantitative, auf Nutzen ausgerichtete oder bloß spielerischem Interesse entspringende Muster" (DEVLIN 1998, ebd.).

Eine ebenso weite Definition des Begriffs *Muster* als „*any kind of* regularity that can be recognized by the mind" (SAWYER 1955, 12. H. i. O.) nutzt auch SAWYER (1955) für seine Bestimmung der Mathematik als die Wissenschaft von Mustern. Es geht demnach in der Mathematik um das Entdecken, Beschreiben oder auch Konstruieren von mathematischen Mustern, also von jeglicher Art von Strukturen, Beziehungen und Regelmäßigkeiten – realer oder auch gedanklicher Natur.

Auch in aktuelle Lehrpläne und Bildungsstandards für die Grundschule hat das Bild von der Mathematik als die Wissenschaft von den Mustern Einzug gehalten (KMK 2005). In dem Buch *Bildungsstandards für die Grundschule: Mathematik konkret* zur Etablierung der Bildungsstandards beschreiben WITTMANN & MÜLLER (2008), wie sich die Leitidee ‚Muster und Strukturen' durch alle inhaltsbezogenen Bereiche der Bildungsstandards hindurchzieht, weshalb es sich bei ‚Mustern und Strukturen' nicht einfach um einen der verschiedenen Bereiche des Mathematikunterrichts, sondern um einen übergreifenden Aspekt handelt.

Inwiefern und ab welchen Schulstufen dieses Bild der Mathematik an Kinder herangetragen werden kann, beantwortet WITTMANN (2003, 26) in einer Diskussion um das Verhältnis von Anwendungs- und Strukturorientierung:

„Der Begriff des mathematischen Musters eignet sich also sehr wohl als Leitmotiv von den ersten mathematischen Aktivitäten des Kleinkindes bis hin zu den aktuellen Forschungen der mathematischen Spezialisten. Für die mathematische Frühförderung im Vorschulalter sind einfache Zahlen- und Formenmuster gut geeignet (vgl. Müller / Wittmann 2002). Für den Mathematikunterricht der Grundschule bietet sich eine überquellende Fülle von Zahlenmustern, Formenmustern, kombinatorischen und logischen Mustern an, mit denen die Kinder ihre mathematischen Fähigkeiten entfalten und grundlegende Kenntnisse erwerben können. Der Mathematikunterricht der folgenden Stufen kann nahtlos daran anschließen."

Das folgende Beispiel zeigt zwei fortzusetzende Plättchenmuster von roten und blauen Wendeplättchen aus dem Frühförderprogramm ‚*mathe 2000*' (MÜLLER & WITTMANN 2007, 11). Für das obere Plättchenmuster zeigt DEUTSCHER (2012, 139) in einer Studie mit Schulanfängern, dass 97,2% der untersuchten Kinder in der Lage sind, dieses Muster fortzusetzen.

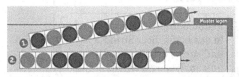

Abbildung 4.4: Plättchenmuster im Frühförderprogramm ‚*mathe 2000*' (MÜLLER & WITTMANN 2007, 11)

Auch STEINWEG (2003, 61) beschreibt, dass sich in der Grundschule Lernende aller Jahrgangstufen bei der Beschäftigung mit Zahlenmustern „motiviert, eigenständig und kreativ" zeigen. Kinder fühlen sich ernst genommen, da es eben nicht auf das richtige Ergebnis ankommt, sondern Muster kreative Spielräume und verschiedene Herangehensweisen zulassen. Besonders ertragreich erweisen sich

Eigenproduktionen, bei welchen Kinder dazu aufgefordert sind, eigene Muster und Strukturen zu produzieren. Das selbsttätige Erfinden einer Struktur verschafft den Schülerinnen und Schülern zusätzlichen Anreiz. Hier können Kinder ihre eigene Leistungsfähigkeit erproben, was maßgeblich zu einer ermutigenden Einstellung zum Fach beitragen kann (STEINWEG 2004).

Eine Untersuchung von STEINWEG (2001) zeigt auf, dass Kinder aller Grundschuljahrgänge vielversprechende Kompetenzen bei der Fortsetzung von Zahlenmustern und geometrischen Mustern besitzen. Da die Aufgabenformate und die Beschäftigung mit mathematischen Mustern im Mathematikunterricht den Kindern zum Untersuchungszeitpunkt fremd waren, ließen die hohen Lösungshäufigkeiten Rückschlüsse dahingehend zu, „dass die Kinder einen natürlichen Zugang zu den Aufgaben finden, selbst wenn die Formate unbekannt sind und die Aufgaben nicht kindgemäß 'verpackt' dargeboten werden." (STEINWEG 2001, 165).

Für die Faszination, die von den Kindern bei der Beschäftigung mit mathematischen Mustern empfunden wird, gibt sie (ebd.) zwei Begründungen an: Einerseits erlauben Muster, die dem Fach inne liegende Ästhetik zu spüren, die durch die Regelmäßigkeit und die Struktur entsteht und die der menschliche Geist als *schön* empfindet. Andererseits kann das Verständnis, das *Sehen* einer Struktur ein faszinierendes Empfinden hervorrufen (vgl. Abb.4.3).

Muster

verzaubern   *entzaubern*

die Mathematik

| Mathematik wird erfahrbar in der Schönheit ihrer Strukturen und kann so faszinieren. | Mathematik wird durchschaubar in der Logik ihrer Strukturen und kann deshalb hinterfragt und analysiert werden. |

Abbildung 4.5: Die Wirkung von mathematischen Mustern (STEINWEG 2001, 262)

Als Argument für die Beschäftigung mit mathematischen Mustern macht STEINWEG (2003) darauf aufmerksam, dass eine Überbetonung von Anwendungsorientierung im Mathematikunterricht leicht zur künstlichen Verpackung des Stoffes führen kann, welche die eigentliche innere Schönheit der Mathematik und die intrinsische Faszination verdeckt, die bei der Beschäftigung mit innermathematischen Mustern aus der Sache heraus entsteht. Stattdessen bieten Muster im Mathematikunterricht die Möglichkeit, eben diese Faszination sichtbar und erlebbar zu machen und innermathematische Zusammenhänge besitzen so ihren Platz im Mathematikunterricht unter dem Gesichtspunkt der Strukturorientierung (WITTMANN 2003).

4.2.2 Verallgemeinern: Das Allgemeine im Besonderen erkennen und beschreiben

Im vorhergehenden Kapitel wurde herausgestellt, dass das Entdecken, Beschreiben und Begründen von Mustern, Strukturen und Beziehungen eine mathematikspezifische Tätigkeit ist und die Mathematik demnach als die Wissenschaft von den Mustern charakterisiert werden kann. Dieses Verständnis der Mathematik erklärt ebenfalls die Besonderheit der mathematischen Begriffe, die bereits in Kapitel 2 beleuchtet wurde. Mathematische Begriffe sind deshalb besonders, weil sie sich nicht auf isoliert-existierende Gegenstände beziehen, sondern auf Muster, Strukturen und Beziehungen, also einen relationalen Charakter besitzen (vgl. Kapitel 2.2.2). Dieser relationalen Natur mathematischer Begriffe nähern sich Lernende im Mathematikunterricht auf andere Art als beispielsweise Mathematiker in der professionellen Praxis, da letztere durch allgemeingültige Strukturen (Axiome) die strukturellen idealen Objekte der Mathematik zu beschreiben vermögen (STEINBRING 2005, 180). Im Mathematikunterricht hingegen werden zunächst konkrete Objekte und Musterbeispiele genutzt, deren Deutung hinsichtlich ihrer Strukturen dazu beitragen soll, mathematische Begriffe zu entwickeln. Dazu wurde in Kapitel 2.2.2 die besondere Rolle von Zeichen bei der Konstruktion mathematischen Wissens beschrieben, da diese auf mathematische Begriffe in ihrer Besonderheit (der Unsichtbarkeit, des relationalen Charakters und der Vergegenständlichung von Operationen) verweisen. Da Zeichen aber das einzige Mittel sind, um mathematisches Wissen zu kommunizieren, stehen Schülerinnen und Schüler vor dem besonderen Deutungsproblem, den spezifischen Charakter mathematischer Begriffe in die gegebenen Zeichen ‚hineinzusehen‘, also zu konstruieren. Dazu sind sie bei der Deutung gezwungen, sich von der konkreten Situation zu lösen – „to always detach themselves from the concreteness of the situation. They are requested to see, interpret or discover „something else", another structure, in the situation" (STEINBRING 2005, 82). Dieses Erkennen von Strukturen und Beziehungen in den gegebenen Zeichen und konkreten Objekten verlangt nach einer Tätigkeit, die MASON & PIMM (1984) mit dem Ausdruck *‚Seeing the general in the particular'* bezeichnen.

Diese Tätigkeit spielt im Mathematikunterrricht aller Schulstufen eine nicht zu unterschätzende Rolle. Insbesondere vor der Einführung der algebraischen Sprache nutzt die Lehrkraft üblicherweise Beispiele, um einen allgemeinen Sachver-

halt, eine allgemeine Struktur oder eine Gesetzmäßigkeit zu erklären. Die Ausführungen versteht die Lehrkraft ebenso als Beispiel – als speziellen Fall einer
allgemeinen Aussage. Dabei sind die verwendeten Zahlen gegen andere aus-
tauschbar, der beschriebene Sachverhalt aber gilt allgemein. Wenn Lernende
anhand eines solchen gegebenen Beispiels mathematisches Wissen konstruieren
sollen, so müssen sie in der Lage sein, den speziellen Charakter des verwendeten
Beispiels von den allgemeinen (oder allgemein gemeinten) Inhalten der Aussage
der Lehrkraft zu differenzieren (vgl. MASON 1996). Gefordert wird von den
Schülern eine Sensibilität dafür, welche Eigenschaften auf welcher Ebene zu
deuten sind. Mathematische Begriffe besitzen hier eine besondere Mehrdeutigkeit
zwischen Situiertheit und Allgemeinheit, die für die Lernenden einerseits Schwierigkeiten mit sich bringen kann, andererseits aber die besondere Kraft mathematischer Begriffe ausmacht (MASON & PIMM 1984). STEINBRING (2005, 81)
spricht von einem Spannungsverhältnis zwischen empirischer, situierter Kennzeichnung und struktureller, relationaler Allgemeinheit des mathematischen Wissens (vgl. Tab. 4.1). Erneut wird hier die besondere Bedeutung mathematischer
Zeichen ersichtlich, die einerseits konkrete Objekte bezeichnen, andererseits aber
gleichzeitig auf das mathematische Wissen in seiner Allgemeinheit verweisen.

Tabelle 4.1: Die epistemologische Kennzeichnung des mathematischen Wissens (STEIN-
BRING 2005, 81)

Epistemological Characterization of the Mathematical Knowledge	Empirical, situated characterization of mathematical knowledge	Balance between *Situatedness* and *Universality*	Structural, relational universality of mathematical knowledge
Role of mathematical signs and symbols	Names for empirical things and qualities		embodiment of mathematical relations as exemplary "variables"

Die Anforderung an die Lernenden ist hier folglich doppelter Natur: Die Kinder
müssen bei der Deutung mathematischer Zeichen und Symbole sowohl das Allgemeine im Besonderen sehen, welches über die konkrete Situation hinausreicht,
als auch das Besondere der vorliegenden Situation erkennen und weiterhin das
Allgemeine vom Besonderen differenzieren können.

Eine ebenso schwierige Anforderung an die Lernenden stellt das *Beschreiben des
allgemeinen Wissens* dar. Allgemeine Muster können nur mit verallgemeinernden
Sprachmitteln, wie der algebraischen Sprache kommuniziert werden und Schülerinnen und Schüler, ohne Kenntnis dieser, sind aufgefordert, eigene Wege zu

finden, um das allgemeine mathematische Wissen über die konkrete Situation hinaus zu beschreiben.

> „The epistemology-oriented analyses have confirmed the familiar point of view that elementary school students are not able to construct new mathematical knowledge and the necessary generalizing justifications with the "classical" concepts of elementary algebra in order to describe the yet unfamiliar knowledge or to operate with it. In elementary school, the new mathematical knowledge is bound in a characteristic way to the situated learning and experience contexts of the students. With their attempts of developing and generalizing mathematical relations, the children are able to construct new knowledge and true mathematical signs with the help of their own situated descriptions. And in this way, they succeed in **seeing the general in the particular and in naming it with their own words.**" (STEINBRING 2005, 178, hervorgehoben K. A.)

Da Kinder im Grundschulunterricht nicht über die algebraischen Mittel verfügen, mit denen sie die erkannten Muster und Strukturen verallgemeinern können, werden andere Hilfsmittel benötigt, um Mitschülerinnen, Mitschülern oder der Lehrkraft das Allgemeine im Besonderen mitzuteilen (vgl. Kapitel 2.2.3; vgl. STEINBRING 2005, 184). An dieser Stelle können Ausdrücke der natürlichen Sprache und insbesondere Betonungen oder Gestik in der Kommunikation dazu dienen, den Gesprächspartnern den allgemeinen Charakter des Musters zu verdeutlichen (KAPUT 2000; RADFORD 2010a).

In den obigen Ausführungen wird ersichtlich, dass die hier beschriebene Anforderung, *das Allgemeine im Besonderen zu sehen und zu beschreiben,* auf die in Kapitel 4.1.1 dargestellte Tätigkeit des Verallgemeinerns aus algebraischer Perspektive verweist. Deshalb bezeichnet die dort erfolgte Definition das Verallgemeinern als

> *das Gemeinsame erfassen und beschreiben, welches vielen einzelnen Fällen oder Objekten zugrunde liegt und dadurch eine mathematische Regelmäßigkeit, ein Muster, eine Struktur oder eine Beziehung bildet,*

vor dem Hintergrund der Mathematik als die Wissenschaft von den Mustern eine grundlegende Tätigkeit, die den Mathematikunterricht aller Jahrgangsstufen prägt.

Geht man also davon aus, dass sich die Mathematik mit Mustern, Strukturen und Beziehungen beschäftigt (Kapitel 4.2.1), so liegen diese den Begriffen im Mathematikunterricht der Grundschule zugrunde. Durch die besondere Beschaffenheit mathematischer Begriffe sind an die Schülerinnen und Schüler im Mathematikunterricht besondere Anforderungen gestellt, welche die in Kapitel 4.1.1 beschriebene Tätigkeit des Verallgemeinerns einschließen. Dieser Tätigkeit kommt eine wichtige Rolle bei der Begriffsbildung in der Mathematik zu und sie durchzieht den gesamten Unterricht. Verallgemeinern ist somit eine unerlässliche Tätigkeit, um mathematische Muster zu erfassen und auszudrücken (MASON 2008). Vor diesem Hintergrund formuliert MASON (1996, 65) für den Mathematikunterricht die These:

„Generalization is the heartbeat of mathematics, and appears in many forms. If teachers are unaware of its presence, and are not in the habit of getting students to work at expressing their own generalizations, then mathematical thinking is not taking place."

Es wird hier deutlich, dass das Verallgemeinern keine Tätigkeit ist, die nur hin und wieder in den Mathematikunterricht einfließt, sondern eine grundlegende zentrale Tätigkeit, die zum Erkennen und Beschreiben von Mustern und Strukturen fortlaufend notwendig ist.

4.3 Zusammenfassung

In diesem Kapitel wurde das Verallgemeinern mathematischer Muster als Kontext zur Entwicklung von Variablenkonzepten beschrieben. Den Ausführungen in Kapitel 4.1.1 folgend, wird die Tätigkeit des Verallgemeinerns in dieser Arbeit verstanden als

das Gemeinsame erfassen und beschreiben, welches vielen einzelnen Fällen oder Objekten zugrunde liegt und dadurch eine mathematische Regelmäßigkeit, ein Muster, eine Struktur oder eine Beziehung bildet.

Variablen als Unbestimmte und als Veränderliche besitzen bei dieser Tätigkeit eine Schlüsselrolle (Kapitel 4.1.2.1), da sie Mittel des Verallgemeinerns sind. Deshalb lässt sich mit dem Kontext des Verallgemeinerns die Entwicklung dieser beiden Variablenkonzepte fördern und eine Sinnstiftung für die Einführung von Variablen erzielen. Gleichzeitig werden dem Kontext des Verallgemeinerns Möglichkeiten zur propädeutischen Entwicklung algebraischen Denkens in der Grundschule zugesprochen.

Folgerung 4.1   *In der Sekundarstufe I stellt sich das Verallgemeinern als sinnstiftender Kontext zur Einführung von Variablen dar. Variablen sind Mittel des Verallgemeinerns und werden benötigt, um mathematische Muster allgemein zu beschreiben.*

Durch die Einnahme einer zweiten Perspektive erfährt die Bedeutung des Verallgemeinerns eine wesentliche Erweiterung (Kapitel 4.2). Auf der Grundlage eines Verständnisses der Mathematik als der Wissenschaft von den Mustern, stellt sich das Verallgemeinern als fundamentale Tätigkeit zum Erfassen und Beschreiben von Mustern dar, die den gesamten Mathematikunterricht aller Jahrgangsstufen prägt. Das Verallgemeinern ist also keineswegs der Sekundarstufe oder dem Algebraunterricht vorbehalten, denn auch in der Grundschule stehen die Lernenden vor der Anforderung des Verallgemeinerns.

Folgerung 4.2   *Lernende der Primarstufe stehen, ohne Kenntnis der algebraischen Sprache vor der Anforderung des Verallgemeinerns, da das Verallgemeinern eine grundlegende Tätigkeit des Mathematikunterrichts ist.*

Die Verzahnung der beiden ausgebreiteten Perspektiven auf die Tätigkeit des Verallgemeinerns erweist sich für die vorliegende Arbeit als besonders gewinnbringend. Für die propädeutische Entwicklung von Variablenkonzepten entstehen hierdurch die Fragen, wie Lernende mit Hilfe der natürlichen Sprache mathematische Muster verallgemeinern, wenn ihnen noch keine Variablen zur Verfügung stehen und welche sprachlichen Mittel die wichtige Rolle der Variablen einnehmen. Von zentralem Interesse für die vorliegende Arbeit ist zudem, ob in den Verallgemeinerungsprozessen der Lernenden der Primarstufe eine propädeutische Entwicklung von Variablenkonzepten stattfindet.

5 Forschungsfragen und Untersuchungsdesign

Den theoretischen Teil der vorliegenden Arbeit abschließend, wird in diesem Kapitel das Untersuchungsdesign der empirischen Studie vorgestellt. Dazu wird in Kapitel 5.1 die zentrale Forschungsfrage aus den Folgerungen hergeleitet, die in den Kapiteln 2 bis 4 herausgearbeitet wurden. Anschließend beschreibt das Kapitel 5.2 das auf diese Frage abgestimmte Forschungssetting und geht dabei auf die verwendete Methode zur Datenerhebung (Kapitel 5.2.1), die Aufgabenkonzeption (Kapitel 5.2.2), die Auswahl der an der Interviewstudie teilnehmenden Schülerschaft (Kapitel 5.2.3) und auch die Auswertung der Daten (Kapitel 5.2.4) ein. In Kapitel 5.3 wird die zentrale Forschungsfrage erneut aufgegriffen und an dieser Stelle aufgefächert, da erst nach der Beschreibung der einzelnen Aufgabenformate die geforderte Berücksichtigung der Lernkontexte ihre volle Bedeutung entfalten kann und spezifische Forschungsfragen zu den Aufgabenformaten formuliert werden können.

5.1 Zentrale Forschungsfrage

In diesem Kapitel wird die zentrale Forschungsfrage der empirischen Studie dargestellt. Um die Verknüpfung zwischen den theoretischen Überlegungen zur Entwicklung von Variablenkonzepten (Kapitel 2 bis 4) und der hier für die Untersuchung verfassten Forschungsfrage zu verdeutlichen, sollen im Folgenden zunächst die erarbeiteten Folgerungen im Überblick dargestellt werden und daran anschließend die Herleitung der Forschungsfrage aus diesen Folgerungen erfolgen.

In den Kapiteln 2 bis 4 wurden jeweils in den Zusammenfassungen der Kapitelinhalte (Kapitel 2.3, 3.4 und 4.3) Folgerungen zur Entwicklung von Variablenkonzepten formuliert (vgl. Tab. 5.1), welche die zentralen Ideen der Kapitel zusammenfassen.

Tabelle 5.1: Folgerungen des theoretischen Teils der Arbeit

Folgerung 2.1	*Der Aufbau von Variablenkonzepten erfordert eine aktive Begriffserarbeitung von den Lernenden, die im Rahmen sinnstiftender Lernkontexte geschehen muss.*
Folgerung 2.2	*Mathematische Begriffe entwickeln sich in der Herstellung einer Beziehung zwischen Zeichen und Referenzkontext. Diese entsteht in der Interaktion in der Verwendung und Deutung von mathematischen Zeichen.*
Folgerung 2.3	*Propädeutische Begriffe besitzen, obwohl sie unbewusst sind, eine wichtige Rolle in der Begriffsentwicklung.*
Folgerung 3.1	*Die Bedeutung des Lernkontextes ist für das vorliegende Forschungsinteresse zu berücksichtigen, ebenso wie die Integration der Perspektiven vom Kind und vom Fach auf die Entwicklung von Variablenkonzepten.*
Folgerung 3.2	*Variablenkonzepte sollten als fundamentale Idee der elementaren Algebra im Sinne des Spiralprinzips bereits in der Grundschule angebahnt werden. Grundschulkinder weisen bereits vielfältige algebraische Kompetenzen auf, an die eine propädeutische Entwicklung von Variablenkonzepten anknüpfen kann.*
Folgerung 3.3	*Natürliche Sprache und Wortvariablen stellen wichtige Ausgangspunkte für die Entwicklung der algebraischen Sprache dar. Im Sinne der fortschreitenden Schematisierung sollte eine Formalisierung an die Ausdrucksweisen der Kinder anknüpfen.*
Folgerung 4.1	*In der Sekundarstufe I stellt sich das Verallgemeinern als sinnstiftender Kontext zur Einführung von Variablen dar. Variablen sind Mittel des Verallgemeinerns und werden benötigt, um mathematische Muster allgemein zu beschreiben.*
Folgerung 4.2	*Lernende der Primarstufe stehen, ohne Kenntnis der algebraischen Sprache, vor der Anforderung des Verallgemeinerns, da das Verallgemeinern eine grundlegende Tätigkeit des Mathematikunterrichts ist.*

Von den Folgerungen zur Forschungsfrage

Die Entwicklung von Variablenkonzepten wird, den Ausführungen des Kapitels 2 folgend, als konstruktiver Prozess der Lernenden verstanden (Folgerung 2.1). Die Konstruktion mathematischer Begriffe entsteht durch die Herstellung einer Beziehung zwischen mathematischen Zeichen und Referenzkontexten in der Interaktion (Folgerung 2.2.a). Die empirische Studie befasst sich folglich mit der qualitativen Erforschung dieser Konstruktionsprozesse, welche mit einer epistemologischen Analyse (nach STEINBRING 2005) untersucht werden (vgl. Kapitel 5.2.4).

Der formulierten genetischen Sichtweise auf Lernprozesse entsprechend (Folgerung 3.1), umfasst die Erforschung des Aufbaus von Variablenkonzepten auf ganzheitliche Weise die Beobachtung der Lernprozesse der Schülerinnen und Schüler und auch die Betrachtung des Verallgemeinerns als mathematische Tätigkeit. Werden also aus epistemologischer Perspektive Konstruktionsprozesse beim Verallgemeinern mathematischer Muster analysiert, so zielt dies einerseits auf das Verständnis der Lernprozesse der Kinder ab (Wie entwickeln Kinder tragfähige Variablenkonzepte?), expliziert andererseits aber gleichzeitig auch die Entwicklung von Variablenkonzepten und Verallgemeinerungsprozesse als Forschungsgegenstände aus fachlicher Perspektive (Wie lassen sich Verallgemeinerungsprozesse aus epistemologischer Perspektive beschreiben? Wie vollzieht sich die Konstruktion von Variablenkonzepten im Verallgemeinerungsprozess?)

Aufgrund der Bedeutung propädeutischer Begriffsentwicklung (Folgerung 2.2.b aus lerntheoretischer und Folgerung 3.2 aus didaktischer Perspektive), untersucht die vorliegende Arbeit die Entwicklung von Variablenkonzepten bei Schülerinnen und Schülern der Grundschule und befasst sich damit explizit mit einer Anbahnung von Variablenkonzepten vor der Einführung von Variablen in der Sekundarstufe. Sie geht davon aus, dass natürliche Sprache und Wortvariablen wichtige Elemente der Entwicklung von Variablenkonzepten darstellen (Folgerung 3.3) und beobachtet die Rolle der Sprache bei der Begriffsentwicklung in der empirischen Untersuchung.

In den Forschungsfokus rückt ebenso der Lernkontext, an den die Entwicklung von Variablenkonzepten gebunden ist (Folgerung 3.1). Für die vorliegende Arbeit wird dazu der Kontext des Verallgemeinerns mathematischer Muster gewählt. Dieser bietet gerade in der Zusammenführung verschiedener Perspektiven auf die Tätigkeit des Verallgemeinerns (Folgerungen 4.1 und 4.2) Chancen für die propädeutische Entwicklung von Variablenkonzepten in der Grundschule. Einerseits stellen sich Variablen als notwendige Mittel des Verallgemeinerns dar, mit deren Hilfe mathematische Sachverhalte allgemeine beschrieben werden können, wodurch sich durch den Kontext des Verallgemeinerns folglich eine Sinnstiftung für den Variablengebrauch ergibt (Folgerung 4.1). Andererseits stellt sich das

Verallgemeinern auch im Mathematikunterricht der Grundschule als fester Bestandteil bei der Beschäftigung mit mathematischen Mustern und Strukturen dar (Folgerung 4.2). Die empirische Untersuchung nimmt sich dabei der aus dieser Perspektivendifferenz entstehenden Frage an, welche Mittel im Verallgemeinerungsprozess der Grundschulkinder die so wichtige Rolle der Variablen einnehmen, die als notwendig im Kontext des Verallgemeinerns als Zugang zur Algebra in der Sekundarstufe beschrieben werden.

Die Bedeutung des Lernkontextes berücksichtigt die empirische Studie zusätzlich, indem sie den Kontext des Verallgemeinerns als Forschungsgegenstand in den Blick nimmt und Besonderheiten des Lernkontextes (innerhalb der in der Untersuchung gewählten Lernumgebungen) bezüglich der Entwicklung von Variablenkonzepten herausstellt.

Mit dem Ziel, Verallgemeinerungsprozesse und die Konstruktion von Variablenkonzepten aus epistemologischer Perspektive nachzuzeichnen und dabei die Bedeutung des genetischen Prinzips, des Lernkontextes und der natürlichen Sprache zu berücksichtigen, wird für die empirische Studie folgende zentrale Forschungsfrage aufgestellt:

Wie und mit welchen Mitteln verallgemeinern Schülerinnen und Schüler der Grundschule mathematische Muster und wie entwickeln sich dabei Variablenkonzepte?

Die Zusammenführung der obigen Aspekte auf eine zentrale Forschungsfrage ist sinnvoll für die Handhabbarkeit in der Analyse. Die hier aufgestellte zentrale Forschungsfrage wird in Kapitel 5.3 erneut aufgegriffen und entsprechend der Fokussierung auf einzelne Folgerungen und entsprechend einer Berücksichtigung der einzelnen Lernkontexte, die in Kapitel 5.2 dargestellt werden, in mehrere Fragen aufgefächert.

5.2 Aufbau der Interviewstudie

Die Beantwortung der dargestellten Forschungsfrage erfordert ein qualitatives Forschungssetting, mit welchem die Verallgemeinerungsprozesse der Schülerinnen und Schüler detailliert in den Blick genommen werden können.

Als grundlegende Designarten in der qualitativen Forschung unterscheidet FLICK (2008, 253) die folgenden fünf Typen: *Fallstudien, Vergleichsstudien, retrospektive Studien, Momentaufnahmen (Zustands- und Prozessanalysen zum Zeitpunkt der Forschung)* und *Längsschnittstudien*. Die vorliegende Untersuchung verortet sich in der hier an vierter Position benannten Designart, wobei der Prozesscharakter des Forschungsgegenstandes von zentraler Bedeutung ist. So soll die Analyse der erhobenen Daten dazu dienen, die Begriffsbildungsprozesse von Kindern bei der Verallgemeinerung mathematischer Muster nachzuzeichnen und die propädeutische Entwicklung von Variablenkonzepten zu verstehen. Dabei ist der Begriff *Entwicklung* hier nicht als langfristiger Vorgang zu verstehen, was mit einem Forschungsdesign einer Längsschnittstudie (also Typ 5) zu untersuchen wäre, sondern dient hier im Sinne von FLICKS (2008) Momentaufnahme zur detaillierten Analyse eines Prozesses.

Diese Prozesse erforscht die vorliegende Studie anhand qualitativer (epistemologisch-orienterter) Analysen von 30 klinischen Einzelinterviews, die im Zeitraum April bis Juni 2009 mit Schülerinnen und Schülern der vierten Jahrgangstufe durchgeführt werden und die eine intensive Betrachtung von Verallgemeinerungsprozessen bei der Auseinandersetzung mit den vorgelegten Lernumgebungen und in der Interaktion mit der Interviewerin erlauben. Für die Entwicklung der Interviewaufgaben und die Vorbereitung der klinischen Interviews wird zwischen Juni 2008 und Februar 2009 eine Pilotstudie durchgeführt, in welcher die konzipierten Lernumgebungen getestet und entsprechend weiterentwickelt werden (Tab. 5.2).

Tabelle 5.2: Zeitplan der Pilot- und Hauptstudie

	Zeitraum	Verwendetes Aufgabenformat	Anzahl und Art der Interviews
Pilotstudie	**06/2008**	Partnerzahlen	8 Partnerinterviews
	11-12/2008	Vorversion Zaubertricks und Würfelmuster[27]	6 Partnerinterviews
	01/2009	Zaubertricks	5 Partnerinterviews
	02/2009	Plättchenmuster	$5 \cdot 2$[28] Partnerinterviews
Hauptstudie	**04-06/2009**	Endgültige Aufgabenformate	30 Einzelinterviews

Im Folgenden werden die verschiedenen Aspekte des Designs der Interviewstudie dargestellt. Zunächst wird in Kapitel 5.2.1 das klinische Interview als die in der Studie verwendete Methode zur Datenerhebung vorgestellt und anschließend in Kapitel 5.2.2 die Konzeption der Interviewaufgaben beschrieben. Es folgen in

---

[27] ‚Würfelmuster' bezeichnet die Vorversion des Aufgabenformats *Plättchenmuster*.
[28] Aufgrund des Umfangs werden mit den 5 Kinderpaaren jeweils 2 Interviews von jeweils etwa einer Unterrichtsstunde geführt.

Kapitel 5.2.3 die Darstellung der an der Untersuchung teilnehmenden Schüler-schaft und abschließend in Kapitel 5.2.4 die Beschreibung der Datenauswertung.

5.2.1 Das klinische Interview als Methode zur Datenerhebung

Zur Datenerhebung wird in dieser Untersuchung die Methode des klinischen Interviews verwendet, die sich in der mathematikdidaktischen Forschung zu einer verbreiteten Methode für die Erhebung von Daten zu Denk- und Vorgehenswei-sen von Kindern entwickelt hat (BECK & MAIER 1993). Auch in der Lehrerbil-dung wird das klinische Interview oftmals im Studium an die Lehramtsstudieren-den herangetragen, da es sich nicht nur für Forschungszwecke eignet, sondern in besonderer Weise den aktiv-entdeckenden Lernprozess der Interviewten nach-vollziehen lässt. Durch das Einnehmen der Rolle des Interviewers werden die Studierenden aufgefordert, sich in bewusst zurückhaltender Begleitung der Lern-prozesse von einer belehrenden Position in die Rolle der Lehrkraft als Organisa-torin bzw. Organisator von aktiven Lernprozessen der Schülerinnen und Schüler zu versetzen (SELTER 1990; SPIEGEL 1999).

Das von Jean Piaget aus der Psychoanalytik entlehnte und entwickelte halbstan-dardisierte Verfahren (wobei hier direkt Piagets *revidierte Methode* gemeint ist, die neben sprachlichen Äußerungen auch Handlungen am Material in den Nach-vollzug der Denkwege mit einbezieht) (SELTER & SPIEGEL 1997) erweist sich in der qualitativen Forschung als eine geeignete Methode, Denkprozesse der Kinder im Bezug auf verschiedene Themenbereiche zu erheben (BECK & MAIER 1993). In der vorliegenden Studie soll das Interview in der Analyse Auf-schlüsse über die Verallgemeinerungsprozesse der Schülerinnen und Schüler geben. Dazu werden den Kindern im Interview Aufgaben aus dem Kontext des Verallgemeinerns vorgelegt, und die Interviewerin regt durch Fragen zur Expli-zierung der Denkprozesse und zur Begründung von Vorgehensweisen an. Zu den besonderen Charakteristika der Methode gehören unter anderem die bewusste Zurückhaltung der Interviewerin oder des Interviewers, das Erzeugen von kogni-tiven Konflikten und ein sensibles, flexibles Eingehen auf die Lösungswege der Kinder (SELTER & SPIEGEL 1997). Für die vorliegende Untersuchung eignet sich die Methode vor allem, da das halbstandardisierte Verfahren durch die vor-bereiteten Leitfragen einen Vergleich der Vorgehensweisen der Kindern bei ei-nem Aufgabenformat ermöglicht und gleichzeitig aber offen genug ist, um die individuellen Denkwege der Kinder in alle Richtungen zu verfolgen (ebd.).

Die Durchführung klinischer Interviews zur Datenerhebung verlangt sowohl auf inhaltlicher Ebene Vertrautheit mit dem Forschungsgegenstand als auch auf me-thodischer Ebene genügend Erfahrung mit den Grundsätzen der Methode (HOPF 2008).

„Dies bedeutet unter anderem, dass sie [die Interviewführenden] in der Lage sein müssen einzuschätzen, wann es inhaltlich angemessen ist, vom Frageleitfaden abzuweichen, an welchen Stellen es erforderlich ist, intensiver nachzufragen, und an welchen Stellen es für die Fragestellungen des Projekts von besonderer Bedeutung ist, nur sehr unspezifisch zu fragen und den Befragten breite Artikulationschancen einzuräumen" (HOPF 2008, 358).

Aus diesen Gründen werden alle Interviews von der Autorin durchgeführt, welche sich durch die Pilotierung auf die Interviews der Hauptuntersuchung vorbereiten kann.

SELTER & SPIEGEL (1997, 106) diskutieren Vor- und Nachteile von klinischen Partner- bzw. Einzelinterviews. Vorteile von Partnerinterviews können dementsprechend eine angenehmere Gesprächssituation, eine Verringerung der Antwortzentrierung, größere Nähe zur Unterrichtssituation und mögliche Arbeitsteilung sein. Es stellt sich bei der Pilotierung der Aufgaben jedoch heraus, dass es für das Forschungsinteresse sinnvoller ist, Einzelinterviews durchzuführen, um die Verallgemeinerungsprozesse aller Kinder im Detail betrachten zu können. Vor allem die von SELTER & SPIEGEL (ebd.) angesprochene Gefahr des Informationsverlustes, welcher sich ergeben kann, wenn die Schülerinnen und Schüler sich abwechselnd zu ihren Strategien äußern und so nicht durchgehend die Vorgehensweisen jedes Lernenden nachvollzogen werden können, führt zu der Entscheidung, in der Hauptuntersuchung zu Einzelinterviews überzugehen (vgl. Tab.5.2).

Für die qualitative Auswertung mit dem epistemologischen Dreieck (vgl. Kapitel 5.2.4) werden die klinischen Interviews mit einer Videokamera festgehalten, um später transkribiert werden zu können.

5.2.2 Die Konzeption der Interviewaufgaben

Der Lernkontext wurde in Kapitel 3.1 als richtungsweisend für die Lernprozesse der Schülerinnen und Schüler beschrieben (DEWEY 1974) und ist, der Folgerung 3.1 entsprechend (vgl. Kapitel 5.1), Gegenstand der Untersuchung. Aus diesem Grund kommt den in den Interviews verwendeten Aufgaben ein hoher Stellenwert zu. Für die empirische Studie werden drei Aufgabenformate zur Entdeckung und Beschreibung mathematischer Muster konzipiert, die in diesem Kapitel vorgestellt werden.

Die Möglichkeiten zur Entwicklung von Variablenkonzepten, welche die für die vorliegende Studie ausgewählten und weiterentwickelten Aufgaben bieten, werden bereits in der Literatur thematisiert. Bei der Aufbereitung der Aufgaben für die Untersuchung wurde vor allem darauf geachtet, dass diese ihren Charakter als substantielle Aufgabenformate nicht verlieren, bzw. dass dieser weiter ausgebaut wird, damit die Ergebnisse bezüglich der Lernkontexte direkt auf die Arbeit mit diesen Aufgabenformaten im Unterricht zurückbezogen werden können.

Da der Lernkontext expliziter Bestandteil des Forschungsinteresses ist, werden in diesem Kapitel neben den Aufgaben selbst die Merkmale der einzelnen Aufgabenformate und deren Unterschiede erläutert, sodass in der Untersuchung darauf Bezug genommen werden kann, wenn es um die Rolle des Lernkontextes geht. Die Aufgabenformate wurden vor der Hauptuntersuchung durch Voruntersuchungen mit klinischen Partnerinterviews pilotiert und entsprechend weiterentwickelt. Die Erfahrungen aus der Pilotierung, welche auf die Gestaltung der Aufgaben eingewirkt haben, fließen in die Beschreibung der Aufgaben ein.

5.2.2.1 Das Aufgabenformat Plättchenmuster

Bei dem Aufgabenformat *Plättchenmuster* beschäftigen sich die Schülerinnen und Schüler mit einer geometrisch-visualisierten Folge aus quadratischen Plättchen. Die Beschäftigung mit Folgen wurde in Kapitel 4.1.2.3 als sinnstiftender Zugang in die Algebra und für die Einführung von Variablen beschrieben.

Dabei wurde eine Visualisierung der Folge als bereicherndes Element dargestellt, welches die Schülerinnen und Schüler zu Explorationen der Folge auf verschiedenen Darstellungsebenen anregt und das Wechseln zwischen den Darstellungsebenen unterstützt. In der vorliegenden Untersuchung wird eine geometrisch-visualisierte Repräsentationsform mit einer (in einer Tabelle gegebenen) arithmetischen Darstellungsform verbunden und damit bereits in der Aufgabe das fruchtbare Zusammenspiel verschiedener Darstellungsebenen angelegt. Wie die in der Literatur angesprochenen Aspekte der Visualisierung (vgl. Kapitel 4.1.2.3) auf die Verallgemeinerungen der Schülerinnen und Schülern einwirken, kann bei der Analyse der Verallgemeinerungsprozesse in der Untersuchung in den Blick genommen werden.

Für einen handlungsorientierten Umgang mit den Folgen stehen den Schülerinnen und Schülern in den Lernumgebungen (vgl. beispielsweise HENGARTNER ET AL. 2006; AFFOLTER ET AL. 2003; siehe Kapitel 4.1.2.3) bei der Bearbeitung der Aufgaben oftmals Holzwürfel zur Verfügung. Die Möglichkeit des Hantierens mit Material soll die Anschauung unterstützen und während der gesamten Bearbeitung den Zugang zur inhaltlichen Interpretation offen lassen, so wie es WIELAND (2006) für einen anschaulichen Einstieg in die elementare Algebra fordert und in der Lernumgebung ‚X-beliebig' umsetzt. Bei der Pilotierung der Interviewaufgaben erweist sich die Verwendung der Holzwürfel jedoch als Schwierigkeit, da die ‚Baupläne' der Folge zweidimensional dargestellt sind (wie bei HENGARTNER ET AL. 2006), das Material dreidimensional und dennoch nur ein zweidimensionales Weiterführen des Muster intendiert ist. So versuchen viele

Kinder bei einer quadratischen Musterfolge, die Figuren als in allen drei Dimensionen wachsende, also kubische Würfelfolge nachzubauen, was wiederum sehr schnell die rechnerischen Fähigkeiten der Viertklässlerinnen und Viertklässler überschreitet. Aus diesem Grund werden den Kindern in der Hauptuntersuchung quadratische Plättchen zu Verfügung gestellt, die eine zweidimensionale Interpretation des Musters nahelegen und eine gute Handhabbarkeit gegenüber runden Plättchen aufweisen[29].

Ebenso wurde in Kapitel 4.1.2.3 auf die verschiedenen Strategien hingewiesen, welche Schülerinnen und Schüler nutzen, um Folgen zu verallgemeinern. Auch für die vorliegende Untersuchung ist anzunehmen, dass die teilnehmenden Schülerinnen und Schüler sich rekursiver und expliziter Vorgehensweisen bedienen, zumal diese Strategien auch bei jüngeren Kindern bei der Beschäftigung mit geometrisch-visualisierten Musterfolgen zu finden sind (BÖTTINGER & STEINBRING (2007; BERLIN 2010a). Diese Vorgehensweisen und auch die Proportionalitätsannahme können bei der Beobachtung der Verallgemeinerungsprozesse in der Analyse der Interviews genauer beleuchtet werden.

Aufgaben des Aufgabenformats *Plättchenmuster*

Im Folgenden werden die Aufgabenblätter des Aufgabenformats *Plättchenmuster* vorgestellt (vgl. Abb. 5.1 – 5.4), die den Schülerinnen und Schülern in den Interviews in der dargestellten Reihenfolge vorgelegt werden.

---

[29] Von der pilotierten Version mit den Holzwürfeln ist auf den Arbeitsblättern in der Hauptuntersuchung das Wort ‚bauen' in dem Satz ‚Du kannst die Anzahl herausfinden, indem du baust, zeichnest oder rechnest' (vgl. Arbeitsblätter 1 und 3) übernommen worden. Zu den Plättchen passend hätte es in ‚legen' umgeändert werden müssen.

Namen: _____

Plättchenmuster

Quadratzahlen

Quadrat 1   Quadrat 2   Quadrat 3   Quadrat 4

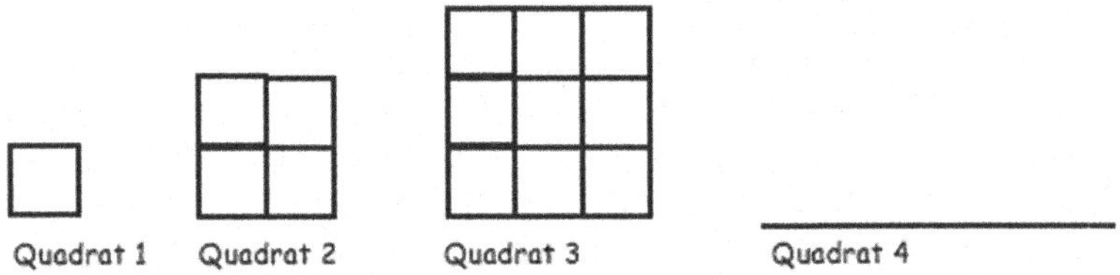

1) Fülle die Tabelle aus. Du kannst die Anzahl herausfinden, indem du baust,
   zeichnest oder rechnest.

Quadrat	1	2	3	4	5	6	7	8	9	10
Anzahl	1									

2*) Suche dir selbst aus, für welche Quadrate du die Anzahlen bestimmen
möchtest. Fülle die Tabelle aus.

Quadrat	20	100			
Anzahl					

Abbildung 5.1: 1. Aufgabenblatt: Quadratzahlen I

Name: _____

Plättchenmuster

Quadratzahlen

1) Meine Regel:

So kann ich die Anzahl der Plättchen schnell herausfinden:

2*) Trage die Rechnung für die Anzahl der Plättchen für die Quadrat-Zahlen in die Tabelle ein.

Quadrat	10		500		
Rechenregel					

Abbildung 5.2: 2. Aufgabenblatt: Quadratzahlen II

Namen: _____

L-Zahlen

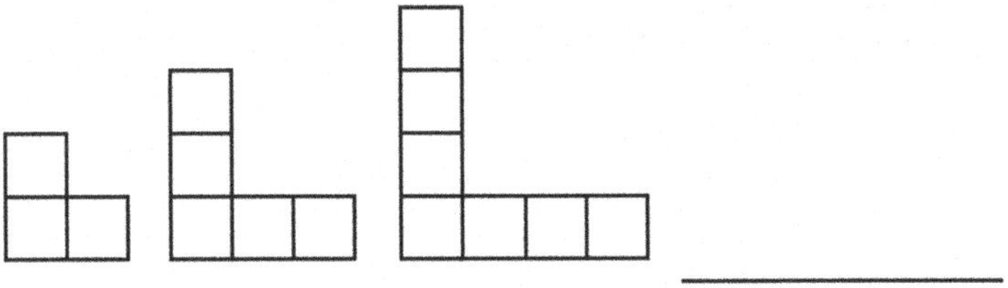

L 1   L 2   L 3   L 4

1) Fülle die Tabelle aus. Du kannst die Anzahl herausfinden, indem du baust,
   zeichnest oder rechnest.

L	1	3	2	4	5	10	6	8	9	7
Anzahl	3									

2*) Suche dir selbst aus, für welche L du die Anzahlen bestimmen möchtest.
Fülle die Tabelle aus.

L	20	100			
Anzahl					

Abbildung 5.3: 3. Aufgabenblatt: L-Zahlen I

Name: _____

Plättchenmuster

L-Zahlen

1) Meine Regel:

So kann ich die Anzahl der Plättchen schnell herausfinden:

2*) Trage die Rechnung für die Anzahl der Plättchen für die L-Zahlen in die Tabelle ein.

L	10			500		
Rechenregel						

Abbildung 5.4: 4. Aufgabenblatt: L-Zahlen II

Beschreibung der Aufgaben

Während bei der Pilotierung des Aufgabenformats verschiedene Folgen ausprobiert werden, erhalten die teilnehmenden Kinder der Hauptuntersuchung nur die beiden Folgen ‚Quadratzahlen' und ‚L-Zahlen', die sich in den Voruntersuchung als besonders informativ erweisen. Um beim L-Zahlen-Muster einer zu einseitigen Fokussierung auf rekursive Vorgehensweisen entgegenzuwirken, wird bei dieser Folge in der Tabelle die Reihenfolge der zu berechnenden Stellen verändert. Neben der Berechnung der 20. und 100. Stelle, werden die Schülerinnen und Schüler in Aufgabe 2* auf dem ersten und dritten Arbeitsblatt aufgefordert, eigene Stellen zu wählen, für welche sie die benötigten Plättchenanzahlen berechnen möchten.

Die Kinder werden direkt nach dem Zeichnen des 4. Folgeglieds und dem Ausfüllen der Tabellen nach ihren Entdeckungen und Vorgehensweisen gefragt, sodass sie Gelegenheit erhalten, diese mündlich zu äußern. Anschließend werden die Kinder um eine schriftlichen Erklärung gebeten (siehe Arbeitsblätter 2 und 4). MASON ET AL. (1985) berichten, dass die Verschriftlichung von Mustern einerseits Schwierigkeiten bereiten kann, die Kinder jedoch andererseits gerade durch das Schreiben zu einer Reflektion anregt werden. Wenn Kinder keinen Ansatz für eine schriftliche Beschreibung des Musters finden, schlagen MASON ET AL. (ebd.) deshalb vor, die Schülerinnen und Schüler zu ermutigen, die Beschreibung für ein anderes (hypothetisches) Kind anzufertigen, welches das Muster nicht kennt (oder nicht erkannt hat). Auf diesem Wege integrieren die Kinder oftmals auch Herangehensweisen oder den Strukturierungsprozess des Musters und fokussieren nicht nur auf das Muster als Produkt. Dieser Vorschlag wird bei der Vorbereitung des Interviews aufgenommen, sodass an die Kinder immer dann, wenn sie mit der Aufgabenstellung der schriftlichen Beschreibung des Musters Schwierigkeiten haben, folgende Frage herangetragen wird: „Stell dir vor, ein Kind (aus deiner Klasse) hätte das Muster noch nicht erkannt. Kannst du mal versuchen, das Muster, das du erkannt hast, so zu beschreiben, dass das Kind versteht, wie das Muster funktioniert?" Dieses Vorgehen erwies sich in der Pilotierung als hilfreich.

Die Aufgabe 2* auf den Aufgabenblättern 2 und 4 fordert die Schülerinnen und Schüler auf, ihren Rechentrick als Term einzutragen. Die Aufgabenstellung wird bei Nachfrage wie folgt ergänzt: „Hier sollst du nicht das Ergebnis eintragen, sondern schreiben, *wie* man rechnen muss." Bei rekursiven Vorgehensweisen wird eine rein mündliche Beschreibung der Rechnung akzeptiert und die Tabelle nicht ausgefüllt.

5.2.2.2 Das Aufgabenformat Partnerzahlen

Das zweite, hier verwendete Aufgabenformat *Partnerzahlen* ist der Untersuchung zum Zahlenmusterverständnis von STEINWEG (2001) entnommen und dem vorliegenden Forschungsinteresse entsprechend weiterentwickelt worden. Je zwei nebeneinander stehende Zahlen weisen hier eine bestimmte Beziehung auf, die von den Lernenden erkannt und anschließend auch auf Zahlen ohne Partner (also Steine, in die erst eine Zahl eingetragen wurde) übertragen werden soll (vgl. Abb. 5.5). In der Untersuchung von STEINWEG (ebd.) werden für das 4. Schuljahr die beiden Beziehungen f(x)=7x+1 und f(x)=10x-5 (STEINWEG 2001, 197) verwendet, welche den Kindern der 4. Jahrgangsstufe wenig Probleme bereiten. In der Pilotierung der Aufgaben der vorliegenden Untersuchung zeigt sich jedoch, dass diese Beziehungen ein zu hohes Einstiegsniveau für manche Schülerinnen und Schüler darstellen, weshalb für die vorliegende Untersuchung die Beziehungen f(x)=2x, f(x)=x+5 und f(x)=x² gewählt werden.

Aus der unterrichtspraktischen Erfahrung spricht STEINWEG (2000, 20) dem Aufgabenformat *Partnerzahlen* ein hohes intrinsisches Motivationspotential zu. Dieses ergibt sich unter anderem durch „die Faszination der vielen Kombinationsmöglichkeiten und die Idee, andere Kinder durch geschickt gewählte Zahlenpaare zunächst aufs Glatteis zu führen und dann durch weitere Zahlenpaare die Lösung herbeizuführen".

Vor allem eignet sich das Aufgabenformat zum Erfinden eigener Muster und bietet somit Anlass für Eigenproduktionen. Die nebenstehende Abbildung ist aus STEINWEG (1998, 67) entnommen und zeigt ein Muster, welches die Viertklässlerin Lena erfindet (vgl. Abb. 5.5).

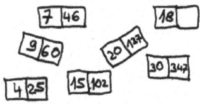

Abbildung 5.5: Lenas *Partnerzahlen* mit der Beziehung f(x)=7x-3 (STEINWEG 1998, 67)

Das Aufgabenformat *Partnerzahlen* ist noch nicht sehr verbreitet und findet auch im Themenfeld der frühen Algebra noch keine Verwendung. Ein verwandtes Aufgabenformat, welches in der internationalen Literatur zur Early Algebra zu finden ist, trägt den Namen 'Guess my rule'[30]. Genutzt wird dieses Aufgabenformat auch in Forschungen zur propädeutischen Anbahnung des funktionalen Denkens bei jüngeren Schülerinnen und Schülern (vgl. CARRAHER & EARNEST 2003; MOSS & McNAB 2011). Wie bei dem Aufgabenformat *Partnerzahlen* werden an die Kinder Zahlenpaare herangetragen, die jeweils in einer zu entde-

---

[30] Vgl. auch das von SAWYER (1964, 78f) beschriebene Spiel „Guessing Game" zur Einführung in die Algebra.

ckenden Beziehung zueinander stehen. Die unbekannte Rechnung, welche die gegebene Zahl einer anderen zuordnet, führt dabei je nach Aufgabenversion ein Roboter, eine Maschine oder eine Art ‚Black Box' aus – im Unterricht kann dies durch eine Lehrkraft oder ein Kind erfolgen, welche um die geheime Beziehung zwischen den Zahlen wissen.

Ein Vorteil des Aufgabenformats *Partnerzahlen* (auch *Guess my rule*) wird oftmals darin gesehen, dass die Steine auf dem Arbeitsblatt nicht in einer festen Reihenfolge angeordnet sind (wie bei Folgen) und diese Darstellung der Funktionswerte zu expliziten Vorgehensweisen anregt (vgl. STEINWEG 2000; MOSS ET AL. 2008; MOSS & McNAB 2011), deren Vorteile im vorangehenden Abschnitt zum Aufgabenformat *Plättchenmuster* beschrieben wurden. Stattdessen hebt das Aufgabenformat die Beziehung zwischen gegebenem x- und zugeordnetem f(x)-Wert, also eine explizite Sichtweisen, hervor.

Aufgaben des Aufgabenformats *Partnerzahlen*

Im Folgenden werden die Aufgabenblätter des Aufgabenformats *Partnerzahlen* vorgestellt (vgl. Abb. 5.6 – 5.9), die den Schülerinnen und Schülern in den Interviews in der dargestellten Reihenfolge vorgelegt werden.

Partnerzahlen

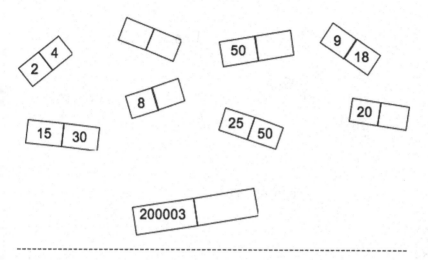

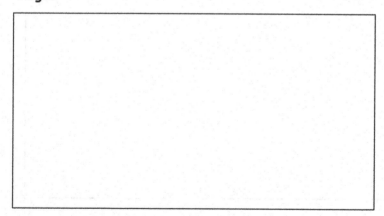

Regel:

Kurzregel:

Abbildung 5.6: 1. Aufgabenblatt: *Partnerzahlen 2x*

Partnerzahlen

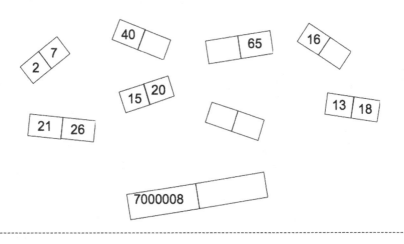

Regel:

Kurzregel:

Abbildung 5.7: 2. Aufgabenblatt: *Partnerzahlen x+5*

Partnerzahlen

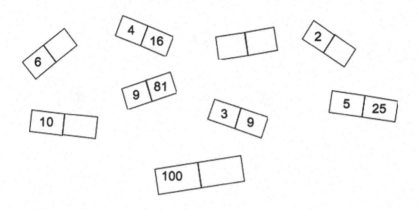

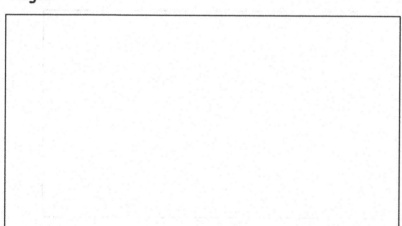

Regel:

Kurzregel:

Abbildung 5.8: 3. Aufgabenblatt: *Partnerzahlen* x^2

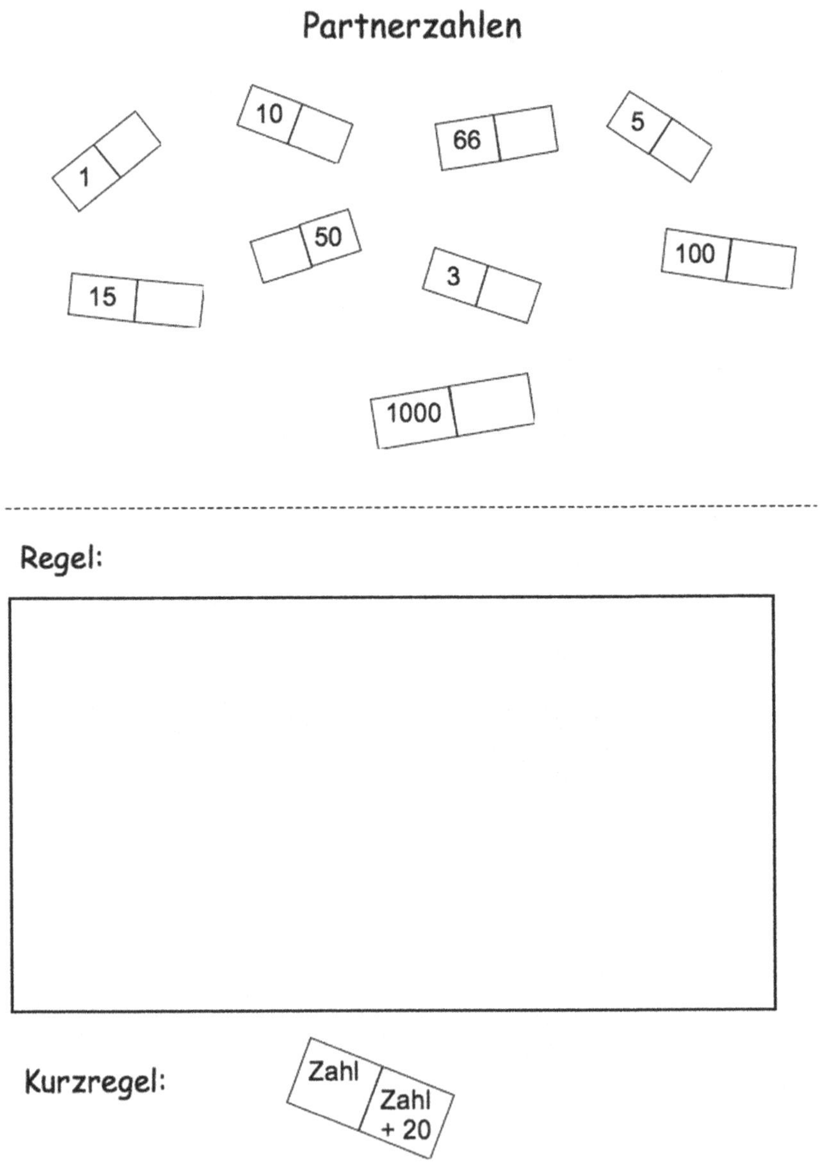

Partnerzahlen

1	
10	
66	
5	
50	
3	
100	
15	
1000	

Regel:

Kurzregel:

| Zahl | Zahl + 20 |

Abbildung 5.9: 4. Aufgabenblatt: *Partnerzahlen Zahl+20*

Beschreibung der Aufgaben

Das Aufgabenformat *Partnerzahlen* erweist sich in der Pilotierung als erstaunlich selbsterklärend, sodass die Kinder kaum die Aufgabeneinführung der Interviewerin abwarteten. Deshalb wird in der Hauptuntersuchung von einem schriftlichen Arbeitsauftrag abgesehen und die Schülerinnen und Schüler werden mündlich gebeten, die Zahlen in den Steinen zu betrachten und nach Auffälligkeiten zu suchen. Anschließend werden sie aufgefordert, ihre Entdeckungen zu beschreiben und die fehlenden Zahlen in den Steinen zu ergänzen. Als differenzierende Elemente fordern freie Steine die Kinder auf, weitere Zahlenwerte zu wählen und die entsprechende Partnerzahl zu finden.

Wie bei dem Aufgabenformat *Plättchenmuster* werden die Lernenden auch hier zunächst mündlich nach der entdeckten Beziehung gefragt, bevor sie anschließend die gefundene Regel verschriftlichen sollen (vgl. Kapitel 5.2.2.1). Jedes Arbeitsblatt enthält zudem unter der Überschrift ‚Kurzregel' einen vergrößerten, leeren Stein, welche die Schülerinnen und Schüler zu einer kurzen Notationsweise der Regel anregen soll. Die Interviewerin stellt dazu den Arbeitsauftrag, die gefundene Regel mit Hilfe des Steins darzustellen.

Auf dem vierten Arbeitsblatt ‚Zahl + 20' ist die intendierte Beziehung in dem Stein der Kurzregel notiert (vgl. Abb. 5.9) und die Kinder sind aufgefordert, die Notation der Regel zu interpretieren, um die Steine gemäß der Regel auszufüllen. Dabei werden die Lernenden nach ihrer Deutung der Ausdrücke ‚Zahl' und ‚Zahl+20' gefragt.

5.2.2.3 Das Aufgabenformat Zaubertrick

Wie die beiden Aufgabenformate *Plättchenmuster* und *Partnerzahlen* stellt auch das dritte Aufgabenformat *Zaubertrick* keineswegs eine neue Lernumgebung dar und ist in der Literatur als THOAN ‚*Think of a number*' (vgl. MASON ET AL. 1985, 2005) verbreitet. Zaubertricks, in denen eine Reihe von arithmetischen Operationen auf eine Zahl angewendet wird, um schließlich zu einem verblüffenden Ergebnis zu gelangen, sind sowohl in Materialien und Schulbüchern der Grundschule (vgl. beispielsweise WITTMANN & MÜLLER 1992, 83f) als auch der unteren Sekundarstufen zu finden (AFFOLTER ET AL. 1999, 64f). Es lassen sich dabei jedoch zwei grundsätzlich verschiedene Grundtypen unterscheiden, die hier kontrastierend dargestellt werden sollen, da sie verschiedene Variablenkonzepte (vgl. Kapitel 1.1) ansprechen.

Als Beispiel für den ersten Grundtyp soll hier eine Schulbuchseite aus dem ‚Zahlenbuch 4' (WITTMANN & MÜLLER 2005, 92) dienen (vgl. Abb. 5.10), in welchem die Variable als Unbekannte auftritt – als gesuchte Zahl, die für das Gelingen des Zaubertricks bestimmt werden muss.

Abbildung 5.10: Aufgabe aus dem Zahlenbuch 4 (WITTMANN & MÜLLER 2005, 92)

Zurecht wird sie im Zahlenbuch 5 in einer analogen Aufgabe auch als ‚Versteckte Zahl‘ (AFFOLTER ET AL. 1999, 66) betitelt. Durch Rückwärtsarbeiten bzw. durch das Ausführen von inversen Operationen können die Schülerinnen und Schüler die unbekannte Startzahl finden.

Der zweite Grundtyp wird hier durch eine Schulbuchseite des ‚Zahlenbuch 5‘ (AFFOLTER ET AL. 1999, 64) verdeutlicht. Im Gegensatz zum ersten Zaubertrick verbirgt sich hinter der Startzahl in diesem Fall keine gesuchte Zahl, sondern es kann jede beliebige Zahl eingesetzt werden, um immer zu dem gleichen Ergebnis (hier 1 vgl. Abb. 5.11) zu gelangen. Die Variable tritt hier also als Unbestimmte auf.

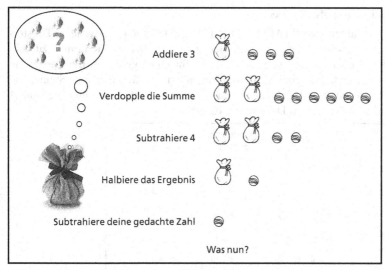

Addiere 3

Verdopple die Summe

Subtrahiere 4

Halbiere das Ergebnis

Subtrahiere deine gedachte Zahl

Was nun?

Abbildung 5.11: Aufgabe aus dem Zahlenbuch 5 (AFFOLTER ET AL. 1999, 64)

Aus den obigen Ausführungen lässt sich festhalten, dass die Variable als Unbestimmte und der Kontext des Verallgemeinerns nur im zweiten Grundtyp angesprochen werden, weshalb dieser für die Entwicklung der Interviewaufgaben herangezogen wird. Lernumgebungen, welche sich mit diesem Zaubertrick beschäftigen, werden gute Differenzierungsmöglichkeiten zugesprochen, da sie nach Belieben einfach oder kompliziert gestaltet werden können. Dürfen Kinder eigene Zaubertricks erfinden, so können diese von einfachsten Überlegungen, wie ‚x-x=0‘, bis hin zu undurchsichtigen Abfolgen von Rechenoperationen reichen, was den Zaubertricks zunehmenden Charme verleiht (MASON et al. 2005). Für Malle (MALLE 1993, 65) stellt der Kontext einen gelungenen Einstieg für eine allererste Berührung mit Variablen dar, da Variablen hier als Mittel zum allgemeinen Begründen des Zaubertricks eingesetzt werden, was in Kapitel 1.1.2.2 als eine der zentralen Funktionen von Variablen nach MALLE (1993, 57) dargestellt wurde. Die Rolle der Unbestimmten als Mittel der allgemeinen Argumentation und das Zusammenspiel von Verallgemeinerung und Artikulation der Beweisidee können im Lernkontext *Zaubertrick* in der Analyse der Interviews betrachtet werden.

Zur Visualisierung des Tricks

Die oben im Zahlenbuch 5 (AFFOLTER ET AL. 1999, 64) verwendete Darstellung der unbestimmten Zahl als Säckchen geht auf SAWYER (1964) zurück, welcher die Thematisierung von Zaubertricks für einen gelungen Einstieg in die Algebra vorschlägt. Für eine Visualisierung nutzt er Säckchen und Steine, die später in Buchstaben und Zahlen – ergänzt durch Operationszeichen – geändert werden und so zur formalen Darstellung führen.

WORDS	PICTURES	SIMPLIFIED PICTURES	SHORTHAND
Think of a number	δ	δ	x
Add 3	δ_{ooo}	δ+3	x+3
Double	$\delta\delta_{ooo}^{ooo}$	2δ+6	2x+6
Take away 4	$\delta\,\delta_{oo}$	2δ+2	2x+2
Divide by 2	δ_o	δ+1	x+1
Take away original number	o	1	1

Abbildung 5.12: Visualisierung von Zaubertricks in SAWYER (1964, 73)

In der Pilotierung treten bei der Nutzung dieser Visualisierung[31] allerdings einige Schwierigkeiten auf, die schließlich zu der Entscheidung führen, bei der Hauptuntersuchung von dieser Darstellungsweise abzusehen.

Das folgende Beispiel aus dem Partnerinterview mit Verena und Timo[32] soll einen Einblick in die Schwierigkeiten geben. Die beiden Kinder begründen nach einigen Versuchen, warum der gegebene Zaubertrick (x + 4 + 8 – x - 2) immer wieder zur Zielzahl zehn führt, sodass bereits ohne Säckchendarstellung eine Beweisidee erkennbar ist. Anschließend wird die Säckchendarstellung eingeführt und sie visualisieren mit Unterstützung der Interviewerin ihre Begründung für das Funktionieren des Zaubertricks. Als die beiden Kinder schließlich ihren eigenen Zaubertrick erfinden und ihn gleichzeitig mit Hilfe der Säckchendarstellung visualisieren entsteht folgende Aufgabenbearbeitung (vgl. Abb. 5.13):

---

[31] Im ersten Pilotierungsdurchgang werden den Schülerinnen und Schülern die Darstellungen nur ikonisch vorgestellt, im zweiten Durchgang erhalten sie Säckchen und Wendeplättchen als Materialien, mit welchen sie den Zaubertrick enaktiv durchführen.

[32] Dieses Interview stammt aus dem ersten Pilotierungsdurchgang, in welchem die Kinder weder Wendeplättchen noch Säckchen zur Durchführung des Zaubertricks erhalten.

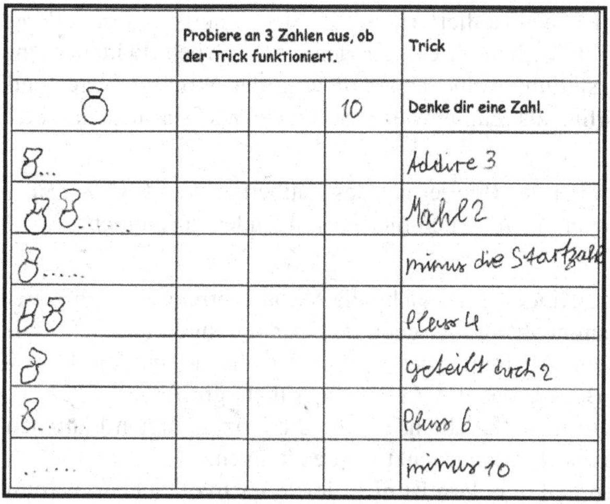

	Probiere an 3 Zahlen aus, ob der Trick funktioniert.			Trick
8			10	Denke dir eine Zahl.
8...				Addiere 3
88.....				Mahl 2
8......				minus die Startzahl
88				Plus 4
8				geteilt durch 2
8......				Plus 6
.....				minus 10

Abbildung 5.13: Erfundener Zaubertrick von Verena und Timo (*aus der Pilotierung*)

Die beiden Kinder einigen sich zu Beginn darauf, sich zur Unterstützung ihres Denkprozesses die Zahl 10 als Anzahl der Punkte im Säckchen zu denken. Durch Addition von drei Punkten und Multiplikation mit dem Faktor 2 erhalten sie zwei Säckchen und sechs Punkte und durch die anschließende Subtraktion der Startzahl ergeben sich ein Säckchen und sechs Punkte in der 4. Zeile des Zaubertricks. Als die beiden Kinder nun vier Plättchen addieren, erhalten sie neben dem ursprünglichen Säckchen zehn Punkte, welche sie nun zu einem Säckchen zusammenfassen, da die gedachte Zahl im Säckchen zehn beträgt. Das Konkretisieren der unbestimmten Startzahl für die mentale Unterstützung bei der Konstruktion des Zaubertricks wirkt sich hier folglich negativ aus, da es dazu verleitet, variable und konkrete Zahlen zu vermischen und im Term miteinander verschmelzen zu lassen. Ein ähnliches Problem zeigt sich in der letzten Zeile, in welcher Verena und Timo als Operation für den Zaubertrick ‚minus 10' vorgeben, dann aber in ihrer Darstellung ein Säckchen wegnehmen, da das Säckchen in ihrem gedachten Fall zehn Punkte beinhaltet.

In der Pilotierung der Interviews zeigt sich, dass die Schülerinnen und Schüler Schwierigkeiten haben, die Unbestimmtheit des fremden Zeichens im Sinne einer Variablen zu interpretieren. Oftmals bedeutet die Beliebigkeit der einzusetzenden Zahl für sie die Freiheit, eine konkrete Zahl zu wählen (vgl. dazu das Unterrichtstranskript von RADFORD (1999, 92) in Kapitel 1.2.1). So verstehen auch Verena und Timo zwar die Darstellung des Säckchens als Repräsentant für die beliebige Startzahl, nehmen sich aber konkrete Zahlen als Säckcheninhalt zu Hilfe und lösen sich dabei nicht von den Zahlenbeispielen. Die Punkte werden weiterhin zu der gedachten Zahl im Säckchen addiert (bzw. bei der enaktiven Darstellung werden die hinzugefügten Plättchen direkt zu den verborgenen Plättchen im Säckchen), sodass die Darstellung keine Unterstützung der Struktur bietet und Zwischenergebnisse weiterhin als Zahlenwerte und nicht als Terme betrachtet werden.

Weitere Probleme, die sich bei der Pilotierung des Zaubertricks mit SAWYERS (1964) Säckchendarstellung ergaben, sollen hier im Folgenden zusammenfassend aufgelistet werden.

- Leistungsschwächere Kinder, für welche die Visualisierung dienlich wäre, können keinen Zusammenhang zwischen den Darstellungen und den Zwischenergebnissen beim Ausführen des Zaubertricks herstellen. Die Visualisierung macht die Beweisidee des Zaubertricks nicht greifbarer.

- Es bleibt den Kindern unverständlich, warum die hinzugefügten Plättchen nicht auch mit in das Säckchen gesteckt werden können.

- Für die Schülerinnen und Schülern ist nicht leicht nachvollziehbar, warum die zu subtrahierende Startzahl durch das Wegnehmen des Säckchens geschehen muss und nicht direkt von den offenliegenden Plättchen weggenommen werden kann.

Aufgrund der Schwierigkeiten, die sich bei der Nutzung der von SAWYER (1964) vorgeschlagenen Säckchendarstellung in der Pilotierung der Interviewaufgaben ergeben, wird in der Hauptuntersuchung nicht auf diese Visualisierungsmöglichkeit zurückgegriffen.

Aufgaben des Aufgabenformats *Zaubertrick*

Im Folgenden werden die Aufgabenblätter des Aufgabenformats *Zaubertrick* vorgestellt (vgl. Abb. 5.14 und 5.15), die den Schülerinnen und Schülern in den Interviews in der dargestellten Reihenfolge vorgelegt werden.

Zaubertrick

Denke dir eine Startzahl.	Addiere 4.	Addiere 8.	Subtrahiere die gedachte Zahl.	Subtrahiere 2.	Du erhältst die Zielzahl 10.

Abbildung 5.14: 1. Aufgabenblatt: *Zaubertrick* I

Zaubertrick

Hier kannst du deinen eigenen Zaubertrick erfinden.
Schreibe deinen Trick auf und probiere ihn dann aus.

Trick	Probiere an 3 Zahlen aus, ob der Trick funktioniert.		
Denke dir eine Zahl.			

Mein Zaubertrick

Abbildung 5.15: 2. Aufgabenblatt: *Zaubertrick erfinden*

Beschreibung der Aufgaben

Bei dem Aufgabenformat *Zaubertrick* werden den Schülerinnen und Schülern zwei Aufgabenblätter vorgelegt, wobei das erste Blatt zur Beschreibung und Begründung des Musters dient und die Kinder mit dem zweiten Blatt auffordert werden, einen eigenen Zaubertrick zu erfinden. Vor Aushändigung des ersten Arbeitsblattes wird der Trick zu Beginn des Interviews mündlich mit den Kindern durchgeführt. Anschließend füllen die Lernenden die Tabelle mit weiteren Beispielen aus, bis sie eine Beweisidee äußern. Beginnen sie diese nicht von sich aus, fragt die Interviewerin nach Vermutungen und schließlich nach Begründungen bezüglich des Funktionierens des Zaubertricks.

Beim Erfinden des Zaubertricks können die Kinder ihren Fähigkeiten entsprechend kreativ sein. Dabei erwies sich das Erstellen eines funktionierenden Zaubertricks in der Pilotierung als herausfordernde Aufgabe, wenn die Schülerinnen und Schüler neben der Addition und Subtraktion auch die Multiplikation und Division einbringen wollten. Mehrere Kinder zerlegten dann den Divisor nicht in zwei Faktoren, sondern in zwei Summanden, um eine inverse Operation zur Multiplikation auszuführen (als inverse Operation zur Multiplikation mit 20 wird beispielsweise zweimal durch 10 geteilt). Da diese Schwierigkeit bezüglich der Kenntnisse von Rechengesetzen nicht das Forschungsinteresse der Arbeit berührt, werden die Kinder der Hauptuntersuchung gegebenenfalls beim Finden der passenden inversen Operationen zur Multiplikation und Division unterstützt. Von Interesse bei der Produktion des eigenen Zaubertricks sind hingegen die Übertragung der Beweisidee und deren erneute Verallgemeinerung.

5.2.3 Auswahl der teilnehmenden Schülerschaft

Die an der Untersuchung teilnehmenden Schülerinnen und Schüler entstammen drei Schulen im Ruhrgebiet mit unterschiedlich situierten Einzugsgebieten und unterschiedlich hohem Anteil der Schülerschaft mit Migrationshintergrund. Die Auswahl der teilnehmenden Lernenden obliegt der jeweiligen Schulleitung, die in Absprache mit den Mathematiklehrerinnen der vierten Jahrgangstufe aus jeweils zwei Klassen eine Schülergruppe mit möglichst heterogener Bandbreite zusammenstellt.

Da die Untersuchung drei verschiedene Aufgabenformate (*Plättchenmuster*, *Partnerzahlen* und *Zaubertrick*) enthält (vgl. Kapitel 5.2.2), werden die Kinder in drei Gruppen eingeteilt und jedem Kind innerhalb eines Interviews ein Aufgabenformat vorgelegt. Da es nicht Ziel der Interviews ist, Entwicklungen von Verallgemeinerungsprozessen über die Aufgabenformate hinweg zu beobachten, werden die Aufgaben jeweils mit unterschiedlichen Lernenden durchgeführt.

Die oben beschriebene heterogene Bandbreite wird bei der Aufteilung der Schülerinnen und Schüler beibehalten, sodass jedes Aufgabenformat von je zehn Kindern unterschiedlicher Schulen und aus diesen wiederum mit verschiedenen Leistungsniveaus im Fach Mathematik bearbeitet wird. Dabei basiert die Einteilung der Kinder in verschiedene Leistungsniveaus nur auf einer Einschätzung durch die Klassenlehrkräfte und nicht auf einer tatsächlich erhobenen Leistungsstärke. Die folgende Tabelle soll einen Überblick über die teilnehmenden Kinder geben.

Tabelle 5.3: Verteilung der Schülerinnen und Schüler auf die unterschiedlichen Aufgabenformate

Aufgabenformat Plättchenmuster		Aufgabenformat Partnerzahlen		Aufgabenformat Zaubertrick	
Name	*Leistungsniveau*	*Name*	*Leistungsniveau*	*Name*	*Leistungsniveau*
Lars	stark	Robert	stark	Max	stark
Thorsten	stark	Marvin	stark	Pitt	stark
Ilias	stark	Tobias	stark	Jessica	stark
Timo	stark	Felix	stark	Nils	mittel
Daniela	mittel	Sabrina	mittel	Johannes	mittel
Anja	mittel	Till	mittel	Frederick	mittel
Marcus	mittel	Ayleen	mittel	Janine	schwach
Lucjan	schwach	Kai	schwach	Tanja	schwach
Johanna	schwach	Cindy	schwach	Ali	schwach
Henri	schwach	Louis	schwach	Niklas	schwach

5.2.4 Auswertung der Daten

Für die empirische Studie wird ein Analyseinstrument benötigt, mit welchem Verallgemeinerungsprozesse und die Entwicklung von Variablenkonzepten untersucht werden können (vgl. Forschungsfrage in Kapitel 5.1). Hierzu wird auf die in Kapitel 2.2 beschriebene Theorie zur Konstruktion mathematischen Wissens nach STEINBRING (2005) zurückgegriffen und das darin enthaltene epistemologische Dreieck (vgl. Kapitel 2.2.3) als Instrument zur Analyse der Begriffsbildungsprozesse genutzt. Da sowohl das epistemologische Dreieck wie auch die zugrundeliegende Theorie bereits in Kapitel 2.2 ausführlich erläutert wurden, kann hier auf eine erneute Darstellung des Analyseinstruments verzichtet werden

und stattdessen nur auf Besonderheiten bezüglich der vorliegenden Studie eingegangen werden.

Obwohl das epistemologische Dreieck von STEINBRING (2000; 2005) zur Analyse von Interaktion im Mathematikunterricht (also einer Interaktion mit einer
Vielzahl an Akteuren inklusive der besonderen Rolle der Lehrkraft) genutzt wird,
hat sich das Analyseinstrument in der mathematikdidaktischen Forschung auch in
der Anwendung bei klinischen Interviews bewährt (vgl. SÖBBEKE 2005). Es ist
zu betonen, dass es sich hierbei weiterhin um die Analyse einer Interaktion handelt, in der als Teilnehmer neben den interviewten Kindern und der Interviewerin
ebenso die Arbeitsblätter auftreten, die als reine Mitteilende mathematische Zeichen beinhalten, welche die Schülerinnen und Schüler aber nicht unbedingt der
Interviewerin als der Verfasserin der Aufgaben zuschreiben müssen. Da die klinischen Interviews bereits auf das Forschungsinteresse fokussieren, wird das ge-
samte Datenmaterial analysiert und es muss keine Einschränkung bzw. Auswahl
des Materials erfolgen.

Während in der quantitativen Forschung vor allem das Darlegen des zur Hypo-
these führenden Vorwissens des Forschers gefordert ist, vor dessen Hintergrund
die These dann zielgerichtet überprüft wird, gilt es bei der qualitativen Forschung, während der Analyse *„Offenheit* gegenüber den spezifischen Deutungen
und Relevanzsetzungen der Handelnden" zu bewahren (MEINEFELD 2008,
266). So folgt die vorliegende Untersuchung dem hypothesengenerierenden For-
schungsparadigma, indem sie nicht nur der zentralen Forschungsfrage mit Unvor-
eingenommenheit begegnet, sondern auch zugehörige Fragen und Phänomene in
den Blick nimmt, die helfen können, den Forschungsgegenstand zu verstehen.
Die zentrale Forschungsfrage lässt sich dabei auffächern (vgl. Kapitel 5.3) und
untergeordnete Forschungsfragen können während der Analyse der Untersuchungsdaten entwickelt und beantwortet werden.

Die dem Forschungsgegenstand entgegengebrachte Offenheit erfährt ihre Grenze
jedoch darin, „dass jede Wahrnehmung nur unter Rückbezug auf die eigenen
Deutungsschemata Bedeutung gewinnt, also das Vorwissen unsere Wahrnehmung
unvermeidlich strukturiert und somit als Grundlage jeder Forschung anzusehen
ist" (MEINEFELD 2008, 271f). Der bewusste Einbezug des Forschers ist weiteres Merkmal der qualitativen Forschung. So wird in der vorliegenden Untersuchung „die Reflexivität des Forschers über sein Handeln und seine Wahrnehmung
im untersuchten Feld als ein wesentlicher Teil der Erkenntnis und nicht als eine
zu kontrollierende bzw. auszuschaltende Störquelle verstanden" (FLICK ET AL.
2008, 23). Datenmaterial, Forscher und Forschungsprozess bilden eine intensive
Wechselbeziehung, da das Material den Forscher in seinem Verstehen des Forschungsgegenstandes verändert und dies sich wiederum auf die Erfassung des
Materials auswirkt (HILDENBRAND 2008). An die Stelle des in der quantitati-

ven Forschung geforderten Gütekriteriums der Objektivität tritt deshalb in der
qualitativen Forschung die intersubjektive Nachvollziehbarkeit (vgl. STEINKE
2008), für deren Gewährleistung alle Interviews in der vorliegenden Studie einer
diskursiven Interpretation in einer Forschergruppe unterzogen werden und die
Darstellung der Analyseergebnisse durchgehend mit der Darlegung der Interpretation und dem Einblick in das zugehörige Datenmaterial verknüpft ist. Den Interpretationen werden zusätzlich epistemologische Dreiecke als Abbildungen
beigefügt, wenn diese für den Nachvollzug der jeweiligen Interpretation als hilfreich erscheinen. Als Grundlage der Interpretation dient neben den Transkripten
zusätzlich das Videomaterial.

5.3 Auffächerung der zentralen Forschungsfrage

In Kapitel 5.1 wurde die zentrale Forschungsfrage aus den theoretischen Ausführungen der Arbeit abgeleitet und dort wie folgt formuliert:

Wie und mit welchen Mitteln verallgemeinern Schülerinnen und Schüler der
Grundschule mathematische Muster und wie entwickeln sich dabei Variablen-
konzepte?

Die Ergebnisse, die in der Analyse der Daten aus der durchgeführten empirischen
Untersuchung bezüglich dieser Frage gewonnen werden konnten, werden im
folgenden Kapitel 6 dargestellt. Dazu wird die zentrale Forschungsfrage aufgefächert und in ihren verschiedenen Aspekten beleuchtet, die sich durch die Berücksichtigung der aufgestellten Folgerungen (vgl. Kapitel 5.1) ergeben.

Eine besondere Rolle spielen dabei die Forschungsfragen zum Lernkontext. Die
Bedeutung des Lernkontextes wurde in Kapitel und Folgerung 3.1 hervorgehoben, in welchem dargelegt wurde, dass der Lernkontext bei der Erforschung der
Entwicklung von Variablenkonzepten unweigerlich in den Forschungsfokus rücken muss, da Lernprozesse im Sinne des genetischen Prinzips immer an den
Lernkontext gebunden sind und auch nur vor dessen Hintergrund beforscht werden können. Während die Bedeutung des Lernkontextes bislang nur aus theoretischer Perspektive beschrieben wurde, kann diese nun an dieser Stelle (nach der
Beschreibung der einzelnen Aufgabenformate) konkretisiert und es können spezifische Fragen rund um die in der Untersuchung verwendeten Aufgabenformate
zum Verallgemeinern mathematischer Muster (und ihre Interdependenzen zur
zentralen Forschungsfrage) formuliert werden.

Zunächst wird der zentralen Forschungsfrage bei der Darstellung der Ergebnisse in Kapitel 6 in den ersten drei Teilkapiteln auf allgemeiner Ebene begegnet und die Verallgemeinerungsprozesse der Lernenden über alle Aufgabenformate hinweg in den Blick genommen. Dabei wird in Kapitel 6.1 auf Prozessebene der Frage nachgegangen, wie die Schülerinnen und Schüler mathematische Muster verallgemeinern und ob sich in der Tätigkeit des Verallgemeinerns eine Entwicklung von Variablenkonzepten ausmachen lässt. In Kapitel 6.2 werden die Verallgemeinerungen der Lernenden in der Breite betrachtet und sprachliche Mittel zur Verallgemeinerung herausgearbeitet. Das Kapitel 6.3 nimmt sich anschließend der Frage um das Verhältnis von Strukturierung und Versprachlichung im Verallgemeinerungsprozess an.

In Kapitel 6.4 wird die Rolle des Lernkontextes bei der Verallgemeinerung mathematischer Muster betrachtet, indem die Verallgemeinerungen und insbesondere die zur Verfügung stehenden sprachlichen Mittel in den verschiedenen Aufgabenformaten verglichen werden. In den nachfolgenden Kapiteln 6.5 – 6.9 werden jeweils spezifische Fragen vor dem Hintergrund der drei Aufgabenformate formuliert und beantwortet. Bezüglich des Aufgabenformats *Plättchenmuster* wird einerseits die Rolle des hier gegebenen Zusammenspiels von verschiedenen Darstellungsebenen (Kapitel 6.5) sowie die Bedeutung von expliziten und rekursiven Sichtweisen (Kapitel 6.6) bei der Verallgemeinerung untersucht.

Im Aufgabenformat *Partnerzahlen* kann der Frage nachgegangen werden, wie die Schülerinnen und Schüler die hier gegebenen regelmäßigen Beziehungen zwischen den unbestimmten Zahlen verallgemeinern (Kapitel 6.7). Zudem werden die Lernenden bei diesem Aufgabenformat im Interview mit der Wortvariablen ‚Zahl' konfrontiert, sodass hier die Deutungen der Wortvariablen im Kontext des Verallgemeinerns untersucht werden können (Kapitel 6.8).

Die charakteristische Besonderheit des Aufgabenformats *Zaubertrick* liegt in der spezifischen Anforderung an die Lernenden im Interview, die erkannten Muster nicht nur zu beschreiben, sondern argumentativ zu nutzen, um den vorgelegten Zaubertrick zu begründen. Es wird deshalb in Kapitel 6.9 die Rolle der Verallgemeinerung bei der Argumentation herausgearbeitet.

Eine Übersicht über die Forschungsfragen, die in Kapitel 6 kapitelweise behandelt werden, gibt die Tabelle 5.4.

Tabelle 5.4: Auffächerung der zentralen Forschungsfrage

Kapitel	Forschungsfrage
6.1	Wie lässt sich die Tätigkeit des Verallgemeinerns aus epistemologischer Perspektive fassen und wie kann im Verallgemeinerungsprozess eine Entwicklung von Variablenkonzepten ausgemacht werden?
6.2	Welche sprachlichen Mittel nutzen die Schülerinnen und Schüler bei der Verallgemeinerung mathematischer Muster?
6.3	Wie hängen Musterstrukturierung und Versprachlichung bei der Verallgemeinerung mathematischer Muster zusammen?
6.4	Welche Rolle spielt der Kontext bei der Verallgemeinerung mathematischer Muster?
6.5	Wie verallgemeinern Schülerinnen und Schüler mathematische Muster, die durch verschiedene Darstellungsebenen geprägt sind?
6.6	Welche Rolle spielen rekursive und explizite Sichtweisen bei der Verallgemeinerung mathematischer Muster?
6.7	Wie verallgemeinern Schülerinnen und Schüler mathematische Muster, die durch eine regelmäßige Beziehung zwischen unbestimmten Zahlen gebildet werden?
6.8	Wie deuten Schülerinnen und Schüler die Wortvariable ‚Zahl' im Kontext des Verallgemeinerns?
6.9	Welche Rolle spielt die Verallgemeinerung der unbestimmten Zahlen beim Argumentieren?

6 Ergebnisse

In Kapitel 5.3 wurde die zentrale Forschungsfrage hinsichtlich der Fokussierung auf die verschiedenen Folgerungen aus dem theoretischen Teil der Arbeit und entsprechend der Bedeutung der unterschiedlichen Lernkontexte der Untersuchung aufgefächert. Die Ergebnisse der empirischen Studie werden im Folgenden entsprechend der in Kapitel 5.3 aufgeführten Anordnung der Forschungsfragen dargestellt, sodass in jedem Teilkapitel 6.1 - 6.9 eine Forschungsfrage behandelt wird.

6.1 Die Entwicklung von Variablenkonzepten im Verallgemeinerungsprozess

Auf der Grundlage der in Kapitel 2 beschriebenen Lerntheorie wird die Entwicklung von Begriffen in der vorliegenden Arbeit verstanden als konstruktive Herstellung einer Beziehung zwischen mathematischen Zeichen und Referenzkontexten in der Interaktion und lässt sich als solche in der Analyse mit dem epistemologischen Dreieck beobachten. Aus dieser begriffsbildungstheoretischen Perspektive können in der Auseinandersetzung der Schülerinnen und Schüler mit den vorgelegten Aufgabenformaten zum Kontext des Verallgemeinerns mathematischer Muster die Verallgemeinerungsprozesse der Schülerinnen und Schüler im Hinblick auf die zentrale Forschungsfrage untersucht werden. Dem in Kapitel 4.1 dargestellten genetischen Prinzip zufolge dient die Analyse dieser Verallgemeinerungsprozesse den folgenden Zielen. Erstens sollen Erkenntnisse über die Lernprozesse der Kinder bezüglich der Entwicklung von Variablenkonzepten gewonnen werden (Wie entwickeln Kinder tragfähige Variablenkonzepte?). Zweitens sollen sie Aufschluss geben über die Verallgemeinerung mathematischer Muster als Tätigkeit, indem der Prozess der Verallgemeinerung aus epistemologischer Sichtweise untersucht wird (Wie lassen sich Verallgemeinerungsprozesse aus epistemologischer Perspektive beschreiben? Wie vollzieht sich die Konstruktion von Variablenkonzepten im Verallgemeinerungsprozess?) (vgl. Kapitel 5.1).

Ziel des ersten Kapitels ist es folglich, mit Hilfe des epistemologischen Dreiecks die Verallgemeinerung mathematischer Muster als Tätigkeit zu fassen, den Verallgemeinerungsprozess also aus epistemologischer Perspektive zu beschreiben und in diesem eine Entwicklung von Variablenkonzepten sichtbar zu machen.

Dementsprechend werden in diesem Kapitel die Ergebnisse zur folgender Forschungsfrage dargestellt:

Wie lässt sich die Tätigkeit des Verallgemeinerns aus epistemologischer Perspektive fassen und wie kann im Verallgemeinerungsprozess eine Entwicklung von Variablenkonzepten ausgemacht werden?

Dazu werden zunächst zwei exemplarische Interviewszenen des Aufgabenformats *Plättchenmuster* analysiert (Kapitel 6.1.1 und 6.1.2). Anschließend erfolgt eine Diskussion der Szenen unter Bezugnahme auf die dieser Arbeit zugrunde liegenden Lerntheorie (6.1.3). Die beiden Interviewszenen werden hier zur Darstellung der Ergebnisse herangezogen, da sie einen guten Einblick in den Prozess der Verallgemeinerung gewähren, der hier durch eine sukzessive Explizierung der Gedanken geprägt ist.

6.1.1 Erstes Fallbeispiel: Thorsten

Thorsten ist ein von der Lehrkraft als leistungsstark eingeschätzter Schüler. Er bearbeitet die vorgelegten Aufgaben mit großer Sorgfalt und ebenso mit Behändigkeit. Vor den hier aufgeführten Szenen erledigt Thorsten die beiden Arbeitsblätter zum Quadratzahlen-Muster mühelos und berechnet ebenso alle Plättchenanzahlen fehlerfrei. Die hier betrachtete Interviewszene der Bearbeitung der beiden Arbeitsblätter zum L-Zahlenmuster lässt sich in folgende Phasen unterteilen:

- Phase 1: Musterstrukturierung (Arbeitsblatt 1)
- Phase 2: Umstrukturierung zur Anzahlbestimmung (Arbeitsblatt 1)
- Phase 3: Beschreibung der Musterstrukturierung (Arbeitsblatt 2)
- Phase 4: Erneute Beschreibung der Musterstrukturierung (Arbeitsblatt 2)

Transkript zu Phase 1: Musterstrukturierung

I.: Dann geb ich dir mal noch ein Blatt mit einem anderen Muster. Ich leg das mal zur Seite. *(Legt das letzte Arbeitsblatt zur Seite und das Arbeitsblatt 1 zum L-Zahlenmuster vor.)*

T.: *(Zeichnet L4 (26 sek.).)*

I.: Wie hast du das jetzt wieder so schnell gemacht? Woher wusstest du das?

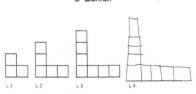

L-Zahlen

L1 L2 L3 L4

Abbildung 6.1:

Thorstens Zeichnung der Figur L4

T.: Weil hier waren's zwei immer *(fährt mit dem Stift die Quadrate von L1 entlang)* hier immer drei *(fährt mit dem Stift die Quadrate von L2 entlang)*, vier *(fährt mit dem Stift die Quadrate von L3 entlang)*, dann sind's hier natürlich fünf *(fährt mit dem Stift die Quadrate des gezeichneten L4 entlang)*.

Analyse des Transkriptausschnitts zu Phase 1

Thorsten muss aufgrund der Analogie der Aufgabenstellungen zu den bereits bearbeiteten Arbeitsblättern nicht erst aufgefordert werden, die Figur L4 zu zeichnen, sondern deutet das erhaltene Muster direkt bei Erhalt des Blattes. Durch seine Erklärung wird ersichtlich, welche Struktur er in die vorliegende Musterfolge (vgl. Epistemologisches Dreieck (Ep. D.) 6.1) hineindeutet. Zunächst benennt er die wiederkehrende Plättchenanzahl in den beiden von ihm betrachteten Seiten der Figuren („immer zwei", „immer drei"), was auf die Unterteilung der Figuren in eben diese Teilfiguren hinweist. Anschließend setzt er die Figuren miteinander in Beziehung und schließt aus der wachsenden Folge der Plättchenanzahl pro Seite, dass diese bei L4 fünf sein muss.

Epistemologisches Dreieck 6.1: Thorstens Deutung des L-Zahlen-Musters

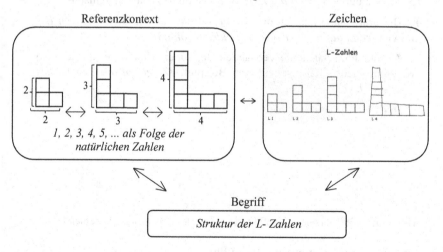

Transkript zu Phase 2: Anzahlbestimmung

I.: Mmh, ok. Ja, kannst du dann auch wieder die Tabelle ausfüllen?

T.: *(Nickt und füllt die Tabelle aus. (46 sek.))*

1) Fülle die Tabelle aus. Du kannst die Anzahl herausfinden, indem du baust, zeichnest oder rechnest.

L	1	3	2	4	5	10	6	8	9	7
Anzahl	3	7	5	9	11	21	12	17	19	15

Abbildung 6.2: Thorstens ausgefüllte Tabelle 1 des Arbeitsblatts L-Zahlen I

I.: Wie hast du das jetzt wieder so schnell gemacht?

T.: Also ich hab hier sagen wir mal bei dem ersten *(zeigt auf L1)*, das sind ja zwei *(zeigt auf die senkrecht übereinanderliegenden Quadrate)* und einer *(zeigt auf das rechte Quadrat von L1)*. Dann hab ich immer erst den einen genommen und dann die anderen zwei. Hier zwei *(zeigt auf die beiden rechten Quadrate von L2)*, dann drei *(zeigt auf die drei linken Quadrate von L2)*.

I.: Ok, und bei drei *(zeigt auf L3)*? Wie hast du das dann da gemacht?

T.: Bei drei? Dann hab ich drei *(zeigt auf die rechten Quadrate von L3)* und vier *(zeigt auf die vier linken Quadrate von L3)*.

I.: Ah, ok. Jetzt hab ich's verstanden. Ja, super. Und wenn die jetzt so groß sind wieder, bei zwanzig zum Beispiel? *(Zeigt auf die Tabelle des Arbeitsblattes)*.

T.: *(Füllt die Tabelle aus (29 sek.).)*

2*) Suche dir selbst aus, für welche L du die Anzahlen bestimmen möchtest. Fülle die Tabelle aus.

L	20	100	1000	50	75
Anzahl	41	201	2001	101	151

Abbildung 6.3: Thorstens ausgefüllte Tabelle 2 des Arbeitsblatts L-Zahlen I

Analyse des Transkriptausschnitts zu Phase 2

Thorsten nimmt aufgrund der wechselnden Anforderung hier eine Umstrukturierung des vorliegenden Musters vor. Bei der reinen Rekonstruktion der Struktur des L-Zahlenmusters zur Konstruktion der vierten Musterfigur bezieht er ein

Quadrat (das Verbindungsstück der beiden betrachteten Teilstücke) doppelt ein, was bei der Anzahlbestimmung nicht mehr möglich ist. Diese Doppelung muss Thorsten zur richtigen Berechnung der Plättchenanzahl nun vermeiden und in das L-Zahlen-Muster eine veränderte Struktur hineindeuten. Seine veränderte Strukturierung erklärt er anhand der ersten beiden Musterfiguren L1 und L2, also mit Hilfe einer Aufzählung von mehreren Beispielen (vgl. Kapitel 6.2.3). Hierdurch gibt er zu verstehen, zur Anzahlbestimmung zunächst die rechten Quadrate der Figur ohne das benannte Verbindungsstück zu betrachten und anschließend die linken übereinanderliegenden Quadrate inklusive dem linken unteren Quadrat (vgl. Ep. D. 6.2). Dass er die beiden ermittelten Anzahlen additiv verbindet, bleibt unausgesprochen. Auf Nachfrage bestätigt er sein Vorgehen auch für das Muster L3.

Epistemologisches Dreieck 6.2: Thorstens Umstrukturierung zur Anzahlbestimmung

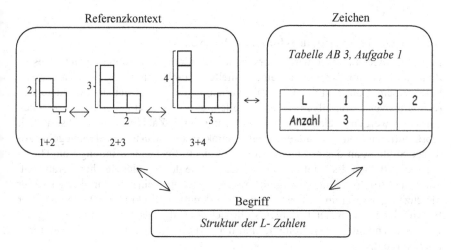

Transkript zu Phase 3: Beschreibung der Musterstrukturierung

I.: Mmh. Super. Kannst du das auch mal versuchen zu beschreiben? Wie du das immer so schnell machst? Das ist ja wirklich ein guter Trick. *(Gibt Thorsten das Arbeitsblatt 2.)*

T.: *(schreibt)*

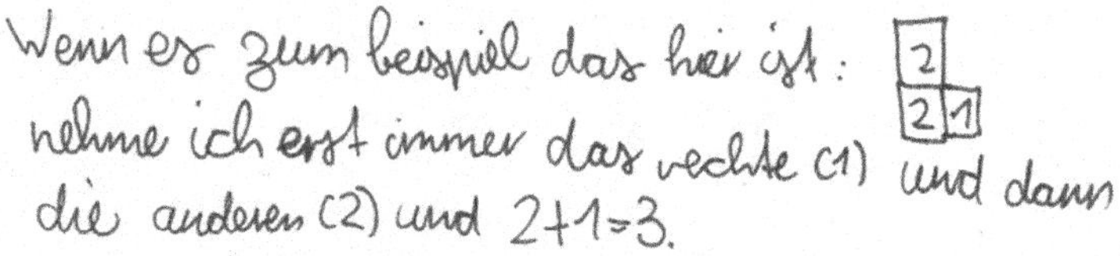

Wenn er zum Beispiel das hier ist : [2]
nehme ich erst immer das rechte (1) [2][1] und dann
die anderen (2) und 2+1=3.

Abbildung 6.4: Thorstens Beschreibung der Musterstrukturierung

I.: Mmh. Ok, kannst du mir das erklären, wie du das beschrieben hast?

T.: Also wenn es zum Beispiel das hier ist *(zeigt auf seine Zeichnung)*, nehme ich erst oder einfach so, dann nehme ich erst immer die rechten, also in dem Fall jetzt die eins *(zeigt mit dem Stift auf die eins in der Zeichnung)* und dann die anderen zwei *(fährt mit dem Stift über die mit „2" beschrifteten Quadrate seiner Zeichnung)*. Und zwei plus eins ist dann drei.

Analyse des Transkriptausschnitts zu Phase 3

In dieser Interviewszene wird Thorsten aufgefordert, die erkannte Struktur des L-Zahlenmusters im Hinblick auf eine schnelle Anzahlbestimmung der Plättchen zu beschreiben. Vom Schüler wird hier verlangt, die vorher nur angewendete Berechnungsweise nun allgemein darzustellen, es sollen also angemessene Zeichen gefunden werden, welche die Strukturierung der L-Zahlen in ihrer Abstraktheit repräsentieren und den allgemeinen Charakter des Musters widerspiegeln. An dieser Stelle kann das epistemologische Dreieck die Zeichenfindung von Thorsten verdeutlichen. Es zeigt auf, in welcher Weise der Schüler Zeichen heranzieht, um seine Strukturierung kommunizierbar zu machen. Seine Beschreibung setzt er gleichzeitig wieder in Beziehung zu der erkannten Struktur der L-Zahlen. Der Begriff der Struktur der L-Zahlen stellt sich hier also als Wechselbeziehung dar zwischen Thorstens Beschreibung und der Strukturierung, die hier als Referenzkontext dient.

Epistemologisches Dreieck 6.3: Thorstens Beschreibung der Musterstrukturierung

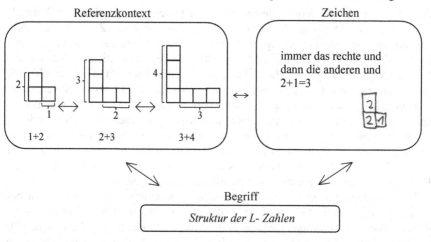

Transkript zu Phase 4: Erneute Beschreibung der Musterstrukturierung

I.: Mmh, ok. Warum hast du das so aufgeschrieben, wenn es <u>zum Beispiel</u> das hier ist?

T.: *(Zuckt mit den Schultern.)*

I.: Was meinst du damit genau?

T.: Weil das hier das Kleinste ist und am schnellsten aufzumalen geht.

I.: Mmh, ok. Hättest du auch ein anderes nehmen können?

T.: Ja.

I.: Mmh. Ja, gut. Kannst du das vielleicht auch <u>ohne ein Beispiel</u> beschreiben?

T.: Ja, das könnte man dann sagen im Prin, dann könnte man sagen, wenn es zum Beispiel drei s, also wenn es drei sind, oder das Rechte *(zeigt mit dem Stift auf das rechte Quadrat seiner Zeichnung)* also das ganz recht ist. Oder besser gesagt, wenn man, man nimmt als erste die, ah, Senkrechten und dann nimmt man die anderen Waagerechten, die noch übrig sind *(deutet mit dem Stift eine waagerechte Linie in der Luft an)*.

I.: Mmh. Ah, ok. Super.

Analyse des Transkriptausschnitts zu Phase 4

Als Thorsten anschließend gebeten wird, eine Beschreibung „ohne ein Beispiel"
zu finden, versteht er dies direkt als Aufforderung, ein neues Zeichen als Repräsentant für seine Strukturierung des L-Zahlenmusters zu finden. Der Prozess der
Zeichenfindung ist hier aufgrund der allmählichen sprachlichen Präzisierung
besonders gut nachzuvollziehen. Zunächst beginnt Thorsten die Formulierung
„wenn es zum Beispiel drei s", bricht diese aber sofort ab. Es lässt sich vermuten,
dass er erkennt, dass die gesprochenen Wörter „zum Beispiel" in einem Widerspruch zur Anforderung stehen, ‚ohne ein Beispiel' zu beschreiben. So korrigiert
er sich mit der Beschreibung „also wenn es drei sind". Auch mit diesem Ausdruck gibt sich Thorsten nicht zufrieden und ersetzt ihn durch die Wörter „oder
das Rechte". Es ist zu vermuten, dass er auch der verwendeten Zahl drei einen
Beispielcharakter zuschreibt. Die Formulierung „das Rechte" ist Thorsten ebenfalls noch nicht präzise genug, um seine vorgenommene Strukturierung zu beschreiben und er ersetzt sie durch „also das ganz rechts ist". Hier ist anzunehmen,
dass es ihm hierbei um das Quadrat in der linken unteren Ecke geht, welches für
die Berechnung der Plättchen nicht mit einbezogen darf, da es sonst für beide
Teilstücke genutzt und somit doppelt gezählt wird. Dieses Quadrat sieht Thorsten
aber in dem Ausdruck „das Rechte" enthalten. So entscheidet er sich abschließend für die Begriffe ‚Senkrechte' und ‚Waagerechte, die noch übrig sind', um
die beiden Teilstücke der L-Zahlen zu beschreiben, wobei zu bemerken bleibt,
dass Thorsten hier die beiden Teilstücke unter Ausnutzung der Kommutativität in
umgekehrter Reihenfolge addiert. Diese beiden Wörter scheinen ihm nun geeignet, um die allgemeine Struktur der L-Zahlen zu repräsentieren.

Epistemologisches Dreieck 6.4: Thorstens zweite Beschreibung der Musterstrukturierung

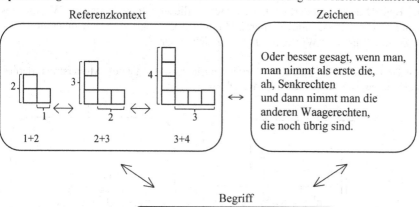

Explizierung des Variablenbegriffs

In der 4. Interviewszene lässt sich deutlich erkennen, wie Thorsten *während* der sprachlichen Präzisierung ständig neue Beziehungen zwischen den von ihm genutzten Zeichen und seiner zu beschreibenden Strukturierung der L-Zahlen herstellt. Sobald er einen Ausdruck gefunden und ausgesprochen hat, überprüft er diesen dann auf Tragfähigkeit und verändert ihn, bis er eine angemessene Formulierung für seine allgemeine Strukturierung gefunden hat. Dieser Prozess erinnert stark an GLASERSFELDS (1997, 211) Beschreibung des Sprechens als konstruktiven Aktes der Beziehungsherstellung im Sinne SAUSSURES (1997).

„Wenn wir eine Szene oder ein Ereignis beschreiben, dann kommt es manchmal vor, daß wir ein Wort zurücknehmen und durch ein anderes ersetzen. Das erste Wort schien irgendwie nicht zu passen. Es erzeugte Unbehagen, wirkte störend, und so mußte eine befriedigende Formulierung gesucht werden. Das passiert beim Sprechen, aber viel öfter wahrscheinlich beim Schreiben. (Wie viele Glückwunsch – oder Beileidskarten mußten nochmals geschrieben werden, nur weil ein einziges Wort unpassend erschien!)"

Nach mehreren Formulierungsversuchen verwendet Thorsten abschließend die Wörter ‚Senkrechte' und ‚Waagerechte, die noch übrig sind', um die erkannte Musterstruktur allgemein und ‚ohne Beispiel' zu beschreiben. Diese beiden Wörter sind hier als Wortvariablen zu verstehen. Sie dienen als Zeichen, um auf eine sich verändernde Anzahl an Plättchen der beiden Musterteilstücke zu verweisen. Der Begriff der Veränderlichen stellt sich in dieser Situation also als Wechselbeziehung zwischen der allgemeinen L-Zahlen-Struktur als zu bezeichnendem Referenzkontext und den Wortvariablen als Zeichen dar.

Epistemologisches Dreieck 6.5: Thorstens zweite Beschreibung der Musterstrukturierung mit Fokus auf den verwendeten Wortvariablen

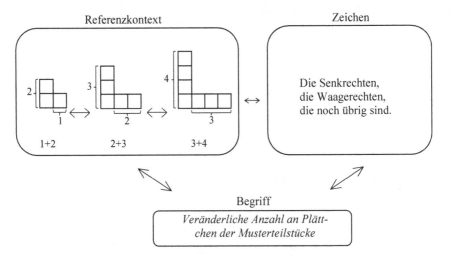

Der Begriff der „Zeichenfindung" darf dabei nicht als eine völlige Neuerschaffung eines vorher nicht existierenden Zeichens missverstanden werden. An Thorstens Beispiel zeigt sich, wie Wörter zur Beschreibung von Mustern und Strukturen aus anderen Kontexten entnommen werden (hier dem geometrischen Kontext ‚senkrecht' und ‚waagerecht' als Lagebeziehungen) und in Verbindung mit einem neuen Referenzkontext verwendet werden. Bei dieser Neuinterpretation der Begriffe ‚Senkrechte' und ‚Waagerechte' handelt es sich um eine Herstellung einer neuen Beziehung zwischen Zeichen und Referenzkontexten, sodass sich diese mit Hilfe des epistemologischen Dreiecks als Begriffsbildungsprozesse ausmachen lässt.

Die Kraft der hier zunächst spontan in der Situation gewählten Wortvariablen ‚Senkrechte' und ‚Waagerechte, die noch übrig bleiben' zeigt sich insbesondere dadurch, dass sie es Thorsten ermöglichen, sich vom konkreten Beispiel zu lösen und über die Beschreibung einer einzelnen Figur hinaus mit Hilfe eines Zeichens auf eine den Figuren übergeordnete, nicht sichtbare Struktur zu verweisen.

6.1.2 Zweites Fallbeispiel: Lars

Als zweites Beispiel soll eine Szene von Lars zum gleichen Aufgabenabschnitt des L-Zahlenmusters herangezogen werden. Es verdeutlicht ein weiteres Mal, wie Kinder bei der Beschreibung mathematischer Muster Zeichen zur Verallgemeinerung konstruieren müssen, stellt aber eine andere Art von Zeichen zur Beschreibung der mathematischen Struktur vor. Da Lars das L-Zahlenmuster sowohl für die Fortsetzung des Musters als auch für die Anzahlbestimmung der Plättchen ähnlich wie Thorsten strukturiert, kann hier auf eine Einbettung der Szene im Interview verzichtet und direkt eine Analyse der Beschreibungsszene vorgenommen werden. Die hier dargestellte Sequenz kann in drei Phasen unterteilt werden:

- Phase 1: Erste Beschreibung der Strukturierung mit Hilfe eines Beispiels
- Phase 2: Zusätzliche Beschreibung der Strukturierung mit Hilfe einer Zeichnung
- Phase 3: Lars Deutung der Wortvariablen

Transkript zu Phase 1: Erste Beschreibung der Strukturierung mit Hilfe eines Beispiels

I.: Jetzt geb ich dir nochmal so was zum Beschreiben. Vielleicht kannst du dir das hier beides nebeneinander legen. (*Gibt Lars das Arbeitsblatt. Zieht das untere Blatt beiseite, sodass die Arbeitsblätter nebeneinander liegen.*) Kannst du auch mal versuchen, das zu beschreiben, dieses tolle Muster, was du da entdeckt hast?

L.: Kann ich das auch so wie bei dem Letzten machen? Also.

I.: Wie du möchtest.

L.: Ja? Dann mach ich das hier oben schreib ich das wieder mit dem zum Beispiel hin und da unten zeichne ich dann wieder und dazu schreibe ich dann. (*Schreibt*)

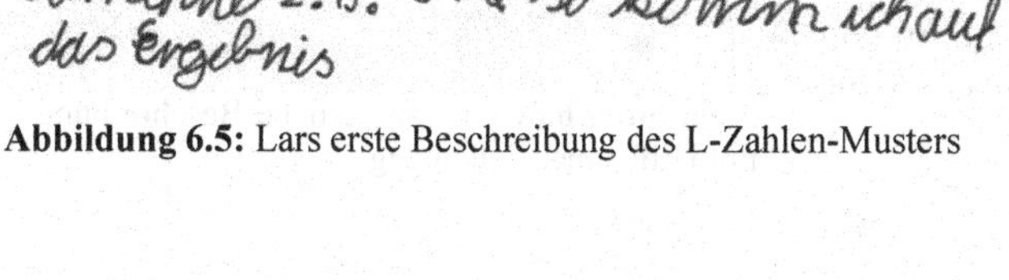

Ich rechne z.b. 5 + 4 so komm ich auf das Ergebnis

Abbildung 6.5: Lars erste Beschreibung des L-Zahlen-Musters

I.: Mmh. Was steht da? Fünf plus?

L.: Mhh. ähm. fünf plus vier. Mist. *(Verbessert seinen Fehler auf dem Arbeitsblatt.)* So.

I.: Mmh. Ok.

Analyse des Transkriptausschnitts zu Phase 1

Lars entscheidet sich bei Beschreibung der allgemeinen Struktur der L-Zahlen zunächst für die Angabe eines Beispiels in Analogie zu seinem Vorgehen bei der vorherigen Aufgabe des Quadratzahlen-Musters. Durch die Kennzeichnung seiner Rechnung als Beispiel wird deutlich, dass Lars sich nicht allein auf die 4. Musterfigur bezieht und verleiht seinem Ausdruck einen verallgemeinernden Charakter.

Epistemologisches Dreieck 6.6: Lars erste Beschreibung der Strukturierung

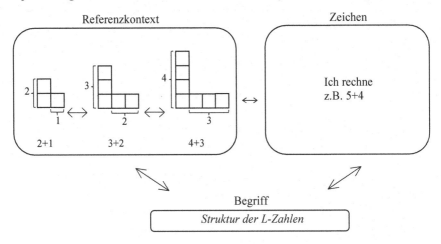

Transkript zu Phase 2: Zusätzliche Beschreibung mit Hilfe einer Zeichnung

L.: Und jetzt mach ich das nochmal so. *(Zeichnet.)* Das sind ja jetzt fünf. Und das sind jetzt fünf. So und ähm und *(zeichnet Pfeile an die Quadrate).*

Abbildung 6.6: Lars zusätzliche Beschreibung mit Hilfe einer Zeichnung

I.: Mmh. Super. Jetzt musst du mir nochmal genauer erklären, wie du das genau meinst. (*Zeigt auf die Pfeile auf dem Blatt.*)

L.: Also das runter (*Fährt mit dem Stift die senkrechten Quadrate entlang.*) plus das (*Fährt mit dem Stift die waagerechten Quadrate entlang.*) rechne ich.

I.: Ah, ok. Gut.

L.: Und ähm, das hier (*Zeigt auf das Quadrat an der Ecke des L-Musters*) soll noch zu dem runter gehören. Deswegen mach ich da ne etwas dickere Linie hin. (*Zeichnet die Linie nach.*)

Analyse des Transkriptausschnitts zu Phase 2

Zusätzlich zu der Verwendung eines Beispiels konstruiert Lars anschließend eine Zeichnung als Zeichen für die Beschreibung seiner Musterstrukturierung. Die Zeichnung der Figur L4 versieht er nun aber mit einem senkrechten und einem waagerechten Pfeil sowie einem Pluszeichen. Durch seine Erklärung der Funktion der Pfeile „das runter plus das rechne ich" wird deutlich, dass diese die Addition der beiden dargestellten Seiten verdeutlichen soll. Hierbei beschreibt er die beiden Summanden der Addition, die er in der Zeichnung mit Pfeilen dargestellt hat, mit den Wörtern ,das runter' und ,das' (vgl. Abb. 6.6). Dass Lars ,das runter' hier als Substantiv versteht, mit dem er die variable Anzahl der senkrecht übereinanderliegenden Plättchen darstellen will, wird besonders deutlich, als er dies anschließend sogar im Dativ „das hier soll noch zu *dem runter* gehören" verwendet.

Epistemologisches Dreieck 6.7: Lars zweite Beschreibung der Strukturierung

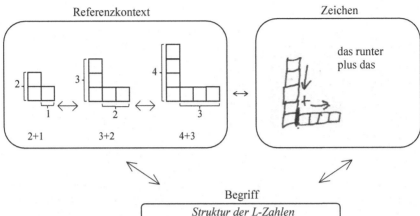

Transkript zu Phase 3: Lars Deutung der Wortvariablen

I.: Ok, super. Gut, und woher weiß ich, wie viele das immer runter sind?

L.: Mhh. Wie viele, das weiß ich so, weil mhh. es mhh. Es gibt ja hier bei diesen Aufgaben gibt's ja irgend'ne Zahl ne? (*Zeigt auf die Tabelle des ersten Aufgabenblattes.*) Und ähm die Zahl rechne ich dann eben plus einen.

I.: Mmh. Ok.

L.: Und so weiß ich das dann.

Analyse des Transkriptausschnitts zu Phase 3

Mit der Frage „Und woher weiß ich, wie viele das immer runter sind?" wird Lars nach der Bestimmung seiner Summanden für die Berechnung der Plättchenanzahl gefragt. Dies nimmt er zum Anlass, die Wortvariable nun auf die Tabelle zu beziehen und vor dem arithmetischen Kontext des Aufgabenformats zu deuten. Mit dem Ausdruck „Es gibt ja hier bei diesen Aufgaben gibt's ja irgend'ne Zahl ne?" verweist er auf die sich verändernden Indizes der L-Zahlen-Figuren in der Tabelle. Somit deutet er das von ihm aufgestellte Zeichen auch wieder im Sinne einer Veränderlichen.

Epistemologisches Dreieck 6.8: Lars Deutung der Wortvariablen

Explizierung des Variablenbegriffs

Explizierung des Variablenbegriffs

Ähnlich wie Thorsten verwendet auch Lars in dieser Interviewszene bei seiner Beschreibung der L-Zahlen-Struktur verschiedene verallgemeinernde Mittel, die es ihm ermöglichen, über das aufgezeichnete Beispiel 5+4 hinaus zu kommunizieren und die Struktur des Musters losgelöst vom Beispiel darzustellen. Lars Wörter ‚das runter' und ‚das' können hier als Wortvariablen mit Veränderlichencharakter aufgefasst werden. Ebenso deutlich wird dieser in den verwendeten Pfeilen, mit denen Lars die sich verändernde Anzahl an Plättchen als Summanden seiner Rechnung beschreiben möchte. Sowohl die mündlich verwendeten Wortvariablen als auch die in der Zeichnung benutzten Symbole verweisen auf die variable Anzahl an Plättchen in den Teilstücken von Lars Musterstrukturierung. Während Thorstens Bezeichnungen aus dem geometrischen Kontext („Senkrechte", „Waagerechte") entlehnt sind, benutzt Lars hier Lokaladverbien der Richtung („das runter") und deiktische Ausdrücke („das"), in seiner Zeichnung hingegen stellen Pfeile die veränderliche Anzahl an Plättchen dar. Der Variablencharakter des Wortes ‚das runter' wird noch einmal deutlicher, als Lars dieses von ihm selbst vor dem ikonischen Kontext der Musterfolge konstruierte Zeichen vor einem neuen Referenzkontext deutet, indem er es in Beziehung zu sich verändernden Zahlen in der Tabelle setzt. So gewinnt das Zeichen ‚runter' durch die Erweiterung des Referenzkontextes eine neue Bedeutung, was hier einen besonderen Einblick gibt, wie der Begriff der Veränderlichen hier durch die Herstellung neuer Beziehungen konstituiert wird.

Epistemologisches Dreieck 6.9: Lars Beschreibung der Musterstrukturierung mit Fokus auf den verwendeten Wortvariablen

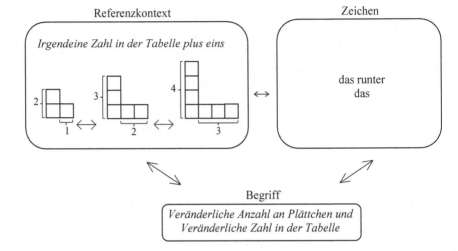

6.1.3 Zusammenfassung und Fazit

In diesem Kapitel wurde folgender Forschungsfrage nachgegangen:

Wie lässt sich die Tätigkeit des Verallgemeinerns aus epistemologischer Perspektive fassen und wie kann im Verallgemeinerungsprozess eine Entwicklung von Variablenkonzepten ausgemacht werden?

Der Prozess des Verallgemeinerns wurde hier aus epistemologischer Perspektive betrachtet, wobei die Rekonstruktion der Versprachlichung der L-Zahlen-Struktur in den Fallbeispielen von Thorsten und Lars diesen Prozess hier exemplarisch für viele andere Szenen in allen drei Aufgabenformaten der Untersuchung verdeutlicht.

In der Analyse der Untersuchungsdaten stellt sich die Aufgabe der Beschreibung mathematischer Muster und Strukturen als Moment heraus, in dem Kinder die Notwendigkeit zur Verallgemeinerung verspüren. Dabei ist zu erkennen, dass die Konstruktion der in der Analyse als Variablen aufgefassten Zeichen der Kinder aus der Motivation entsteht (und sei es bei Thorsten aufgrund der Aufforderung durch die Interviewerin), eine mathematische Struktur allgemein und über ein Beispiel hinaus zu beschreiben. Da die Lernenden noch nicht über die algebraische Sprache verfügen, sind sie gezwungen andere Möglichkeiten zu finden, mit denen sie die entdeckte Strukturen kommunizieren können. Sie sind gezwungen, in der Kommunikation selbst passende Zeichen zu finden, welche die math. Strukturen und Beziehungen in ihrer Allgemeinheit repräsentieren.

Es lässt sich jedoch festhalten, dass die Kinder dazu keine konventionellen Symbole benötigen, sondern in der Situation der Versprachlichung spontan gewählte Zeichen aus anderen Kontexten hinzuziehen, die nun als Variable dienen und den Lernenden geeignet erscheinen, das mathematische Muster in seiner Allgemeinheit zu repräsentieren. Dabei setzen die Kinder in der Kommunikation das Zeichen und das zu kommunizierende Muster in eine neue Beziehung. Unabhängig von der Qualität und Tragfähigkeit der spontan gewählten Wörter kann eine Entwicklung des Variablenbegriffs ausgemacht werden, die hier konstituiert wird durch die Herstellung der Beziehung zwischen dem verwendeten Zeichen und der allgemein zu beschreibenden Struktur, welche in den obigen Beispielen durch eine sich verändernde Anzahl an Plättchen geprägt ist.

Der hier beschriebene Variablenbegriff ist dabei als propädeutisch aufzufassen, da den hier geschaffenen Begriffen der Schülerinnen und Schülern jegliche Bewusstheit im Sinne WYGOTSKIS (1986; vgl. Kapitel 2.2.4) fehlt. Zudem führt die Entstehungsart der Begriffe ,vom Gedanken zum Wort' und ,vom Besonderen zum Allgemeinen' (vgl. Kapitel 2.2.4) zu einer Einordnung der Begriffe in WYGOTSKIS Kategorie der „Alltagsbegriffe". Aufgabe des Mathematikunterrichts ist infolgedessen ein Aufgreifen der hier entstehenden spontanen Begriffe der Kinder und ein Aushandeln und Explizieren des Variablenbegriffs in den folgenden Schulstufen. Dazu sei an die bereits in Kapitel 2.2.4 aufgeführte Bedeutung der ,Alltagsbegriffe' erinnert, ebenso wie an die Rolle der Interaktion für die Entwicklung mathematischer Zeichen als angemessene Repräsentanten mathematischer Begriffe (Kapitel 2.2.3; STEINBRING 2006).

6.2 Sprachliche Mittel zur Verallgemeinerung mathematischer Muster

Von besonderem Interesse für die vorliegende Arbeit, die sich mit Verallgemeinerungen mathematischer Muster von Schülerinnen und Schülern der Primarstufe beschäftigt, sind die sprachlichen Mittel, welche die Lernenden bei der Verallgemeinerung nutzen. In Kapitel 4.2 (vgl. auch Folgerung 4.2 in Kapitel 5.1) wurde beschrieben, dass die Lernenden durch den besonderen Charakter des mathematischen Wissens im Mathematikunterricht der Grundschule vor der Anforderung stehen, auf die erkannten Muster und Strukturen zu verweisen, ohne dass sie dazu über die nötigen algebraischen Mittel verfügen. Die Schülerinnen und Schüler

sind demzufolge in der Primarstufe darauf angewiesen, andere sprachliche Hilfsmittel zu finden, mit deren Hilfe sie in der Lage sind, das Allgemeine im Besonderen zu kommunizieren (vgl. STEINBRING 2005, 184; vgl. Kapitel 4.2.2.2).
Dazu wurde in Kapitel 5.3 die Frage formuliert, wie Lernende mathematische
Muster verallgemeinern, wenn ihnen noch keine Variablen zur Verfügung stehen,
und welche Mittel die wichtige Rolle der Variablen einnehmen. Dabei wird die
besondere Rolle der natürlichen Sprache und der Wortvariablen beobachtet, die in
Kapitel 3.2 (bzw. in Folgerung 3.2 vgl. Kapitel 5.1) als wichtiger Ausgangspunkt
der Formalisierung beschrieben wurde.

Am Beispiel des Aufgabenformats *Plättchenmuster* wurde im vorhergehenden
Kapitel detailliert aufgezeigt, wie Schülerinnen und Schüler der vierten Jahrgangsstufe die vorgelegten Muster mit ihren Mitteln verallgemeinern. In der
Kommunikation nutzen die Lernenden Begriffe aus anderen Kontexten, um die
von ihnen erkannten Strukturen allgemein zu beschreiben, und setzen dabei mathematisches Zeichen und die allgemein zu beschreibende Struktur in eine neue
Wechselbeziehung. Im folgenden Kapitel sollen die von den Kindern verwendeten Mittel zur Verallgemeinerung nun in der Breite betrachtet werden und somit
die folgende Forschungsfrage beantwortet werden:

*Welche sprachlichen Mittel nutzen die Schülerinnen und Schüler bei der Verall-
gemeinerung mathematischer Muster?*

Dazu wird in Kapitel 6.2.1 zunächst ein Überblick über die verschiedenen Mittel
der Verallgemeinerung gegeben und diese werden dann anschließend in den Kapiteln 6.2.2 – 6.2.6 detailliert beschrieben und anhand von Beispielen illustriert.
In Kapitel 6.2.7 wird auf die Verknüpfung der vorgefundenen sprachlichen Mittel
eingegangen, bevor in Kapitel 6.2.8 abschließend eine Diskussion der verschiedenen Verallgemeinerungsweisen erfolgt.

6.2.1 Verallgemeinerungsweisen

Bei der Analyse der Untersuchungsdaten mit Hilfe des epistemologischen Dreiecks können alle Verallgemeinerungsprozesse der Schülerinnen und Schüler
aufgespürt und verglichen werden. Es zeigt sich, dass Kinder bei der Verallgemeinerung wiederkehrende Beschreibungsmuster verwenden, sodass sich Kategorien für die Art der gewählten Zeichen bilden lassen. So werden nun im Folgenden fünf Kategorien für *Verallgemeinerungsweisen* vorgestellt, welche sich in
den klinischen Interviews über alle Aufgabenformate hinweg als von den Kindern
selbstständig verwendete Beschreibungsmuster finden lassen. Sie zeigen auf,
welche sprachlichen Mittel die Kinder nutzen, um mathematische Muster und
Strukturen über die sichtbaren Objekte hinweg zu beschreiben.

Die in der Datenanalyse vorgefundenen Verallgemeinerungsweisen können den folgenden fünf Kategorien zugeordnet werden.

Tabelle 6.1: Verallgemeinerungsweisen

Verallgemeinerungs-weise	Beschreibung der Kategorie	Plakative Beschreibung des Terms x^2
Angabe eines repräsentativen Beispiels	SuS geben ein Beispiel an und kennzeichnen dieses dabei explizit als solches.	„Das ist zum Beispiel drei mal drei."
Aufzählung mehrerer Beispiele	SuS zählen mehrere Beispiele auf und verweisen ggf. auf einen Fortlauf.	„Das ist ein mal eins, zwei mal zwei, drei mal drei und so weiter."
Quasi-Variablen	SuS verwenden konkrete Zahlen und verbinden diese mit sprachlich verallgemeinernden Elementen.	„Ich rechne immer drei mal drei."
Bedingungssätze	SuS verwenden Bedingungssätze.	„Wenn da drei steht, dann rechne ich drei mal drei."
Variablen	SuS verwenden Wörter oder Zeichen mit Variablencharakter.	„Man muss die Zahl mal die gleiche Zahl rechnen."

Im Folgenden sollen die verschiedenen Verallgemeinerungsweisen näher vorgestellt werden. Nach einer allgemeinen Erläuterung folgen jeweils einige exemplarische Schülerbeispiele. Da alle Verallgemeinerungsweisen in allen Aufgabenformaten vorhanden sind und hier keinerlei quantitative Aussagen über das Auftreten von den verschiedenen Verallgemeinerungsweisen getroffen werden sollen, ist der Wahl der Beispiele pro Aufgabenformat keine Gewichtung zuzumessen. Alle Verallgemeinerungsweisen werden von den Schülerinnen und Schülern sowohl schriftlich als auch mündlich genutzt.

Es bleibt vorab zu bemerken, dass die verschiedenen Kategorien, die hier vorgestellt werden, nur als in der Untersuchung vorgefundene *Möglichkeiten* der Kinder *für Verallgemeinerungen* verstanden werden dürfen. Es ist weder Ziel der rein qualitativen Datenanalyse, Häufigkeiten des Vorkommens von verschiedenen

Verallgemeinerungsweisen zu erheben, noch wäre eine quantitative Ausdifferenzierung der verwendeten Verallgemeinerungsweisen aufgrund ihrer Kontextabhängigkeit sinnvoll (vgl. Kapitel 6.4). Ebenso dürfen verschiedene Verallgemeinerungen nur auf einzelne Phasen eines Beschreibungsprozesses bezogen verstanden werden, nicht als Kompetenzen von einzelnen Kindern. Die verschiedenen Verallgemeinerungen werden je nach Komplexität des zu beschreibenden Gegenstandes, des in der Situation herangezogenen Referenzkontextes und der den Kindern spontan zur Verfügung stehenden sprachlichen Mittel ausgewählt. So können von ein und demselben Kind nacheinander oder auch während eines Beschreibungsprozesses verschiedene Verallgemeinerungsweisen verwendet werden. Um dies zu verdeutlichen, soll nach der Beschreibung der fünf Verallgemeinerungsweisen (Kapitel 6.2.2 – 6.2.6) genauer auf deren Verknüpfung eingegangen werden (Kapitel 6.2.7).

6.2.2 Angabe eines repräsentativen Beispiels (mit Kennzeichnung des Beispiels als solches)

Während die Angabe eines Beispiels selbst noch keine Verallgemeinerung darstellt, vermittelt die Kennzeichnung des Beispiels als solches direkt, dass es noch andere Fälle bzw. Objekte gibt, die durch das gegebene Beispiel nicht dargestellt werden, aber existieren. So gibt die Kennzeichnung des Beispiels an, dass die Formulierung über das konkrete Beispiel hinausreichen soll. Es wird vom Gegenüber, dem Empfänger der Aussage, gefordert, dass er das konkrete Beispiel der Aussage erkennen kann und auf andere Fälle als die des gegebenen Beispiels bezieht. Die beiden Schülerdokumente verdeutlichen, wie die Nutzung eines Beispiels in einem Satz (vgl. Ilias Beschreibung, Abb. 6.7) oder in einer Rechnung (vgl. Marcus Beschreibung, Abb. 6.8) aussehen kann.

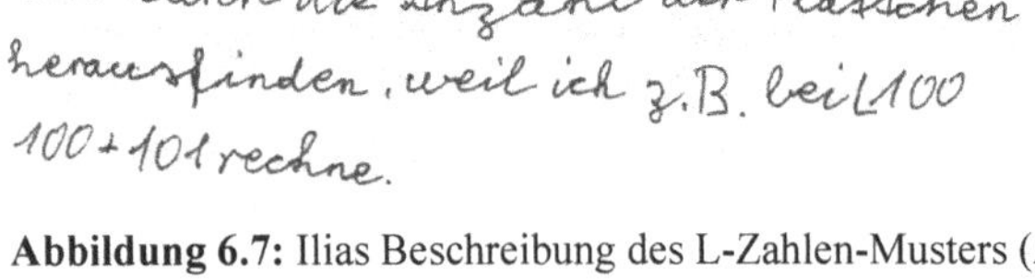

Ich kann die Anzahl der Plättchen herausfinden, weil ich z.B. bei L100 100+101 rechne.

Abbildung 6.7: Ilias Beschreibung des L-Zahlen-Musters (*Plättchenmuster*)

W.B. 200·200=40 000

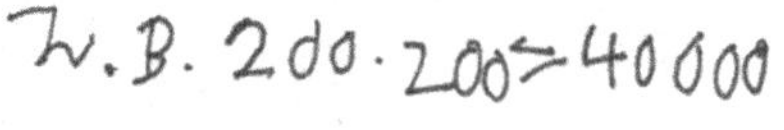

Abbildung 6.8: Marcus Beschreibung der Quadratzahlen-Musters (*Plättchenmuster*)

Beide Schüler verwenden hier für die Beschreibung der erkannten Struktur Beispiele, die sie zuvor bei der Bestimmung der Anzahlen bereits berechnet haben. Dabei greifen Ilias und Marcus (wie viele andere Kinder in der Untersuchung) bei der Wahl der Beispielzahlen auf große Zahlen zurück, sodass vermutet werden kann, dass die Kinder diesen einen größeren Beispielcharakter zumessen. Durch das Kürzel ‚z.B.' wird der Leserin oder dem Leser der Beschreibung mitgeteilt, dass die Aussage allgemeine Elemente enthält, welche für den Transfer der Rechnung auf andere Musterfiguren zu verändern sind. Welche Elemente dies sind und wie diese sich verändern müssen, muss die oder der Lesende sich bei der Interpretation aber nun selbstständig erschließen. In Ilias Beschreibung steht die Zahl 100 als Repräsentant für veränderliche Zahlen, jedoch muss beim Einsetzen anderer Zahlen in diesen ‚Platzhalter' beachtet werden, dass der erste Summand der Rechnung gleich dem Index des L-Zahlenmusters ist und der zweite Summand der Addition genau eins größer ist als der erste. Diese Eigenschaften werden durch die Verwendung des Beispiels nicht explizit beschrieben und bedürfen somit der richtigen Interpretation der oder des Lesenden. Ähnlich verhält es sich auch mit Marcus Beschreibung des Quadratzahlenmusters. Hier handelt es sich bei der Zahl 200 um die zu verändernde Zahl, wobei die Rechenoperation beibehalten wird und zu beachten ist, dass beide Faktoren der Multiplikation gleich sein müssen, um der Beziehung im Quadratzahlenmuster zu entsprechen.

Die Funktion eines Beispiels

Als weiteres Beispiel soll die Beschreibung des Quadratzahlenmusters des Schülers Lars aufgeführt werden, an dem exemplarisch verdeutlicht werden kann, welche Funktion die Kindern der Verwendung eines Beispiels zumessen.

Lars beschreibt das Quadratzahlen-Muster anhand der siebten Musterfigur, wobei der die Abkürzung ‚z.b.' nachträglich einfügt.

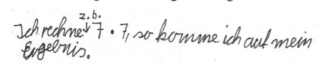

Abbildung 6.9: Lars Beschreibung des Quadratzahlen-Musters

Dies veranlasst die Interviewerin, nach dem Grund für die Kennzeichnung des Beispiels zu fragen.

I.: Warum hast du jetzt noch das zum Beispiel da rein geschrieben? *(Zeigt auf das geschriebene ‚z.b.')*

L.: Weil, weil ich das ja nicht nur mit sieben mal sieben mache. Ich mach das ja auch, wenn's jetzt zum Beispiel acht und acht breit ist. *(Fährt mit dem Finger die Seiten eines gelegten 5*5-Quadrats auf dem Tisch entlang.)* Oder hundert und hundert breit ist. Dann rechne ich ja auch hundert mal die hundert.

Der Interviewausschnitt lässt erkennen, dass Lars sich der Funktion seines Beispiels eindeutig bewusst ist. Als die Interviewerin ihn nach dem Grund seiner Kennzeichnung des Beispiels fragt, beschreibt er die Platzhalter-Funktion der von ihm verwendeten Zahl 7, indem er andere mögliche Faktoren für seine Rechnung angibt. Mit den Worten „Ich mach das ja auch" beschreibt er die zu verallgemeinernden Elemente seiner Aussage – beibehalten werden müssen in diesem Fall die Rechenoperation und die Gleichheit der Faktoren. Abschließend gibt er mündlich nun die Abhängigkeit der Faktoren von der Musterfigur an („Wenn's jetzt […] hundert und hundert breit ist. Dann rechne ich ja auch hundert mal die hundert"), die in seiner schriftlichen Beschreibung nicht expliziert wird. Dabei nutzt er zunächst die dem Beispiel 7 folgende Musterfigur des Quadrat 8, dann verwendet er eine hohe Zahl, durch die er die Willkürlichkeit des gewählten Beispiels noch einmal verstärken kann.

Beispielgebundenheit

Selbst wenn den Kindern die Beziehung zwischen dem konkreten Beispiel und der allgemeinen Struktur des mathematischen Muster grundsätzlich bewusst ist, ist die Loslösung vom Beispiel nicht immer möglich, wie Cindys Beschreibung zum Arbeitsblatt *2x* des Aufgabenformats *Partnerzahlen* verdeutlicht.

Als Beschreibung der erkannten Beziehung der Partnerzahlen ihres ersten Aufgabenblattes verfasst Cindy die folgende Regel:

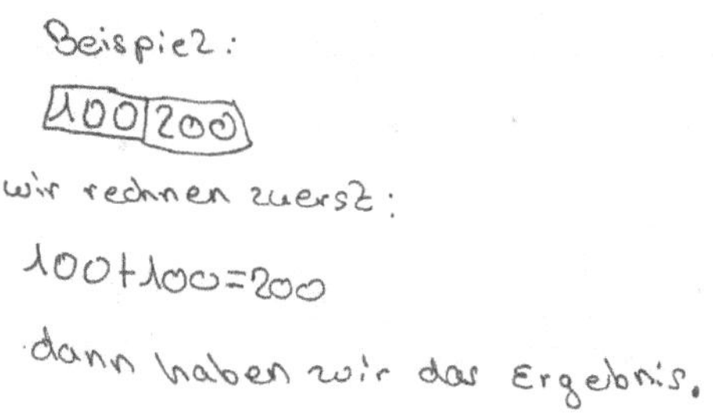

Abbildung 6.10: Cindys Beschreibung der Partnerzahlen-Beziehung *2x*

Als Cindy um eine Erklärung ihrer Beschreibung gebeten wird, ergibt sich folgendes Gespräch:

I.: Kannst du mir das erklären, warum du das jetzt so aufgeschrieben hast?

C.: Ich hab erst mal Beispiel aufgeschrieben und dann hab ich das ja schon oben halt hundert und dann noch ein Kästchen zweihundert und wir rechnen zuerst hundert plus hundert sind gleich zweihundert. Wir müssen hundert das Doppelte nehmen. Dann haben wir zweihundert, dann haben wir schon mal das Ergebnis.

I.: Mmh. Ok, super. Wieso hast du aufgeschrieben ein <u>Beispiel</u>? Also das hier ist ein Beispiel, ne? Hundert und zweihundert? *(Zeigt auf den Stein in Cindys Beschreibung.)*

C.: Mmh.

I.: Kannst du das vielleicht auch mal ohne ein Beispiel beschreiben?

C.: Also wir nehmen erst mal bestimmt das Doppelte von den hundert, dann haben wir schon mal die zweihundert. *(3 Sek.)* Wenn da jetzt zum Beispiel steht fünfzig. Schon wieder ein Beispiel. *(lächelt und überlegt dann acht Sekunden)* Ich kann das eigentlich nur mit Beispielen erklären.

Cindy zeichnet für die Beschreibung der von ihr erkannten Beziehung den Stein mit den Zahlen 100 und 200 auf, welche sie bei der Bearbeitung des oberen Abschnitts des Arbeitsblatt bereits verwendet hat, als sie aufgefordert wurden, den leeren Stein mit eigenen Zahlen zu füllen. Dann gibt sie eine Rechenregel für diesen Stein an. Ihre Beschreibung kennzeichnet sie bereits vor der Formulierung als Beispiel. Als Cindy gebeten wird, das Muster ‚ohne ein Beispiel‘ zu beschreiben, beginnt sie intuitiv, neue Beispiele heranzuziehen. Obwohl sie ihren ersten Formulierungsversuch abbricht, da er keine beispielgelöste Beschreibung darstellt, wählt sie anschließend direkt wieder eine konkrete Zahl und kennzeichnet sie während des Sprechens scheinbar automatisch als Beispiel. Sofort bricht Cindy auch diesen Formulierungsversuch ab und merkt an, dass es sich auch bei dieser Beschreibung um ein Beispiel handelt. Deutlich erkennbar wird hier, wie Cindy die während des Sprechvorgangs hergestellte Beziehung zwischen dem gewählten Zeichen und der zu beschreibenden Beziehung der Partnerzahlen direkt überprüft und sich korrigiert, sobald sie den Zeichen einen Beispielcharakter zuschreibt. Im Gegensatz zu Thorsten (Kapitel 6.1.1) schafft sie es aber in dieser Situation nicht, ein weiteres Zeichen zu finden, welches als Repräsentant für das Partnerzahlenmuster in seiner Allgemeinheit stehen kann und gelangt zu dem Schluss, dass sie das Muster ‚nur mit Beispielen erklären kann‘.

Wie bereits einleitend beschrieben, darf diese Sequenz nicht als Cindys Unvermögen zu verallgemeinernden Beschreibungen aufgefasst werden. Vielmehr ist Cindy an anderen Stellen des Interviews sehr wohl in der Lage, sich vom Beispiel zu lösen und allgemeinere Aussagen mit Hilfe von Wortvariablen zu treffen. Ihre Fokussierung auf die Verwendung eines Beispiels darf hier nur eine konkrete Phase bzw. Anforderung betreffend verstanden werden.

6.2.3 Aufzählung mehrerer Beispiele (ggf. mit Verweis auf Fortlauf)

Eine Struktur, die von den Kindern durch die Betrachtung von mehreren Beispielen erkannt wird, wird oftmals auch durch die Angabe von eben diesen Beispielen beschrieben. Es scheint dabei davon ausgegangen zu werden, dass die inne liegende Struktur der mathematischen Objekte, die vom Kind selbst erkannt wird, bei der sprachlichen Explizierung ebenfalls vom Gegenüber gesehen werden kann. Dabei werden die herangezogenen Beispiele im Gegensatz zu der ersten Verallgemeinerungsweise nicht unbedingt als Beispiele gekennzeichnet. Durch die Angabe von generischen Beispielen ist es möglich, nicht nur die Existenz von anderen Fällen, sondern ebenfalls eine Beziehung der angegebenen Beispiele untereinander anzudeuten. So kann beispielweise vom Gegenüber erwartet werden, dass dieser den Abstand der auftretenden Fälle rekonstruiert und in der Lage ist, die Folge der generischen Beispiele fortzusetzen. Die Fortsetzbarkeit der Beispielfolge wird von den Kindern teilweise beschrieben (siehe unten), teilweise auch nicht erwähnt. Besonders häufig ist diese Verallgemeinerungsweise bei dem Aufgabenformat *Plättchenmuster* zu finden, in welchem die Variable aufgrund des wachsenden Musters den stärksten Veränderlichenaspekt aufweist und damit nahelegt, die nacheinander folgenden Musterfiguren oder deren Plättchenanzahlbestimmung auch in einer Abfolge zu benennen.

Lucjan beschreibt die Anzahlbestimmung des Quadratzahlen-Musters wie folgt:

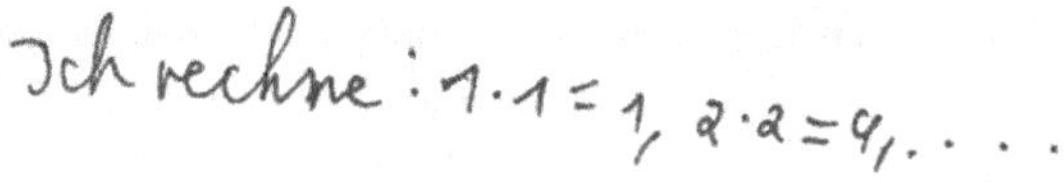

Ich rechne: $1 \cdot 1 = 1$, $2 \cdot 2 = 4$, ...

Abbildung 6.11: Lucjans Beschreibung des Quadratzahlen-Musters

Er kommentiert seine Beschreibung wie folgt:

> L.: Ich rechne halt ein mal eins gleich eins, zwei mal zwei gleich vier, ja, Komma, Punkt, Punkt, Punkt, Punkt, immer so weiter (*spricht während er schreibt*).

I.: Mmh, ok. Was heißt das genau, dieses Punkt, Punkt, Punkt – immer so weiter?

L.: Dass es immer so weiter geht. Drei mal drei, vier mal vier, fünf mal fünf, sechs mal sechs und immer so weiter *(macht dabei mit seinem Stift eine kreisende Bewegung).*

Wie bei der Kennzeichnung eines Beispiels werden auch hier an den Leser gewisse Anforderungen an die Interpretation gestellt, die in Lucjans Beschreibung nicht explizit angesprochen, durch das generische Beispiel aber ableitbar sind. So muss von der Leserin oder dem Leser der Beschreibung immer noch erkannt werden, dass für die Multiplikation zwei gleiche Faktoren herangezogen werden müssen. Durch die Punkte möchte Lucjan eine Fortführung der aufgeführten Terme andeuten. Dazu wählt er keine willkürlichen, sondern aufeinanderfolgende Beispiele, sodass eine Beziehung nicht nur innerhalb des Terms, sondern auch zwischen den Termen erkannt und fortgeführt werden kann.

6.2.4 Quasi-Variablen

Eine in der Literatur zur Algebra bereits thematisierte Verallgemeinerungsweise von Kindern ist die Nutzung von konkreten Zahlen als Variablen (vgl. Kapitel 3.3.3). Es kann beobachtet werden, dass Kinder konkrete Zahlen verwenden, um allgemeine Sachverhalte zu beschreiben. Die konkreten Zahlen stehen ohne Angabe eines Beispiels dabei aber nicht nur für die gewählten Zahlen, sondern sind als Platzhalter zu verstehen. In Anlehnung an FUJII & STEPHENS (2001) werden solche allgemein gemeinten Zahlen hier als „Quasi-Variablen" bezeichnet.

In der vorliegenden Untersuchung wird beobachtet, dass konkrete Zahlen allerdings meist mit sprachlich verallgemeinernden Mitteln verwendet werden, wenn sie nicht als Beispiele gekennzeichnet sind. Selten werden Zahlen als solche ohne Ausdrücke benutzt, die zumindest andeuten, dass die verwendeten Zahlen nicht alleinig als konkrete Zahlen verstanden werden dürfen. Häufig werden konkrete Zahlen mit dem Wort ‚immer' verbunden oder nach der konkreten Beschreibung ein verallgemeinernder Ausdruck angefügt (z.B. ‚und bei den anderen auch so'). Als Verdeutlichung soll Jonathans Beschreibung bei dem Aufgabenformat ‚Zaubertrick' dienen.

Denke dir eine Startzahl.	7	21	57	99	52
Addiere 4.	11	25	61	103	56
Addiere 8.	19	33	69	111	64
Subtrahiere die gedachte Zahl.	12	12	12	12	12
Subtrahiere 2.	10	10	10	10	10

Du erhältst die Zielzahl 10.

Abbildung 6.12: Jonathans Tabelle des Aufgabenformats Zaubertrick

> J.: Also man rechnet ja plus zwölf. Dann rechnet man die 52 ab. Dann
> sind das wieder zwölf und dann muss man nur noch zwei abziehen **und
> das bei jeder Zahl.**

Jonathan begründet das Funktionieren des Zaubertricks bei allen Zahlen anhand seiner zuletzt gewählten Zahl 52 und zählt zunächst die einzelnen Rechenschritte auf. Anschließend verallgemeinert er seine Überlegungen mit einer Äußerung „und das bei jeder Zahl". Bei der Beschreibung des Schülers ist von der Leserin oder dem Leser gefordert, dass erkannt wird, dass es sich bei der 52 um das zu verallgemeinernde Element handelt, man natürlich nicht jeweils 52 abziehen muss, sondern diese als Platzhalter für die gewählte Startzahl steht, während die 12 hier als konstante unveränderliche Zahl genutzt werden kann. Der Ausdruck ‚und das bei jeder Zahl' lässt RADFORDS (2000, 248) *generative action function* (vgl. Kapitel 4.2.1.2) erkennen, da es sich hier um eine Formulierung handelt, die ebenso wie das Adverb ‚immer' auf eine potentiell wiederholbare Handlung hindeutet und so selbst im Zusammenhang mit konkreten Zahlen allgemeinen Charakter besitzt.

6.2.5 Bedingungssätze

Eine weitere Möglichkeit der Verallgemeinerung stellt für die Schülerinnen und Schüler die Verwendung von Bedingungssätzen dar, meist in der Form von Wenn-dann-Sätzen. Auch Bedingungssätze ermöglichen es, sich zunächst auf einen konkreten Fall zu beziehen und dabei direkt andere mögliche Fälle im Blick zu behalten. Es wird zwar nur ein Fall unter der angegebenen Bedingung beschrieben, jedoch wird vom Gegenüber gefordert, dass er zwischen den konkreten Elementen, welche die Bedingung betreffen, und allgemeinen Elementen unterscheidet, welche über die gegebene Bedingung hinweg allgemein gelten sollen. Bedingungssätze besitzen den Vorteil, dass eine Abhängigkeit der veränderlichen Zahlen, beispielsweise der Rechnung von den gegebenen Zahlen, leicht beschrieben werden kann. Sie werden vorwiegend in mündlichen Beschreibungen verwendet. Die zwei folgenden Beispiele von Pitt und Lars sollen die Verwendung von Bedingungssätzen veranschaulichen.

Beispiel 1

Pitt (*Aufgabe Zaubertrick*) gibt bei der Erklärung des Zaubertricks an, dass man bei der Berechnung die gedachte Zahl auch von vornherein weglassen kann. Auf Nachfrage begründet er dies anhand der Zahl 500.

I.: Warum kann ich das Gedachte eigentlich weglassen? Warum genau?

P.: Also, weil, wenn ich jetzt die 500 hab, dann hab ich hier 500 *(zeigt auf die erste Zeile des Zaubertricks.)* und das kann ich eigentlich kann ich die 500 auch weglassen und kann und brauch dann nur diese Sachen hier rechnen *(zeigt auf die Zeilen ‚Addiere 4‘, ‚Addiere 8‘ und ‚Subtrahiere 2‘).*

Nachdem Pitt zuvor auf sehr allgemeiner Ebene erklärt hat, dass man ‚das Gedachte‘ nicht in die Rechnung einbeziehen muss, da sie später eh wieder abgezogen wird, verdeutlicht er anschließend die erkannte Term-Struktur mit Hilfe eines Wenn-dann-Satzes. Durch die angegebene Bedingung ‚Wenn ich jetzt die 500 hab‘, gibt er zu verstehen, dass die Zahl, die ‚weggelassen‘ werden kann, von der gewählten Startzahl abhängt.

Beispiel 2

Lars (*Aufgabe Plättchenmuster*) wird aufgefordert, seine Berechnungsweise der Plättchenanzahl beim Quadratzahlenmuster zu beschreiben.

L.: Wenn jetzt, mhh, das nächste ist jetzt sieben. *(Zeigt auf das vorher gelegte Plättchenmuster auf dem Tisch.)* Also sieben breit, sieben hoch. Dann rechne ich sieben mal sieben.

Dieses Beispiel aus dem Aufgabenformat *Plättchenmuster* zeigt, wie es Lars durch die Verwendung eines Bedingungssatzes möglich ist, die Abhängigkeit der Rechnung von dem Index der Musterfigur zu beschreiben.

6.2.6 Verwendung von Wörtern oder Zeichen mit Variablencharakter

Eine weitere Verallgemeinerungsweise stellt die spontane Verwendung von Wörtern oder Zeichen mit Variablencharakter dar, die bei den Schülerinnen und Schülern während der klinischen Interviews in vielfältiger Weise vorzufinden ist. Besonders häufig werden von den Kindern sowohl in mündlicher als auch in schriftlicher Form Wortvariablen (vgl. Kapitel 3.2) genutzt, aber auch andere Symbole (siehe Tobias unten) finden Verwendung. Nur eins der 30 interviewten Kinder (Robert, Aufgabe *Partnerzahlen*) bringt bereits außerschulisch erworbenes Vorwissen über Buchstabenvariablen mit den Aufgaben in Verbindung und nutzt diese an einigen Stellen für seine Beschreibungen.

Wortvariablen

Anja beschreibt beim Aufgabenformat *Plättchenmuster* ihre Musterstrukturierung zur Anzahlbestimmung zu den L-Zahlen.

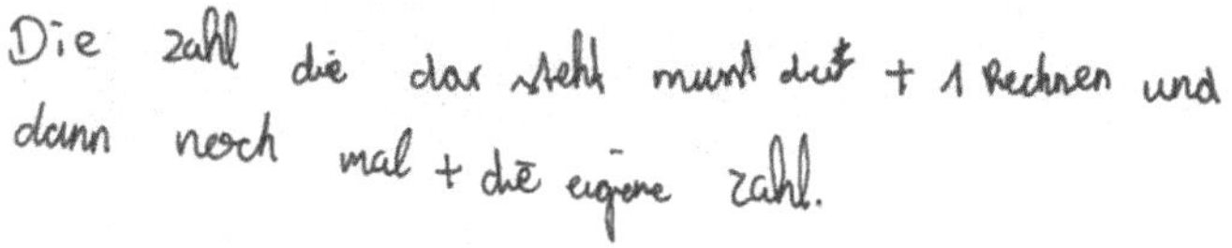

Abbildung 6.13: Anjas Beschreibung des L-Zahlen-Musters

Die Schülerin nutzt hier den Ausdruck „die Zahl, die da steht" um den variablen Charakter der Rechnung und die Abhängigkeit von der gegebenen Zahl auszudrücken. Den Term $(n+1) + n$, den sie für die Anzahlbestimmung der Plättchen beim L-Zahlenmuster entdeckt hat, beschreibt sie, indem sie durch die Formulierung „noch mal + die eigene Zahl" auf die erste Variable verweist.

Als zweites veranschaulichendes Beispiel für die Nutzung von Wortvariablen sollen Tills Beschreibungen der Beziehungen zwischen den Steinen der Arbeitsblätter $x+5$ und x^2 des Aufgabenformats *Partnerzahlen* aufgeführt werden.

Abbildung 6.14: Tills Beschreibung der Partnerzahlen-Beziehung $x+5$

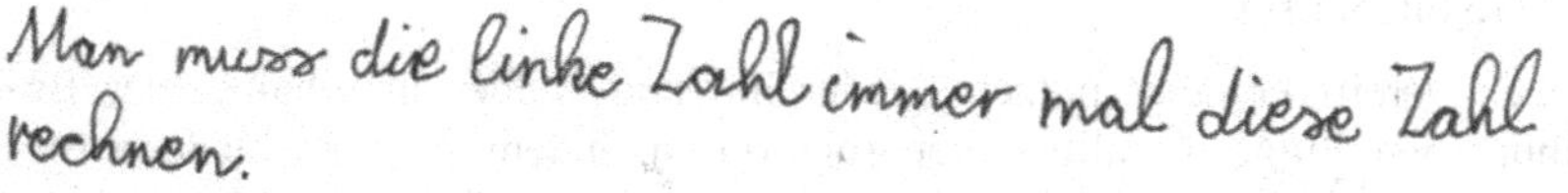

Man muss die linke Zahl immer mal diese Zahl rechnen.

Abbildung 6.15: Tills Beschreibung der Partnerzahlen-Beziehung ‚x^2'

Till verwendet die hier Wortvariablen „die linke Zahl" und „die rechte Zahl" als Bezeichnung für die unbestimmten Zahlen in den Partnerzahlen-Steinen, um die Verfahrensregeln zu beschreiben, mit welchen die fehlenden Zahlen der Aufgabe berechnet werden können. Bei dem Term x^2 schafft er einen Rückbezug zur ersten Wortvariablen, indem er für die Multiplikation mit dem Ausdruck „diese Zahl" auf die zuerst benannte „linke Zahl" verweist.

Zeichen und Symbole

Eine andere Zeichenform verwendet Tobias für die Beschreibung der Beziehungen derselben Aufgabenblätter $x+5$ und x^2. Er formuliert folgende Kurzregeln:

Abbildung 6.16: Tobias Kurzregel für die Partnerzahlen-Beziehungen $x+5$ und x^2

Auf Nachfrage kommentiert er seine Beschreibung zu $x+5$ wie folgt:

I.: Mmh. Ok. Kannst du mir nochmal genau erklären, wie du das meinst?

T.: Also das Fragezeichen, weil das kann ja jede Zahl sein. Plus fünf gleich diese Zahl (*zeigt auf das rechte Kästchen*).

Tobias nutzt für seine Kurzregeln Fragezeichen als Variablen. Bei dem Term x^2, verwendet er zusätzlich einen Pfeil, um zu verdeutlichen, dass das Fragezeichen in beiden Fällen für die gleiche Zahl stehen soll. Hierdurch wird ersichtlich, dass er in der Verwendung des gleichen Zeichens als Platzhalter nicht automatisch eine Entsprechung der beiden einzusetzenden Zahlen sieht, so wie es konventionell bei Buchstabenvariablen der Fall ist.

6.2.7 Mischformen

Wie oben bereits erwähnt nutzen Kinder hin und wieder innerhalb einer Beschreibung vielfältige Verallgemeinerungsweisen, indem sie verschiedene Elemente der Verallgemeinerung verknüpfen. Dies soll an Thorstens Beschreibung zur Anzahlbestimmung der Plättchen des L-Zahlenmusters verdeutlicht werden, in der verschiedene Mittel der Verallgemeinerung identifiziert werden können.

Zunächst formuliert Thorsten folgende Beschreibung für das L-Zahlenmuster:

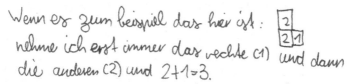

Abbildung 6.17: Thorstens Beschreibung des L-Zahlen-Musters

Anschließend wird Thorsten nach einer Erklärung seiner Beschreibung gefragt.

I.: Mmh. Ok, kannst du mir das erklären, wie du das beschrieben hast?

T.: Also wenn es zum Beispiel das hier ist *(zeigt auf seine Zeichnung),* nehme ich erst oder einfach so, dann nehme ich erst immer die rechten, also in dem Fall jetzt die eins *(zeigt mit dem Stift auf die eins in der Zeichnung)* und dann die anderen zwei *(fährt mit dem Stift über die mit „2" beschrifteten Quadrate seiner Zeichnung).* Und zwei plus eins ist dann drei.

Zunächst nutzt Thorsten einen *Bedingungssatz* und gibt dabei ein konkretes Objekt, die erste L-Zahlen-Figur, an („Wenn es zum Beispiel das hier ist [Zeichnung] "). Dabei kennzeichnet er dieses Objekt gleichzeitig als *Beispiel.* Bei der Beschreibung seiner Rechnung für diesen Fall nutzt er die Wörter „das rechte" und „die anderen" und verweist dabei auf die in der Zeichnung dargestellten Kästchen. Es ist nicht eindeutig zu sagen, ob es sich bei Thorstens Bezeichnung (1), (2) und den entsprechenden Zahlen in der Zeichnung bloß um einen Index handelt, oder ob Thorsten damit gleichzeitig bereits eine Aussage über die dahinterstehende Anzahl der Plättchen treffen möchte. Dass er sich aber bei der Beschreibung auf das gegebene Objekt bezieht, kann zusätzlich daran erkannt werden, dass er „das rechte" im Singular verwendet. Diese beispielgebundene Beschreibung verbindet er mit dem Wort „immer", welches hier als sprachlich verallgemeinerndes Mittel dient. Hierdurch ist zu erkennen, dass er den Ausdruck „das rechte (1)" als *Quasi-Variable* versteht und damit die Anzahl der jeweiligen rechten Plättchen meint. In dem darauffolgenden Gespräch löst sich Thorsten vom Beispiel und ersetzt den Ausdruck „das rechte (1)" durch die mündliche Beschreibung „die rechten, also in dem Fall jetzt die eins", sodass die Formulierung „die rechten" hier eindeutig als *Wortvariable* erkannt werden kann.

An diesem Beispiel lässt sich gut erkennen, wie verschiedene Verallgemeinerungsweisen verknüpft werden können, da Thorsten für seine schriftliche Beschreibung einen Bedingungssatz, die Kennzeichnung eines Beispiels, als auch die Verwendung von sprachlich verallgemeinernden Elementen hinzuzieht, um die L-Zahlen-Struktur darzustellen und diese direkt anschließend noch mit Wortvariablen erläutert.

In der Analyse der Untersuchungsdaten lassen sich weder besonders häufig auftretende Verknüpfungsmuster von verschiedenen Verallgemeinerungsweisen erkennen, noch gibt es feste Reihenfolgen, in denen diese verwendet werden. Dies wird den verschiedenen Motivationsmöglichkeiten für eine Verknüpfung der Verallgemeinerungsweisen zugeschrieben. So kann beispielsweise die Verwendung von Wörtern oder Zeichen mit Variablencharakter nach einer Nutzung von Beispielen entstehen, um der Beschreibung einen höheren Allgemeinheitsgrad zu verleihen; die umgekehrte Reihenfolge hingegen kann dazu dienen, den allgemeinen Sachverhalt durch Beispiele zu illustrieren und dazu zwar konkrete Zahlen zur Veranschaulichung zu nutzen, aber dennoch durch die Kennzeichnung des Beispiels als solches auf die allgemeine Struktur zu verweisen.

6.2.8 Zusammenfassung und Fazit

In diesem Kapitel wurde der folgenden Forschungsfrage nachgegangen:

Welche sprachlichen Mittel nutzen die Schülerinnen und Schüler bei der Verallgemeinerung mathematischer Muster?

Dazu wurden in den vorangehenden Abschnitten fünf Verallgemeinerungsweisen beschrieben, die von den Kindern der vierten Klasse genutzt werden, um über mathematische Muster und Strukturen zu sprechen. Diese verschiedenen Verallgemeinerungsweisen werden nun zusammengeführt und bewertet. Dazu soll zunächst herausgestellt werden, dass Verallgemeinerungen im Mathematikunterricht verschiedenen Zielen dienen können, von denen aus die hier dargestellten Verallgemeinerungsweisen unterschiedlich zu bewerten sind. Anschließend werden mögliche Folgen für den Mathematikunterricht im Hinblick auf eine Sinnstiftung bei der Behandlung von Variablen diskutiert.

Ziel 1: Das Treffen von allgemeingültigen Aussagen – eine Beschreibung gilt für alle Objekte des Musters / mit gleicher Struktur (Kriterium der mathematischen Korrektheit)

Verallgemeinerungen dienen dazu, mit einer Beschreibung mehrere Objekte zu berücksichtigen, sodass eine Formulierung für mehrere Fälle gleichzeitig gilt. Wenn man verallgemeinert, hinterfragt man gleichzeitig, in welchem Rahmen die getätigte Beschreibung Gültigkeit besitzt. Eine Verallgemeinerung soll also dem Anspruch genügen, für alle möglichen Objekte bzw. Fälle richtig zu sein, also ohne Einschränkungen oder nötige Änderungen auf alle nicht ausgeschlossenen Objekte zuzutreffen. Hinsichtlich dieses Kriteriums weisen die ersten vier Verallgemeinerungsweisen Mängel auf. Sie treffen meist nur Aussagen für ein konkretes Beispiel oder unter einer speziellen Bedingung und verweisen nur darauf, dass es noch andere Fälle gibt, auf welche die getroffene Aussage bezogen und verändert werden muss. Unter den bei den Viertklässlerinnen und Viertklässlern vorgefundenen Verallgemeinerungsweisen kann nur die Verwendung von Wörtern und Zeichen mit Variablencharakter dem oben genannten Anspruch genügen, allgemeingültige Aussagen zu treffen. Der Grund hierfür kann in der besonderen Funktion der Variablen als Unbestimmten oder Veränderlichen erkannt werden, mit Hilfe eines Zeichens auf mehrere Objekte, gleichzeitig oder in einer zeitlichen Abfolge (vgl. Kapitel 1.1.1), zu verweisen.

Ziel 2: Die Beschreibung verdeutlicht den allgemeinen Charakter des Musters (Kriterium für das ‚Allgemein-verstanden-Werden‘ in der Interaktion)

Über mathematische Begriffe zu kommunizieren bedeutet, verallgemeinern zu müssen. In Kapitel 4.2 wurde beschrieben, dass Lernende bei der Beschäftigung mit mathematischen Begriffen grundsätzlich vor der Anforderung stehen, das Allgemeine im Besonderen zu sehen. Wenn Schülerinnen und Schüler ihre Erkenntnisse zu Mustern und Strukturen mitteilen möchten, dann müssen sie ebenso eine Möglichkeit finden, das Muster so zu beschreiben, dass ihren Kommunikationspartnern deutlich wird, dass sie sich eben nicht nur auf ein konkretes Objekt beziehen, sondern auf die den Objekten aufgeprägte Struktur verweisen. Deshalb kann es als Ziel des Verallgemeinerns herausgestellt werden, dem Interaktionspartner den allgemeinen Charakter des beschriebenen Musters aufzuzeigen. Hierbei steht im Fokus nicht die Richtigkeit der Beschreibung, sondern die Vermittlung der Struktur. Aus diesem Blickwinkel stellen alle fünf Verallgemeinerungsweisen Möglichkeiten dar, um über Muster und Strukturen zu kommunizieren und den allgemeinen Charakter der beschriebenen Muster zu verdeutlichen. Bei allen Verallgemeinerungsweisen wird der Kommunikationspartner aufgefordert, die Beschreibung über ein oder mehrere konkrete Beispiele hinaus zu verstehen. Dies geschieht bei den verschiedenen Verallgemeinerungsweisen unterschiedlich, beispielsweise durch einen Verweis auf Fortlauf („Ich rechne ein mal eins, zwei mal zwei, drei mal drei *und so weiter*") oder ein sprachlich-verallgemeinerndes

Mittel („Ich rechne *immer* drei mal drei.“). Ein Erreichen des oben beschriebenen Zieles kann also durch alle fünf Verallgemeinerungsweisen gelingen.

In den obigen Ausführungen lässt sich leicht erkennen, dass die Verallgemeinerungsweisen hinsichtlich der beiden genannten Ziele unterschiedlich zu bewerten sind. Während alle Verallgemeinerungsweisen dazu geeignet sind, den allgemeinen Charakter von Mustern und Strukturen zu verdeutlichen und so ein ‚allgemein-verstanden-Werden‘ in der Interaktion ermöglichen, so kann doch dem Ziel der Vollständigkeit und Allgemeingültigkeit von Beschreibungen nur die Verwendung von Wörtern oder Zeichen mit Variablencharakter genügen. Aus dieser Bewertungsdifferenz lassen sich mögliche Konsequenzen bezüglich der Sinnstiftung bei der Einführung von Variablen im Mathematikunterricht ausmachen. Unbestimmte und Veränderliche wurden im Kapitel 4.1.2.1 als notwendige Mittel dargestellt um zu verallgemeinern. Es zeigt sich aber, dass Kinder auch ohne diese verallgemeinern können, indem sie andere Hilfsmittel benutzen um sich allgemein zu verständigen. Variablen sind also nicht unbedingt notwendig, um allgemein kommunizieren oder sich in der Interaktion über mathematische Muster und Strukturen verständigen zu können. Erst um Beschreibungen von Mustern und Strukturen vollständig und allgemeingültig zu gestalten, reichen beispielgebundene Formulierungen nicht mehr aus. Diese Bewertungsdifferenz kann den Schülerinnen und Schülern nicht von vornherein bewusst sein. Vielmehr wird das zweite Kriterium im Mathematikunterricht oft nur implizit und mit den steigenden Schulstufen verstärkt verfolgt. So steht bei Verallgemeinerungen die Verständigung in der Interaktion im Mittelpunkt des Interesses der Schülerinnen und Schüler, wohingegen sie erst durch äußere Motivation lernen, Beschreibungen auf ihre mathematische Korrektheit hin zu reflektieren.

6.3 Der Zusammenhang von Strukturierung und Versprachlichung

Das Verallgemeinern mathematischer Muster wurde in Kapitel 4.1.1.1 als eine Tätigkeit beschrieben, die sowohl sprachlicher als auch kognitiver Art ist. Dieses Verständnis des Verallgemeinerns beruht auf den in Kapitel 2.2.4 ausgebreiteten lerntheoretischen Ausführungen, die von Denken und Sprechen als untrennbaren Prozessen eines Denkens in Begriffen ausgehen (vgl. WYGOTSKI 1986). Da das Verallgemeinern also eine Tätigkeit darstellt, die sowohl im Erfassen als auch im Beschreiben von Mustern eine Rolle spielt, können Strukturierung und Versprachlichung nicht getrennt voneinander (vor allem nicht nacheinander) beobachtet werden, wie es beispielsweise in den Studien von COOPER & WARREN

(2011) oder BERLIN (2010b, 198) getan wird. Stattdessen können in der vorliegenden Studie die Interdependenzen untersucht werden, die zwischen dem Erkennen bzw. Strukturieren mathematischer Muster und der Versprachlichung (dem Finden eines geeigneten Zeichens für die Verallgemeinerung) bestehen, sodass in diesem Kapitel die folgende Forschungsfrage beantwortet wird:

Wie hängen Musterstrukturierung und Versprachlichung bei der Verallgemeinerung mathematischer Muster zusammen?

In der Analyse mit dem epistemologischen Dreieck stellen sich Strukturierung und Versprachlichung mathematischer Muster als zwei sich gegenseitig beeinflussende Prozesse dar, welche in der sich ständig wandelnden Herstellung der Wechselbeziehung zwischen Zeichen und Referenzkontext erfolgen. Es zeigt sich, dass die Versprachlichung nicht als der Strukturierung nachgelagerte Tätigkeit verstanden werden darf, sondern starke wechselseitige Abhängigkeiten zwischen den beiden Prozessen bei der Verallgemeinerung mathematischer Muster bestehen. Der Einfluss der Versprachlichung auf die Musterstrukturierung soll hier anhand der Analyse des Interviewausschnitts von Kai dargestellt werden.

6.3.1 Fallbeispiel: Kai

Kai ist ein von der Lehrkraft als leistungsschwach eingeschätzter Schüler. Die beiden ersten Arbeitsblätter *2x* und *x+5* des Aufgabenformats *Partnerzahlen* bearbeitet er jedoch problemlos und erkennt die in der Aufgabe intendierten Muster.

 Das Muster des Arbeitsblattes *2x* beschreibt er mit dem Satz: „Das die Zahlen immer doppelt sind." und der Kurzregel „1 + 1 = 2".

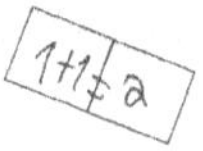

Abbildung 6.18: Kais Kurzregel zur Partnerzahlen-Beziehung *2x*

 Das Muster des Arbeitsblattes *x+5* beschreibt er mit den Worten „Das der Abstand immer fünf ist." und der Kurzregel „15 + 5 = 20".

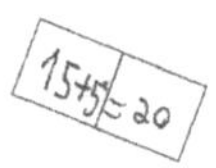

Abbildung 6.19: Kais Kurzregel zur Partnerzahlen-Beziehung *x+5*

In der vorliegenden Transkriptstelle wird die komplette Bearbeitung des Arbeitsblattes x^2 dargestellt. Die Sequenz lässt sich in folgende Phasen gliedern:

- Phase 1: Erste Musterstrukturierung
- Phase 2: Musterbeschreibung
- Phase 3: Veränderung der Musterstrukturierung

Transkript zu Phase 1: Erste Musterstrukturierung

I.: Jetzt gebe ich dir direkt nochmal ein anderes Blatt. *(Legt Kai ein neues Arbeitsblatt vor.)*

K.: *(Überlegt. (18 sek.) Schreibt eine 12 in den Stein mit der vorgegebenen 6.)* Mhh. Hab ich jetzt doch nicht verstanden.

I.: Das ist jetzt ein bisschen kniffliger. Da muss man ein bisschen länger probieren.

K.: *(Überlegt (8 sek.))* Mhh. *(Füllt die Steine aus (1 min 40 sek.))* Oh, da ist schon. *(Bemerkt, dass es den Stein mit 5 und 25 schon gibt.)*

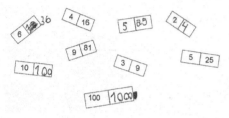

Abbildung 6.20: Kais Bearbeitung des Arbeitsblatts x^2

I.: Ja, macht nichts.

K.: *(Schreibt in das Kästchen neben der 5 eine 25.)*

I.: Ok, was hast du denn da erkannt?

K.: Weil, das ist hier, ah in den Reihen, neun, in den, die neunte Stelle in der Neuer, äh, Neunerreihe ist einundachtzig.

I.: Mmh.

K.: Und so. Die drei ist in in der Dreierreihe ist die neun. Und so weiter.

I.: Ok.

Analyse des Transkriptausschnitts zu Phase 1

Zunächst hat Kai einige Schwierigkeiten, das vorliegende Muster der Aufgabe zu deuten. Dann schreibt er eine 12 neben die 6 eines Steins, sodass hier anzunehmen ist, dass er in Analogie zum ersten Arbeitsblatt eine Verdopplung vornehmen möchte. Diesen Ansatz verwirft er jedoch direkt wieder und gibt zu, die richtige Beziehung zwischen den Steinen noch nicht gefunden zu haben. Dies zeigt, dass Kai erkannt hat, dass die Beziehung zwischen den beiden Kästchen eines Steins bei allen Steinen wiederzufinden sein muss, sodass die Beziehung ‚das Doppelte' hier nicht zutreffen kann, weil sie nicht für alle Steine gilt. Als er eine passende Beziehung findet, füllt er alle Steine kommentarlos aus. Sein erkanntes Muster beschreibt er nun mündlich mit Hilfe der Einmaleins-Reihen. Mit seinen Erklärungen „Die neunte Stelle in der Neunerreihe ist einundachtzig" und „Die drei in der Dreierreihe ist die neun" gibt er zu verstehen, dass er das Ergebnis einer Multiplikation als Bestandteil der Einmaleins-Reihen versteht (vgl. Ep. D. 6.10) und die Zahl des linken Kästchens sowohl die Wahl der Reihe als auch die Wahl der Stelle in dieser Reihe angibt, sodass Reihenname und Stellenposition hier von gleichem Zahlenwert sein müssen. Dies verdeutlicht er durch die Aufzählung mehrerer Beispiele mit einem Hinweis auf Fortlauf („und so weiter").

Epistemologisches Dreieck 6.10: Kais Musterstrukturierung

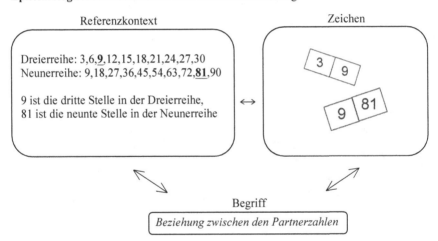

Referenzkontext

Dreierreihe: 3,6,**9**,12,15,18,21,24,27,30
Neunerreihe: 9,18,27,36,45,54,63,72,**81**,90

9 ist die dritte Stelle in der Dreierreihe,
81 ist die neunte Stelle in der Neunerreihe

Zeichen

Begriff

Beziehung zwischen den Partnerzahlen

Transkript zu Phase 2: Musterbeschreibung

K.: Mmm. Wie soll ich das jetzt beschreiben? *(Überlegt (27 sek.) und schreibt dann „Das die zahlen die werte der Reihen")* Hm? *(schaut nachfragend zu der Interviewerin.)*

I.: *(Liest)* Dass die Zahlen die Werte der

K.: Reihen haben *(schreibt „haben")* Weil, ehm, weil drei ähm ähm mal ähm neu ähm drei ähm mal drei sind ja neun.

Dds die zahlen die werte der Reihen
haben

Abbildung 6.21: Kais Beschreibung der Beziehung x^2

Analyse des Transkriptausschnitts zu Phase 2

Eine von Beispielen losgelöste Beschreibung dieser von ihm aufgestellten Beziehung stellt eine sehr hohe Anforderung dar. Dennoch scheint Kai die Formulierung einer Regel genau mit dieser Anforderung zu verbinden, so wie er es bei den ersten beiden Arbeitsblättern zu den Mustern *2x* und *x+5* auch umgesetzt hat. So beschreibt er das Muster mit dem Satz: „Das die Zahlen die Werte der Reihen haben." Der Ausdruck „die Zahlen" besitzt hier eindeutig Unbestimmtencharakter, da er mit Hilfe dieser Formulierung auf mehrere mögliche Zahlen gleichzeitig verweist, wobei an dieser Stelle unklar ist, ob er nur die Zahlen der rechten oder auch die der linken Kästchen der Steine meint. Er begründet seine Beschreibung, indem er an einem Beispiel seine durchgeführte Rechnung aufzeigt („weil drei mal drei sind ja neun").

Epistemologisches Dreieck 6.11: Kais Musterbeschreibung

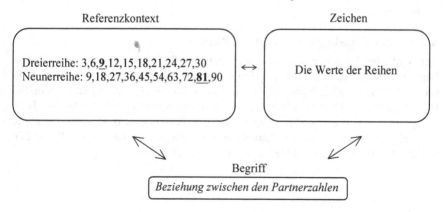

Transkript zu Phase 3: Veränderung der Musterstrukturierung

I.: Mmh. Ok. Und was meinst du genau mit <u>die Werte der Reihen</u>? Das habe ich noch nicht ganz verstanden.

K.: Weil drei mal zwei sind sechs, das sind ja die Werte.

I.: Ah, ok.

K.: Kurzregel. *(Überlegt (14 sek.) Schreibt die Kurzregel)*

I.: Ok. Mmh. Jetzt hast du da immer gesagt, wenn du das hier berechnet hast, da hast du ja immer, wie ich das verstanden hab, zehn mal *(Zeigt auf den Stein mit der 10 und der 100.)*

K.: Zehn mal zehn sind hundert.

Abbildung 6.22: Kais Kurzregel zur Partnerzahlen-Beziehung x^2

I.: Ja, ok. Und wieso hast du dann hier sechsmal fünf genommen? (*Zeigt auf die Kurzregel.*)

K.: Weil, ähm, weil sechs, ähm, mal fünf sind dreißig.

I.: Mmh. Ok. Ähm, also ist das egal, was für ähm welchen Wert ich aus der Reihe nehme?

K.: Ja, wie äh, weil außer es ist über zw äh das eine also über das Einmaleins. So.

Analyse des Transkriptausschnitts zu Phase 3

Kai wird nun durch die Interviewerin nach der Bedeutung seines verwendeten Begriffs ‚die Werte der Reihen' gefragt. Für seine Erläuterung wählt er das Beispiel 3 · 2 = 6, welches nicht auf das gefundene Muster der Partnerzahlen zutrifft. Die in diesem Beispiel verwendeten Zahlen bezeichnet er als die Werte. Hier interpretiert Kai die von ihm aufgestellte Beschreibung also so, dass sie nicht mehr nur für das obige Muster zutrifft, sondern gibt dem Ausdruck ‚die Werte der Reihen' eine weiter gefasste Bedeutung (vgl. Ep. D. 6.12).

Epistemologisches Dreieck 6.12: Kais Veränderung der Musterstrukturierung

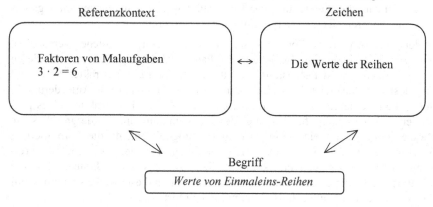

Auch für seine Kurzregel verwendet Kai nun ein Beispiel, das nicht zu dem Vorgehen passt, nach welchem er die obigen Steine des Aufgabenblattes ausgefüllt hat. Es kann hier angenommen werden, dass Kai von seiner neuen Interpretation der von ihm aufgestellten Beschreibung ausgeht. Auch auf Nachfrage hin bestätigt er, dass er mit seiner Beschreibung nun alle „Werte" der Reihen mit einbezieht. Als letzte Bedingung für die Wahl der Zahlen gibt er noch die Zugehörigkeit zum Einmaleins an, wobei hier angenommen werden kann, dass es ihm hierbei um eine Einschränkung des Zahlenraums geht, in welchem er sich kopfrechnend bewegen kann.

6.3.2 Zusammenfassung und Fazit

Kai füllt die Steine auf dem oberen Teil des Arbeitsblattes aus, indem er eine quadratische Beziehung zwischen linkem und rechtem Kästchen der Steine aufstellt. Diese macht er auch in seiner mündlichen Beschreibungen explizit („Die neunte Stelle in der Neunerreihe ist einundachtzig"). Bei der Kurzregel scheint er von einer erweiterten Beziehung auszugehen. Hier hält er die Wahl der Faktoren für die Multiplikation offener, sodass nun alle ‚Werte' der Reihen eingesetzt werden können. Da zwischen diesen beiden Ausschnitten nur die selbst aufgestellte Beschreibung des Musters von Kai liegt, kann von einem Einfluss dieser Beschreibung auf die Deutung des Musters ausgegangen werden. Der Frage nach dem Grund der Veränderung des Musters soll im Folgenden genauer nachgegangen werden. Dazu werden zwei Momente der obigen Szene genauer in den Blick genommen, die beide die Herstellung einer Wechselbeziehung zwischen der

Beschreibung als Zeichen und der Beziehung der Partnerzahlen beschreiben. Dies sind einerseits die Aufstellung der Beschreibung, also ein Zeichenfindungsprozess, und andererseits die Interpretation dieser Beschreibung.

In der Analyse wird die Formulierung, die Kai aufstellt, als Zeichen verstanden, mit dem er die gefundene Beziehung der Partnerzahlen allgemein repräsentieren möchte. Ebenso wird festgestellt, dass dieses Zeichen von abstrakter Natur und losgelöst von Beispielen ist, wobei vermutet wird, dass Kai diese Anforderung in der Aufgabe eine „Regel" zu formulieren sieht. Bei der Konstruktion eines passenden Zeichens steht für Kai die Verallgemeinerung im Vordergrund, seine Beschreibung büßt gleichzeitig aber an Genauigkeit ein, da die Formulierung nicht all das beinhaltet, was Kais erste mündliche beispielgebundene Beschreibung aussagt. Sie enthält nun keine explizite Aussage mehr darüber, dass die Wahl der Reihe gleich der Wahl der Stellenposition in dieser Reihe sein muss, um das Muster konsequent nach den oberen Steinen fortzusetzen.

Als Kai auf Nachfrage hin seine Beschreibung erläutert, scheint er das Zeichen neu zu interpretieren. Er deutet es nun in einem größeren Rahmen und lässt jene Details außen vor, die seine Versprachlichung im Zeichenkonstruktionsprozess verloren hat. Als ‚Werte' bezeichnet er nun alle Zahlen der Einmaleins-Reihen, auch alle Faktoren kommen als ‚Werte' für die Multiplikation in Frage („drei mal zwei sind sechs, das sind ja die Werte"). Die Musteränderung scheint also durch den zweimaligen Deutungsprozess zustande zu kommen. Kai stellt zunächst eine Beschreibung auf, die das Quadratzahlen-Muster nicht vollständig wiedergibt, sondern eine bloße Multiplikation. Bei der Interpretation lässt sich genau dieses Detail vermissen, das bei der Versprachlichung eingebüßt wurde und bei der erneuten Interpretation der Beschreibung so nicht mehr berücksichtigt wird.

Das obige Beispiel zeigt den Einfluss der Versprachlichung auf die Musterstrukturierung, dem in diesem Kapitel entsprechend der Forschungsfrage *Wie hängen Musterstrukturierung und Versprachlichung bei der Verallgemeinerung mathematischer Muster zusammen?* nachgegangen wurde. Eine Veränderung der Musterstrukturierung muss jedoch nicht immer wie im oben beschriebenen Beispiel zu Vernachlässigungen der vorher erkannten Struktur führen. Dazu sei an dieser Stelle auf die Beschreibung der Plättchenanzahlbestimmung des L-Zahlenmusters von Thorsten (Kapitel 6.1.1) verwiesen. Thorsten bestimmt die Anzahl der Plättchen, in dem er die Figuren in zwei Teilstücke zerlegt und deren Plättchenanzahlen addiert. Als er aufgefordert wird, eine beispielgelöste Beschreibung aufzustellen, hat er zunächst einige Schwierigkeiten, die von ihm gefundenen Teilstücke zu benennen und zu verdeutlichen, dass das Quadrat in der linken unteren Ecke nicht zum ersten Teilstück, den ‚rechten' Plättchen zählen soll. Aus diesem

Grund dreht er nach einigen Formulierungsversuchen („die Rechten, also das ganz rechts ist") die Reihenfolge, in der er die Teilfiguren für die Addition hinzuzieht, unter Ausnutzung der Kommutativität um. In veränderter Reihenfolge fällt es Thorsten anschließend leicht, die Teilstücke durch die Ausdrücke „die Senkrechten" und „die anderen Waagerechten, die noch übrig sind" zu benennen. Thorsten verändert hier zwar bloß die Reihenfolge der erkannten Musterteilstücke, jedoch wird deutlich, dass dies aufgrund der mangelnden Versprachlichungsmöglichkeiten für die zunächst gefundene Rechnung geschieht, sodass auch hier ein Einfluss der Versprachlichung auf die Musterstrukturierung festgestellt werden kann.

In den vorliegenden Untersuchungsdaten kann beobachtet werden, dass ein Einfluss von Versprachlichung auf die Musterstrukturierung dann auftritt, wenn ein Rückbezug von der Versprachlichung zu den mathematischen Mustern und Strukturen stattfindet. Durch Verallgemeinerungen können beispielsweise Informationen abstrahiert werden, sodass diese nicht mehr die Genauigkeit der generischen Beispiele enthalten und diese Diskrepanz zwischen Struktur und Beschreibung beim Rückbezug anschließend Veränderungen der Musterstrukturierung hervorrufen kann.

6.4 Die Rolle des Kontextes bei der Verallgemeinerung

In den vorhergehenden Kapiteln wurde dargestellt, dass die an der Untersuchung teilnehmenden Kinder eigenständig Wörter oder Zeichen mit Variablencharakter verwenden, um mathematische Muster, Strukturen und Beziehungen zu beschreiben. Dabei stellen sie eine neue Beziehung her zwischen bereits bekannten Zeichen aus anderen Kontexten und den Strukturen, die sie beschreiben wollen. Die Herstellung dieser Beziehung prägt den propädeutischen Begriff der Variablen. Da die Wahl der Zeichen dabei stark vom Kontext abhängt, bietet jedes Aufgabenformat neue Möglichkeiten zur Verallgemeinerung.

Die Rolle des Kontextes soll im Folgenden genauer beleuchtet werden und dazu die verschiedenen Verallgemeinerungen der Aufgaben *Plättchenmuster* (Kapitel 6.4.1), *Partnerzahlen* (Kapitel 6.4.2) und *Zaubertrick* (Kapitel 6.4.3) vergleichend betrachtet werden, um so Besonderheiten herauszuarbeiten, die durch die verschiedenen Kontexte entstehen. Dementsprechend wird in diesem Kapitel der folgenden Forschungsfrage nachgegangen:

Welche Rolle spielt der Kontext bei der Verallgemeinerung mathematischer Muster?

6.4.1 Verallgemeinerungen im Kontext *Plättchenmuster*

Das Aufgabenformat *Plättchenmuster* zeichnet sich besonders durch einen starken Veränderlichenaspekt aus, der hier durch den funktionalen Charakter der gegebenen Musterfolge entsteht. Bei dieser Aufgabe gibt es keine Hilfsmittel zur Benennung der variablen Anzahl an Plättchen, da außer der Position der Figur in der Musterfolge (z.b. „Quadrat 1" oder „L4") die Objekte der Aufgabe weder mündlich noch schriftlich bezeichnet werden (vgl. im Gegensatz dazu z.b. „Startzahl" bei *Zaubertricks*) und die Kinder so aufgefordert sind, eigene Bezeichnungen zu finden. Besonders interessante Beobachtungen ergeben sich bei dem Aufgabenformat *Plättchenmuster* durch das in der Aufgabe bereits angelegte Zusammenspiel von geometrisch-visualisierter und arithmetischer Darstellungsebene, welches hier durch die visuellen Musterfiguren einerseits und der Tabelle andererseits gegeben ist. Dadurch lassen sich bereits innerhalb dieses Aufgabenformats die verschiedenen Möglichkeiten für Verallgemeinerungen herausarbeiten, die auf den verschiedenen Darstellungsebenen verfügbar sind.

Es kann in der Untersuchung festgestellt werden, dass für Beschreibungen von Mustern der arithmetischen Ebene häufig das Wort „Zahl" als Wortvariable gewählt wird. Die arithmetische Ebene wird außerdem insbesondere herangezogen, wenn innerhalb einer Beschreibung auf eine andere Anzahl verwiesen werden soll, sodass dann Ausdrücke wie beispielsweise „die gleiche Zahl" oder „die eigene Zahl" verwendet werden können. In Verallgemeinerungen von geometrisch-visualisierten Mustern finden sich besonders häufig deiktische Ausdrücke (z.B. das Entlangfahren von Plättchen) und zudem Raum-Lage-Beziehungen in Form von substantivierten Lokaladverbien des Ortes (z.B. „das Rechts") und der Richtung (z.B. „das runter") sowie geometrische Begriffe (z.B. „die Senkrechten" oder „die Seite"). Zwei Kinder nutzen bei ihren Beschreibungen mit Pfeilen und Symbolen versehene Zeichnungen, welche hier als strukturveranschaulichende Mittel dienen.

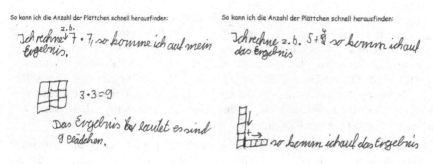

Abbildung 6.23: Lars Beschreibungen und Zeichnungen des Quadratzahlen- und L-Zahlenmusters

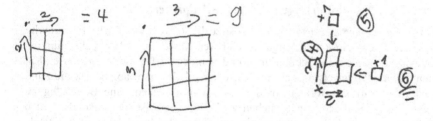

Abbildung 6.24: Timos Zeichnungen des Quadratzahlen- und L-Zahlenmusters

Lars fügt seine Zeichnung den zunächst gewählten Beispielen hinzu. Timo beschreibt die Muster allein durch seine Zeichnungen ohne einen beschreibenden Text. Alle Zeichnungen sind mit Symbolen versehen, die auf die notwendigen Rechenoperationen verweisen. So gibt Lars Rechnung „3·3" an, dass bei der nebenstehenden Figur drei mal drei gerechnet werden muss. Die Pfeile und das Pluszeichen bei seiner Beschreibung der L-Zahlen veranschaulichen die Addition der beiden Musterteilfiguren. Tims Pfeile und die daneben befindlichen Zahlen beschreiben eine Multiplikation. Das ‚Malzeichen' setzt er zu diesem Zweck an die linke obere Ecke der Zeichnung, sodass sich eine Leserichtung in Richtung der Pfeile ergibt und eine Multiplikation der beiden Seiten der Figur beschrieben wird. Die Anzahlbestimmung der Plättchen beim L-Zahlenmuster veranschaulicht er ähnlich. Hier gibt ein Pluszeichen in der linken unteren Ecke die Addition an. Die umkreisten Zahlen 4 und 5 stellen die Zwischenergebnisse seiner Rechnung und die unterstrichene 6 das Endergebnis dar, wobei Timo nicht beachtet, dass er so ein Quadrat doppelt erfasst hat.

Zeichnungen als Beschreibungsmittel für die erkannten Strukturen der Musterfolge zu verwenden, ist eine Möglichkeit, die sich speziell durch die geometrisch-visualisierte Ebene bei dem Aufgabenformat *Plättchenmuster* anbietet. Dabei ist Timos Beschreibung des Quadratzahlenmusters als eine Aufzählung mehrerer Beispiele zu werten, die hier ebenfalls auf geometrisch-visualisierter Ebene dargestellt wird. Die anderen Zeichnungen (Lars Beschreibungen und Timos Beschreibung des L-Zahlenmusters) können als Wahl eines Beispiels erkannt werden, die hier allerdings nicht als solche gekennzeichnet sind, wie es sonst auf arithmetischer Ebene der Fall ist.

Diese besondere Art der Beschreibung lässt sich auf den Kontext *Plättchenmuster* zurückführen. Es ist dabei anzunehmen, dass die Kinder Zeichnungen zur Strukturveranschaulichung hinzuziehen, was sich hier durch die gegebenen Plättchenmuster-Figuren besonders anbietet.

6.4.2 Verallgemeinerungen im Kontext *Partnerzahlen*

Das Aufgabenformat *Partnerzahlen* besitzt die kontextspezifische Besonderheit, dass hier bereits die in der Aufgabe sichtbaren Kästchen als Platzhalter fungieren können. So wählen die Schülerinnen und Schüler oft Bezeichnungen wie „Kästchen", „Stein" oder etwa „Zahl im Kästchen" als Wortvariablen. Da die Kinder bei diesem Aufgabenformat vor der Anforderung stehen, eine Beziehung zwischen linkem und rechtem Kästchen zu beschreiben, ist hier besonders zu beobachten, welche Bezeichnungen sie zur Unterscheidung der beiden Kästchen wählen.

Von den Kindern wird entweder eine Bezeichnung für das Kästchen selbst gefunden (z.B. das linke Kästchen, der 1. Baustein, das zweite Kästchen) oder die veränderliche Zahl im Kästchen beschrieben. Hierbei werden von den Schülerinnen und Schülern wiederum entweder Lagebeziehungen (z.B. die Zahl im linken/rechten Kästchen, die linke/rechte Zahl, die vordere/hintere Zahl) oder eine Reihenfolge nach der Funktionalität nach gegebenen und zu berechnenden Zahlen (z.B. die genannten Ziffern, die erste Zahl, die Anfangszahl, die Zahl im ersten Kästchen, die Partnerzahl, das Ergebnis) unterschieden.

Eine weitere Besonderheit des Aufgabenformats besteht in der Möglichkeit die Beziehung der beiden Zahlen auch direkt darzustellen, ohne auf die Objekte zu verweisen, zwischen denen diese Beziehung besteht. In solchen Fällen benötigen die Kinder keine verallgemeinernden Ausdrücke für diese Objekte und müssen keine Zeichen für die veränderlichen Zahlen im linken und rechten Kästchen finden. Es genügt den Schülerinnen und Schülern oftmals die erkannte Beziehung als solche darzustellen oder sie mit Hilfe einer Operation zu umschreiben.

Beschreibungen der Beziehung ohne Benennung der Objekte sind beispielsweise „Es ist das Doppelte", „Es ist immer die Hälfte" oder „Das ist immer fünf mehr".

Beschreibungen der notwendigen Operation ohne Benennung der Objekte sind beispielsweise „Es wird plus gerechnet", „Man muss immer das Doppelte rechnen", „Man muss immer plus 20 rechnen", „Es wird mal gerechnet" oder „Ich habe immer fünf abgezogen oder dazugetan".

Mit Ausnahme weniger Formulierungen („immer die Malaufgabe", „es werden immer zwei mehr") bei dem Aufgabenformat *Plättchenmuster* bleibt diese Art von Beschreibung dem Aufgabenformat *Partnerzahlen* vorbehalten.

Im Aufgabenformat *Partnerzahlen* werden die Schülerinnen und Schüler aufgefordert eine „Kurzregel" zu formulieren und den dafür auf dem Aufgabenblatt vorgesehen Stein zu verwenden. Dies veranlasst einige Kinder dazu, neue platzsparende Symbole einzusetzen, die als Platzhalter fungieren.

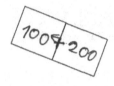

Abbildung 6.25: Louis Kurzregel der Partnerzahlen-Beziehung *2x*

Louis wählt für die Kurzregel des Arbeitsblattes *2x* zunächst das Beispiel 100. Um die notwendige Operation zu verdeutlichen, die er auf dem Arbeitsblatt erkannt hat, fügt er ein Pluszeichen hinzu und zusätzlich einen Pfeil um mit diesem kenntlich zu machen, dass der zweite Summand dem ersten entspricht. Diese Vorgehensweise erklärt er wie folgt:

L.: *(schreibt in den Stein 100, 200, dann + und den Pfeil)* Also je, also jetzt, hundert plus hundert sind ja zweihundert. Darum hab ich hier noch so'n Pluszeichen gemacht und dann so'n Pfeil.

I.: Ok. Was heißt der Pfeil genau?

L.: Also, dass ich nochmal plus hundert rechnen muss.

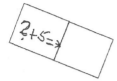

Abbildung 6.26: Tobias Kurzregel
der Partnerzahlen-Beziehung $x+5$

Abbildung 6.27: Roberts Kurzregel
der Partnerzahlen-Beziehung x^2

Bei Tobias stellt das Fragezeichen, ebenso wie Roberts Strich einen Platzhalter dar, in den man Zahlen einsetzen kann. Durch den Pfeil versucht auch Robert einen Bezug zur ersten Zahl herzustellen. Dies verdeutlicht Robert der Interviewerin auf Nachfrage.

I.: Und dieses Zeichen (*zeigt auf den Strich und den Pfeil*) heißt jetzt, das musst du nochmal, kannst du das kurz erklären?

R.: Das heißt, dass ich hier diese Zahl, die da hinkommt (*zeigt auf das Zeichen*), also die ich mal rechne, soll wieder die gleiche Zahl sein. Das will ich damit zeigen.

I.: Ok. Mmh. Muss das immer die vier sein, oder?

R.: Nee, je nachdem welche Zahl eben mal, welche Zahl ich eben sich selbst mal nehmen muss, nämlich immer die, die im linken Kästchen hier stehen (*deutet auf die linken Kästchen der Steine auf dem oberen Teil des Aufgabenblattes*).

Diese Nutzung von Symbolen wird durch den Stein der Kurzregel auf den Arbeitsblättern des Aufgabenformats *Partnerzahlen* angeregt, da hier einerseits nicht genug Platz für ausführliche Beschreibungen gegeben ist und andererseits die Aufforderung, eine Kurzregel zu verfassen, bereits vom Wortlaut her die Aufforderung nach Kürze enthält. Viele Kinder nutzen den Stein der Kurzregel jedoch auch dazu, ein Beispiel einzufügen, dass sie nur mündlich als solches kennzeichnen, sodass eine Nutzung von Symbolvariablen hier nicht erzwungen wird.

6.4.3 Verallgemeinerungen im Kontext *Zaubertrick*

Im Aufgabenformat *Zaubertrick* erfolgen bereits auf dem Arbeitsblatt zwei Hilfen zur Benennung der Unbestimmten. So werden hier die beiden Ausdrücke „Startzahl" und „gedachte Zahl" von den Kindern oftmals aufgegriffen oder mit ähnlichen Begriffen wie „die obere Zahl" oder „die Anfangszahl" versehen.

Bei diesem Aufgabenformat *Zaubertrick* steht die Begründung für das Funktionieren des Tricks unabhängig von der Wahl der Startzahl im Fokus. Aus diesem Grund wählen viele Schülerinnen und Schüler Ausdrücke, welche besonders die Beliebigkeit der Startzahl betonen (z.B. „irgendwelche Zahlen"). Dabei werden oftmals auch große Zahlen herangezogen, um damit die Unabhängigkeit der Zahlenwahl zu begründen, wie das folgende Beispiel einer Interviewszene von Pitt veranschaulicht.

P.: Ich glaub, dass dann immer wieder das gleiche rauskommt.

I.: Und hast du auch ne Vermutung, warum das so ist?

P.: Ja, weil immer, da kommt immer das gleiche raus, wenn ich jetzt zum Beispiel auch nur, ähm ja weil ich ja, weil vier plus acht sind ja zwölf und die hier *(zeigt auf die Startzahlen)* kann ich eigentlich weglassen, weil die gedachte Zahl muss ich ja eh wieder wegmachen. Und dann muss ich nur noch minus zwei, das sind ja dann schon zehn. Deshalb klappt das eigentlich immer.

I.: Mmh. Warum kann ich das Gedachte eigentlich weglassen? Warum genau?

P.: Also, weil, wenn ich jetzt die fünfhundert hab, dann hab ich hier fünfhundert und das kann ich eigentlich kann ich die fünfhundert auch weglassen. Und kann und brauch nur diese Sachen hier rechnen.

Nachdem es zunächst so scheint, als wolle Pitt ein Beispiel zur Argumentation nennen, bricht er diesen Satz ab und führt zunächst zur Begründung an, dass sich das wiederkehrende Teilergebnis zwölf aus der Addition von vier und acht ergibt. Dann zeigt er auf, dass die Startzahl nicht beachtet werden muss, da er sie eh „wieder wegmachen" muss. Hier argumentiert er mit Hilfe der Wortvariablen „gedachte Zahl" und dem deiktischen Ausdruck „die hier" mit Zeigen auf die Startzahl. Anschließend führt er seine arithmetisch orientierte Begründung weiter und beschreibt, dass sich durch Subtraktion von zwei von dem vorher schon begründeten Teilergebnisses zwölf das Ergebnis zehn ergibt. Als er aufgefordert wird zu begründen, warum die gedachte Zahl weggelassen werden kann, nutzt er hierfür einen Bedingungssatz und wählt dazu die Zahl fünfhundert.

Es kann beobachtet werden, dass die Schülerinnen und Schüler im Kontext *Zaubertrick* besonders häufig große Zahlen oder Ausdrücke wie „eine Millionenzahl" oder „hundertirgendwas" verwenden, um dadurch die Beliebigkeit der Startzahl zu verdeutlichen. So scheint es das Argument der Zahlenunabhängigkeit zu unterstützen, wenn ‚sogar' eine ganz große Zahl gewählt werden darf. Diese Beschreibungsart ist spezifisch im Kontext *Zaubertrick* vorzufinden, da es sich hier um ein Aufgabenformat handelt, in dem diese Art von Argumentation im Sinne des Simultanaspektes nach MALLE (1993; vgl. Kapitel 1.1.1) angeregt wird.

6.4.4 Zusammenfassung und Fazit

In diesem Kapitel wurde der folgenden Forschungsfrage nachgegangen:

Welche Rolle spielt der Kontext bei der Verallgemeinerung mathematischer Muster?

Es zeigt sich in der Untersuchung, dass die drei verwendeten Aufgabenformate jeweils verschiedene kontextspezifische Möglichkeiten für Verallgemeinerungen und ebenso zur Konstruktion von Zeichen mit Variablencharakter bieten. Bereits innerhalb des Aufgabenformats *Plättchenmuster* lassen sich Unterschiede zwischen den Verallgemeinerungen auf geometrisch-visualisierter und arithmetischer Ebene finden, welche sich durch das in der Aufgabe angelegte Zusammenspiel dieser beiden Darstellungsebenen ergibt. Zusätzlich zeigt sich, dass Kinder Gebrauch von der Möglichkeit machen, Zeichnungen als strukturveranschaulichende Mittel zu nutzen. Im Aufgabenformat *Partnerzahlen* erkennen die Schülerinnen und Schüler die Möglichkeit, die vorgefundenen Beziehungen zwischen den Kästchen oder notwendigen Operationen, um vom linken zum rechten Kästchen zu gelangen, ohne eine Benennung der zugehörigen Objekte, nämlich den Kästchen selbst, zu verfassen, sodass hier eine geschickte Umgehung der nötigen Variablen möglich ist. Der Aufgabenteil ‚Kurzregel' regt stärker als die anderen Aufgabenformate dazu an, Symbole zu verwenden, die in den eng bemessenen Raum für die Kurzregel passen. Da im Aufgabenformat *Zaubertrick* eine Argumentation zur Beliebigkeit der Unbestimmten im Vordergrund steht, nutzen die Kinder hier oft Ausdrücke, die den Simultanaspekt der Wortvariablen in den Fokus rücken. So lässt sich aufzeigen, dass Verallgemeinerungen stark situativ geprägt sind. Jeder Kontext bietet den Schülerinnen und Schülern neue Möglichkeiten für Verallgemeinerungen, welche die situativen Erfahrungen im Umgang mit mathematischen Mustern und Strukturen bereichern. Die verschiedenen Zeichen, die von den Kindern bei der Verallgemeinerung in den jeweiligen Kontexten verwendet werden, betonen auch jeweils unterschiedliche Facetten des Variablenbegriffs. Hier z.B. wird im Kontext *Zaubertrick* die Beliebigkeit der Zahlen und dadurch der Unbestimmtenaspekt hervorgehoben, während im Aufgabenformat *Plättchenmuster* der Veränderlichenaspekt im Vordergrund steht. Je nach Kontext verändert sich somit die Beziehung zwischen Zeichen und zu verallgemeinerndem Muster. Eine Berücksichtigung verschiedener Kontexte erzielt folglich eine Bereicherung des Variablenbegriffs.

6.5 Die Verallgemeinerung von Mustern verschiedener Darstellungsebenen

Als Besonderheit des Aufgabenformats *Plättchenmuster* wurde in Kapitel 5.2.2.1 das in der Aufgabe angelegte Zusammenspiel verschiedener Darstellungsebenen beschrieben. Es wurde aufgezeigt, dass geometrisch-visualisierte Folgen häufig für einen Einstieg in die Algebra genutzt werden – sowohl in Schulbüchern (siehe z.b. AFFOLTER ET AL. 2003, 22f) als auch in Studien zur Entwicklung des algebraischen Denkens (z.b. BERLIN 2010b; ENGLISCH & WARREN 1998) – da geometrisch-visualisierte Darstellungen den Lernenden helfen sollen, algebraische Strukturen zu erkennen und zu verallgemeinern (vgl. Kapitel 4.1.2.3).

Obwohl geometrisch-visualisierte Folgen also veranschaulichend wirken und eine inhaltliche Interpretation der Folgen ermöglichen sollen (WIELAND 2006), so wird dennoch festgestellt, dass diese Darstellungsform im Vergleich zu einer rein numerischen nicht unbedingt als Vereinfachung dient (vgl. STEINWEG 2001; ORTON ET AL. 1999), sondern sogar für Lernende schwieriger zu verallgemeinern sein kann (ENGLISCH & WARREN 1998). Geometrische Muster sind folglich keine methodischen Hilfsmittel zur Visualisierung von algebraischen Strukturen, sondern sind als eigenständige Muster anzusehen, deren charakteristische Strukturen von Lernenden bei der Deutung aktiv konstruiert werden müssen (BÖTTINGER 2006; BÖTTINGER & STEINBRING 2007).

Durch eine Vernetzung verschiedener Darstellungsebenen, wie sie im Aufgabenformat *Plättchenmuster* angelegt ist, können geometrische und arithmetische Strukturen aufeinander bezogen und deren dynamische Wechselbeziehung erfahren werden. Deshalb können bei diesem Aufgabenformat Musterverallgemeinerungen auf verschiedenen Darstellungsebenen in den Blick genommen werden, sodass der in Kapitel 5.3 aufgestellten Forschungsfrage nachgegangen werden kann:

Wie verallgemeinern Schülerinnen und Schüler mathematische Muster, die durch verschiedene Darstellungsebenen geprägt sind?

In der Analyse der Untersuchungsdaten können bezüglich dieser Forschungsfrage verschiedene Prozesse beobachtet werden, die im Folgenden dargestellt werden. Einerseits lässt sich erkennen, dass sich die Kinder von der geometrisch-visualisierten Darstellungsebene lösen, um auf arithmetischer Ebene Plättchenanzahlen von Folgegliedern zu bestimmen (Kapitel 6.5.1). Andererseits wechseln die Kinder oftmals flexibel zwischen den Darstellungsebenen und beziehen diese aufeinander (Kapitel 6.5.2). Durch diese beiden Prozesse bedingt, kann festgestellt werden, wie die Entwicklung der mathematischen Struktur bei dem Aufgabenformat *Plättchenmuster* auf verschiedenen Darstellungsebenen verläuft (Kapitel 6.5.3).

Die Darstellungsebenen: geometrisch-visualisiert und arithmetisch

Bei der Beschäftigung mit verschiedenen Darstellungsebenen wird im Allgemeinen auf die von BRUNER (1974) genutzten Begrifflichkeiten ‚enaktiv‘, ‚ikonisch‘ und ‚symbolisch‘ zurückgegriffen. Die unterschiedliche Bedeutung des Begriffs ‚symbolisch‘ bei BRUNER und der dieser Arbeit zugrunde liegenden Theorie zur Konstruktion mathematischen Wissens von STEINBRING (2005) könnte an dieser Stelle jedoch zu Missverständnissen führen, weshalb hier von BRUNERS Bezeichnungen abgesehen wird. Stattdessen soll der Begriff ‚geometrisch-visualisiert‘ die Darstellungsebene beschreiben, auf welcher geometrische Aspekte des abgebildeten Plättchenmusters im Vordergrund stehen, ‚arithmetisch‘ hingegen die Darstellungsebene der numerischen, algebraischen Aspekte.

6.5.1 Die Loslösung von der geometrisch-visualisierten Ebene

Zu Beginn jedes Interviews des Aufgabenformats *Plättchenmuster* werden die Kinder zunächst mit der geometrisch-visualisierten Quadratzahlen-Folge auf dem ersten Arbeitsblatt konfrontiert. Um die Folge fortsetzen zu können, müssen sie in den gegebenen Figuren Strukturen erkennen und die drei Objekte in Beziehung zueinander setzen. Im zweiten Aufgabenteil folgt dann die Aufforderung, die benötigten Anzahlen an Plättchen für die ersten zehn Folgeglieder zu bestimmen, für dessen Ergebnisse auf dem Arbeitsblatt eine Tabelle vorgesehen ist. In der Aufgabenstellung wird den Kindern die Nutzung verschiedener Darstellungsebenen angeboten („Du kannst die Anzahl herausfinden, indem du baust, zeichnest oder rechnest", vgl. Kapitel 5.2.2.1). Bei allen interviewten Kindern kann während des Lösungsprozesses, die Plättchenanzahl der ersten zehn Musterfiguren zu finden, eine Loslösung von der geometrisch-visualisierten Ebene beobachtet werden. Die Schülerinnen und Schüler gehen dann dazu über, die Anzahlen nach den ersten Objekten arithmetisch zu bestimmen. Einige Kinder nutzen für die Bestimmung der ersten, nicht mehr auf dem Arbeitsblatt sichtbaren Musterfiguren als Zwischenschritt auch die verfügbaren Plättchen.

Gleiches lässt sich ebenso bei der Bearbeitung des Arbeitsblattes ‚L-Zahlen‘ feststellen. Wie sich eine Loslösung von der geometrisch-visualisierten hin zur arithmetischen Ebene vollziehen kann, soll im Folgenden anhand eines Transkriptausschnitts von Johanna exemplarisch dargestellt werden. Die Szene erfolgt direkt nach der Einführung in das Interview und bedarf deshalb keiner weiteren Einbettung in das Gesamtgeschehen.

Transkriptausschnitt zu Johannas Deutung des Quadratzahlenmusters

I.: Gut dann gebe ich dir mal die erste Aufgabe, außerdem noch ein paar Plättchen, falls du welche möchtest. *(Gibt Johanna das erste Aufgabenblatt und einen Stapel mit quadratischen Plättchen.)* Vielleicht kannst du dir das erst mal in Ruhe angucken, diese Aufgaben.

J.: Dafür sind die Kärtchen? *(Nimmt ein Plättchen, dreht es in der Hand und legt es zurück.)*

I.: Ja, falls du später etwas legen möchtest.

J.: *(Trägt ihren Namen auf dem Arbeitsblatt ein, liest auf dem Arbeitsblatt (21 sec.) beginnt dann auf die Quadrate der Figuren zu tippen. Überlegt 17 sec. und bewegt dabei kaum merklich die Lippen. Zeichnet dann unaufgefordert auf den vorgesehenen Platz für das Quadrat vier ein 3·3-Quadrat.)* Jetzt habe ich erst mal das *(zeigt auf Quadrat drei).*

I.: Mmh *(nickt).*

J.: *(Zeichnet das Muster weiter, sodass ein 4·4-Quadrat entsteht.)*

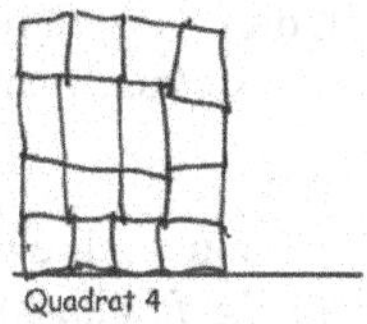

Quadrat 4

Abbildung 6.28: Johannas Zeichnung der 4. Quadratzahlen-Figur

Jetzt habe ich gerechnet, da sind drei mehr *(zeigt auf die Quadrate 1 und 2).* Da sind dann wieder fünf mehr *(zeigt auf Quadrat 2 und 3)* und dann kommt da sieben mehr *(zeigt auf Quadrat 4)* und jetzt habe ich das aufgezeichnet.

I.: Aha. Ok, gut. Sehr schön. Gut, hier dann die zweite Aufgabe *(zeigt auf die Tabelle).* (Liest) Fülle die Tabelle aus. Und jetzt siehst du schon, für das erste Quadrat braucht man ein Plättchen *(zeigt auf den bereits ausgefüllten Anfang der Tabelle).*

J.: Mmh *(nickt zustimmend).*

I.: Kannst du den Rest der Tabelle mal ausfüllen?

J.: *(Greift nach den Plättchen, lässt sie aber liegen.)* Ach, das ist einfach. Vier. *(Trägt eine vier in die Tabelle ein.)* Drauf legen *(legt ein heruntergefallenes Plättchen oben auf den Stapel).* Eins, zwei, drei, vier, fünf, sechs, sieben, acht, neun *(tippt auf die Quadrate von Quadrat 3). (Trägt die neun in die Tabelle ein. Zählt die Quadrate der obersten beiden Zeilen von Quadrat 4).* Sechszehn. *(Trägt die 16 in die Tabelle ein).*

I.: Wie hast du das jetzt so schnell gemacht?

J.: Mhh, weil ich hab hier einmal die Hälfte gerechnet, das sind acht. Und dann nochmal die Hälfte, weil ich hab das einfach durch die Hälfte geteilt (*deutet mit dem Stift einen waagerechten Strich mitten durch das Quadrat 4 an*).

I.: Ah, ok.

J.: Brauche ich mal die Plättchen (*Nimmt ein paar Plättchen vom Stapel und legt Quadrat 3*). Jetzt hab ich wieder da mein Kästchen (*zeigt auf Quadrat 3 auf dem Arbeitsblatt*). (*Legt weitere Plättchen an, sodass Quadrat 4 entsteht.*) Jetzt kann ich das nochmal nachrechnen (*zeigt auf Quadrat 4 auf dem Arbeitsblatt*). Das sind eins, zwei, drei, vier, fünf, sechs, sieben, acht, neun, zehn, elf, zwölf, dreizehn, vierzehn, fünfzehn, sechszehn (*tippt auf jedes gelegte Plättchen*). Gut und jetzt muss ich sieben plus zwei sind neun. Eins, zwei, drei, vier, fünf, sechs, sieben, acht, neun (*legt die neun Plättchen an das Muster, sodass Quadrat 5 entsteht*).

I.: Mmh.

J.: Jetzt muss ich einfach sieben plus neun rechnen. Das sind fünfundzwanzig. (*Trägt die fünfundzwanzig ein*). Jetzt habe ich wieder das nächste Ergebnis. Jetzt kann ich mal wieder elf Plättchen legen. (*Legt den nächsten Winkel an, sodass Quadrat 6 entsteht.*) Jetzt habe ich elf, jetzt muss ich plus elf rechnen. Das sind sechsunddreißig (*trägt die 36 ein*). So und jetzt muss ich plus dreizehn rechnen, das sind neunundvierzig (*trägt die 49 ein*). So und jetzt muss ich mal plus fünfzehn rechnen. Das sind vierundsechzig (*trägt die 64 ein*). Vierundsechzig plus siebzehn sind acht, einundachtzig (*trägt die 81 ein*). Einundachtzig plus neunzig sind hundert (*trägt die 100 ein*).

I.: Mmh.

J.: Hundert. Hundert ha, hundert Plättchen haben wir nicht (*deutet auf den Stapel und lächelt*).

Analyse des Transkriptausschnitts zu Johannas Deutung des Quadratzahlenmusters

In dieser Szene zu Beginn des Interviews ist zu erkennen, dass Johanna einen rekursiven Aspekt der wachsenden Musterfolge in den Vordergrund stellt. Noch bevor sie Quadrat 4 zeichnet, zählt sie die Anzahl der Plättchen der ersten drei Figuren Quadrat 1 bis Quadrat 3, was durch ihr Tippen mit den Fingern ersichtlich wird. Diese Anzahlen scheint sie zur Bestimmung von Quadrat 4 heranzuziehen, was sich durch ihre anschließende Erklärung bestätigen lässt. Hier gibt sie zu verstehen, aus den Differenzen zwischen den ersten Figuren sieben Plättchen als

Zuwachs vom dritten zum vierten Quadrat abgeleitet zu haben („Da sind drei mehr. Da sind dann wieder fünf mehr. Und dann kommt da sieben mehr.").

Als sie nun im zweiten Aufgabenteil aufgefordert wird, die Anzahlen der Musterfiguren zu bestimmen, bleibt unklar, wie sie die Anzahl vier für das 2. Quadrat erhält. Möglich wäre beispielsweise ein leises Zählen oder aber auch ein simultanes Erfassen der Menge. Die neun Plättchen des 3. Quadrats bestimmt sie jedoch durch nochmaliges lautes Abzählen. Die Anzahl der sechszehn Plättchen für Quadrat 4 erhält sie durch Verdopplung der acht Plättchen in den oberen beiden Reihen des Musters, welche sie wiederum durch Abzählen ermittelt. Es kann vermutet werden, dass sie diesen rechnenden Ansatz der Verdopplung hier als schneller oder einfacher als das zählende Bestimmen der Plättchenanzahl versteht.

Für die nächsten Folgeglieder Quadrat 5 und Quadrat 6, die nicht mehr dargestellt sind und somit keine abzählbaren Strategien ermöglichen, verwendet sie Plättchen, wobei sie auch hier zunächst von Quadrat 3 ausgeht und von diesem aus jeweils einen Winkel anlegt, um die nächste Musterfigur zu erhalten, was noch einmal ihr rekursives Vorgehen unterstreicht. Es ist zu erkennen, dass Johanna zuerst die Anzahl der dazukommenden Plättchen arithmetisch mit Hilfe der Folge der ungeraden Zahlen berechnet, diese dann an die bestehenden Muster anlegt und anschließend die Gesamtanzahl der benötigten Plättchen durch Addition bestimmt. Interessant erscheint hier die Funktion der Visualisierung mit Hilfe der Plättchen, die Johanna weder nutzt, um die Anzahl der neu hinzukommenden Plättchen zu bestimmen, noch um die Gesamtanzahl zu berechnen. Die Veranschaulichung scheint hier für Johanna als Kontrolle zu fungieren, die ihr bestätigt, dass das Hinzufügen der berechneten Plättchen zu der nächsten Folgefigur führt, da sich jeweils die passende Anzahl für den fehlenden Winkel ergibt.

Ab dem siebten Quadrat benötigt Johanna die Veranschaulichung durch die Plättchen nicht mehr und geht dazu über, die Plättchenanzahl rein arithmetisch zu bestimmen. Dazu ermittelt sie zunächst jeweils die hinzukommenden Plättchen und addiert diese anschließend direkt zur Anzahl des Folgevorgängers, den sie der Tabelle entnimmt. So vervollständigt sie die Tabelle bis zum zehnten Quadrat auf rein arithmetischer Ebene. Es ist anzunehmen, dass die Veranschaulichung der ersten sechs Quadrate Johanna zeigt, dass sie sich des erkannten Zusammenhangs zwischen geometrischer Struktur der Folgeglieder (hier dem hinzukommenden Winkel) und arithmetischer Struktur (dem konstant wachsenden Zuwachs) sicher sein kann.

Während der zweiten Teilaufgabe der Aufgabenblätter Quadratzahlen und L-Zahlen lösen sich alle interviewten Kinder von der geometrisch-visualisierten

Ebene, unabhängig davon, ob sie einen rekursiven oder expliziten Charakter der Musterfolgen betrachten. Die Schülerinnen und Schüler nutzen rechnende Ansätze auf arithmetischer Ebene, um die gesuchten Anzahlen schneller und bequemer herausfinden zu können. Dies ist jedoch nur möglich, wenn die Lernenden den Zusammenhang zwischen geometrischer und arithmetischer Struktur erkannt haben und sich sicher sind, auf arithmetischer Ebene handeln zu können, ohne die geometrische Struktur zu verletzen.

Wie im Beispiel von Johanna wird in den Interviews ersichtlich, wie die Lernenden dazu die verschiedenen Darstellungsebenen aufeinander beziehen, die erkannten arithmetischen und geometrischen Strukturen auf Übereinstimmung überprüfen und sich dann von der geometrischen Ebene lösen, um die Vorteile von rechnenden Vorgehensweisen ausnutzen zu können.

6.5.2 Die Verknüpfung von verschiedenen Darstellungsebenen

Neben der Loslösung von der geometrisch-visualisierten Ebene kann bei der Analyse der Interviews ebenfalls erkannt werden, dass die Schülerinnen und Schüler auf vielfältige Weise zwischen den verschiedenen Darstellungsebenen des Muster hin- und herwechseln und diese aufeinander beziehen. So ist häufig zu beobachten, dass die Kinder nach einem längeren Verallgemeinerungsprozess innerhalb einer Ebene spontan einen Rückbezug zur anderen Ebene vornehmen. Wie eng geometrisch-visualisierte und arithmetische Ebene dabei miteinander verknüpft werden und wie flexibel die Kinder zwischen den Darstellungsebenen wechseln, soll anhand von Trankskriptausschnitten des Schülers Thorsten bei der Bearbeitung des Quadratzahlenmusters aufgezeigt werden.

In dem Quadratzahlenmuster erkennt Thorsten die Multiplikation, welche er zur Anzahlbestimmung nutzt und sich so schnell von der geometrisch-visualisierten Darstellung des Musters lösen kann. Der Interviewabschnitt zu Thorstens Bearbeitung des Quadratzahlenmusters kann in folgende Szenen unterteilt werden:

- Phase 1: Zeichnen von Quadrat 4
- Phase 2: Ausfüllen der Tabelle 1 von Aufgabenblatt 1
- Phase 3: Ausfüllen der Tabelle 2 von Aufgabenblatt 1
- Phase 4: Beschreibung des Musters
- Phase 5: Ausfüllen der Tabelle von Aufgabenblatt 2

Für den hier zu betrachtenden Aspekt der Loslösung und Rückbeziehung zur geometrisch-visualisierten Ebene sind die Szenen 1 und 4 nicht relevant und werden deshalb nicht dargestellt.

Transkript zu Phase 2: Ausfüllen der Tabelle 1 auf dem ersten Arbeitsblatt

I.: Kannst du dann mal hier versuchen, hier steht eine Tabelle (*zeigt auf Tabelle 1 auf Arbeitsblatt 1 des Quadratzahlen-Musters*), hier steht für's erste Quadrat braucht #

T.: Ja (*zückt den Stift*).

I.: man ein Plättchen.

T.: (*Füllt die Tabelle aus (16 sec.).*)

1) Fülle die Tabelle aus. Du kannst die Anzahl herausfinden, indem du baust, zeichnest oder rechnest.

Quadrat	1	2	3	4	5	6	7	8	9	10
Anzahl	1	4	9	16	25	36	49	64	81	100

Abbildung 6.29: Thorstens Tabelle 1 des Arbeitsblattes Quadratzahlen I

I.: Wow, das ging jetzt aber in Windeseile. Wie hast du das denn jetzt gemacht, so schnell?

T.: Das war auch wie hier (*zeigt auf die Musterfolge*). Man hat immer dann die Zahl (*deutet auf die Tabelle*), zwei mal zwei, drei mal drei, vier mal vier.

I.: Mmh.

T.: Dann kommt man auf die Zahlen.

Transkript zu Phase 3: Ausfüllen der Tabelle 2 auf dem ersten Arbeitsblatt

I.: Ok, ah ok. Und, dann gehen wir mal direkt zur Sternchenaufgabe über (*zeigt auf Tabelle 2 auf dem Arbeitsblatt*). Hier steht jetzt Quadrat 20 oder 100.

T.: Mmh (*nickt*).

I.: Wie wäre das da, wie viele Plättchen bräuchte man da?

T.: (*Füllt die Felder für Quadrat 20 und 100 aus (17 sec.)*). Soll ich hier dann jetzt (*zeigt auf die leeren Zellen*)?

I.: Ja, da kannst du dir irgendeine aussuchen.

T.: (*Füllt den Rest der Tabelle aus (64 sec.).*)

Quadrat	20	100	1000	50	30
Anzahl	400	10 000	1 000 000	2500	900

Abbildung 6.30: Thorstens Tabelle 2 des Arbeitsblattes Quadratzahlen I

I.: Aha, ok. Super. Wie hast du das jetzt gemacht immer?

T.: Ich hab hier auch immer 20 mal 20, 100 mal 100, 1000 mal 1000, 50 mal 50, 30 mal 30 (*zeigt dabei auf die einzelnen Felder der Tabelle*).

I.: Mmh. Ok.

Analyse der Transkriptausschnitte zu Phase 2 und 3

Wie bereits bei dem Transkriptausschnitt von Johanna ist auch bei Thorsten in den ersten beiden Szenen 2 und 3 eine Loslösung von der geometrisch-visualisierten Musterfolge zu erkennen. Als Thorsten in Szene 2 nach seinem Vorgehen bei der Anzahlbestimmung gefragt wird, bezieht er sich zunächst auf die Musterfolge („Das war auch wie hier (*zeigt auf die Musterfolge*).“), dann benennt er jedoch die Zahlen in der Tabelle als Bezugspunkt für seine Rechnungen „Man hat immer dann die Zahl (*deutet auf die Tabelle*), zwei mal zwei, drei mal drei, vier mal vier.“, wobei er sein Vorgehen mittels einer Aufzählung von mehreren Beispielen ohne Verweis auf Fortlauf (vgl. Kapitel 6.2.3) verallgemeinert. Auch bei der Anzahlbestimmung in Tabelle 2 bezieht er sich nur auf die in der Tabelle stehenden Zahlen („Ich hab hier auch immer 20 mal 20, 100 mal 100, 1000 mal 1000, 50 mal 50, 30 mal 30 (*zeigt dabei auf die einzelnen Felder der Tabelle*)“), sodass hier eine Loslösung von der geometrisch-visualisierten Muster-folge erkannt werden kann.

Transkript zu Phase 5: Ausfüllen der Tabelle von Aufgabenblatt 2

I.: Ok. Jetzt ist hier unten auch wieder Quadrat zehn, aber jetzt steht hier Rechenregel. Und zwar sollst du hier nicht das Ergebnis eintragen, sondern nur <u>wie</u> man das rechnet.

T.: (*Nickt. Schreibt in das erste Feld ‚10·10'*) Soll ich mir da was ausdenken (*zeigt auf die leeren Felder der Tabelle*)?

I.: Genau.

T.: (*Füllt die Tabelle aus (20 sec.)*)

Quadrat	10	250	500	1000	10 000
Rechenregel	10·10	250·250	500·500	1000·1000	10000·10 000

Abbildung 6.31: Thorstens ausgefüllte Tabelle 1 des Arbeitsblattes Quadratzahlen II

I.: Ok. Kannst du mir nochmal erklären, wie du das immer rechnest, wenn da oben irgendeine Zahl drin steht?

T.: Also das Quadrat (*zeigt auf das Feld ‚10·10‘*) das ist ja immer gleich. Alle Seiten (*deutet mit dem geschlossenen Stift ein Quadrat auf dem Tisch an*).

I.: Mmh.

T.: So. Dann einfach, weil das so sag ich mal hier zehn sind (*deutet mit dem geschlossenen Stift auf dem Tisch eine waagerechte Linie an* ⟶). Weil das dann auch zehn Reihen sind (*deutet mit dem Stift eine Senkrechte Linie an, danach eine waagerechte Linie* ⌐▶).

I.: Mmh.

T.: Zehn mal zehn.

I.: Mmh.

T.: Und den Rest auch so.

Analyse der Transkriptausschnitts zu Phase 5

Sowohl Thorstens Vorgehen als auch die Geschwindigkeit, mit der er die Tabelle ausfüllt, sprechen zunächst dafür, dass er auch hier rein auf arithmetischer Ebene handelt, in dem er den geforderten Term von den in der Tabelle stehenden Zahlen ableitet. Bei der anschließenden Erklärung seines Handelns nimmt er jedoch explizit Bezug zu den oben auf dem Arbeitsblatt dargestellten Figuren. Es ist zu vermuten, dass Thorsten mit seiner Erläuterung nicht nur sein Vorgehen beschreiben, sondern ebenso begründen möchte, warum man zur Anzahlbestimmung der Plättchen in einem Quadrat überhaupt die Multiplikation verwenden darf. Bei der Analyse dieser Interviewszene kann nicht eindeutig festgestellt werden, an welcher Stelle Thorsten den Rückbezug zur geometrisch-visualisierten Darstellung vornimmt. Dies kann bereits bei der Erstellung der Terme in der Tabelle geschehen, oder aber erst bei der anschließenden Erläuterung und Begründung seines Vorgehens. Unabhängig davon veranschaulicht der spontane Bezug zur Musterfolge hier aber dennoch die Flexibilität des Schülers beim Darstellungswechsel.

Ähnlich wie Thorsten nehmen viele Schülerinnen und Schüler während der Interviews spontan Bezug auf die geometrisch-visualisierten Ebene der gegebenen Musterfolge. Das obige Beispiel zeigt außerdem, dass die Verknüpfung von Muster und Tabelle so ausgeprägt sein kann, dass die Kinder in der Lage sind, flexibel zwischen verschiedenen Darstellungsebenen hin- und herzuwechseln, sodass für einzelne Momente nicht immer festgestellt werden kann, worauf sie sich in ihren Handlungen oder Beschreibungen beziehen.

6.5.3 Die Strukturentwicklung auf geometrisch-visualisierter und arithmetischer Ebene

Die beiden oben beschriebenen Prozesse zeigen auf, dass Kinder sich bei der Beschäftigung mit geometrisch-visualisierten Mustern einerseits mit zunehmender Sicherheit von Veranschaulichungen lösen, dass sich andererseits aber auch enge Verknüpfungen von verschiedenen Darstellungsebenen und ein flexibler Umgang mit diesen erkennen lassen. Bei dem Aufgabenformat *Plättchenmuster* kann beobachtet werden, dass die Entwicklung und Verallgemeinerung von mathematischen Strukturen durch eben diese beiden Prozesse geprägt sind. So zeigt sich, dass auf verschiedenen Darstellungsebenen unterschiedliche Aspekte des Musters erkannt werden können, die dann zur Entwicklung von Strukturen herangezogen und verallgemeinert werden. Dies soll im Folgenden exemplarisch an einer Interviewszene des Schülers Lars und dessen Verallgemeinerung des Quadratzahlenmusters veranschaulicht werden. Die Bestimmung der Plättchenanzahlen für die ersten zehn Folgeglieder soll hierfür in die zwei folgenden Phasen unterteilt und vorher durch eine Darstellung des Interviewbeginns vorbereitet werden.

Vorbereitung der Transkriptausschnitte: Lars Konstruktion des 4.Quadrats

- Phase 1: Bestimmung der Plättchenanzahl des 4. Quadrats
- Phase 2: Bestimmung der Plättchenanzahl der Quadrate 5 – 10

Vorbereitung der Transkriptausschnitte: Lars Konstruktion des 4. Quadrats

Die Interviewerin legt Lars zu Beginn das erste Arbeitsblatt vor und fordert ihn auf, das Muster auf dem Arbeitsblatt anzuschauen und fortzusetzen. Auf die Frage „Kannst du das mal hinzeichnen, wie das aussehen müsste?" antwortet Lars zunächst spontan „Vier, vier, vier, denke ich".

Bei seiner Zeichnung des 4. Quadrats beginnt er mit dem Rand, indem er zunächst vier Quadrate auf die vorgesehene Linie des Arbeitsblattes zeichnet und dann reihum den rechten, oberen und linken Rand des Quadrats skizziert.

Dabei unterläuft ihm beim linken Rand ein Fehler. Hier zeichnet er fünf anstelle von vier Quadraten, bemerkt seinen Fehler aber sofort „Mist. Dann muss ich dieses hier *(zeichnet den Rand von zwei Quadraten nach)* noch länger machen. Aber auf jeden Fall vier, vier, vier, müsste das dann sein. Oder?"

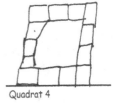

Quadrat 4

Abbildung 6.32: Lars Zeichnung der 4. Figur des L-Zahlenmusters

Lars wird an dieser Stelle des Interviews vorgeschlagen, das Muster mit den vorhandenen Plättchen nachzulegen. Es wird nicht ersichtlich, ob Lars von sich aus noch den inneren Teil des 4. Quadrats gezeichnet hätte. Aus diesem Grund ist auch nicht erkennbar, ob Lars die Musterfolge als quadratische Anordnung von neun Plättchen deutet, oder eventuell nur als Rand eines Quadrats ohne Inhalt, welches bei dem vorgelegten Muster bis zu Quadrat 3 eine durchaus mögliche Interpretation darstellen würde. Festzuhalten bleibt an dieser Stelle jedoch, dass der Rand des Quadrats für Lars das zentrale strukturgebende Element des Musters zu sein scheint.

Transkriptausschnitt zu Phase 1: Lars Bestimmung der Plättchenanzahl des 4. Quadrats

I.: Willst du es vielleicht legen? Stattdessen? Oder so *(zeigt auf die Plättchen)*?

L.: *(Nickt)* Mhh. Jetzt einfach legen?

I.: Mmh. Genau.

L.: Ok. Ich mache das mal mit kleinen Abständen. Na. Auf jeden Fall so *(legt den Rand von Quadrat 4, wobei er oben nur drei statt vier Plättchen legt)*. Ich weiß jetzt nicht ungefähr, wie viele innen drin sind. Ich würde sagen aber vier. Mist *(kann ein Plättchen nicht vom Tisch aufheben)*, dann nehme ich den. So *(legt in die Mitte des Muster vier Plättchen)*. So.

I.: Mmh. Ok.

L.: Und nur das ist noch *(schiebt nun das fehlende Plättchen an den oberen Rand)*.

I.: Ah, gut. Sehr schön. Genau. Gut. Ähm. Jetzt steht da als Aufgabe, als Erste. Fülle die Tabelle aus. Und dann ist da eine Tabelle, da steht für das erste Quadrat braucht man ein Plättchen *(zeigt auf die Tabelle)*.

L.: Ach so für das zw. Ach so erstes Quadrat *(zeigt auf die Tabelle)*, zweites Quadrat dann vier. Das kann ich noch bis zum v. Ja und dann muss ich rechnen.

I.: Kannst du mal versuchen, die Tabelle auszufüllen?

L.: Ok. Sind vier *(trägt vier in die Tabelle ein)*. Das sind drei, drei sind sechs sind acht sind neun *(zeigt auf die einzelnen Spalten von Quadrat 3. Trägt die neun in die Tabelle ein)*. Und das sind vier *(zeigt auf den unteren Rand des gelegten 4. Quadrats)* mal vier *(zeigt auf den rechten Rand des Quadrats*) sind sechszehn. Plus vier macht zwanzig (*Trägt die 20 in die Tabelle ein*).

I.: Wie hast du das jetzt gerechnet vier mal vier plus vier?

L.: Einmal diese Reihe (*zeigt auf den unteren Rand*) und einmal diese Reihe (*zeigt auf den rechten Rand*) und weil das vier sind und das vier sind mal vier.

I.: Mmh. Und warum dann nochmal plus vier?

L.: Weil die vier in der Mitte noch übrig sind (*zeigt auf die vier Plättchen in der Mitte des Musters*).

I.: Willst du vielleicht mal nachzählen, wie viele das sind?

L.: Eins, zwei, drei, vier, fünf, sechs, sieben, acht, neun, zehn, elf, zwölf, dreizehn, vierzehn, fünfzehn, sechszehn. Ups. Dann kommt da doch vier mal. Ach so, das sind ja vier Vierer. Dann kommt da doch sechszehn raus. (*Schreibt eine 16 über die 20 in der Tabelle*).

Analyse des Interviewausschnitts zu Phase 1

Sowohl bei seiner Zeichnung als auch beim Nachlegen des Quadratzahlenmusters ist leicht erkennbar, dass Lars sich vor allem an dem Rand der Musterfiguren orientiert. Obwohl er weiß, dass in der Mitte der Objekte jeweils noch Plättchen vorhanden sind, scheint der Rand für Lars das strukturgebende Element zu sein. Infolgedessen möchte er die Plättchenanzahl des vierten Quadrats bestimmen, indem er die Plättchen des Randes mit den inneren Plättchen addiert und kommt so zu dem Term $4 \cdot 4 + 4$ und auf das Ergebnis 20. Als Begründung gibt er an, dass „vier in der Mitte noch übrig sind" und diese deshalb in der Rechnung noch berücksichtigt werden müssen. Nach Aufforderung der Interviewerin zählt Lars die Plättchen anschließend einzeln ab und erhält so die Anzahl 16, die nun im Widerspruch zu der berechneten Anzahl steht. Die Zahl 16 scheint Lars aber als Ergebnis der Rechnung $4 \cdot 4$ zu erkennen und nutzt dieses arithmetische Wissen nun für eine Umdeutung des geometrisch-visualisierten 4. Quadrats als ‚vier Vierer'.

Transkriptausschnitt zu Phase 2: Lars Bestimmung der Plättchenanzahl der Quadrate 5 bis 10

Zur Bestimmung der Plättchenanzahl des fünften Quadrats nimmt Lars nun selbständig Plättchen zu Hilfe und legt an das bestehende Quadrat 4 einen Winkel an, sodass Quadrat 5 entsteht.

L.: So. Das ist ja auch ein Quadrat oder Viereck, wie man es auch immer haben will. Ähm und das sind dann, würd ich sagen, fünfundzwanzig. Ich zähle mal nach. Eins, […] fünfundzwanzig.

I.: Mmh. Ja, gut. Wie hast du das schon vorher erraten? Du hast ja schon vorher gewusst #

L.: Ich, Ich habe das mit der vier. Ich ähm, du hast mir ja gerade das mit der vier, da ist mir ja aufgefallen, dass ich das nicht so rechnen kann (*zeigt auf den unteren und rechten Rand des gelegten Musters*). Also wenn ich das dann habe ich fünf (*zeigt auf die untere Zeile*) mal fünf (*zeigt auf die rechte Spalte*) gerechnet und dann bin ich eben da drauf gekommen.

I.: Mmh. Ok, gut.

L.: Und da müsste man jetzt einfach, glaube ich, sechs mal sechs rechnen. Oder?

I.: Mmh.

L.: Macht sechsunddreißig (*trägt 36 in die Tabelle ein*).

I.: Warst du dir nicht sicher? Weil du fragtest oder?

L.: Aber eigentlich schon ein bisschen, weil dann würd' es ja nur einen breiter und einen höher.

I.: Mmh.

L.: Und das sind dann, sechs mal s. Also dann ist das ja fast genauso wie hier und bei das mit der vier. Ja und sieben mal sieben. Also dann rechne ich einfach die Zahl nochmal die Zahl. Würd ich sagen macht neunundvierzig (*trägt 49 in die Tabelle ein*). Acht mal acht macht. Oh, das Achter-Einmaleins kann ich nicht so gut. Ähm, ähm. Vierundsechzig.

I.: Mmh (nickt).

L.: (*Trägt die 64 in die Tabelle ein*) Und neun mal neun macht einundachtzig (*trägt die 81 ein*). Und Zehn mal zehn macht hundert (*trägt 100 ein*).

Quadrat	1	2	3	4	5	6	7	8	9	10
Anzahl	1	4	9	16	25	36	49	64	81	100

Abbildung 6.33: Lars ausgefüllte Tabelle 1 des Arbeitsblatts Quadratzahlen I

I.: Du hast gerade gesagt, du rechnest immer die Zahl mal die Zahl. Was meinst du damit genau?

L.: Also sieben mal sieben, acht mal acht, neun mal neun, zehn mal zehn (*zeigt auf die jeweiligen Felder der Tabelle*).

Analyse des Interviewausschnitts zu Phase 2

Die im vorherigen Abschnitt neu gewonnene Strukturierung überträgt Lars nun ebenso auf das 5. Quadrat, welches er zunächst mit den Plättchen nachlegt, dann in Analogie zum 4. Quadrat als ‚Quadrat oder Viereck' erkennt und in ihm deshalb auch die Multiplikation 5·5 sieht. Die Plättchenanzahlen der weiteren Quadrate berechnet Lars im Folgenden nur noch auf rein arithmetischer Ebene durch Multiplikation der in der Tabelle stehenden Zahlen und benötigt keinerlei Veranschaulichung mehr. Ungefragt verallgemeinert er seine erkannte Strukturierung des Musters, indem er angibt, „einfach die Zahl nochmal die Zahl zu rechnen". Als die Interviewerin zum Schluss der Interviewszene nach der Bedeutung dieses von ihm verwendeten Ausdrucks fragt, deutet Lars diesen wiederum als Term mit Wortvariablen, indem er hier mögliche Zahlwerte angibt, die anstelle des Platzhalters eingesetzt werden können.

Lars Verallgemeinerung des Quadratzahlenmusters

Den Interviewabschnitten ist zu entnehmen, wie sich die erkannte Struktur des Quadratzahlenmusters bei Lars von der ersten Deutung des Musters als Rand plus Inhalt zu der allgemeinen Form ‚Zahl nochmal die Zahl' entwickelt und welche Rolle hierbei das Zusammenspiel der verschiedenen Darstellungsebenen spielt. Die dargestellten Analysen der Interviewszenen werden hier zusammengefasst, um die Verallgemeinerung der Strukturierung als Zusammenspiel von geometrisch-visualisierter und arithmetischer Darstellungsebene zu veranschaulichen.

Lars beginnt zunächst, die erkannte Struktur auf geometrisch-visualisierter Ebene zu verallgemeinern, da er die gegebenen Figuren als Zusammensetzung ihrer Bestandteile Rand und Mitte deutet und bei der Plättchenanzahl des Rands einen regelmäßigen Zuwachs erkennt. Diese Deutung nutzt er für die Bestimmung der Gesamtanzahl der Plättchen, die er nun arithmetisch durch den Term 4·4+4 berechnet. Durch die Intervention der Interviewerin wird die weitere Nutzung dieser Vorgehensweise unterbrochen und Lars zählt die Plättchen des 4. Quadrates, was ihn zu der Anzahl 16 führt. Diese Zahl deutet er zunächst auf arithmetischer Ebene als das Ergebnis der Aufgabe 4·4 und bezieht diese Aufgabe direkt anschließend zurück auf die Figur, die sich mit dieser Interpretation in Einklang bringen lässt, da es sich bei dieser um vier Vierer handelt.

Der gewonnene Bezug zwischen geometrischer Figur und arithmetischer Berechnung nutzt Lars im Folgenden, indem er von der geometrischen Struktur (Quadrat 5 ist auch ein Quadrat) auf die Möglichkeit der Berechnung schließt (das sind dann, würd ich sagen, fünfundzwanzig). Mit Hilfe dieser arithmetischen Vorgehensweise bestimmt er die Plättchenanzahlen der ersten zehn Folgefiguren und verallgemeinert die erkannte Struktur schließlich unter Verwendung von Wörtern mit Variablencharakter. Die folgende Graphik veranschaulicht die Übergänge zwischen den verschiedenen Darstellungsebenen in dieser Interviewszene.

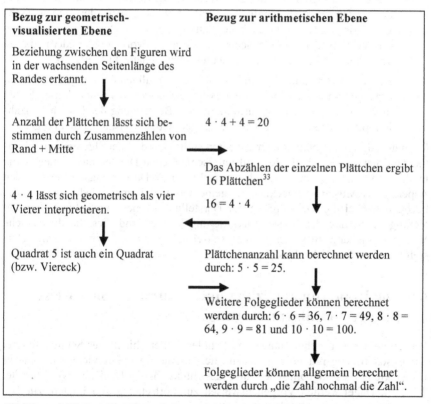

Abbildung 6.34: Lars Verallgemeinerung des Quadratzahlen-Musters

---

[33] Hier beginnt Lars einen neuen Ansatz. Er zählt die Plättchen einzeln ab, da er durch die Interviewerin zur Kontrolle aufgefordert wird.

6.5.4 Zusammenfassung und Fazit

In diesem Kapitel wurde der folgenden Forschungsfrage nachgegangen:

Wie verallgemeinern Schülerinnen und Schüler mathematische Muster, die durch verschiedene Darstellungsebenen geprägt sind?

In den Analysen der klinischen Interviews können bezüglich des Wechsels der Darstellungsebenen zwei Prozesse ausgemacht werden, welche eng miteinander verflochten die Interviews durchziehen.

- Bei der Verallgemeinerung der Muster findet (jeweils bei der Berechnung der ersten zehn Folgeglieder) eine Ablösung von der geometrisch-visualisierten Darstellungsebene statt. Die interviewten Kinder erkennen die Vorteile der arithmetischen Bestimmung von Folgegliedern, da sie schneller und bequemer zur gesuchten Plättchenanzahl führt.

- Bei der Bearbeitung der Aufgabenblätter Verallgemeinerungen von Mustern wechseln die Lernenden flexibel zwischen den Darstellungsebenen und nehmen während der arithmetischen Berechnung der Plättchenanzahlen (oftmals spontan) Rückbezug zur geometrisch-visualisierten Folge.

Bedingt durch diese beiden Komponenten stellt sich die Verallgemeinerung mathematischer Muster als Prozess auf unterschiedlichen Darstellungsebenen sowie in deren Vernetzung dar. Auf den verschiedenen Darstellungsebenen werden Aspekte des Musters entdeckt, verallgemeinert und immer wieder aufeinander bezogen, wobei die Verknüpfung der Darstellungsebenen zur Entwicklung und Verallgemeinerung der Musterstrukturierung beiträgt und dies die dynamische Wechselbeziehung zwischen geometrisch-visualisierter und arithmetischer Darstellung sichtbar werden lässt.

6.6 Die Rolle von expliziten und rekursiven Sichtweisen bei der Verallgemeinerung

Die Strategien von Schülerinnen und Schülern unterschiedlicher Schulstufen bei der Beschäftigung mit Folgen stehen international im Fokus vieler Studien zur Entwicklung des algebraischen und des funktionalen Denkens (vgl. Kapitel 4.1.2.3.). Dabei werden Vorgehensweisen zur Fortsetzung von Folgen, zur Bestimmung von Werten bestimmter Stellen sowie auch zur Entwicklung von Termen betrachtet. Im Allgemeinen wird zwischen zwei Sichtweisen auf Folgen unterschieden (ORTON & ORTON 1999; BERTALAN 2007b; STEINWEG 2006; BEZUSZKA & KENNEY (2008):

- *explizite Strukturierungen*, bei welchen der Wert eines Folgeglieds für eine gesuchte Stelle durch einen Term mit Bezug zur Stelle direkt berechnet werden kann.
- *rekursive Strukturierungen*, bei welchen die Bestimmung des gesuchten Wertes auf dem Wert des Folgevorgängers beruht.

Zusätzlich zu diesen grundsätzlichen Sichtweisen auf Musterfolgen kann bei der Bestimmung von Folgewerten eine weitere Strategie beobachtet werden, bei welcher die Kinder ein proportionales Wachstum der Folge annehmen (STACEY 1989; ORTON & ORTON 1999; vgl. Kapitel 4.1.2.3), was hier im Folgenden als *Proportionalitätsannahme* bezeichnet werden soll.

Die in Kapitel 4.1.2.3 beschriebenen Vorgehensweisen finden sich in dieser Untersuchung in den klinischen Interviews zum Aufgabenformat *Plättchenmuster* wieder. Die Kinder werden hier zunächst sowohl bei dem Quadratzahlen- als auch beim L-Zahlenmuster mit der geometrisch-visualisierten Musterfolge auf dem Arbeitsblatt konfrontiert und erhalten die Aufforderung, diese fortzusetzen. Mit der Aufgabe, das Muster fortzusetzen, ist implizit die Anforderung verbunden, in den abgebildeten Musterfiguren eine Struktur zu erkennen, die es erlaubt, Aussagen über die nächste, nicht sichtbare Figur zu treffen, um diese konstruieren zu können. Anschließend werden die Kinder gebeten, ihre Vorgehensweise zu erläutern. Durch diese Bitte werden die Kinder dazu veranlasst, die erkannte Regelmäßigkeit auszudrücken, mit dessen Hilfe sie das 4. Quadrat konstruieren. Gefordert ist von den Kindern hier also eine Beschreibung einer erkannten Beziehung zwischen den Objekten der Musterfolge beziehungsweise eine Erläuterung der vorgenommenen Strukturierung.

An diesen Stellen können rekursive und explizite Sichtweisen mit Hilfe des epistemologischen Dreiecks genauer in den Blick genommen werden und die Bedeutung verschiedenen Strukturierungen für die Verallgemeinerung und die Musterbeschreibung der Kinder untersucht werden, sodass der folgenden Frage nachgegangen werden kann:

Welche Rolle spielen rekursive und explizite Sichtweisen bei der Verallgemeinerung mathematischer Muster?

Dazu werden zunächst die benannten Sichtweisen aus epistemologischer Perspektive dargestellt (Kapitel 6.6.1). In Kapitel 6.6.2 wird anschließend die Proportionalitätsannahme beschrieben. Auf diesen Ausführungen aufbauend wird die Bedeutung der verschiedenen Sichtweisen auf Folgen für die Beschreibung der erkannten Muster in Kapitel 6.6.3 herausgearbeitet.

6.6.1 Explizite und rekursive Deutungen der Folgen

In den Beschreibungen der beiden gegebenen Folgen lässt sich feststellen, dass die interviewten Kinder die Plättchenfolge auf unterschiedliche Weisen deuten und dabei auf verschiedene Aspekte der Folge fokussieren. Die Verallgemeinerungen konzentrieren sich entweder auf die Objekte selbst und die ihnen inne liegenden Strukturen in ihrer Beziehung zu ihrer Position in der Folge oder auf die Relationen zwischen den einzelnen Figuren, also auf die Veränderung von Muster zu Muster. So können explizite und rekursive Vorgehensweisen auf eine Verallgemeinerung unterschiedlicher Aspekte der Folge zurückgeführt werden. Dies wird in Kapitel 6.6.1.1 für explizite und in Kapitel 6.6.1.2 für rekursive Deutungen dargelegt, wobei eine epistemologische Darstellung jeweils exemplarisch anhand der Quadratzahlenfolge erfolgt und die Deutungen der L-Zahlenfolge zusammenfassend beschrieben werden. Anschließend wird in Kapitel 6.6.1.3 der Wechsel zwischen expliziten und rekursiven Sichtweisen als Umdeutungen der Folge diskutiert.

6.6.1.1 Explizite Deutungen

Quadratzahlen

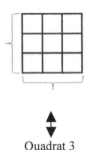

Bei expliziten Deutungen der Quadratzahlenfolge fokussieren die Schülerinnen und Schüler auf die Beziehung zwischen den beiden Seitenlängen der Quadrate und der entsprechenden Stelle der Musterfolge. Im Vordergrund steht dann folglich die hier vertikal dargestellte Beziehung zwischen Figur und Figurenname. Zwei kurze Transkriptausschnitte von Ilias und Marcus sollen einen Einblick in solche expliziten Musterdeutungen geben.

Quadrat 3

Abbildung 6.35: Explizite Deutung der Quadratzahlen-Folge

Transkriptausschnitt zu Ilias Deutung des Quadratzahlenmusters

I.: Das ist die Aufgabe. Die heißt Quadratzahlen und hier siehst du schon ein Muster (*zeigt auf die Figuren*). Kannst du dir vorstellen, wie das weitergeht? Wie das Quadrat vier aussehen würde?

Ilias: Ich finde, ähm, vier hier hin (*tippt mit dem geschlossenen Stift viermal in einer senkrechten Linie auf die vorgesehene Stelle für die Zeichnung von Quadrat 4.*) und noch vier hier (*zieht einen waagerechten Strich an derselben Stelle*) waagerecht.

I.: Ok, kannst du das mal dann zeichnen, wie das aussehen würde?

Ilias: *(Zeichnet Quadrat 4.)*

I.: Mmh. Woher wusstest du das jetzt, wie das aussieht?

Ilias: Ähm *(lächelt)*, weil hier *(zeigt auf Quadrat 2)*, weil bei Quadrat zwei zwei waagerecht sind und zwei senkrecht *(fährt mit dem Stift die Seiten des Quadrats nach)*. Und bei Quadrat drei, mhh, da sind drei, da zeigen drei nach rechts und nach oben *(fährt mit dem Stift die Seiten des Quadrats nach)*.

I.: Mmh. Ok, ja super.

Ilias: Also drei mal drei.

Transkriptausschnitt zu Marcus Deutung des Quadratzahlenmusters

I.: Vielleicht kannst du dir das schon mal angucken und überlegen, wie das weitergehen könnte.

M.: Joa.

I.: *(Holt Plättchen und legt sie vor Marcus auf den Tisch)* […]

M.: *(Zeichnet Quadrat 4.)*

I.: Mmh. Ok. Wie hast du das jetzt gemacht?

M.: Ich hab mir einfach die anderen angeguckt, da hab ich gesehen, da wird das immer auf jeder Seite so wie die Zahl hinterm Wort Quadrat ist.

Quadrat 4

Abbildung 6.36: Marcus Zeichnung der 4. Figur der Quadratzahlen-Folge

Die Transkriptausschnitte der beiden Schüler zeigen, wie eine Strukturierung der gegebenen Figuren durch das Herstellen einer Beziehung zwischen den beiden Seiten des Quadrats entsteht und diese wiederum in Beziehung zu dem Namen der Figur, also zur Stelle der Musterfolge gesetzt wird. Ilias gibt als Begründung für seine Konstruktion von Quadrat 4 an, dass er bei Quadrat 2 jeweils eine Seitenlänge von 2 erkennen kann und bei Quadrat 3 eine Seitenlänge von 3 (vgl. Ep. D. 6.13). Zusätzlich erkennt er die Operation 3·3 in der Anordnung der Quadrate des dritten Folgeglieds. Hieraus schließt er, dass auch bei Quadrat 4 eine solche Beziehung zwischen dem Namen der Figur und der Seitenlänge bestehen muss. In Marcus Formulierung, „da wird das immer auf jeder Seite so wie die Zahl hinterm Wort Quadrat ist", wird die erkannte Beziehung noch deutlicher, da er die Abhängigkeit (‚immer so wie') der Seitenlänge („das") von der Stelle („die Zahl hinterm Wort Quadrat") hier explizit und auf sehr allgemeiner Ebene beschreibt (vgl. Ep. D. 6.14).

Epistemologisches Dreieck 6.13: Ilias Deutung des Quadratzahlen-Musters

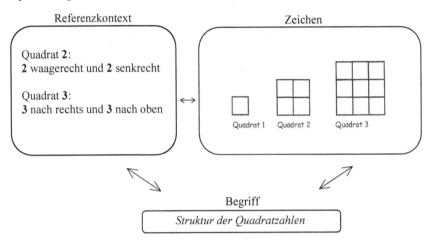

Epistemologisches Dreieck 6.14: Marcus Deutung des Quadratzahlen-Musters

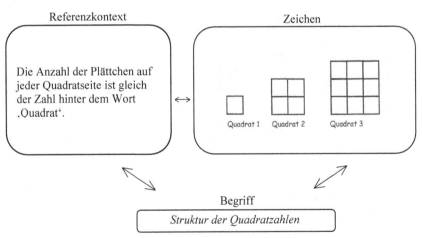

L-Zahlen

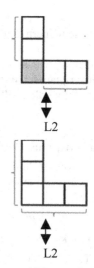

Bei expliziten Deutungen beschreiben die Schülerinnen und Schüler meist das Erkennen von zwei gleichlangen Seiten ‚senkrecht‘, wie auch ‚waagerecht‘ (vgl. Abb. 6.37). Dabei wird das Plättchen an der linken unteren Ecke des Musters entweder direkt in beide zu vergleichenden Seitenlängen mit einbezogen oder aber beides mal außer Acht gelassen und separat betrachtet und benannt (z.B. als „Stützpunkt"). Andere Kinder zerlegen die Figur in zwei unterschiedlich große Teilstücke, indem sie das Plättchen in der linken unteren Ecke entweder in die waagerechte oder senkrechte Plättchenreihe einbeziehen. Auch hier wird, wie bei dem Quadratzahlenmuster, eine Beziehung von Strukturen innerhalb der Muster betrachtet und diese dann mit der zugehörigen Stelle der Musterfolge in Beziehung gesetzt.

(vgl. z.B. Transkript Thorsten, Kapitel 6.1.1)

Abbildung 6.37: Explizite Deutung der L-Zahlen-Folge

Bei expliziten Strukturierungen betrachten die Schülerinnen und Schüler Beziehungen zwischen Teilstücken (bzw. Teilaspekten wie die Seitenlängen des Quadrats) *innerhalb* einer Figur und setzen diese wiederum *in Beziehung zu der Stelle* der Figur in der Musterfolge.

6.6.1.2 Rekursive Deutungen

Quadratzahlen

Bei rekursiven Musterdeutungen fokussieren die Kinder auf die Beziehungen zwischen den einzelnen Musterfiguren. So betrachten sie den Zuwachs von Muster zu Muster und beschreiben, wie die Objekte jeweils aus den Folgevorgängern entstehen.

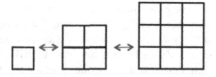

Abbildung 6.38: Rekursive Deutung der Quadratzahlen-Folge

Bei dieser horizontalen Blickrichtung verallgemeinern Kinder die Veränderungen, die sie von Muster zu Muster erkennen, wie anhand des folgenden Transkriptausschnitts von Timo verdeutlicht werden soll.

Abbildung 6.39: Deutung des Zuwachses bei der Quadratzahlen-Folge

Transkriptausschnitt zu Timos Deutung des Quadratzahlenmusters

I.: Kannst du dir das Muster mal angucken und überlegen, wie das Quadrat 4 wohl aussehen könnte *(zeigt auf die vorgesehene Stelle für Quadrat 4)?*

T.: *(überlegt 12 Sekunden und zeichnet dann Quadrat 4.)*

I.: Ok, woher wusstest du das jetzt, wie das wohl weitergeht?

T.: Weil hier kommt immer oben eins dran und an der Seite eins dran *(zeigt erst über und dann rechts neben Quadrat 1)*. Und dann haben wir hier das *(zeigt auf Quadrat 2)*. Und dann haben wir das hier *(umkreist mit dem Stift ein 2·2-Quadrat innerhalb von Quadrat 3)* und dann kommt da wieder eine Linie dran *(fährt mit dem Stift den Winkel bei Quadrat 3 (vgl. Abb. 6.39) nach)*. Dann haben wir das hier *(umkreist ein 3·3-Quadrat innerhalb des gezeichneten Quadrat 4)* und dann muss ich da wieder eine Linie dran tun *(fährt mit dem Stift den Winkel bei Quadrat 4 nach)*.

Zunächst beschreibt Timo, dass er von der ersten Musterfigur zur zweiten einen Zuwachs von jeweils ‚eins' nach oben und nach rechts erkennt. Es ist zu vermuten, dass er hiermit nicht jeweils ein Quadrat, sondern eine hinzukommende Reihe bezeichnen möchte. Die Veränderung zwischen den Figuren beschreibt er als ein Hinzukommen und verweist anschließend auf das Quadrat 2 als Figur, die sich aus Quadrat 1 und den hinzukommenden Plättchen ergibt. Ähnlich beschreibt er die Veränderung zwischen der zweiten und dritten Musterfigur, wobei er den Zuwachs nun mit dem Begriff ‚Linie' bezeichnet (vgl. Ep. D. 6.15). Da sich der hinzukommende Winkel als verallgemeinerbare Beziehung zwischen allen Musterfiguren erkennen lässt, schließt Timo, dass auch zur Konstruktion von Quadrat 4 nun ein solcher an Quadrat 3 angefügt werden muss. In Timos Beschreibungen ist der rekursive Charakter der Beziehungsherstellung deutlich erkennbar, da er jeweils durch Einkreisen mit dem geschlossenen Stift den Vorgänger der Musterfolge in jedem Objekt sichtbar macht.

Epistemologisches Dreieck 6.15: Timos Deutung des Quadratzahlen-Musters

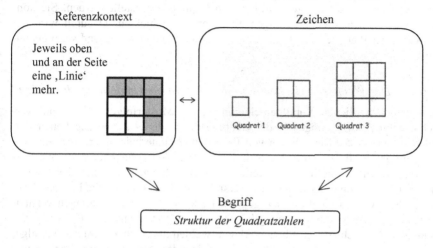

Eine solche rekursive Musterdeutung muss nicht immer auf rein geometrischer Ebene geschehen. In den Interviews wurden auch rekursive Deutungen auf arithmetischer Ebene festgestellt, wie es bei Johanna (Kapitel 6.5.1) der Fall ist. Sie beschreibt den Zuwachs nicht als hinzukommenden Winkel, sondern als ungerade Differenzen, welche die Veränderung von Muster zu Muster ausmachen („dann kam 5, dann kam 7, dann kam 9 und dann kam das dann weiter").

L-Zahlen

Bei der Musterfolge der L-Zahlen erkennen die Kinder auf arithmetischer Ebene eine Differenz von 2. Geometrisch beschreiben sie, dass an den beiden Enden der Figuren jeweils ein Plättchen hinzukommt. So führen sie aus, dass sie zur Konstruktion der vierten Figur ebenfalls das Hinzufügen von zwei Plättchen an den Enden vornehmen müssen.

Wie bei dem Quadratzahlenmuster lässt sich der rekursive Charakter in der horizontalen Betrachtungsweise ausmachen, in welcher die Kinder auf die Beziehungen zwischen den Folgegliedern fokussieren und den Zuwachs von Muster zu Muster erkennen und benennen.

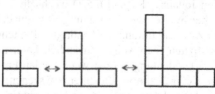

Abbildung 6.40: Rekursive Deutung der L-Zahlen-Folge

Rekursive Musterstrukturierungen beruhen auf Beziehungen, die bei der Deutung der gegebenen Musterfolge *zwischen* den Figuren hergestellt werden. Sie konzentrieren sich auf Veränderungen zwischen den Objekten. Dadurch wird der Zuwachs der Plättchen von Figur zu Figur erkannt und entsprechend verallgemeinert.

6.6.1.3 Der Wechsel zwischen den Sichtweisen als Umdeutung der Folge

Die unterschiedlichen Verallgemeinerungen der Musterfolge basieren auf verschiedenen Fokussierungen in der Deutung der in der Aufgabe gegebenen Zeichen. Während die Betrachtung von Beziehungen innerhalb einer Figur und der zugehörigen Stelle zu expliziten Strukturierungen führt, entstehen rekursive Verallgemeinerungen durch die Herstellung von Beziehungen zwischen den Figuren und der Betrachtung der jeweiligen Veränderung. Dabei dürfen die hier beschriebenen Sichtweisen nicht als sich gegenseitig ausschließende Deutungen verstanden werden. Es ist durchaus möglich, dass bei der Deutung der Zeichen Beziehungen auf verschiedenen Ebenen erkannt werden, diese aber nicht alle verallgemeinert und für die Bewältigung der nachfolgenden Anforderungen genutzt und expliziert werden.

Eine explizite oder rekursive Betrachtungsweise der Musterfolge darf hier nicht als eine dem Kind zugeordnete Präferenz oder sogar Kompetenz missverstanden werden. Wird visuelle Wahrnehmung als konstruktiver Prozess verstanden, so kann die Strukturierung mathematischer Muster als eine situierte Deutung gesehen werden, die auf unterschiedlichen Ebenen geschehen kann (SÖBBEKE 2005).

In der Analyse der Untersuchungsdaten wird deutlich, dass die Deutung der Folge im Aufgabenformat *Plättchenmuster* stark von der gegebenen Anforderung der jeweiligen Aufgabenteile abhängt. So zeigt sich, dass viele Kinder eine Umstrukturierung der Musterfolge vornehmen, wenn sich die Anforderung von einer Fortsetzung des Musters in eine Anzahlbestimmung der benötigten Plättchen ändert. Besonders auffällig ist dieser Effekt beim Quadratzahlenmuster. Mit Ausnahme von Johanna (Kapitel 6.5.1) wechseln alle Kinder, welche eine rekursive Herangehensweise zur Fortsetzung der Quadratzahlen nutzen, anschließend bei der Anzahlbestimmung der benötigten Plättchen der ersten zehn Folgeglieder zu einer expliziten Sichtweise. Zusätzlich kann auch innerhalb einer Betrachtungsweise eine Umdeutung bei der wechselnden Fragestellung beobachtet werden. Dazu sei an dieser Stelle an die Interviewszenen des Schülers Thorsten erinnert (Kapitel 6.1.1), welcher zunächst zur Konstruktion des 4. Folgeglieds das L-Zahlenmuster in zwei gleich große Teilfiguren zerlegt und das Quadrat in der linken unteren

Ecke so doppelt betrachtet. Bei der Bestimmung der Plättchenanzahlen der ersten zehn Folgeglieder ändert er dieses Vorgehen und nimmt eine Umstrukturierung des Muster vor, indem er das doppelt betrachtete Quadrat den senkrecht übereinanderliegenden Plättchen zuordnet und das zweite Teilstück um dieses Quadrat verkleinert, sodass er zu zwei unterschiedlich großen Teilfiguren gelangt.

6.6.2 Proportionalitätsannahme

Nachdem die Schülerinnen und Schüler die Plättchenanzahlen für die Folgeglieder eins bis zehn bestimmt haben, werden sie in der nächsten Aufgabe des Arbeitsblattes aufgefordert, die Anzahlen für die 20. und 100. Musterfigur herauszufinden und sich noch weitere Folgeglieder auszusuchen, für welche sie die Plättchenanzahl bestimmen möchten (Kapitel 5.2.2.1). Kinder, die eine rekursive Strukturierung erkannt und zur Anzahlbestimmung genutzt haben, erhalten an dieser Stelle Schwierigkeiten, da sich die Anzahl der 20. bzw. 100. Figur nicht ohne erheblichen Aufwand rekursiv herleiten lässt. In der Untersuchung zeigt sich, dass alle Kinder dann dazu übergehen, ein proportionales Wachstum der Plättchenanzahl anzunehmen.

Die Kinder werden im Interview an diesen Stellen aufgefordert, ihr Vorgehen zu begründen. Dabei stellt sich heraus, dass die Schülerinnen und Schüler Beziehungen zwischen den Zahlen 10, 20 und 100 zur Begründung heranziehen. Mit Hilfe des epistemologischen Dreiecks lässt sich erkennen, dass diese neuen Beziehungen einen weiteren Referenzkontext darstellen, der von den Kindern nicht in Verbindung mit den zuvor erkannten Strukturen gebracht wird. Zur Verdeutlichung soll hier exemplarisch ein Interviewausschnitt der Schülerin Johanna analysiert werden. Der hier betrachtete Transkriptausschnitt setzt nach der bereits beschriebenen Szene in Kapitel 6.5.1 ein, in welcher Johanna die Plättchenanzahlen der Quadrate 1 – 10 bestimmt. Als die Interviewerin die zweite Tabelle des Arbeitsblatts einführt, gibt Johanna direkt die Antwort ‚200' als Plättchenanzahl für Quadrat 20 an.

Transkriptausschnitt zu Johannas Proportionalitätsannahme

J.: Zweihundert sind das dann. Weil zehn plus zehn sind ja zwanzig (*zeigt auf die zehn in der oberen Tabelle, dann auf die 20 in der unteren*) und das sind dann zweihundert.

I.: Mmh.

J.: (*Trägt die 200 in die Tabelle ein.*)

I.: Bist du dir sicher, dass man das machen darf?

J.: (*Nickt.*)

I.: Ja? Wieso?

J.: Mache ich auch in meiner Mathearbeit (*lacht*).

I.: Ach so, ok (*lacht zurück*).

J.: Rechne ich immer das was da ist.

I.: Mmh. Mhh und kannst du nochmal genau sagen, warum du das so ge-macht hast?

J.: Weil es. Weil das ja zehn sind und das sind zwanzig und von zwanzig ist, zehn ist die Hälfte von zwanzig (*zeigt abwechselnd auf die 10 und die 20 in den Tabellen*).

I.: Mmh.

J.: Und dann muss man einfach nur hundert plus hundert das sind also zwanzig und dann hat man daraus zweihundert.

I.: Ach so.

J.: Einfach das Doppelte rechnen (*zeigt von der 10 auf die 20*).

I.: Ok.

J.: Dann bei hundert ist das auch einfach. Das sind ja zehn muss man noch eine Null dran hängen, das sind ja dann ja hundert (*zeigt auf die 10 und auf die 100*). Und das sind dann eintausend. Weil ich da dann dran ja die Null dran hänge.

I.: Mmh. Ok. Aber müsste das dann nicht auch hier funktionieren (*zeigt auf die zwei in der oberen Tabelle*)? Also bei zwei zum Beispiel, da ist vier das Doppelte.

J.: Mhmh (*schüttelt den Kopf*). Bei den nicht, weil das sind ja immer zwei mehr. Dann kann man bei vier plus ähm ja plus zwölf das sind dann ja sechzehn. Das geht nicht, wenn ich vier plus vier rechne ist das die Hälfte von dem. (*Zeigt abwechselnd immer auf die Zeilen der Quadrate 2 und 4 in der oberen Tabelle.*)

I.: Mmh. Und warum funktioniert das hier nicht? Also.

J.: Weil, ja weil da (*zeigt auf die obere Tabelle*) immer zwei mehr sind und nicht immer das Doppelte. Da sind zwei mehr, nicht immer, wie eins – da kommt dann nicht zwei mehr. Da sieht man, dass das sind, das sind drei mehr (*zeigt auf Quadrat 1 und 2*). Und dann müssteste ja. Da ist dann wieder zwei mehr und da ist das dann auch (*zeigt auf Quadrat 4*).

I.: Mmh. Und warum funktioniert dass dann auf einmal da (*zeigt auf die untere Tabelle*)?

J.: (Atmet tief ein und lacht) Weiß ich irgendwie auch nicht. Ja, ähm, weil, wie soll ich das jetzt sagen? Weil das ja die Hälfte ist. Und wenn man das dann. Weil das ja was ganz anderes ist.

I.: Mhh. Warum?

J.: Weil das sind ja zwanzig Quadrate und da hab ich dann zehn. Das ist dann das Doppelte, weil da hab ich dann einfach nochmal zehn. Und nicht wie die zwei, jetzt hab ich noch zwölf (*zeigt auf die 2 in der oberen Tabelle*), sondern da hast du wieder zehn.

I.: Mmh. Das habe ich noch nicht so ganz verstanden, das musst du mir nochmal genauer erklären.

J.: Wenn du hier zehn hast, ne (*zeigt auf die 10*)?

I.: Mmh.

J.: Und da zwanzig (*zeigt auf die 20*) und da dann die vier (*zeigt auf die vier in der oberen Tabelle bei Quadrat 2*) und da die sechs (*zeigt auf die 16 bei Quadrat 4*). Dann geht das nicht, weil immer zwei mehr kommen. Das sind dann zwölf, wenn man drei Sprünge macht (*zeigt auf die Spalte 2, 3 und 4*). Und da (*zeigt auf die 10*) ist das dann einfach, ganz einfach das ist ja das Doppelte (*zeigt auf die 20*). Dann sind das ja zehn mehr (*zeigt auf die zehn und nochmal auf die 20*). Und nicht das Doppelte, also jetzt nicht wie da (*zeigt auf die obere Tabelle*). Sondern es ist genau das Doppelte. Und dann braucht man auch von dem was man gerechnet hat auch nur das Doppelte hinschreiben.

I.: Mmh.

J.: Ist ganz einfach. Nur bei hier, bei der zehn, da muss man ja die Null dranhängen, dann hat man ja schon hundert (*zeigt auf die 100 in der unteren Tabelle*). Dann muss man da noch eine Null dranhängen, hängen wir eigentlich da dran. Dann hat man eine Eintausend.

I.: Ok. Ah, ok.

J.: Ist kompliziert, aber ist richtg,

I.: Ok, na gut.

J.: (*Füllt die Tabelle aus*).

Analyse des Transkriptausschnitts zu Johannas Proportionalitätsannahme
Johanna benennt direkt zu Beginn der Aufgabe die Lösung 200 als Plättchenanzahl von Quadrat 10. Als Begründung gibt sie an, dass zehn plus zehn zwanzig ist und zehn somit die Hälfte von 20. Aus diesem Grund könne sie zur Bestimmung der Plättchenanzahl „einfach das Doppelte rechnen". Ähnlich geht sie dann auch bei Quadrat 100 vor, wobei sie hier die Multiplikation mit dem Faktor 10 durch das Anhängen einer Null als benötigte Handlung beschreibt. In beiden Fällen nutzt Johanna folglich Rechnungen, die bei einer proportionalen Beziehung zwischen Musterstelle und Plättchenanzahl mit dem Proportionalitätsfaktor 10 möglich wären. Die Interviewerin versucht Johanna daraufhin in einen kognitiven Konflikt zu bringen, indem sie ihr eine Stelle (Quadrate zwei und vier) aufzeigt, in der die von Johanna benannte proportionale Struktur nicht gilt. Dies stellt für die Schülerin allerdings keinen Konflikt dar. Stattdessen erklärt sie der Interviewerin, dass die unten angewendete Rechnung, einfach das Doppelte zu nehmen, für die obere Tabelle nicht gilt, weil oben „ja immer zwei mehr" sind. An dem von der Interviewerin benannten Beispiel zeigt sie auf, dass eine Annahme von Proportionalität hier auszuschließen ist, da die Differenz zwischen 4 (bei Quadrat 2) und 16 (bei Quadrat 4) hier 12 beträgt und durch Verdoppeln der vier anstelle der 16 nur die Hälfte von 16 erreicht werden würde (vgl. Abb. 6.41).

Quadrat	1	2	3	4	5	6	7	8	9	10
Anzahl	1	4	9	16	25	36	49	64	81	100

Abbildung 6.41: Johannas ausgefüllte Tabelle 1 des Arbeitsblatts Quadratzahlen I

Erklärend fügt sie nun den Unterschied der Struktur in der oberen und unteren Tabelle hinzu, indem sie auf die in der Folge beschriebene rekursive Strukturierung verweist: „Weil, ja weil da (*zeigt auf die obere Tabelle*) immer zwei mehr sind und nicht immer das Doppelte." Anschließend führt sie aus, weshalb im oberen Muster keine proportionale Struktur zu erkennen ist, sondern stattdessen der Zuwachs regelmäßig um zwei zunimmt. Als sie erklären soll, warum sie aber in der unteren Tabelle anders rechnen kann, gibt sie explizit an, dass die untere Tabelle eine neue Situation für sie darstellt, die mit der oberen Tabelle nichts zu tun hat („weil das ja was ganz anderes ist"). Als Begründung stellt Johanna noch einmal ausführlich die den Tabellen zugrunde liegenden Sachverhalte dar. In der oberen Tabelle gibt es einen bestimmbaren Zuwachs zwischen den Musterfiguren (hier Sprünge), welcher von Muster zu Muster immer um zwei größer wird. Zur Bestimmung der Anzahlen sind der Vorgänger des Musters und die Veränderung hinzuzuziehen (Ep. D. 6.16). In der unteren Tabelle hingegen erkennt Johanna keine ‚Sprünge' und somit auch keinen bestimmbaren Zuwachs zwischen den

Musterfiguren. Stattdessen werden hier die Beziehungen ‚das Doppelte' bzw. ‚eine Null dranhängen' zwischen den Zahlen erkannt (Ep. D. 6.17). Diese Beziehungen führen sie dazu, einen neuen Kontext heranzuziehen und die untere Tabelle vor dem Kontext der Zahlbeziehungen zu deuten, was schließlich zu der Proportionalitätsannahme führt.

Epistemologisches Dreieck 6.16: Johannas Deutung der Quadratzahlenfolge

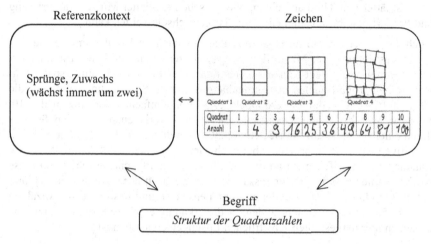

Epistemologisches Dreieck 6.17: Johannas Deutung der Beziehungen in der Tabelle

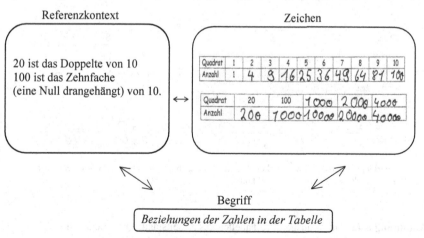

Proportionalitätsannahmen finden besonders häufig dann statt, wenn Kinder eine Strukturierung vorgenommen haben, die auf rekursive Aspekte der Musterfolge fokussiert, da eine schnelle Anzahlbestimmung auf Grundlage der rekursiven Vorgehensweise nicht direkt möglich ist. Sie können jedoch auch bei einer expliziten Musterstrukturierung auftreten und stehen dann ebenfalls als weiterer Referenzkontext unabhängig von der ersten Vorgehensweise zur Verfügung, um die Plättchenanzahl großer Musterfiguren zu bestimmen. Im Folgenden sollen die Arbeitsblätter von Timo aufzeigen, wie zwischen expliziter Musterstrukturierung und Proportionalitätsannahme hin- und hergewechselt werden kann.

Auch Timo, der sowohl im Quadratzahlen- als auch im L-Zahlenmuster bei der Anzahlbestimmung der Musterfiguren eins bis zehn eine explizite Struktur nutzt (vgl. Kapitel 6.4.1), legt seinen Berechnungen der Plättchenanzahlen später teilweise einen proportionalen Zusammenhang zugrunde. So berechnet er jeweils die 20. und 100. Stelle durch Verdoppeln bzw. Verzehnfachen der Anzahl des 10. Musters. Wie bei Johanna, versucht die Interviewerin auch hier, den Schüler durch einen Verweis auf die Beziehung zwischen dem 2. und 4. Quadrat, in einen kognitiven Konflikt zu bringen, aber auch Timo begründet seine Vorgehensweise standhaft und zweifelt nicht an der Möglichkeit, die Plättchenanzahlen auf diese Art bestimmen zu können. Interessanterweise wechselt der Schüler jedoch plötzlich selbstständig zu einer anderen Vorgehensweise und bestimmt die Anzahlen des 30., 50. und 80. Musters, indem er die erkannte explizite Struktur nutzt, wie an seinen hier dargestellten schriftlichen Lösungen ersichtlich ist.

Timos Lösungen zum Quadratzahlenmuster

Quadrat	1	2	3	4	5	6	7	8	9	10
Anzahl	1	4	9	16	25	36	49	64	81	100

2*) Suche dir selbst aus, für welche Quadrate du die Anzahlen bestimmen möchtest. Fülle die Tabelle aus.

Quadrat	20	100	30	50	80
Anzahl	200	1000	600	2500	6400

(Anmerkung: im Interview ist erkennbar, dass Timo beim 30. Quadrat 3·3=6 rechnet und deshalb auf das Ergebnis 30·30=600 kommt)

Abbildung 6.42: Timos ausgefüllte Tabellen des Arbeitsblatts Quadratzahlen I

Timos Lösungen zum L-Zahlenmuster

1) Fülle die Tabelle aus. Du kannst die Anzahl herausfinden, indem du baust, zeichnest oder rechnest.

L	1	3	2	4	5	10	6	8	9	7
Anzahl	3	7	5	9	11	13	15	17	19	21
						23		19	21	17

2*) Suche dir selbst aus, für welche L du die Anzahlen bestimmen möchtest. Fülle die Tabelle aus.

L	20	100	30	50	80
Anzahl	46	230	61	101	161

Abbildung 6.43: Timos ausgefüllte Tabellen des Arbeitsblatts L-Zahlen I

Timo nutzt jeweils für die 20. und 100. Musterfigur eine Eigenschaften eines proportionalen Wachstums, um die Plättchenanzahlen zu bestimmen. Für die freien Zellen wählt er sowohl bei den Quadratzahlen als auch bei den L-Zahlen die Zahlen 30, 50 und 80 aus. Hier nutzt er spontan wieder seine explizite Musterstrukturierung. Es ist nicht eindeutig erkennbar, aus welchen Gründen Timo gerade bei Quadrat 30 bzw. L 30 seine Strategie wechselt. Es kann vermutet werden, dass die 30 sich nicht so leicht wie die 20 oder 100 durch Verfielfachen der 10 ableiten lässt, da Timo eine Multiplikation mit drei nicht geschickter als die Addition 30+31 erscheint. Es kann aber festgehalten werden, dass für Timo hier die erkannten Strukturen der Musterfolge und die Annahme von Proportionalität zwei gleichberechtigte Referenzkontexte zu sein scheinen, zwischen denen er wählen kann.

Wie in den Beispielen von Johanna und Timo exemplarisch verdeutlicht, bietet die Proportionalitätsannahme den Kindern einen weiteren Referenzkontext, der gleichberechtigt neben den zuvor genutzten Musterstrukturierungen zur Anzahlbestimmung herangezogen wird. Dieser entsteht durch eine neue Deutung der auf dem Arbeitsblatt gegebenen Zeichen in den Tabellen und dem dortigen Erkennen von Zahlbeziehungen (wie z.B. ‚das Doppelte') und wird nicht in Verbindung mit den zuvor erkannten Strukturen gebracht. Die Proportionalitäts-annahme erweist sich in den Interviews als äußert standhaft. Einige Kinder reagieren auf kognitive Konflikte, wenn ihnen aufgezeigt wird, dass der von ihnen genutzte ‚Rechentrick' nicht für die ersten bereits berechneten Folgeglieder in der ersten Tabelle gilt. Andere sind von der Berechtigung dieses Referenzkontexts auch noch nach dem Nachlegen entsprechender Musterfiguren oder unterschiedlichen Ergebnissen nach verschiedenen Vorgehensweisen überzeugt.

6.6.3 Die Bedeutung verschiedener Musterstrukturierungen für die Verallgemeinerung

In der Analyse der Untersuchungsdaten lassen sich beim Aufgabenformat *Plättchenmuster* besondere Aspekte der Musterverallgemeinerung herausarbeiten, die in diesem Aufgabenformat durch den funktionalen Charakter der Musterfolge entstehen. Dies bietet den Kindern die Möglichkeit, die geometrisch-visualisierte Musterfolge aus verschiedenen Blickwinkeln zu betrachten. Schülerinnnen und Schüler, die das Muster mit einer expliziten Betrachtungsweise deuten, verallgemeinern die den einzelnen Objekten innenliegende Struktur und die Beziehung des Objektes zur Stelle der Musterfolge. Bei einem rekursiven Fokus verallgemeinern die Kinder den Zuwachs und die Beziehung zwischen den Objekten der Musterfolge.

Die beiden vorgestellten Deutungsweisen beinhalten verschiedene Stärken und Schwierigkeiten bezüglich der Beschreibung der erkannten Muster. Stellt das rekursive Vorgehen, wie oben beschrieben, die Herstellung einer Beziehung zwischen den Figuren der Musterfolge her, so stehen die Kinder vor der Anforderung, die betrachteten Objekte – also die Stellen der jeweiligen Musterfiguren – zu benennen und in Beziehung zueinander zu setzen. Dies ist eine sehr anspruchsvolle Aufgabe, wie Danielas Beschreibung des L-Zahlenmusters verdeutlicht.

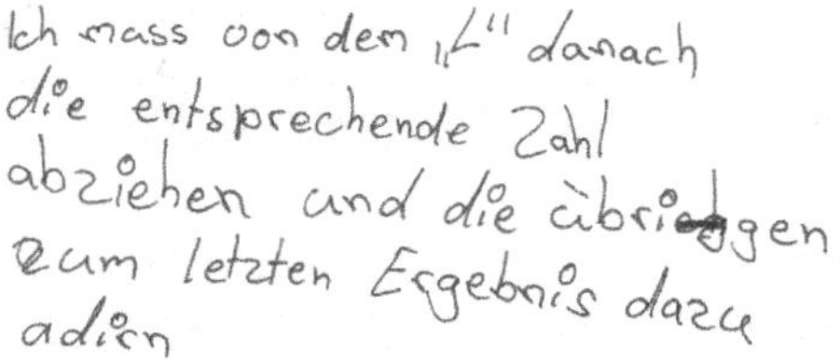

Abbildung 6.44: Danielas Beschreibung des L-Zahlenmusters

In ihrer Beschreibung erläutert Daniela zunächst, wie sie den Zuwachs bestimmt, indem sie die Differenz zwischen der betrachteten und der jeweils nachfolgenden Musterfigur bildet. Diesen (konstanten) Zuwachs (‚die übrigen') muss sie nun zum Vorgänger der Musterfolge addieren, um die Anzahl für die betrachtete Musterfigur herausfinden. Daniela gelingt es hier, die verwendeten Stellen mit den Wörtern ‚das letzte Ergebnis' für den Folgevorgänger, ‚die entsprechende Zahl' für das zu betrachtende Folgeglied und das ‚ „L" danach' für den Folgenachfolger zu beschreiben, ohne sich auf ein Beispiel beziehen zu müssen. Da dies eine hohe sprachliche Anforderung ist, verzichten viele Kinder ganz auf die

Benennung der Objekte. So gelingt es wiederum bei einer rekursiven Vorgehensweise sehr leicht, den reinen Zuwachs zu beschreiben, ohne auf die veränderlichen Komponenten des Musters einzugehen. Johannas Beschreibung des L-Zahlenmusters kann dies exemplarisch verdeutlichen.

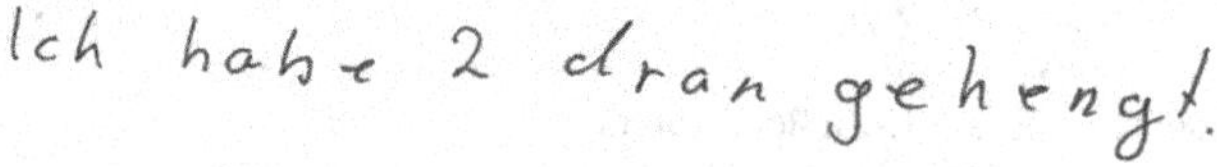

Ich habe 2 dran gehengt!

Abbildung 6.45: Johannas Beschreibung des L-Zahlenmusters

Ähnlich wie Johanna sprechen einige Kinder von dem Zuwachs mit Ausdrücken wie beispielsweise ,da kommen immer zwei dazu' oder ,es werden immer zwei mehr (an den Enden)'.

Ein explizites Vorgehen ermöglicht es, die Anzahl von benötigten Plättchen auch bei hohen Stellen der Musterfolge geschickt und schnell zu berechnen. Bei der Beschreibung der erkannten Musterstrukturierung müssen keine Beziehungen zwischen den einzelnen Folgegliedern beschrieben und daher auch nicht bezeichnet werden. Stattdessen wird hier eine Figur meist in Teilstücke zerlegt (z.B. bei L-Zahlen meist die waagerecht und senkrecht angeordneten Plättchen) oder aber eine bestimmte Anzahl von nebeneinanderliegenden Plättchen betrachtet (z.B. die ,Seitenlänge' eines Quadrats). Dazu ist es jedoch notwendig, der Kommunikationspartnerin bzw. dem Kommunikationspartner mitzuteilen, welche Plättchen betrachtet werden oder in welche Teilstücke das Muster zerlegt wird. Dies kann z.B. mit Hilfe von Raum-Lage-Beziehungen geschehen. Zusätzlich müssen Beziehungen zwischen den Teilstücken oder betrachteten Plättchen ausgedrückt und in Relation gesetzt werden, wie die beiden unteren Schülerdokumente veranschaulichen.

Z.B. 500+50 1

Abbildung 6.46: Marcus Beschreibung des L-Zahlenmusters

Marcus stellt die erkannte Beziehung der Teilstücke, in die er das L-Zahlenmuster gegliedert hat, mit Hilfe eines Beispiels und dessen Kennzeichnung als solches dar.

Anja beschreibt die Beziehung mit Hilfe von Wortvariablen.

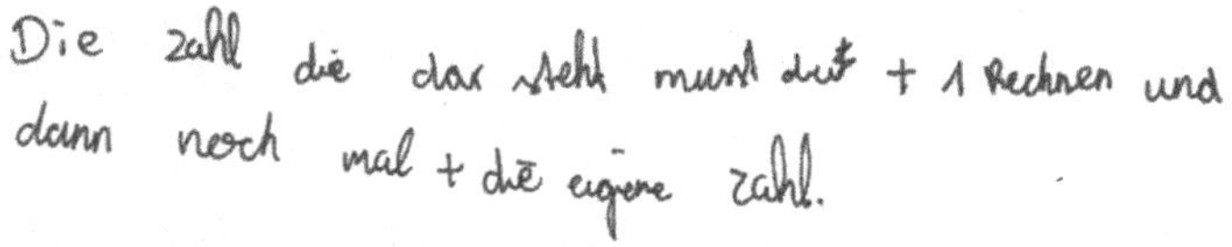

Die Zahl die das steht muss dut + 1 Rechnen und dann noch mal + die eigene Zahl.

Abbildung 6.47: Anjas Beschreibung des L-Zahlenmusters

Dabei bezieht sie sich auf die Zahl in der Tabelle als Bezugspunkt. Diese veränderliche Zahl muss mit eins addiert werden und anschließend noch einmal mit sich selbst. Anja schafft es, durch die Formulierung ‚die eigene Zahl' einen Verweis zu erzeugen, der die Beziehung zwischen den beiden Teilstücken angibt.

Gelingt der Verweis nicht, so bleiben wichtige Informationen über die Musterstrukturierung unklar, so wie bei Anjas Beschreibung des Quadratzahlenmusters, bei dem sie natürlich nicht alle Quadrate zählt, sondern nur eine Seite des Quadrats und diese mit sich selbst multipliziert.

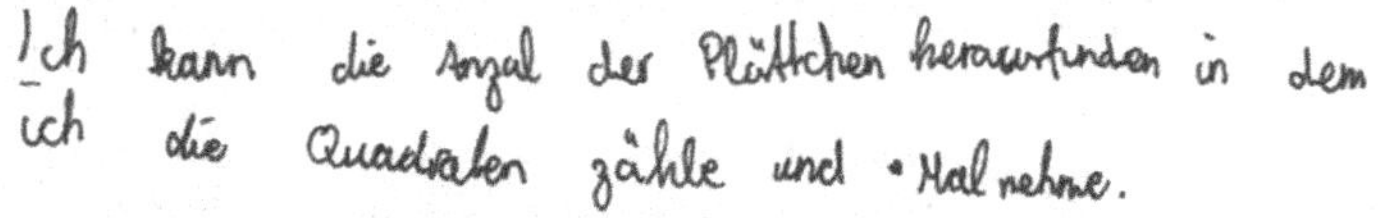

Ich kann die Anzahl der Plättchen herausfinden in dem ich die Quadraten zähle und · Mal nehme.

Abbildung 6.48: Anjas Beschreibung des Quadratzahlenmusters

Gehen die in der Untersuchung teilnehmenden Schülerinnen und Schüler bei der Bestimmung der Plättchenanzahl von einem proportionalem Wachstum aus, so versuchen sie nicht, dieses Vorgehen für die geforderten Beschreibungen auf dem 2. Arbeitsblatt zu verallgemeinern. Stattdessen gehen sie dazu über, ihr rekursives Vorgehen der ersten beiden Aufgabenteile zu beschreiben. Die Kinder schaffen es bei dieser Vorgehensweise auch nicht, einen Term (‚Rechenregel') anzugeben, so wie er auf dem zweiten Arbeitsblatt jeweils gefordert ist. Im Interview wurden die Schülerinnen und Schüler in diesem Fall gebeten, ihr Vorgehen noch einmal mündlich zu beschreiben.

6.6.4 Zusammenfassung und Fazit

In diesem Kapitel wurde der folgenden Forschungsfrage nachgegangen:

Welche Rolle spielen rekursive und explizite Sichtweisen bei der Verallgemeinerung mathematischer Muster?

Aus epistemologischer Perspektive lassen sich diese unterschiedlichen Sichtweisen als verschiedene Fokussierungen in den Deutungen der geometrisch-visualisierten Folge verstehen. Dabei dürfen explizite und rekursive Vorgehensweisen nur als situative Deutungen aufgefasst werden, nicht als Präferenzen oder Kompetenzen einzelner Kinder. Dies wird z.b. deutlich, wenn die Schülerinnen und Schüler im Verlauf der Aufgabenstellungen Umstrukturierungen des erkannten Musters vornehmen und so von einer rekursiven zu einer expliziten Perspektive wechseln. Als ein interessantes, zu beobachtendes Phänomen nehmen einige Schülerinnen und Schüler während der Bestimmung der Plättchenanzahl einzelner Musterfiguren spontan ein proportionales Wachstum der Musterfolge an. Diese Proportionalitätsannahme nimmt in der Entwicklung und Verallgemeinerung der Musterstrukturierung eine Sonderrolle ein, da sie als ein neuer Referenzkontext zur Bestimmung hoher Plättchenanzahlen hinzugezogen wird, aber nicht zur Verallgemeinerung des mathematischen Musters beiträgt. Durch die beschriebenen möglichen Blickwinkel ergeben sich spezifische Vor- und Nachteile bezüglich der Beschreibung der erkannten Musterstrukturen. So fordert eine Beschreibung einer rekursiven Betrachtungsweise eine Beschreibung der verschiedenen Stellen der Musterfolge und deren Beziehung sowie des Zuwachses zwischen den Musterfiguren. Eine explizite Perspektive hingegen verlangt eine Beschreibung von Strukturen innerhalb der Figur, welche z.B. durch eine Beschreibung von Raum-Lage-Beziehungen von Teilfiguren und deren Beziehungen zueinander erfolgen kann.

6.7 Die Verallgemeinerung von Beziehungen zwischen unbestimmten Zahlen

Die mathematischen Muster, mit welchen sich die teilnehmenden Schülerinnen und Schüler bei dem Aufgabenformat *Partnerzahlen* beschäftigen, werden durch die regelmäßigen Beziehungen zwischen jeweils zwei nebeneinanderstehenden Zahlen in einem Partnerzahlen-Stein konstituiert (vgl. Kapitel 5.2.2.2). Um die fehlenden Zahlen in den leeren Steinen zu ergänzen, sind die Lernenden aufgefordert, die allgemeine Beziehung zu erkennen, die allen Steinen zugrunde liegt, und diese dann auf die auszufüllenden Steine zu übertragen. Dabei handelt es sich um die funktionalen Beziehungen $f(x) = 2x$ (Arbeitsblatt I), $f(x) = x + 5$ (Arbeitsblatt II) und $f(x) = x^2$ (Arbeitsblatt III), die durch die ungeordnete Reihenfolge der Steine vor allem den Zuordnungsaspekt der Funktionen (VOLLRATH 1989; VOLLRATH & WEIGAND 2007) in den Vordergrund stellen. Die Variablen zur Beschreibung dieser allgemeinen Beziehungen stellen sich als Unbestimmte dar, die simultan auf die Zahlen in den Steinen verweisen.

Auf die Besonderheiten des Aufgabenformats *Partnerzahlen* fokussierend wird in diesem Kapitel der folgenden Forschungsfrage nachgegangen:

Wie verallgemeinern Schülerinnen und Schüler mathematische Muster, die durch eine regelmäßige Beziehung zwischen unbestimmten Zahlen gebildet werden?

Es zeigt sich in der Analyse der Untersuchungsdaten, dass die teilnehmenden Schülerinnen und Schüler verschiedene Verallgemeinerungen der mathematischen Muster vornehmen, die abhängig davon sind, welche Aspekte die Kinder bei der Deutung der Beziehungen zwischen den unbestimmten Zahlen in den Blick nehmen. In Kapitel 6.6 wurde beschrieben, dass die Schülerinnen und Schüler bei der Verallgemeinerung der Musterfolge im Aufgabenformat *Plättchenmuster* einerseits auf explizite und andererseits auf rekursive Aspekte der Folge fokussieren können und dies einen Einfluss auf die Verallgemeinerung der erkannten Muster hat. Im Aufgabenformat *Partnerzahlen* können die Verallgemeinerungen der Lernenden dahingehend unterschieden werden, ob sie die Beziehungen zwischen den Partnerzahlen operational oder strukturell deuten (Kapitel 6.7.1) und ob sie die Beziehung zwischen den Zahlen nur in eine oder in beide Richtungen betrachten (Kapitel 6.7.2). Im Folgenden werden diese verschiedenen Sichtweisen auf die Beziehungen zwischen zwei unbestimmten Zahlen zunächst dargestellt und dann auf das Wechseln zwischen den verschiedenen Sichtweisen und deren Hintergründe eingegangen (Kapitel 6.7.3-6.7.5).

6.7.1 Operationale und strukturelle Deutungen der Beziehung

Zur Unterscheidung zwischen operationaler und struktureller Sichtweise, welche die Lernenden bei der Deutung der Beziehungen zwischen den unbestimmten Zahlen bei dem Aufgabenformat *Partnerzahlen* einnehmen, wird hier auf die in Kapitel 2.2 dargelegte Theorie der Vergegenständlichung mathematischer Begriffe von SFARD (1991) zurückgegriffen. Diese legt mathematischen Begriffen eine Prozess-Objekt-Dualität zugrunde, welche verschiedene Deutungsmöglichkeiten von Mustern, Strukturen und Beziehungen zulässt. Mit Hilfe von SFARDS Unterscheidung zwischen *operationalen* und *strukturellen* Sichtweisen auf mathematische Begriffe lassen sich hier Beziehungen betrachten, welche die Kinder zwischen den Zahlen herstellen.

Da SFARD & LINCHEVSKI (1994a) eine symbolische Notationsweise für eine rein strukturelle Perspektive auf mathematische Begriffe für unabdingbar halten, ist zuvor zu bemerken, dass es sich bei der Unterscheidung zwischen operationalen und strukturellen Sichtweisen nicht um dichotome Blickwinkel handelt. Vielmehr wird davon ausgegangen, dass auch eine strukturelle Wahrnehmung der Beziehung zwischen den Zahlen operationale Aspekte beinhaltet, so wie SFARD

(1991) es für die Phase der Verdichtung der Begriffe beschreibt (vgl. Kapitel 2.2.2).

Eine operationale Sichtweise auf einen mathematischen Begriff beschreibt SFARD (1991, 33) als Wahrnehmung des Begriffs als Prozess oder als Produkt eines Prozesses, eine strukturelle Sichtweise hingegen erfasst den Begriff als statische Struktur, ähnlich der Wahrnehmung eines realen Objektes. Bei dem Aufgabenformat *Partnerzahlen* geht es um eine Beziehung, die jeweils zwischen den Zahlen des linken und rechten Kästchens eines Steins besteht. Eine operationale Sichtweise auf diese Beziehung zeigt sich dann folglich, wenn im Fokus der Erkenntnis die benötigte Operation steht, um die Zahl des einen Kästchens in die des anderen zu transformieren. Bei einer strukturellen Sichtweise auf die Beziehung hingegen werden strukturelle Eigenschaften der beiden Zahlen betrachtet und verglichen. Die beiden Beschreibungen von Tobias und Sabrina beim Arbeitsblatt *x+20* sollen den hier dargestellten Unterschied verdeutlichen.

> Die Zahl rechts ist immer um 20 größer als die Zahl links.

Abbildung 6.49: Tobias strukturelle Beschreibung der Beziehung *x+20*

> Ich muss immer die Zahl plus 20 rechnen.

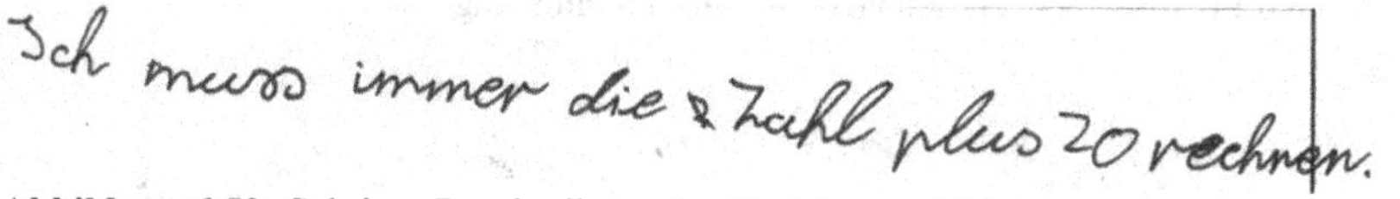

Abbildung 6.50: Sabrinas Beschreibung der Beziehung *x+20*

Tobias beschreibt die erkannte Beziehung als eine strukturelle Eigenschaft, welche die rechte Zahl im Vergleich zur linken Zahl besitzt, sie „ist immer um 20 größer". Mit Hilfe von Wortvariablen verallgemeinert er die veränderlichen Zahlen, zwischen denen er die Beziehung entdeckt hat. Die Beziehung ‚um 20 größer' wird so als statische Relation zwischen unbestimmten Zahlen beschrieben. Ganz anders drückt Sabrina die Beziehung zwischen den Zahlen des gleichen Arbeitsblattes aus. Für sie steht im Mittelpunkt des Interesses die Operation, die benötigt wird, um von der linken zur rechten Zahl zu gelangen. So beschreibt sie die Beziehung hier als die Operation ‚plus 20'. Die veränderlichen Zahlen, auf welche die benötigte Operation ausgeübt werden muss, beschreibt sie mit der Wortvariablen ‚die Zahl'. Durch die Darstellung der Beziehung als Operation, wirkt diese als dynamische Tätigkeit, die auf eine unbestimmte Zahl angewendet werden muss, um eine zweite Zahl entstehen zu lassen.

6.7.2 Einseitige und beidseitige Deutungen der Beziehung

Neben der Unterscheidung zwischen operationalen und strukturellen Beziehungen zwischen den beiden Partnerzahlen lassen sich die in der Untersuchung vorgefundenen Beschreibungen der Kinder noch hinsichtlich eines weiteren Merkmals differenzieren. Es lässt sich erkennen, dass die Schülerinnen und Schüler die Steine des Aufgabenformates unterschiedlich strukturieren und so entweder einseitige oder beidseitige Beziehungen zwischen den Kästchen eines Steins herstellen. Bei einer operationalen Sichtweise auf die Beziehung beschreiben die Kinder so entweder nur eine Operation, die benötigt wird, um von dem einen zum anderen Kästchen zu gelangen oder aber sie geben zusätzlich noch die zweite Operation an, die für die andere Richtung benötigt wird. Bei einer strukturellen Sichtweise beschreiben sie die Struktur oder Eigenschaften von nur einer Zahl im Vergleich zur anderen Zahl oder aber sie setzen die Eigenschaften beider Zahlen gleichzeitig in Beziehung. Die folgenden Schülerdokumente des Arbeitsblattes $x+5$ sollen die hier erläuterten Unterschiede verdeutlichen.

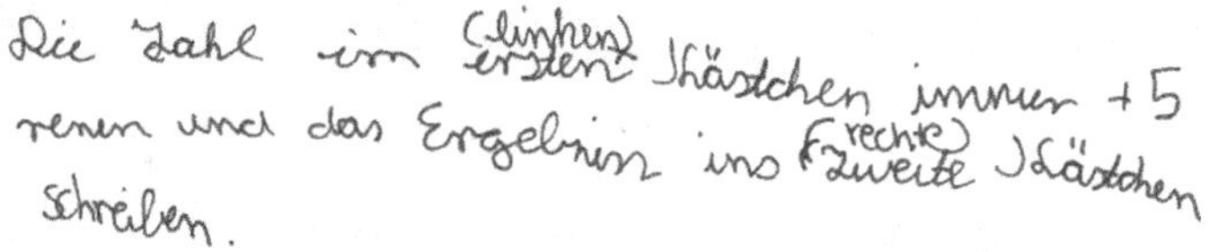

Die Zahl im (linken) ersten Kästchen immer +5 renen und das Ergebnis ins (rechte) zweite Kästchen schreiben.

Abbildung 6.51: Roberts operationale einseitige Beschreibung

Man muss die linke Zahl +5 nehmen und die rechte Zahl −5.

Abbildung 6.52: Tills operationale beidseitige Beschreibung

die Hintere Zahl hat immer 5 mehr als die fordre.

Abbildung 6.53: Felix strukturelle einseitige Beschreibung

Es ist wie bei jedem stein Fünf mer und Fünf weniger.

Abbildung 6.54: Marvins strukturelle beidseitige Beschreibung

Die vier dargestellten Beschreibungen lassen sich hinsichtlich der beiden oben beschriebenen Merkmale deutlich unterscheiden. Während Roberts operationale Beschreibung (Abb. 6.51) die Operation schildert, welche, auf die Zahl im linken Kästchen angewendet, die Zahl im zweiten rechten Kästchen ergibt, führt Till

(Abb. 6.52) beide Operationen auf, die sowohl von der linken zur rechten Zahl als auch von der rechten zur linken Zahl führen. Beide Schüler verwenden für die Verallgemeinerung der unbestimmten Zahlen hier Wortvariablen. Die Beziehungen als Operationen werden hier mit den Worten ,+5' und ,-5' ausgedrückt. Felix strukturelle Beschreibung der Beziehung (Abb. 6.53) beschreibt die hintere Partnerzahl im Vergleich zur vorderen. Diese besitzt die Eigenschaft ,5 mehr' zu sein, als die mit ihr im Zusammenhang stehende vordere Zahl. Marvin (Abb. 6.54) benennt hingegen die Eigenschaften beider Zahlen, diese sind entweder ,fünf mehr' oder aber ,fünf weniger', wobei er keine Unterscheidung zwischen linkem und rechtem Kästchen vornimmt und beide Seiten mit der Wortvariablen ,jedem Stein' bezeichnet.

Die durch die beiden oben beschriebenen Merkmale entstehenden Unterschiede in den Beschreibungen der Schülerinnen und Schüler lassen demzufolge vier verschiedene Perspektiven auf die Beziehungen zwischen den beiden Zahlen des Aufgabenformats *Partnerzahlen* erkennen. Die folgende Tabelle soll eine allgemeine Beschreibung der vorgefundenen Deutungen der Beziehung geben.

Tabelle 6.2: Deutungen der Beziehungen zwischen zwei unbestimmten Zahlen

	einseitig ⟶	beidseitig ⟶ ⟵
Operational	Beziehung als verallgemeinerte[34] Operation, um von der linken zur rechten oder von der rechten zur linken Zahl zu gelangen.	Beziehung als verallgemeinerte[1] Operationen, um von der linken zur rechten und von der rechten zur linken Zahl zu gelangen.
Strukturell	Beziehung als verallgemeinerte Struktur der rechten im Bezug zur linken oder der linken im Bezug zur rechten Zahl.	Beziehung als verallgemeinerte Strukturen der rechten im Bezug zur linken und der linken im Bezug zur rechten Zahl.

Die hier aufgezeigten Unterschiede in den erkannten Beziehungen zwischen den beiden Zahlen zeigen sich unabhängig von den Verallgemeinerungsweisen, welche die Kinder nutzen, um die entdeckte Beziehung allgemein zu kommunizieren

---

[34] Die Operation muss nicht immer konstant bzw. unveränderlich sein. Bei quadratischem Zusammenhang werden beispielsweise Teile der Operation (hier die Faktoren) verallgemeinert.

(vgl. Kapitel 6.2). In den oben aufgeführten Beispielen verallgemeinern die Schülerinnen und Schüler mit Hilfe von Wörtern mit Variablencharakter. Die hier betrachteten Unterscheidungsmerkmale hinsichtlich operationalen und strukturellen Beziehungen sowie der Differenzierung zwischen einseitigen und beidseitigen Beziehungsbeschreibungen treten aber gleichwohl auch bei anderen Verallgemeinerungsweisen auf. In Kapitel 6.4 wurde es als kontextspezifische Beschreibungsmöglichkeit herausgestellt, die Beziehung zwischen den beiden Zahlen auch ohne eine Benennung und somit auch Verallgemeinerung der Objekte (der linken und der rechten Zahl in den Kästchen des Steins) darstellen zu können. Auch bei solchen Beschreibungen ohne Bezeichnung der variablen Zahlen lassen sich die hier dargestellten Unterscheidungen treffen.

6.7.3 Das Einnehmen verschiedener Perspektiven auf die Beziehung zwischen zwei Zahlen

Die vier Zellen der obigen Tabelle zeigen verschiedene Deutungsmöglichkeiten auf, die bei einer Beziehungsherstellung zwischen zwei Zahlen des Aufgabenformats *Partnerzahlen* bei der Analyse der Untersuchungsdaten feststellbar sind. Im Folgenden sollen alle Bearbeitungen der Kinder des Aufgabenformats *Partnerzahlen* in die oben allgemein dargestellte Tabelle eingeordnet und so hinsichtlich der beiden beschriebenen Kriterien sortiert werden. Auf diese Weise lassen sich bei der Betrachtung der Sichtweisen der Kinder in der Breite interessante Beobachtungen erkennen, die hier aber jeweils nur als die einzelne Phasen betreffend verstanden werden dürfen. Die Analyse der Beschreibungen kann und soll keine Charakterisierung von Kompetenzen einzelner Kinder ermöglichen. Vielmehr ist es Ziel der qualitativen Analyse, Denkprozesse der Kinder aufzuzeigen und mögliche Deutungen der Beziehungen herauszuarbeiten. So werden die verschiedenen Perspektiven auf die Beziehungen zwischen den Partnerzahlen in Anlehnung an SFARD (1991) als mögliche Blickwinkel verstanden, die durch die Prozess-Objekt-Dualität der hier gegenwärtigen mathematischen Begriffe grundsätzlich zur Verfügung stehen.

Dabei ist anzumerken, dass die Schülerinnen und Schüler während eines Beschreibungsprozesses einer erkannten Beziehung nicht flexibel zwischen verschiedenen Sichtweisen wechseln, so wie es bei den Verallgemeinerungsweisen erkennbar ist. Stattdessen bleiben die Kinder in den durchgeführten Interviews, abgesehen von wenigen Ausnahmen, innerhalb der mündlichen und schriftlichen Ausführungen bezüglich einer Beziehung immer bei einer Sichtweise.

Die Bearbeitung der Arbeitsblätter der zehn interviewten Kinder lassen sich wie folgt in die oben allgemein beschriebene Tabelle einordnen (vgl. Tabelle 6.3).

Tabelle 6.3: Einordnung der Schülerbearbeitungen und Wechsel zwischen den Deutungen

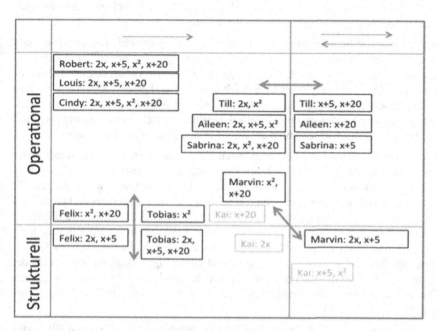

Bei der Betrachtung der Tabelle ist ersichtlich, dass nicht alle Kinder in jeweils einer Zelle bleiben, sondern trotz grundsätzlich gleicher Aufgabenstellung bei unterschiedlichen Beziehungen auch verschiedene Sichtweisen auf die Beziehungen der Partnerzahlen erkennen lassen. Lediglich drei der zehn interviewten Kinder (Robert, Louis[35] und Cindy) beschreiben während des gesamten Interviews eine operationale einseitige Beziehung. Drei Kinder (Till, Aileen und Sabrina) lassen zwar durchgängig eine operationale Sichtweise erkennen, wechseln aber zwischen einseitigen und beidseitigen Beziehungsbeschreibungen. Tobias und Felix formulieren nur einseitige Beziehungen zwischen den Partnerzahlen, jedoch wechseln sie zwischen operationalen und strukturellen Blickwinkeln. Marvin zeigt einerseits strukturelle beidseitige Beschreibungen auf, wechselt dann aber anschließend zu operationalen einseitigen Beschreibungen. Kais Beschreibungen lassen sich in sogar in drei verschiedenen Zellen wiederfinden. Es lässt sich also

---

[35] Louis erkennt die Beziehung des Arbeitsblattes x^2 nicht und bricht die Aufgabe deshalb ab.

festhalten, dass die Kinder bei verschiedenen Beziehungen sowohl ihre Perspektive auf die Beziehung als Objekt oder Prozess ändern als auch zwischen einseitigen und beidseitigen Beschreibungen wechseln.

Auch wenn die Schülerinnen und Schüler in recht unterschiedlichen Momenten ihre Sichtweisen auf die Beziehung zwischen den Partnerzahlen ändern, so scheint es dennoch sinnvoll, die Übergänge zwischen verschiedenen Blickwinkeln auf die Beziehungen genauer zu betrachten und auch mögliche Ursachen dafür herauszuarbeiten. Dafür sollen im folgenden Abschnitt die Musterbeschreibungen einiger Kinder und die Wechsel zwischen verschiedenen Sichtweisen auf die Beziehung der Partnerzahlen detailliert in den Blick genommen werden.

Die in Tabelle 6.3 mit Pfeilen markierten Übergänge werden in der Analyse der Untersuchungsdaten im Hinblick auf den Wechsel zwischen verschiedenen Perspektiven untersucht. Dabei wird versucht, Interviewstellen auszumachen, in denen ein Wechsel stattfindet und Ursachen für diesen herausgearbeitet.[36] Es lassen sich in der Untersuchung zwei Gründe als mögliche Ursachen für Perspektivenwechsel feststellen, die in den folgenden Teilkapiteln in den Blick genommen werden. Zum einen kann eine Änderung in der Anforderung dazu führen, dass ein Wechsel zwischen einseitigen und beidseitigen Beziehungen stattfindet (Kapitel 6.7.4). Zum anderen kann die Art der Beziehung an sich ebenso einen Wechsel zwischen operationaler und struktureller Deutung der Beziehung verursachen (Kapitel 6.7.5).

Diese beiden Ursachen für einen Wechsel zwischen den verschiedenen Blickwinkeln auf die Beziehung zwischen den Partnerzahlen sollen im Folgenden anhand von Transkriptausschnitten von Till und Marvin dargestellt werden. Diese beiden Interviews wurden ausgewählt, da sie einen besonders deutlichen Einblick in die Gründe zur Perspektivenänderung gewähren. Die Interviews von Aileen und Sabrina zeigen ähnliche Aspekte auf, wie der Transkriptausschnitt von Till. Ebenso lassen die Analysen der Transkripte von Felix und Tobias hinsichtlich eines Wechsels zwischen operationaler und struktureller Sichtweise dieselben Ursachen für einen Perspektivenwechsel erkennen, wie das Interview von Marvin. Die beiden hier dargestellten Interviewausschnitte von Till und Marvin können somit exemplarisch zur Illustration der Perspektivenänderung herangezogen werden.

---

[36] Obwohl auch Kais Beschreibungen mehrere Wechsel zwischen verschiedenen Sichtweisen auf die Beziehung zwischen den Partnerzahlen aufzeigen, kann zu den Gründen für diese aus dem Interview mit Kai keine Erkenntnis gewonnen werden. Aufgrund der relativ flüchtigen Beschreibungen der erkannten Beziehungen und der knappen Erklärungen während des Interviews können nur schwierig Interpretationen bezüglich des hier betrachteten Aspekts erfolgen.

6.7.4 Anforderungsbedingte Wechsel

Im folgenden Abschnitt sollen Interviewausschnitte des Schülers Till analysiert werden, welche aufzeigen können, wie sich eine Veränderung in der Anforderung der Aufgabe auf das Einnehmen einer Perspektive auf die Beziehung zwischen den beiden Zahlen eines Steins auswirken kann. Dabei beschränkt sich die Darstellung des Interviews auf die für den hier angesprochenen Aspekt bedeutsamen Szenen und beginnt so jeweils bei den Erläuterungen der erkannten und beschriebenen Beziehung.

Transkriptausschnitt zu Tills Bearbeitung des Arbeitsblatts *2x*

Nachdem Till der Interviewerin mündlich die Beziehung die erkannte operationale einseitige Beziehung erläutert und die Steine auf dem Arbeitsblatt entsprechend ausgefüllt hat, fertigt er die folgende Regel zur Beschreibung seiner Entdeckung an:

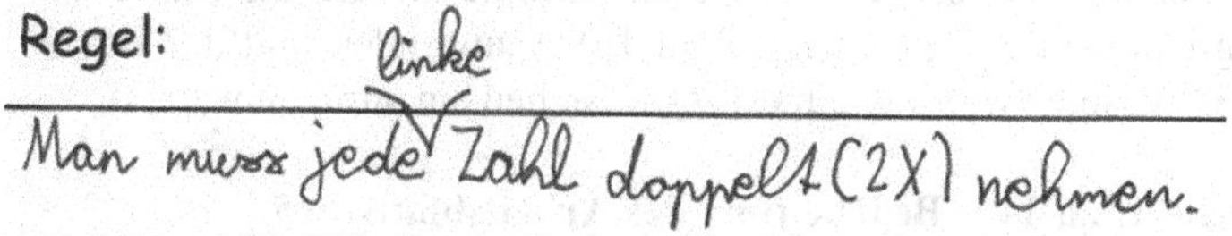

Regel:

Man muss jede *linke* Zahl doppelt (2X) nehmen.

Abbildung 6.55: Tills Beschreibung der Beziehung *2x*

Dabei fügt er das Wort ‚linke' erst nachträglich in den Satz ein.

I.: (*Liest.*) Man muss jede linke Zahl doppelt, zweimal nehmen. Ok, kannst du mir sagen, warum du das so aufgeschrieben hast?

T.: Weil, ähm, man könnte ja jetzt nicht schreiben, man muss die. Man könnte auch schreiben, man muss die rechte Zahl halbieren, aber hier steht nirgendwo die rechte.

I.: Mmh, ok. Super, jetzt hast du erst geschrieben ‚Man muss jede Zahl' und dann hast du dich noch entschieden, ach ich schreib da noch die ‚linke' Zahl dahin. Warum hast du das so gemacht?

T.: Weil, wenn man dann beide nehmen würde, dann wären das hier zum Beispiel zweiunddreißig und, ähm, man soll ja nur die linke doppelt nehmen. Wenn's drei Kästchen wären, würde man die sechszehn ja auch nochmal doppelt nehmen.

Analyse des Transkriptausschnitts zu Tills Bearbeitung des Arbeitsblatts *2x*

Till formuliert eine Regel, die eindeutig die operationale einseitige Perspektive auf die Beziehung zwischen den Partnerzahlen erkennen lässt. Als er durch die Interviewerin aufgefordert wird, seine Regel zu erläutern, gibt er an, dass die Beziehung auch lauten könnte, ‚man muss die rechte Zahl halbieren'. Diese Beschreibung für die Beziehung schließt er jedoch aus, da die rechte Zahl auf dem Arbeitsblatt nie gegeben ist. Da seine operationale Beschreibung aufzeigt, welche Operation benötigt wird, um von der linken zur rechten Zahl zu gelangen, erscheint es ihm hier abwegig, die Operation für die andere Richtung zu beschreiben, wenn diese zur Bearbeitung des Arbeitsblattes nicht gefordert ist. Die unbestimmten Zahlen, bei welchen die aufgezeigte Operation auszuführen ist, verallgemeinert Till mit Hilfe der Wortvariablen ‚die linke Zahl'. Auf Nachfrage bestätigt er das hinzugefügte Lokaladverb ‚linke' als Differenzierung zur rechten Zahl, auf welche die beschriebene Operation nicht angewendet wird. Er argumentiert anhand des Steines (8,16), dass die Regel ohne den Zusatz ‚linke' auf alle Zahlen (folglich auch auf die rechte Zahl 16) anzuwenden und das entstehende Ergebnis 32 beispielsweise in ein drittes Kästchen einzutragen wäre.

Transkriptausschnitt zu Tills Bearbeitung des Arbeitsblatts *x+5*

Nach der mündlichen Erläuterung der erkannten Beziehung und des Vorgehens beim Ausfüllen der Steine, formuliert Till folgende Regel zu der Beziehung des Arbeitsblattes *x+5*:

Abbildung 6.56: Tills Beschreibung der Beziehung *x+5*

I.: Kannst du das kurz erklären?

T.: Also, wenn hier die sechszehn da steht, muss man das ja plus fünf rechnen und hier (*zeigt auf den Stein (‚65)*) steht ja keine linke da, sondern nur die rechte und die muss man dann minus fünf rechnen.

Analyse des Transkriptausschnitts zu Tills Bearbeitung des Arbeitsblatts *x+5*

Im Gegensatz zum ersten Arbeitsblatt beschreibt Till die erkannte Beziehung hier aus beidseitiger Perspektive. Dies ist vermutlich darauf zurückzuführen, dass er selbst die Verwendung des Ausdrucks ‚linke Zahl' auf Nachfrage der Interviewerin zuvor an die gegebene linke Zahl gebunden hat und nun auf dem Arbeitsblatt $x+5$ auch eine gegebene rechte Zahl vorfindet. So nennt er nun sowohl die Operation ‚+5‘, welche auf die linke Zahl angewendet werden muss um die rechte zu erhalten, als auch ‚-5‘, welche auf die rechte angewendet werden muss, um zur linken Zahl zu gelangen. Als Till aufgefordert wird, seine Beschreibung zu erläutern, gibt er explizit an, dass auf dem Arbeitsblatt Zahlen an verschiedenen Stellen der Steine gegeben sind und es deshalb auch der Subtraktion bedarf. Dazu beschreibt er die Beziehung von der linken zur rechten unbestimmten Zahl mit Hilfe eines Bedingungssatzes und die Rückrichtung mit Wortvariablen. Entsprechend stellt er die Operation als abhängig von der Stelle der gegebenen Zahl heraus. Ist die linke Zahl gegeben, so wird eine andere Operation benötigt, als wenn die rechte Zahl gegeben wäre.

Die beiden Transkriptausschnitte verdeutlichen, dass Till die Beschreibung der Beziehung zwischen den Partnerzahlen stark nach der Anforderung auf dem Arbeitsblatt ausrichtet. Da auf dem ersten Arbeitsblatt stets die rechte Zahl gesucht ist und so nur die Operation von der linken zur rechten Zahl benötigt wird, schließt er nur diese Operation in die Darstellung der Beziehung zwischen den beiden Zahlen mit ein, obwohl er sichtlich eine Beziehung in beide Richtungen erkannt hat. Da sich die Anforderung auf dem zweiten Arbeitsblatt dahingehend ändert, dass nun auch die rechte Zahl gegeben und entsprechend die linke Zahl gesucht ist, ändert sich auch die Sichtweise auf die Beziehung zwischen den Partnerzahlen. So führt Till nun bei seiner Regel beide benötigten Operationen auf.

6.7.5 Durch den Charakter der Beziehung bedingte Wechsel

Die nachfolgend vorgestellten Transkriptausschnitte des Schülers Marvin stellen interessante Szenen für den oben dargestellten Aspekt des Wechsels zwischen operationalen und strukturellen Deutungen der Beziehung zwischen den Partnerzahlen heraus. Demzufolge werden nur ausgewählte Szenen beschrieben, welche jeweils die mündliche Beschreibungsphase bis zur Verschriftlichung und deren Erläuterung beinhalten.

Transkriptausschnitt zu Marvins Bearbeitung des Arbeitsblatts 2x

I.: Dann gebe ich dir mal die Aufgabe *(legt Marvin das Arbeitsblatt 2x vor)*. Das sind Partnerzahlen.

M.: Also soll ich jetzt das Doppelte da neben schreiben? *Zeigt auf den Stein (50,).* Oder wie hier *(zeigt auf den Stein (2,4))* das Doppelte ist und da auch *(zeigt auf den Stein (15,30))*.

I.: Mmh. Das hast du so schnell erkannt?

M.: Mmh.

I.: Ein Blick drauf und schon erkannt? Ok, wie hast du das erkannt?

M.: Ja weil, zwei die Hälfte von vier ist und fünfzehn die Hälfte von dreißig ist. Das fällt einem so auf. […]

Marvin schreibt nach Aufforderung die Regel:

Es ist überal die Hälfte und das Doppelte.

Abbildung 6.57: Marvins Beschreibung der Beziehung *2x*

I.: Das ist überall die Hälfte und das Doppelte. Kannst du mir noch mal kurz erklären, was du damit genau meinst?

M.: Also es ist von, von Hundert die Hälfte fünfzig (*zeigt mit dem Stift auf den entsprechenden Stein*). Und es ist fünfzig das Doppelte ist hundert.

I.: Ok, und was genau meinst du mit ‚es ist <u>überall</u> die Hälfte und das Doppelte'?

M: Ähm, weil's überall die Hälfte ist, die linke Zahl (*zeigt auf den Stein (200003,400006)*). Also die linke Zahl ist die Hälfte und die rechte Zahl ist das Doppelte.

Analyse des Transkriptausschnitts zu Marvins Bearbeitung des Arbeitsblatts *2x*

Direkt nach Erhalt des Arbeitsblattes äußert Marvin, in den Partnerzahlen die Beziehung ‚das Doppelte' erkannt zu haben. Dabei bezieht er sich auf die Steine (2,4) und (15,30). So gelangt er zu der Annahme, das noch leere Kästchen im Stein (50,) als Aufforderung zu verstehen, die in den ausgefüllten Steinen gefundene Beziehung auch in diesem Stein zu konstruieren. Als Marvin durch die Interviewerin aufgefordert wird, zu beschreiben, wie er die Beziehung entdeckt hat, formuliert er hingegen eine neue Beziehung und beschreibt wiederum an den Steinen (2,4) und (15,30) die Beziehung ‚die Hälfte', welche ebenso wie die Beziehung ‚das Doppelte' für die beiden Steine zutrifft. So ist zu erkennen, dass Marvin zwei strukturelle Beziehungen zwischen den beiden Steinen feststellt, die er auch wiederum untereinander in Beziehung setzt. Schließlich führt er die Beziehung ‚die Hälfte' als Begründung für die Beziehung ‚das Doppelte' an (‚*weil*

zwei die Hälfte von vier ist, und fünfzehn die Hälfte von dreißig ist'). Die unbestimmten Zahlen, zwischen denen die Beziehung hergestellt wurde, verallgemeinert Marvin mit der Formulierung ,überall'. Auf Nachfrage differenziert der
Schüler diesen Ausdruck und beschreibt die Eigenschaften der beiden unbestimmten Zahlen einzeln. So gelangt er zu einer Beschreibung, welche der variablen linken Zahl die Eigenschaft zuspricht, ,die Hälfte' zu sein und der variablen
rechten Zahl, das ,Doppelte' darzustellen (vgl. Abb. 6.57).

Epistemologisches Dreieck 6.18: Marvins strukturelle Deutung der Beziehung *2x*

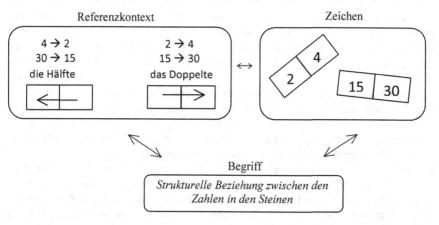

Transkriptausschnitt zu Marvins Bearbeitung des Arbeitsblatts *x+5*

I.: Ich gebe dir mal noch so ein Blatt *(gibt Marvin das Aufgabenblatt
x+5)*.

M.: Das ist nicht die, das Doppelte. Mhh, das ist überall fünf mehr.
[…] *Marvin füllt die leeren Kästchen aus.*

I.: Wie hast du das eben erkannt?

M.: Weil ich wollte eigentlich das Doppelte wieder hinschreiben und aber
dann habe ich das gesehen, das ist dass es fünf mehr ist.
[…] *Marvin verfasst die Regel*:

Es ist alle bei jedem stein Fünf mer und Fünf weniger.

Abbildung 6.58: Marvins Beschreibung der Beziehung *x+5*

I.: Kannst du mir das auch kurz erklären?

M.: Mhh, das ist wie bei fünf und zehn (*zeigt auf den entsprechenden Stein*).
Fünf weniger sind von zehn auf fünf. Und von fünf auf zehn sind fünf mehr.

Analyse des Transkriptausschnitts zu Marvins Bearbeitung des Arbeitsblatts $x+5$

Marvin setzt das neu erhaltene Arbeitsblatt zunächst in Beziehung zu dem zuvor bearbeiteten Blatt und stellt fest, dass es sich nicht um die gleiche Beziehung zwischen den Partnerzahlen handelt. Da der Schüler äußert, zunächst auch ‚das Doppelte wieder hinschreiben' zu wollen, ist zu vermuten, dass er in dem Stein mit den gegebenen Zahlen (5,10) ebenfalls die Beziehung ‚das Doppelte' erkennt, diese aber dann verwirft, da die Beziehung nicht bei den anderen Steinen des Arbeitsblattes zutrifft. Die anschließend festgestellte Beziehung beschreibt er mündlich mit den Worten ‚fünf mehr' und verfasst die schriftliche Regel, welche wiederum eine beidseitige strukturelle Beziehung darstellt, bei der die Eigenschaften beider Zahlen (‚fünf mehr', und ‚fünf weniger') aufgezeigt werden (vgl. Abb. 6.58). Hierbei ersetzt er den zuvor genutzten Ausdruck ‚überall' mit der Formulierung ‚bei jedem Stein', was auf die Nachfrage der Interviewerin bei dem Wort ‚überall' im letzten Abschnitt zurückzuführen ist. Für die anschließend geforderte Erklärung der Regel, nutzt er den Stein (5,10) für dessen Zahlen er die Eigenschaften konkret erläutert. So ist die Zahl fünf ausgehend von der Zahl 10 einerseits ‚fünf weniger' und die Zahl zehn andererseits von der Zahl fünf ausgehend ‚fünf mehr'.

Epistemologisches Dreieck 6.19: Marvins strukturelle Deutung der Beziehung $x+5$

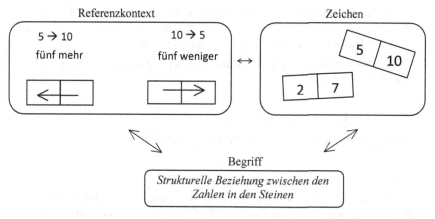

Transkriptausschnitt zu Marvins Bearbeitung des Arbeitsblatts x^2

I.: Und noch ein Blatt. *Legt Marvin das Arbeitsblatt x^2 vor. Marvin schaut sich das Blatt an und trägt dann die fehlenden Zahlen ein.*

I.: Jetzt musst du mir aber mal sagen, wie du das so schnell gemacht hast?
M.: Mhh, ich musste erst überlegen und dann hab ich erkannt, dass zum Beispiel hier (*zeigt auf den Stein (5,25)*) fünf mal fünf sind fünfundzwanzig und ist das immer von der ersten Zahl (*zeigt auf den Stein (3,9)*) dreimal und von der – also ähm, welche Zahl da steht (*zeigt auf die jeweils linke Zahl verschiedener Steine*), die mal – ah, ähm. Die neun steht da (*zeigt auf die 9 des Steins (9,81)*), dann muss ich neun mal neun rechnen, sind einundachtzig. Und bei drei das gleiche (*zeigt auf die 3 des Steins (3,9)*) und bei fünf auch (*zeigt auf die 5 des Steins (5,25)*).

I.: Mmh. Ok, super.

M.: Ja, mhh, mhh, die Regel ist jetzt so schwer.

I.: Lass dir ruhig Zeit.

Marvin formuliert die Regel:

> Im 1. Baustein ist jetzt eine 10 dan mußt du mal zehn rechnen und bein den anderen zahlen auch.

Abbildung 6.59: Marvins Beschreibung der Beziehung x^2

I.: Mmh. Kannst du mir das erklären?

M.: Also ich hab das jetzt so formuliert, wenn du ne zehn da steh'n hast, dann musst du zehn mal zehn rechnen und kommt dann hundert raus. Und ähm bei den anderen Zahlen musst du auch so rechnen. Ja.

I.: Was meinst du mit <u>auch so</u>? Man muss ja nicht immer mal zehn rechnen, ne?

M.: Ja.

I.: Sondern du meinst was anderes?

M.: Also man muss die gleiche Zahl noch mal rechnen. Mal rechnen. So. Ja.

I.: Die gleiche Zahl, was meinst du genau damit?

M.: Das ähm, du musst noch mal dann, wenn du jetzt ne fünf als andere Zahl hast, dann musst du fünf mal fünf rechnen. Und bei den anderen Zahlen dann auch neun mal neun und drei mal drei. Ja.

Analyse des Transkriptausschnitts zu Marvins Bearbeitung des Arbeitsblatts x^2

Auch bei dem Arbeitsblatt x^2 scheint Marvin keine Probleme zu haben, die intendierte Beziehung zwischen den Steinen zu erkennen und die fehlenden Zahlen auf dem Arbeitsblatt einzutragen. Wie bei den anderen Arbeitsblättern, versucht Marvin, die entdeckte Beziehung zu verallgemeinern. Dies geschieht im Gegensatz zu den anderen Arbeitsblättern aber zunächst durch die Verwendung eines Beispiels und dessen Kennzeichnung als solches ('dass zum Beispiel hier fünf mal fünf sind fünfundzwanzig'). Direkt anschließend beginnt Marvin einen Satz ('ist das immer von der ersten Zahl'), der die Intention aufzeigt, die Beziehung einerseits mit Wortvariablen 'die erste Zahl' und andererseits strukturell zu beschreiben, da der Ausdruck 'das *ist* von' auf die Beschreibung einer Eigenschaft der zweiten Zahl ausgehend von der ersten hinführt. Die Eigenschaft der zweiten Zahl fasst er nun in die Worte 'dreimal' und bezieht sich dabei auf den Stein (3,9). Den so begonnenen Satz bricht der Schüler anschließend ab, und versucht nun – weiterhin strukturell, die Abhängigkeit der Eigenschaft von den variablen Zahlen zu verdeutlichen, die hier durch die quadratische Beziehung gegeben ist. Als auch die so entstehende Formulierung 'welche Zahl da steht, die mal' weiterhin nicht die erkannte Beziehung zum Ausdruck zu bringen scheint, geht Marvin dann im Folgenden dazu über, die geforderte Operation zu beschreiben, die benötigt wird, um von der gegebenen zur gesuchten Zahl zu gelangen. Hier gelingt es ihm zunächst beispielgebunden, die Abhängigkeit der Operation von der sich verändernden Zahl durch einen Bedingungssatz zu verdeutlichen (‚Die neun steht da, *dann* muss ich neun mal neun rechnen'). Anschließend gibt er zu verstehen, dass diese Abhängigkeit auch für die anderen existierenden Steine gilt. Seine nachfolgend formulierte schriftliche Regel weist nun eine einseitige operationale Sichtweise auf die Beziehung zwischen den Zahlen der Steine auf. Bei seiner Beschreibung ist die Zahl zehn hier als Quasi-Variable zu verstehen, was Marvin mit dem Zusatz ‚und bei den anderen Zahlen auch' verdeutlicht. Dies bestätigt sich, als die Interviewerin den Schüler nach der sprachlichen Verallgemeinerung ‚auch so' fragt. Hier schafft er durch den Ausdruck ‚die gleiche Zahl' einen Verweis auf die variable gegebene Zahl.

Epistemologisches Dreieck 6.20: Marvins operationale Deutung der Beziehung x^2

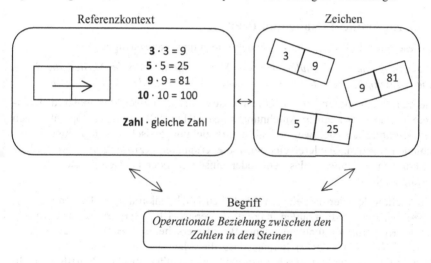

Obwohl Marvin auch bei dem Arbeitsblatt x^2 bemüht ist, die entdeckte Beziehung zunächst auf struktureller Ebene zu beschreiben, scheint ihm dies aufgrund der Besonderheit der Beziehung nicht zu gelingen, sodass hier eindeutig feststellbar ist, an welcher Stelle der Schüler zu einer operationalen Sichtweise übergeht. Auf allen Aufgabenblättern beschreibt Marvin zunächst eine strukturelle Eigenschaft der rechten Zahl im Vergleich zur linken. Da es sich bei den Arbeitsblättern $2x$ und $x+5$ um lineare Beziehungen handelt, bleiben auch die Eigenschaften gleich, die hier immer im Vergleich zur zweiten Zahl beschrieben werden. So lassen sich sowohl ‚das Doppelte' der linken Zahl als auch ‚fünf mehr' als die zweite gegebene Zahl zu sein, als konstante Eigenschaften herausstellen. Bei einer quadratischen Beziehung ist dies nicht mehr so leicht möglich. Hier ist die Eigenschaft ebenso veränderlich, wie auch abhängig von den unbestimmten Zahlen, zwischen denen sie besteht. Auch eine operationale Beschreibung auf die quadratische Beziehung weist im Unterschied zu den Beziehungen der Blätter *2x* und *x+5* ähnliche Probleme auf, da die Operation hier ebenso wie auch die Eigenschaft bei einer strukturellen Sichtweise, veränderlich und abhängig von den unbestimmten Zahlen ist. Diese Abhängigkeit kann auf operationaler Ebene aber durch den Verweis des bei der Multiplikation verwendeten Faktors auf die unbestimmte Zahl (,die gleiche Zahl noch mal') gelingen. Die Besonderheit der quadratischen Beziehung kann hier als Grund ausgemacht werden, aus dem der Schüler von einer strukturellen beidseitigen Sichtweise zu einer operationalen einseitigen Beschreibung wechselt.

6.7.6 Zusammenfassung und Fazit

In diesem Kapitel wurde der folgenden Forschungsfrage nachgegangen:

Wie verallgemeinern Schülerinnen und Schüler mathematische Muster, die durch eine regelmäßige Beziehung zwischen unbestimmten Zahlen gebildet werden?

Die Verallgemeinerungen der Kinder lassen sich nach zwei Merkmalen differenzieren. Einerseits kann in Anlehnung an SFARD (1991) zwischen operationalen und strukturellen Sichtweisen auf die Beziehung zwischen den Zahlen unterschieden werden. Andererseits wird die erkannte Beziehung in verschiedene Richtungen gedeutet, sodass entweder einseitige oder beidseitige Beziehungen verallgemeinert werden.

Die Vielfalt der hier dargelegten möglichen Blickwinkel auf die Beziehung zwischen den zwei Partnerzahlen mag auf den ersten Blick verwirrend für Lernende bei der Konstruktion mathematischer Begriffe erscheinen. Jedoch stellen SFARD & LINCHEVSKI (1994a) heraus, dass die Mehrdeutigkeit, welche durch die Prozess-Objekt-Dualität gegeben ist, als Stärke mathematischer Begriffe betrachtet werden kann. Die Möglichkeit, diese Mehrdeutigkeit zu nutzen, hängt aber entscheidend von der Fähigkeit der Lernenden ab, verschiedene Blickwinkel einnehmen zu können.

Es zeigt sich in dieser Untersuchung, dass das Einnehmen einer Perspektive auf eine mathematische Beziehung von unterschiedlichen Faktoren abhängt, welche im Folgenden zusammenfassend skizziert werden sollen:

- *Die Sichtweise auf das mathematische Muster hängt von der kontextspezifischen Anforderung ab*

Am Beispiels des Schülers Till wurde in diesem Kapitel aufgezeigt, wie eine Änderung in der Anforderung einen Wechsel des Blickwinkels auf die Beziehung zwischen den Partnerzahlen bewirken kann. Während des Interviews macht der Schüler, welcher zunächst operationale Deutungen der Muster vornimmt, deutlich, dass er nur jene Operationen verallgemeinert, welche für die Bearbeitung des jeweiligen Arbeitsblattes benötigt werden. So kann eine Anforderung, die das Erkennen und Verallgemeinern eines mathematischen Musters verlangt, selbst schon eine Einwirkung auf die Deutung der Schülerin oder des Schülers bewirken. Natürlich bedeutet dies nicht, dass bei einer bestimmten Anforderung automatisch eine gewisse Deutung hervorgerufen wird. So nehmen beispielsweise viele Kinder eine einseitige Deutung der Beziehungen der Arbeitsblätter $x+5$ und $x+20$ vor, obwohl dort auch die rechte Zahl des Steins gegeben und entsprechend die linke Zahl gesucht ist (vgl. Tab. 6.3). Es kann also nicht direkt von der notwendigen Anforderung auf die Sichtweise geschlossen werden. Sehr wohl kann aber festgehalten werden, dass die kontextspezifische Anforderung einen Einfluss auf die Musterdeutung haben kann.

- *Die Sichtweise auf das mathematische Muster hängt von seinem Charakter ab*

Eine eingenommene Perspektive auf ein mathematisches Muster hängt zudem von dessen spezifischem Charakter ab. So zeigen die analysierten Transkriptausschnitte von Marvin exemplarisch auf, dass bestimmte Beziehungen strukturell schlechter zu verallgemeinern sind als andere. Bei der Betrachtung der Beziehungsbeschreibungen der Kinder lässt sich feststellen, dass alle Schülerinnen und Schüler (außer Kai, vgl. dazu aber S. 240 und Kapitel 6.3.1) die Beziehung des Arbeitsblattes x^2 operational und einseitig beschreiben. Dementsprechend stellt sich die quadratische Beziehung als eine sehr schwierig strukturell zu fassende Beziehung heraus. Dennoch ist davon auszugehen, dass diese Schwierigkeit nicht allein quadratischen Beziehungen vorbehalten bleibt. Ähnliche Resultate könnten zum Beispiel bei einer Verkettung von mehreren Operationen vermutet werden.

Bei der Beschäftigung mit mathematischen Mustern und Strukturen können verschiedene kontextspezifische Anforderungen und unterschiedliche Arten von Mustern Kinder folglich dazu anregen, verschiedene Perspektiven auf Muster einzunehmen. Bei der Konstruktion mathematischer Begriffe betont SFARD (1991) das Einnehmen einer strukturellen Sichtweise auf mathematische Begriffe als elementaren Bestandteil des Lernprozesses. Im Rahmen dieser Untersuchung kann nicht der Frage nachgegangen werden, wie strukturelle Deutungen gefördert werden können. SFARD (1995) beschreibt am Beispiel der phylogenetischen Entwicklung der Algebra, welche Rolle Symbole und die Manipulation mit diesen bei der Entwicklung struktureller Sichtweisen spielen. Es kann aber festgehalten werden, dass Kinder verschiedene Sichtweisen einbringen, welche im Unterricht aufgegriffen werden können. Dabei trägt eine Auseinandersetzung der Kinder mit ihren unterschiedlichen Deutungen in der Interaktion sicher zu einem Einnehmen anderer Blickwinkel bei. Dies kann eine Flexibilität von verschiedenen Perspektiven auf mathematische Muster ebenso anregen, wie die Thematisierung vielfältiger Muster in verschiedenen Kontexten.

6.8 Die Deutung der Wortvariablen ‚Zahl' im Kontext des Verallgemeinerns

In Kapitel 1.2.2 wurde beschrieben, welche Vielfalt an Deutungsmöglichkeiten entstehen kann, wenn Kinder verschiedener Altersstufen gegebene Variablen interpretieren (vgl. auch SPECHT 2009). Im Rahmen der vorliegenden Studie wird die Entwicklung von Variablenkonzepten beim Verallgemeinern mathematischer Muster untersucht, bei welchem die Lernenden im Verallgemeinerungsprozess Wörter oder Zeichen mit Variablencharakter verwenden und in eine neue Beziehung mit der allgemeinen zu beschreibenden Struktur setzen, ohne dass an sie durch die Aufgaben ‚von außen' Variablen herangetragen werden. Eine Ausnahme bildet hier das Aufgabenformat *Partnerzahlen*, in dem die Schülerinnen und Schüler aufgefordert werden, das in der Kurzregel verwendete Wort ‚Zahl' zu deuten, welches in diesem Aufgabenformat die Bedeutung einer Wortvariablen als Unbestimmte trägt. Dabei begegnet die Wortvariable den Kindern erst auf dem vierten und letzten Arbeitsblatt des Interviews. Dieser Untersuchungsaufbau setzt im Gegensatz zu anderen Studien voraus, dass sich alle Kinder durch die Bearbeitung der ersten Blätter des Aufgabenformats *Partnerzahlen* im Kontext des Verallgemeinerns bewegen und dieser Kontext somit für die Deutung des Wortes ‚Zahl' zur Verfügung steht. Im Fokus steht hier folglich die folgende Forschungsfrage:

Wie deuten Schülerinnen und Schüler die Wortvariable ‚Zahl' im Kontext des Verallgemeinerns?

Bei neun der zehn Kindern kann in der Analyse der Interviewszenen zum Aufgabenblatt *Zahl+20* eine Deutung des Wortes ‚Zahl' als Wortvariable festgestellt werden. Dabei zeigen sich zwei verschiedene Interpretationen der Kurzregel, die im Folgenden jeweils durch ein repräsentatives Beispiel verdeutlicht werden. Nur Cindy deutet das Wort ‚Zahl' nicht eindeutig im Sinne einer Unbestimmten sondern rekonstruiert die verlangte Rechenvorschrift aufgrund der Symbole ‚+ 20' und lässt das Wort ‚Zahl' bei der Interpretation der Kurzregel außen vor. Der Transkriptausschnitt ihrer Interviewszene soll kontrastierend zu den beiden Szenen von Till und Felix mit der Deutung des Wortes ‚Zahl' als Unbestimmte dargestellt werden. Anschließend werden die Ergebnisse der Analysen zusammengefasst und mögliche Folgerungen für den Mathematikunterricht beschrieben.

6.8.1 Deutung der Wortvariablen ‚Zahl' als Unbestimmte und Zahl+20 als neue unabhängige Variable

Till erkennt alle in den Aufgabenblättern intendierten Beziehungen zwischen den Partnerzahlen. Für die Beschreibung seiner Strukturierung des Steins wählt er seinerseits selbstständig Wortvariablen ‚die linke Zahl' und ‚die rechte Zahl'. Mit deren Hilfe beschreibt er alle entdeckten Beziehungen auf einer sehr allgemeinen Ebene.

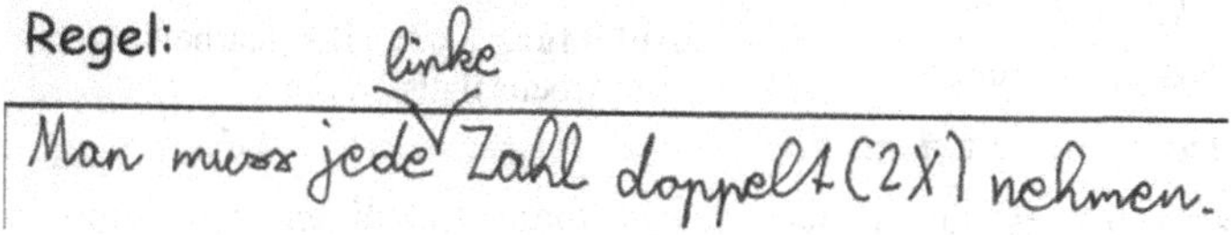

Regel:

Man muss jede linke *Zahl doppelt (2X) nehmen.*

Abbildung 6.60: Tills Beschreibung der Beziehung *2x*

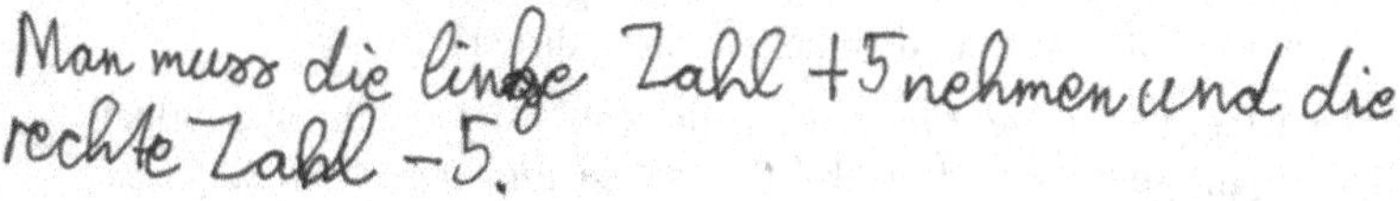

Man muss die linke Zahl +5 nehmen und die rechte Zahl −5.

Abbildung 6.61: Tills Beschreibung der Beziehung *x+5*

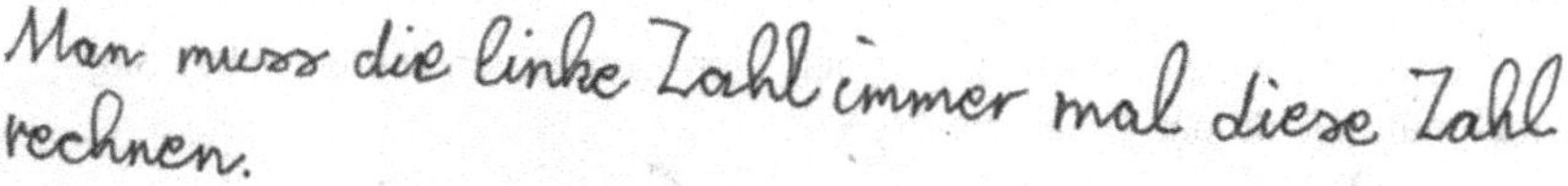

Man muss die linke Zahl immer mal diese Zahl rechnen.

Abbildung 6.62: Tills Beschreibung der Beziehung *x²*

Es ist zu erkennen, dass Till alle Beziehungen in Form von einer auszuführenden Operation beschreibt (‚Man muss…'; vgl. dazu auch Kapitel 6.7). Für die Kurzregeln wählt er jeweils Beispiele aus (für *2x*: (100;200), für *x+5*: (1;6) und für x²: (3;9) und (2;4)). In dem folgenden Transkriptausschnitt bearbeitet Till das Aufgabenblatt *Zahl+20*, sodass hier eine Analyse von Tills Deutung der gegebenen Kurzregel vorgenommen werden kann.

Transkriptausschnitt zu Tills Deutung der Kurzregel *Zahl+20*

I.: Ja, dann schon das letzte Aufgabenblatt. Achso und jetzt, ähm, hier ist jetzt immer nur ein Stein ausgefüllt, das heißt, du kannst das Muster nicht erkennen. Sondern hier ist die Regel jetzt gegeben. Kannst du mal die Kurzregel durchlesen und gucken, ob du dir vorstellen kannst, was damit gemeint ist?

T.: Die Zahl plus zwanzig.

I.: Mmh. Was meinst du, wie müssten dann die Steine ausgefüllt werden?

T.: Fünf plus zwanzig, hundert plus zwanzig, tausend plus zwanzig, drei plus zwanzig, sechsundsechzig plus zwanzig, fünfzig minus zwanzig, zehn plus zwanzig, fünfzehn plus zwanzig, eins plus zwanzig. (*Zeigt auf die entsprechenden Steine*)

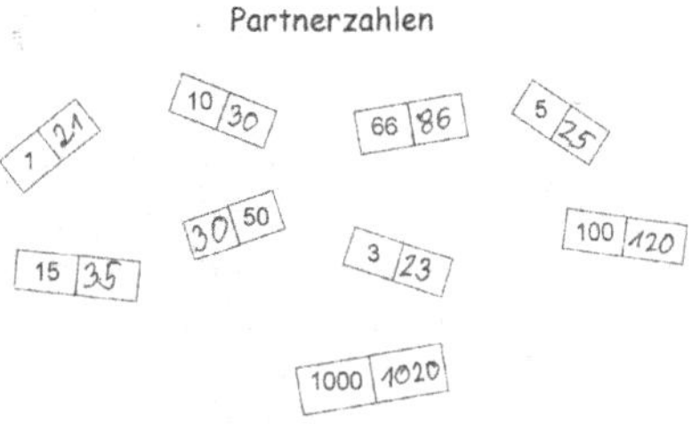

I.: Kannst du das mal machen?

T.: (*Füllt die leeren Kästchen aus.*)

Abbildung 6.63: Tills Bearbeitung des Arbeitsblatts *Zahl + 20*

I.: Super. Warum meinst du, du hast das ja immer ein bisschen anders aufgeschrieben, ne? Wenn du dir hier (*zeigt auf Tills selbst verfasste Kurzregel auf dem Arbeitsblatt x²*) die Kurzregel mal anguckst. Woher hast du jetzt erkannt, was man da machen muss, direkt?

T.: Weil da (*zeigt auf die Kurzregel*), die Zahl ist ja nicht abgebildet, muss auch nicht sein, weil da steht, die Zahl (*zeigt auf das linke Kästchen*) ist plus zwanzig die Zahl (*zeigt auf das rechte Kästchen der Kurzregel*).

I.: Mmh, ich weiß noch nicht, ob ich dich richtig verstanden habe. Sag nochmal, wie du das genau meinst.

T.: Die Zahl (*zeigt auf das linke Kästchen*) plus zwanzig ist die Zahl (*zeigt auf das rechte Kästchen*).

Also die Zahl plus zwanzig ist die Zahl (*zeichnet einen Pfeil und schreibt "+20" über die Kästchen*).

I.: Mmh. Ok. Aber da steht ja jetzt gar keine Zahl drin. Da steht ja nur das Wort Zahl. (*Zeigt auf die Kurzregel*)

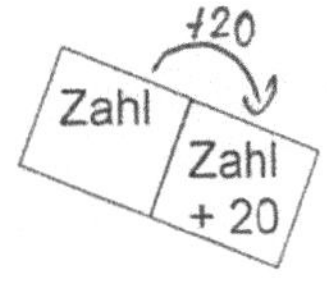

Abbildung 6.64: Tills Kurzregel zur Beziehung *Zahl + 20*

T.: Es, ähm sind ja auch immer verschiedene Zahlen. Es ist ja nicht immer die drei (*zeigt auf den Stein mit der drei im oberen Abschnitt des Aufgabenblattes*). Es könnt auch die fünf sein oder die eins (*zeigt auf die entsprechenden Steine*).

I.: Ok. Und deswegen meinst du, steht da Zahl?

T.: Mmh.

I.: Mhh, was heißt das dann für dich das Wörtchen?

T.: So für mich heißt das, ich denk mir dann, äh, die Zahl weg (*zeigt auf das Wort Zahl in dem linken Kästchen*).

I.: Mmh.

T.: Angenommen ich, dann denk ich mir da ne drei hin, zum Beispiel (*zeigt auf das linke Kästchen der Kurzregel*) und denk mir dann plus zwanzig und denk mir da die dreiundzwanzig hin (*zeigt auf das rechte Kästchen*).

Analyse des Transkriptausschnitts zu Tills Deutung der Kurzregel *Zahl+20*

Till erkennt die Aufforderung der Kurzregel, eine Addition mit 20 durchzuführen, auf den ersten Blick. Auf Nachfrage hin zählt er die notwendigen Rechnungen für alle auf dem Blatt gegebenen Steine auf und führt diese dann anschließend aus. Sowohl seiner mündlichen Erklärung „fünfzig minus zwanzig" als auch der Durchführung auf dem Arbeitsblatt ist zu entnehmen, dass Till hier wie zuvor bei den ersten Aufgabenblättern eine Unterscheidung zwischen linker und rechter Zahl im Stein vornimmt. So konstruiert er eine Beziehung vom linken zum rechten Stein ‚plus 20' und eine Beziehung vom rechten zum linken Stein ‚minus 20'. Anschließend wird Till aufgefordert, seine Deutung der Kurzregel zu erläutern und mit den von ihm erstellten Kurzregeln zu vergleichen, in welcher die Beziehung der Partnerzahlen durch Zahlenbeispiele repräsentiert sind. Till macht hier deutlich, dass die gegebene Kurzregel ein ‚Abbilden' von Zahlen überflüssig macht und erklärt die Bedeutung der Kurzregel, indem er eine Operationsvorschrift mit den in der Kurzregel verwendeten Begriffe erstellt. Dabei nutzt er deiktische Mittel, um Reihenfolge und Ergebnis seiner Rechnung zu verdeutlichen. Durch seine Erklärungen ist zu erkennen, dass Tills in Worten aufgestellte Rechnung folgender Gleichung entspricht: <u>Die Zahl im linken Kästchen</u> + 20 = <u>die Zahl im rechten Kästchen</u>. Um die Rechenoperation zu verdeutlichen, mit der man vom linken zum rechten Kästchen gelangt, zeichnet er ergänzend einen Pfeil mit der Beschriftung ‚+20' über die Kurzregel. Durch Tills Erklärung wird deutlich, dass er das Wort ‚Zahl' im linken Kästchen mit der gegebenen Zahl in Verbindung bringt, das Wort ‚Zahl' im rechten Kästchen hingegen für das Ergebnis steht. Hierdurch ist erkennbar, dass Till *Zahl+20* nicht als Term auffasst, sondern ‚Zahl' im rechten Kästchen für ihn eine neue unabhängige Variable darstellt. Auf Nachfrage hin zeigt Till, dass das verwendete Wort ‚Zahl' tatsächlich im Sinne einer Unbestimmten auffasst, die als Platzhalter für verschiedene mögliche, simultan einsetzbare Zahlen fungiert. Anschließend gibt Till durch die Beschreibung der Bedeutung des Wortes ‚Zahl' in diesem Kontext einen detaillierten Einblick in sein Verständnis einer Unbestimmten. Seine Formulierung, in welcher er sich zunächst das Wort ‚Zahl wegdenkt' und stattdessen eine konkrete Zahl (z.B. drei) ‚hindenkt', lässt deutlich ein Verständnis der Wortvariablen als Platzhalter im Einsetzungsaspekt nach MALLE (1993) zur Geltung kommen. Sie erinnert stark an GRIESELS (1982) Beschreibung der Variablen als *Platzhalter* oder *Leerstelle*[37]:

> „Bei der Platzhalterauffassung stellt man sich vor, daß die Variable ausgelöscht wird, daß dann eine leere Stelle entsteht und daß dort eine Zahlbezeichnung wie 5; 7; 3 usw. erscheint." (GRIESEL 1982, 72)

6.8.2 Deutung der Wortvariablen ‚Zahl' als Unbestimmte und *Zahl+20* als Term

Felix nutzt während des gesamten klinischen Interviews in seinen mündlichen und schriftlichen Beschreibungen häufig schon beiläufig Wortvariablen, um die entdeckten Muster zu verallgemeinern. So benennt er die Zahlen in den beiden Kästchen der Steine oft als vordere und hintere Zahl, wobei für ihn die hintere Zahl die ‚Partnerzahl' darstellt. So beschreibt er die Muster der ersten Arbeitsblätter wie folgt:

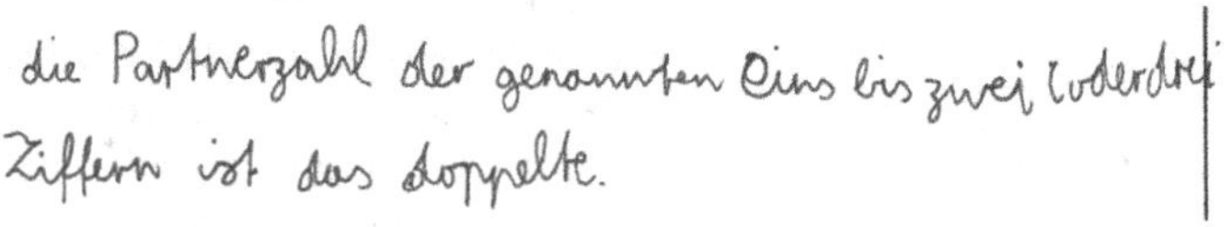

die Partnerzahl der genannten Eins bis zwei (oderdrei) Ziffern ist das doppelte.

Abbildung 6.65: Felix Beschreibung der Beziehung *2x*

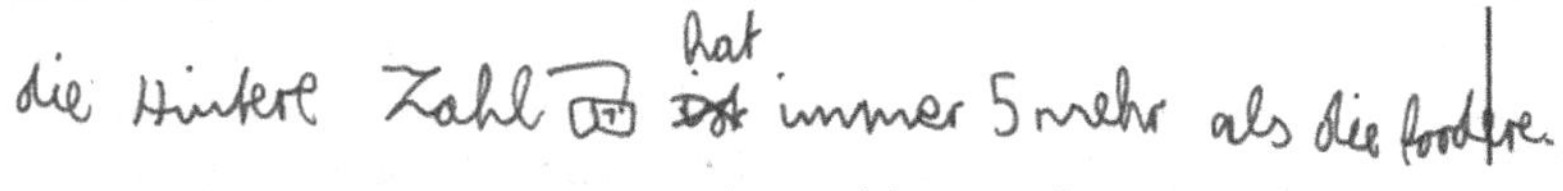

die Hintere Zahl ☐ hat immer 5 mehr als die fordre.

Abbildung 6.66: Felix Beschreibung der Beziehung *x+5*

---

[37] Der *Platzhalteraspekt / Leerstellenaspekt* nach GRIESEL (1982) entspricht dem in Kapitel 1.1.2.1 beschriebenen *Einsetzungsaspekt* nach MALLE (1993), zur Zuordnung siehe MALLE (1993, 46), SIEBEL (2005, 83).

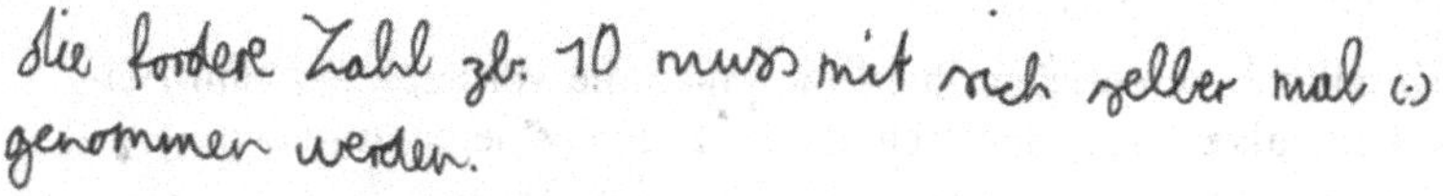
die fordere Zahl zb. 10 muss mit sich selber mal (·) genommen werden.

Abbildung 6.67: Felix Beschreibung der Beziehung x^2

Für seine Kurzregeln nutzt Felix Beispiele, die er in die leeren Kästchen einsetzt und verdeutlicht die verlangte Rechenoperationen aber mit zusätzlichen Pfeilen oder Operationssymbolen. Der vorliegende Transkriptausschnitt zeigt die Bearbeitung des Arbeitsblattes *Zahl+20.*

15+5=
15
20

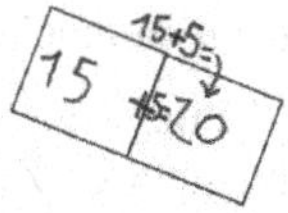

Abbildung 6.68: Felix Kurzregel zur Beziehung $x+5$

Transkriptausschnitt zu Felix Deutung der Kurzregel *Zahl+20*

I.: Hier ist jetzt kein Muster (*zeigt auf die Steine oben auf dem Arbeitsblatt*), sondern hier steht schon die Kurzregel drin (*zeigt auf die Kurzregel*). Kannst du dir vorstellen, was das heißen soll?

F.: Ja. (*Füllt die Steine aus.*) Ach, quatsch, quatsch, quatsch (*korrigiert den Stein mit der vorgegebenen 50, füllt dann weitere Steine aus*). Ok.

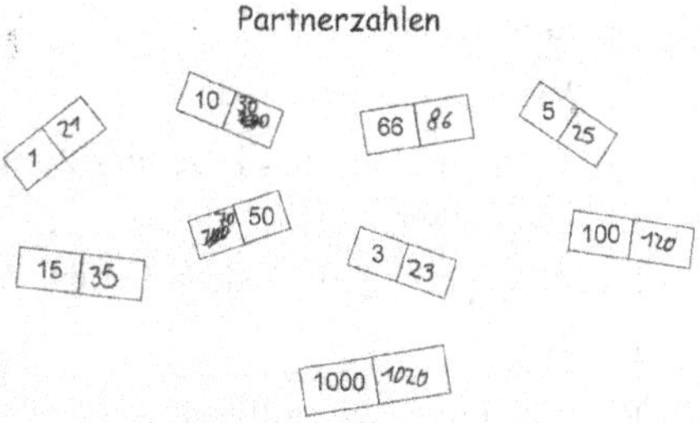
Partnerzahlen
1
21
10
66
86
5
25
50
15
35
3
23
100
120
1000
1020

Abbildung 6.69: Felix Bearbeitung des Arbeitsblattes *Zahl + 20*

I.: Mmh. Wie kommst du jetzt darauf?

F.: Weil die Zahl (*zeigt auf die Kurzregel*), irgendeine und dann plus zwanzig, also diese Zahl und zwanzig noch dazu zählen.

I.: Mmh.F.: Weil hier plus zwanzig steht. Ja.

I.: Ok. Kannst du dann auch die Regel dafür aufschreiben?

F.: (*Überlegt 7 sek. Und schreibt dann die Regel auf.*) Ok.

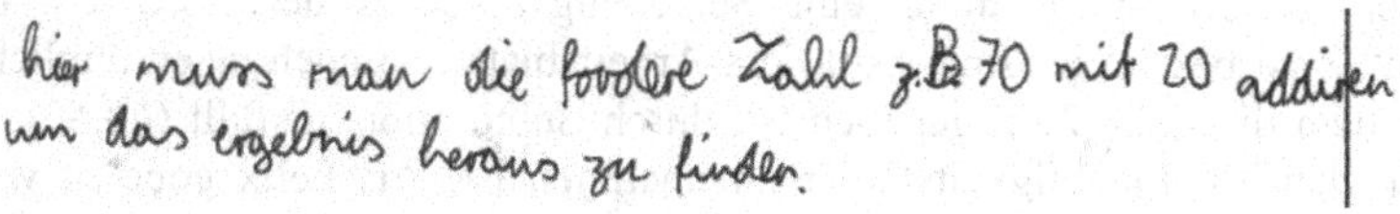
hier muss man die fordere Zahl z.B 70 mit 20 addiren um das ergebnis heraus zu finden.

Abbildung 6.70: Felix Beschreibung der Beziehung $x+20$

I.: Mmh. Und jetzt mal erklären.

F.: Also ich hab geschrieben, hier muss man die vordere Zahl zum Beispiel siebzig mit zwanzig addieren um das Ergebnis herauszufinden.

I.: Mmh. Ok, klasse. Ich hab mal eine Frage, du hast das immer ein bisschen anders aufgeschrieben, ja? Woher wusstest du das jetzt trotzdem, was du da machen musst?

F.: Mhh, weil hier steht ‚Zahl'. Zum Beispiel jetzt achtundachtzig und dann steht da Zahl plus zwanzig (*zeigt dabei auf die Kurzregel*). Und immer hab ich das diese (*zeigt auf das linke Kästchen der Kurzregel*) Zahl hier jetzt so genommen, also das das das ist (*zeigt auf das rechte Kästchen der Kurzregel*) und diese Zahl dann plus zwanzig.

I.: Mmh. Ok. Warum meinst du, das ist ja jetzt anders beschrieben, mit dem Wort Zahl (*zeigt auf die Kurzregel*) was das Wörtchen Zahl da jetzt genau bedeutet?

F.: Wie was das jetzt bedeutet?

I.: Ja, warum hat man jetzt hier Zahl hingeschrieben und nicht zum Beispiel achtundachtzig?

F.: Mhh, weil, weil's jede beliebige Zahl sein kann.

I.: Mmh.

F.: Es könnte auch null sein zum Beispiel.

Analyse des Transkriptausschnitts zu Felix Deutung der Kurzregel *Zahl+20*

Felix versteht die Anforderung des Arbeitsblattes *Zahl+20* sofort. So füllt er alle Steine aus, indem er jeweils 20 zu der gegebenen Zahl addiert. Dies macht er auch bei dem Stein (70,50), in welchem die linke Zahl gegeben ist. Dies könnte darauf hindeuten, dass Felix die Beziehung ‚plus zwanzig' nicht zwischen dem rechten und linken Kästchen des Steins sieht (vom rechten bis zum linken Stein sind immer 20 zu addieren), sondern zwischen gegebener und gesuchter Zahl (zur gegebenen Zahl sind immer 20 zu addieren – unabhängig davon, ob sie links oder rechts steht). Gegen eine solche Interpretation spricht jedoch, dass Felix bei allen vorherigen Arbeitsblättern immer eine Beziehung zwischen der „forderen" und „hinteren" Zahl beschreibt sowie auf dem Arbeitsblatt *x+5* auch einen ähnlichen Stein, in dem die linke Zahl gegeben ist, durch Subtraktion ausfüllt (60,65), sodass hier eher ein Flüchtigkeitsfehler anzunehmen ist. Als Felix gebeten wird, seine Interpretation der Kurzregel zu erläutern, lässt er eine Deutung des Wortes ‚Zahl' als Unbestimmte erkennen, indem er das Wort ‚Zahl' direkt mit ‚irgendeine' in Verbindung bringt. Als er eine passende Regel aufschreiben soll, wählt er hier wie bei den anderen Arbeitsblättern die Bezeichnung „fordere Zahl" und gibt als Beispiel dabei genau den Stein an (70,50), bei dem er selbst seine Rechnung ‚+20' nicht eingehalten hat. Als Felix auf erneute Aufforderung hin seine Deutung der Kurzregel noch einmal im Detail erläutert, wird hier deutlich erkennbar, wie er nicht nur das Wort ‚Zahl' im linken Kästchen als Variable, sondern ebenfalls die Zeichen ‚Zahl + 20' im rechten Kästchen als Term deutet, welcher durch die Verwendung des gleichen Wortes auf die Variable im linken Kästchen verweist. Dieser Verweischarakter kommt besonders stark in Felix Erklärung „Und immer hab ich das diese (*zeigt auf das linke Kästchen der Kurzregel*) Zahl hier jetzt so genommen, also *das das das* ist (*zeigt auf das rechte Kästchen der Kurzregel*) und diese Zahl dann plus zwanzig." zum Vorschein, da er hier deutlich macht, dass an beiden Stellen der Verwendung des Wortes ‚Zahl' ein gleicher Zahlenwert eingesetzt werden muss. Abschließend gibt Felix in diesem Transkriptausschnitt zu verstehen, dass er den Sinn der Verwendung des Wortes Zahl in der Beliebigkeit der einzusetzenden Zahl im linken Kästchen der Steine sieht und verdeutlicht hierdurch noch einmal seine Auffassung des Wortes als Unbestimmte.

6.8.3 Orientierung an den Symbolen ‚+20' ohne explizite Deutung der Wortvariablen

Die Schülerin Cindy zeigt während des Interviews große Probleme in grundlegenden arithmetischen Fähigkeiten und ebenso auf sprachlicher Ebene. Die Muster der Arbeitsblätter *2x* und *x+5* erkennt sie und beschreibt diese mit Hilfe von Beispielen. Die quadratische Beziehung des Arbeitsblattes *x²* erkennt sie nicht, sondern konstruiert stattdessen eine Reihe sich widersprechender Rechnungen, die sich bei der Analyse der Interviewszenen nicht auf eine einheitliche Beziehung zwischen den Kästchen zurückzuführen lassen. Sie benennt mündlich die Beziehung ‚+12', die sie aber weder beim Ausfüllen der Steine durchgängig anwendet, noch in ihrer schriftlichen Beschreibung des Musters erkennen lässt. Für die Kurzregeln wählt sie jeweils konkrete Zahlen, die sie in die vorgegebenen Steine einträgt. Sie gibt selbst an, sich bei ihren Beschreibungen nicht vom Beispiel lösen zu können „Ich kann das eigentlich nur mit Beispielen erklären" (vgl. Kapitel 6.2.2), nutzt mündlich aber hin und wieder Wortvariablen. Der vorliegende Transkriptausschnitt gibt die Bearbeitung des Arbeitsblattes *Zahl+20* und die dortige Interpretation der Kurzregel wieder.

Transkriptausschnitt zu Cindys Deutung der Kurzregel *Zahl+20*

I.: Ok. Jetzt hab ich nur noch ein letztes Arbeitsblatt und hier ist jetzt nicht das Muster gegeben, sondern unten die Kurzregel schon eingetragen. Kannst du mal überlegen, was, was das heißen könnte? Was man da machen muss?

C.: Also, man muss, da muss man wieder ne Zahl angeben, die plus ein ergibt *(zeigt auf das linke Kästchen der Kurzregel)*. Also zum Beispiel jetzt, dreißig plus zwanzig.

I.: Mmh. Ok.

C.: Ergibt sechzig.

I.: Mmh. Kannst du das da wieder ausfüllen *(zeigt auf die Steine auf dem Arbeitsblatt)*?

C.: Ja. *(Schaut die Interviewerin skeptisch an)*

I.: Was guckst du so?

C.: Weil das ist ein bisschen schwieriger.

I.: Warum?

C.: Weil vorher waren noch die Zahlen, eine angegeben.

I.: Mmh. Ja, jetzt ist ja hier die Kurzregel angegeben.

C.: Ja. Also plus zwanzig jetzt rechnen.

I.: Mmh.

C.: *(Füllt die leeren Kästchen aus (1 min 10 sek.)*

I.: Kannst du mir nochmal erklären, wie du das jetzt verstanden hast? *(Zeigt auf die Kurzregel.)* Woher du wusstest, was du da machen sollst?

Partnerzahlen

Abbildung 6.71: Cindys Bearbeitung des Arbeitsblattes *Zahl + 20*

C.: Also, da steht auf jeden Fall plus zwanzig. Da kann man schon. Aha, jetzt muss ich plus zwanzig da rechnen *(zeigt auf die oberen Steine)*.

I.: Mmh. Ok, gut. Was kannst du dir auch vorstellen, was das Wörtchen ‚Zahl' heißen soll?

C.: Das ist bestimmt die sechzig. Nein, das kann auf jeden Fall nicht die sech, doch das könnte schon die sechzig sein, weil hier gab's hö, auch höhere Zahlen, also könnte man auch ruhig die sechzig nehmen.

Analyse des Transkriptausschnitts zu Cindys Deutung der Kurzregel *Zahl+20*

Cindy gibt mit dem Beispiel „dreißig plus zwanzig" zunächst eine Rechnung an, die zu der mit der Kurzregel intendierten Beziehung der Steine passt. Dennoch zögert sie, als sie die Steine ausfüllen soll und gibt als Grund dafür die fehlende Angabe der Zahlen in den Steinen an. Als die Interviewerin noch einmal auf die Kurzregel verweist, vergewissert sich Cindy, dass sie für das Ausfüllen der Steine ‚plus zwanzig rechnen' soll. Da die Interviewerin dem zustimmt, füllt Cindy die Steine nach dieser Vorschrift aus. Nachdem sie ihre Rechnungen bei zwei Steinen korrigiert, stimmen sechs der neun Steine mit der Beziehung ‚+20' überein (7,27) (Cindy erkennt die 1 als 7), (15,35), (10,30), (30,50), (3,23), (5,25). Bei zwei Steinen subtrahiert Cindy 20 (1000, 980) und (100,80), bei einem Stein erhält sie eine Differenz von 40 (66,26), was aber bei den gezeigten schwachen arithmetischen Kompetenzen als Rechenfehler interpretiert werden kann. Es wird vermutet, dass die Subtraktion bei den Steinen (1000,980), (100,80) und (66,26) aufgrund der veränderten Operation bei dem zuvor ausgefüllten Stein (30,50) zustande kommt. Anschließend wird Cindy nach ihrer Interpretation der Kurzregel gefragt. Ihre Antwort „da steht auf jeden Fall plus zwanzig. Da kann man schon. Aha, jetzt muss ich plus zwanzig da rechnen" lässt darauf schließen, dass sie sich zur Deutung der Kurzregel ausschließlich auf die Symbole ‚+20' bezieht. Das Wort ‚Zahl' scheint sie für die Interpretation nicht berücksichtigt zu haben. Dass sie das Wort Zahl nicht als Unbestimmte auffasst, bestätigt sich in den nachfolgenden Zeilen des Transkripts. Hier wird Cindy nach der Bedeutung des Wortes ‚Zahl' gefragt, woraufhin sie beginnt einen konkreten Zahlenwert zu suchen und schließlich sechzig als möglichen Wert für das Wort ‚Zahl' angibt. Obwohl sich bei Cindy eine Deutung der Wortvariablen ‚Zahl' als Unbestimmte nicht feststellen lässt, ist sie trotzdem in der Lage, die Steine auf dem Arbeitsblatt nach der intendierten Beziehung auszufüllen. Ihre Interpretation basiert vordergründig auf der Deutung der Symbole ‚+20' und einer Einbettung dieser in den Kontext der Partnerzahlen, den sie zuvor schon bei den bearbeiteten Aufgabenblättern kennengelernt hat.

6.8.4 Zusammenfassung und Fazit

In diesem Kapitel wurde der folgenden Forschungsfrage nachgegangen:

Wie deuten Schülerinnen und Schüler die Wortvariable ‚Zahl' im Kontext des Verallgemeinerns?

Die drei beschriebenen Interviewszenen zeigen drei unterschiedliche Deutungsweisen der Kurzregel und der dort enthaltenen Wortvariablen ‚Zahl'. Till deutet das Wort ‚Zahl' als Unbestimmte, die hier deutlich im Einsetzungsaspekt zur Geltung kommt. Den Ausdruck *Zahl+20* im rechten Kästchen der Kurzregel deutet er jedoch nicht als Term, in der die Variable ‚Zahl' enthalten ist, sondern sieht hier das Wort ‚Zahl' als neue unabhängige Variable, die hier für das Ergebnis steht. Für ihn bedeutet das zweimalige Auftreten des Wortes ‚Zahl' nicht, dass in die beiden Platzhalter der gleiche Zahlenwert eingesetzt werden muss. Felix deutet das Wort ‚Zahl' ebenso als Unbestimmte, die für irgendeine beliebige Zahl steht. Er versteht den Ausdruck *Zahl+20* als Term und erkennt, dass das Wort ‚Zahl' im rechten Kästchen der Kurzregel auf das gleiche Wort im linken Kästchen verweisen soll und hierdurch die gleiche Zahl eingesetzt werden muss. Im Gegensatz dazu kann bei Cindys Interpretation der Kurzregel kein Verständnis des Wortes ‚Zahl' als Variable erkannt werden und dennoch ist sie in der Lage, die Steine nach der in der Kurzregel intendierten Beziehung auszufüllen. Hierzu gelangt sie durch eine Deutung der Zeichen ‚+20' im Kontext des ihr durch die ersten Arbeitsblätter nun vertrauten Aufgabenformats *Partnerzahlen*.

Es ist an dieser Stelle zu hinterfragen, weshalb viele Kinder das Wort ‚Zahl' als Unbestimmte interpretieren, auch wenn sie selbst zuvor Beispiele für die Kurzregel verwenden und warum sich im Gegensatz zu anderen Studien (vgl. SPECHT 2009) keine Deutungsvielfalt bezüglich der Variablen vorfinden lässt. Es ist anzunehmen, dass eine Deutung des Wortes ‚Zahl' als Unbestimmte durch die Bearbeitung der vorhergehenden Aufgaben und dem so entstehenden Kontext des Verallgemeinerns nahegelegt wird. Bei dem Aufgabenformat Partnerzahlen müssen die Schülerinnen und Schüler verallgemeinern, wenn sie die Beziehung zwischen der linken und rechten Zahl der Steine der Arbeitsblätter rekonstruieren um die weiteren leeren Steine auszufüllen (vgl. Kapitel 5.2.2.2).

Da die Beziehungen zwischen den Zahlen bei allen Arbeitsblättern des Aufgabenformats im Fokus stehen, ist den Kindern bewusst, dass die Kurzregel auf dem Arbeitsblatt *Zahl+20* eine Beschreibung dieser gesuchten Beziehung darstellen muss. Vor diesem Kontext gelingt es den Schülerinnen und Schülern nun das Wort ‚Zahl' als Unbestimmte zu deuten, da ein geeigneter Referenzkontext bereits durch das Aufgabenformat bereitgestellt wird. Es zeigt sich hier also, dass die Kinder in der Lage sind, die Wortvariable ‚Zahl' als Unbestimmte zu deuten, wenn sie im Kontext des Verallgemeinerns eingebettet ist. Hieraus lässt sich die Rolle eines sinnstiftenden Kontextes, in dem die Verallgemeinerung mathematischer Muster und Strukturen im Zentrum steht, für die Erarbeitung von Variablen erkennen.

Trotz der unterschiedlichen Deutungsweisen der Kurzregel füllen alle Kinder der Untersuchung die Steine des Aufgabenblattes aus, indem sie 20 zur Zahl im linken Kästchen addieren und das so erhaltene Ergebnis ins linke leere Kästchen schreiben. Auch Cindy, die als einziges Kind der Untersuchung das Wort ‚Zahl' nicht eindeutig als Wortvariable deutet, gelingt es, die intendierte Rechenoperation der Kurzregel zu erkennen. Daher ist festzuhalten, dass ein ‚richtiges' Ausfüllen der Steine nicht von einer Deutung des Wortes ‚Zahl' als Unbestimmte bei der Interpretation der Kurzregel abhängt. Ein Erkennen der Rechenvorschrift kann auch aufgrund einer Deutung von anderen Bestandteilen der Kurzregel (hier +20) vor dem Hintergrund des bekannten Kontextes Partnerzahlen erfolgen. So kann die allgemeine Beziehung durch die Deutung des Operationszeichens in Verbindung mit der Zahl 20 als allgemeingültige Rechenregel erkannt werden, ohne dass die Wortvariablen ‚Zahl' und der Term ‚Zahl + 20' als Repräsentanten für diese Regel verstanden werden müssen. Es zeigt sich hier also für die Diagnose des Variablenkonzeptes im Mathematikunterricht, dass ein richtiges Befolgen einer durch einen Term beschriebenen Rechenvorschrift nicht zwingend auf ein Verständnis der Unbestimmten schließen lässt.

6.9 Die Rolle der Verallgemeinerung beim Argumentieren

Bei dem Aufgabenformat *Zaubertrick* werden die Schülerinnen und Schüler im Interview aufgefordert, zu begründen, weshalb das Ergebnis der auszuführenden Rechnungen bei beliebiger Startzahl immer zehn beträgt (vgl. Kapitel 5.2.2.3). Eine Besonderheit dieses Aufgabenformats im Vergleich zu den anderen beiden Aufgabenformaten liegt folglich in der expliziten Forderung einer Argumentation. Dazu werden die Kinder nach dem induktiven Prüfen zunächst nach einer Vermutung zur Allgemeingültigkeit des Zaubertricks gefragt und anschließend um eine Begründung ihrer geäußerten Annahme gebeten. Die Frage nach der Begründung des gleichbleibenden Ergebnisses der Rechnungen mit unterschiedlichen Startzahlen enthält implizit die Anforderung an die Schülerinnen und Schüler, die Struktur des inne liegenden Terms $a+4+8-a-2$ (bei Startzahl a) zu beschreiben. Dieser liegt den Kinder natürlich nicht als Term, sondern in Form von Rechnungen mit unbestimmten Startzahlen, aber gleichbleibenden Operationen vor. Zur Begründung des wiederkehrenden Ergebnisses zehn muss die Subtraktion von *a* (,subtrahiere die gedachte Zahl') als inverses Element der am Anfang gewählten unbestimmten Zahl *a* (,denke dir eine Startzahl') erkannt und dieser Zusammenhang dargestellt werden.

KRUMSDORF (2009a, 2009b) beschäftigt sich mit der Frage, wie Kinder mathematische Zusammenhänge allgemein beweisen können, wenn sie noch nicht über die verallgemeinernde formale Sprache der Algebra verfügen. Dabei hebt er die Rolle des beispielgebundenen Beweisens hervor, in welchem die Kinder sich zwischen induktivem Prüfen der Beweisidee und der Formulierung eines allgemeinen Beweises bewegen. KRUMSDORF erscheint das beispielgebundene Beweisen als „changierender Prozess zwischen Latenz, subjektiver Realisierung und sprachlicher Manifestation einer allgemeinen Begründung" (KRUMSDORF 2009a, 711). Beim beispielgebundenen Beweisen können Kinder dort auf konkrete Zahlen zurückgreifen, wo eine Versprachlichung der allgemein gedachten Zusammenhänge aufgrund mangelnder Verallgemeinerungsmöglichkeiten Schwierigkeiten bereitet (vgl. Kapitel 3.3.3). „Im Vergleich zum formellen Beweisen ist die Beherrschung der mathematischen Fachsprache weniger notwendig, jedoch fällt es einigen Schülern nicht leicht, kreativ und versiert die Umgangssprache beim beispielgebundenen Beweisen zu nutzen" (KRUMSDORF 2009b, 11). Bei fehlenden Verallgemeinerungen sieht er die Gefahr, dass man nicht unterscheiden kann zwischen dem induktiven Prüfen anhand von Beispielen und dem allgemeingültigen Beweisen einer Behauptung. Hierdurch betont er die Bedeutsamkeit der Verallgemeinerung für den Argumentationsprozess.

In Kapitel 6.2 wurden verschiedene Verallgemeinerungsweisen herausgestellt, welche die Schülerinnen und Schüler der Untersuchung nutzen, um mathematische Muster zu beschreiben. Auch wenn die Kinder dabei auf konkrete Zahlen zurückgreifen, wurden in allen Verallgemeinerungsweisen die Motivation und auch die Möglichkeit herausgestellt, allgemeine Sachverhalte über die vorhandenen sichtbaren Objekte hinaus darzustellen. Auf Grundlage dieses Verständnisses von Verallgemeinerungen, lässt sich in der Analyse der Untersuchungsdaten feststellen, dass alle Kinder bei der Begründung des Zaubertricks verallgemeinern. Die verschiedenen Verallgemeinerungsweisen nutzen sie, um die beliebig zu wählende, unbestimmte Startzahl zu benennen. Dennoch lässt sich trotz Verallgemeinerung der Startzahl nicht bei allen Kindern eine Beweisidee identifizieren. Die Verallgemeinerung scheint also kein alleiniges Kriterium zum Nachvollzug der Beweisidee zu sein.

Die Bedeutung des Verallgemeinerns beim Argumentieren soll in diesem Kapitel näher in den Blick genommen und dabei auf die folgende Forschungsfrage eingegangen werden:

Welche Rolle spielt die Verallgemeinerung der unbestimmten Zahlen beim Argumentieren?

Dazu werden bei der Analyse der Interviews des Aufgabenformats *Zaubertrick* Merkmale der Argumentation herausgearbeitet, die dem Leser der Transkriptausschnitte einen Nachvollzug einer Beweisidee erlauben. Dabei wird untersucht, welchen Einfluss Verallgemeinerungen im Argumentationsprozess auf das Verständnis der Begründung haben und welche weiteren Faktoren neben der Verallgemeinerung zu einer Einsicht in die Beweisidee beitragen. Ziel der Analyse der Transkriptausschnitte zu den Begründungen ist es, mögliche Interpretationen der Argumentationswege der Kinder darzustellen, ohne den Anspruch erheben zu wollen, eine abschließende Aussage über das Vorhandensein einer Beweisidee zu treffen.

Die in der Untersuchung herausgearbeiteten Ergebnisse sollen im Folgenden exemplarisch anhand von Analysen der Transkriptausschnitte der Begründungen der beiden Schüler Niklas und Ali verdeutlicht werden. Die aufgeführten Analysen sind dabei als Zusammenfassungen der zentralen Punkte der extensiven Deutungen der Transkriptausschnitte im Hinblick auf die hier dargelegte Forschungsfrage zu verstehen.

6.9.1 Erstes Fallbeispiel: Niklas

Das klinische Interview mit dem Schüler Niklas lässt sich in vier Phasen unterteilen, von denen im Folgenden nur die zweite und vierte Phase dargestellt und analysiert werden, da diese Elemente der Argumentation beinhalten.

- Phase 1: Einführung in das Aufgabenformat *Zaubertrick* (*AB Zaubertrick I*)

- Phase 2: Durchführung und Begründung des vorgelegten Zaubertricks

- Phase 3: Erfinden eines eigenen Zaubertricks (Arbeitsblatt *Zaubertrick II*)

- Phase 4: Begründung des erfundenen Zaubertricks

Der erste Transkriptausschnitt setzt ein, nachdem Niklas in Phase 1 der Zaubertrick vorgestellt und ihm das Arbeitsblatt vorgelegt wurde.

Transkriptausschnitt zu Niklas Durchführung und Begründung des vorgelegten Zaubertricks

I.: Vielleicht kannst du das einfach mal ausprobieren mit irgendein paar Zahlen.

N.: Ähm, ok. Nehm ich einfach mal, gehen auch hohe Zahlen?

I.: Kannst du ausprobieren.

N.: (*Füllt die erste Spalte mit der Startzahl 60 aus.*) Also äh, dann noch eine Zahl?

I.: Mmh.

N.: Dann nehme ich die Zahl. (*Füllt die zweite Spalte mit der Startzahl 100 aus.*) Und dann noch. (*Füllt die dritte Spalte mit der Startzahl 2232 und anschließend die vierte Spalte mit der Startzahl 1 aus.*)

Niklas verrechnet sich bei der Startzahl 1 und wird durch die Interviewerin auf seinen Fehler aufmerksam gemacht. Danach füllt er drei weitere Spalten mit den Startzahlen 8, 5 und 10 aus.

I.: Und was meinst du?

N.: Also, ähm, hier, wenn ich ähm (*kurze Pause*) also, wenn ich jetzt hier ähm dings, wenn ich hier acht und vier zusammenzähle, dann sind das ja zwölf und ähm, wenn ich das dann durch die Zahl minus rechne, dann ergibt's immer die Zwölf. Und ähm dann durch zwei sind immer zehn, also ja.

I.: Meinst du, der funktioniert immer der Zaubertrick?

N.: Ja.

I.: Ja? Dann musst du mir nochmal genauer erklären, warum du meinst, dass der immer funktioniert.

N.: Also, äh, weil, ähm, jetzt kann ich auch ne Millionenzahl hierhin packen und ähm dann kommt ja auch irgendwie immer hin. Weil ich ähm teil ja ähm die Zahl, die ich rauskriege, teil ich ja nochmal durch die ausgedachte Zahl und äh dann, also wenn ich jetzt ne Millionenzahl habe, dann muss ich das ja nochmal durch Millionen teilen.

I.: Mmh.

N.: Und äh, dann müsste das eigentlich immer passen.

Analyse des Transkriptausschnitts zu Niklas Begründung des vorgelegten Zaubertricks

Nachdem Niklas den Zaubertrick mit sieben Zahlen ausprobiert, äußert er sich auf die Frage „Was meinst du?" frei zu seinen Entdeckungen. Dabei scheint er zunächst keine Begründung zu beabsichtigen, sondern seine Erkenntnis beschreiben zu wollen, dass das Ergebnis der Rechnungen immer zehn ist. Dennoch bringt der Schüler an dieser Stelle schon erste begründende Elemente des Zaubertricks ein, indem der das Zwischenergebnis zwölf in Verbindung mit den Rechnungen ‚addiere 4' und ‚addiere 8' bringt. Gleichzeitig gibt er durch den Satz: „wenn ich das dann durch die Zahl minus rechne, dann ergibt's immer die zwölf." zu verstehen, dass das Ergebnis zwölf nach der Subtraktion der gedachten Zahl entsteht. Mit dem Demonstrativpronomen ‚das' scheint Niklas sich auf die Zahlen der dritten Zeile des Arbeitsblattes zu beziehen. Dass der Schüler an dieser Stelle sowie an weiteren folgenden Stellen des Transkriptausschnitts für die Subtraktion Wörter der Division verwendet, ist ein in den Interviews häufig vorzufindendes Phänomen, welches wahrscheinlich damit zu erklären ist, dass sich die Kinder der 4. Klasse zum Zeitpunkt des Interviews im zweiten Schulhalbjahr intensiv mit der schriftlichen Division beschäftigen. Die sich verändernde Startzahl, die an dieser Stelle abgezogen wird, umschreibt er mit dem Ausdruck ‚die Zahl'. Auf Nachfrage gibt Niklas an, dass der Zaubertrick immer funktioniert und wird dann um eine Begründung dieser Vermutung gebeten. Dazu drückt der Schüler zunächst die Beliebigkeit der Startzahl mit Hilfe der Wortvariablen ‚Millionenzahl' aus. Eine derartige Formulierung wurde bereits in Kapitel 6.4.3 als kontextspezifische Verallgemeinerung des Aufgabenformats *Zaubertrick* herausgestellt. Niklas gibt hier an, dass auch eine ‚Millionenzahl' als Startzahl gewählt werden kann, weist aber mit dem anschließenden Satz ‚dann kommt [das] ja auch irgendwie immer hin' nur auf das Resultat der beliebig gewählten Startzahl hin. Als Begründung für das Funktionieren des Tricks bei beliebiger Startzahl führt er dann anschließend den Satz an „Weil ich ähm teil ja ähm die Zahl, die ich rauskriege, teil ich ja nochmal durch die ausgedachte Zahl". Auch mit dem Ausdruck ‚die Zahl, die ich rauskriege' scheint sich Niklas wiederum auf die Zahlen der dritten Zeile zu beziehen, von welcher er die ausgedachte Zahl abzieht. Bei der Verallgemeinerung der Rechnung verwendet er hier die in der Aufgabe zur Verfügung gestellte Formulierung ‚die (aus-)gedachte Zahl'. Diese Beschreibung bezieht der Schüler wieder auf den von ihm gewählten Ausdruck ‚Millionenzahl' zurück, weshalb er abschließend den Satz hinzufügt „also wenn ich jetzt ne Millionenzahl habe, dann muss ich das ja nochmal durch Millionen teilen.". Hier nutzt Niklas wieder seine selbst gewählte Wortvariable ‚Millionenzahl' und verbindet diese mit einem Bedingungssatz. Der Schüler schafft hier einen Verweis zwischen ‚der Millionenzahl', welche die unbestimmte Startzahl darstellt, und der ,Millionen', die bei der Rechnung abgezogen wird. Dadurch stellt er eine direkte Verbindung zwischen diesen beiden unbestimmten Zahlen her und kann so den Kern der Begründung allgemein ausdrücken, indem er die Reversibilität der unbestimmten Zahl durch Subtraktion derselben darstellt.

Transkriptausschnitt zu Niklas Begründung des erfundenen Zaubertricks

Noch deutlicher sind oben benannte Aspekte in Niklas zweiter Argumentation zu erkennen, in welcher er aufbauend auf der ersten seinen selbst erfundenen Zaubertrick begründet. Niklas erfindet folgenden Zaubertrick und testet diesen mit den Zahlen 300, 1 und 200000.

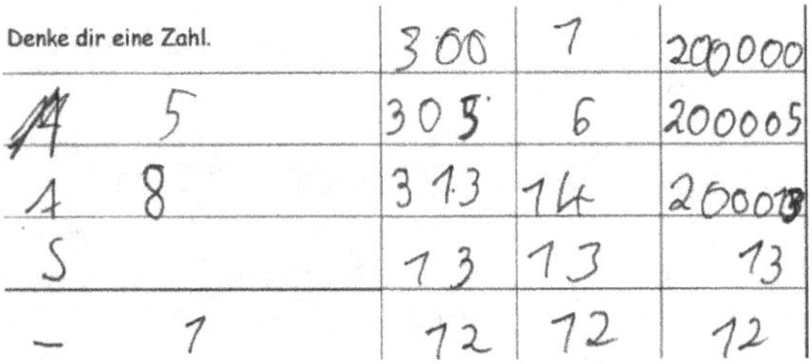

Denke dir eine Zahl.	300	1	200000
A 5	305	6	200005
A 8	313	14	200013
S	13	13	13
– 1	12	12	12

Abbildung 6.72: Niklas erfundener Zaubertrick[38]

I.: Ok. Und warum ist das jetzt egal, welche Zahl ich da oben eintrage? Dreihundert, eins, zweihunderttausend. (*Liest die genutzten Zahlen vom Arbeitsblatt vor.*) Warum kommt da immer am Ende zwölf raus?

N.: Also weil, ähm ich kann jetzt auch ne wieder ne Millionen nehmen und äh dann ähm, wenn ich dann weil dann hab ich ja nachher ähm, ne Million und dreizehn, ähm und dann muss ich ja ähm diese Million ähm wieder abziehen und dann sind da ja nur dreizehn und minus eins sind dann zwölf. Und da kann ich auch ne äh Zahl mit ähm hundertfünfzehn haben. Da komm' ja noch dreizehn dazu und wenn ich die hundertfünfzehn wieder abziehe, dann sind's wieder dreizehn.

I.: Mmh. Ok.

N.: Und minus eins sind wieder zwölf.

---

[38] In Phase 3 (Erfinden eines eigenen Zaubertricks) erklärt Niklas seine Abkürzungen: ,A' steht für ,Addiere' und ,S' für ,Subtrahiere die gedachte Zahl'.

Analyse des Transkriptausschnitts zu Niklas Begründung des erfundenen Zaubertricks

So wie bei der ersten Begründung nutzt Niklas hier den Ausdruck ‚Millionen‘, um die Beliebigkeit der Startzahl auszudrücken. Durch die Addition der Zahlen fünf und acht erhält er schließlich ‚ne Million und dreizehn‘, wobei dieser Ausdruck einerseits als Zahl 1.000.013, andererseits aber als Term 1.000.000+13 interpretiert werden kann. Noch deutlicher als bei der ersten Begründung verweist Niklas im gleichen Satz mit Hilfe der Formulierung ‚*diese* Million‘ auf die unbestimmte Startzahl. So setzt er die zu Beginn der Rechnung ausgedachte unbestimmte Zahl hier deutlich in Beziehung zu der abzuziehenden Menge und drückt so die Reversibilität des Hinzufügens der Unbestimmten durch die Subtraktion derselben aus. Auch die Verwendung des Wortes ‚wieder‘ verdeutlicht die Subtraktion (hier ‚abziehen‘) als inverse Operation zum anfänglichen Hinzufügen (hier ‚nehmen‘) der Startzahl. So erhält Niklas anschließend die Zahl dreizehn, von der die Zahl eins zu subtrahieren ist, um so zum Ergebnis zwölf zu gelangen. Hinzufügend verdeutlicht er seine Begründung noch einmal anhand der Beispielzahl 115. An der Formulierung ‚Da komm‘ ja noch dreizehn dazu‘ wird hier seine Auffassung der Zahlen in der dritten Zeile als Term 115+13 deutlich. Von diesem Term bleiben nach Subtraktion der Zahl 115 so noch dreizehn übrig. Obwohl die Zahl 115 hier als konkretes Beispiel genutzt wird, kann Niklas doch auch durch sie eine Beziehung zwischen der abzuziehenden Zahl und der Startzahl herstellen, indem er die einzelnen Rechenschritte nicht direkt verknüpft, sondern diese als Term stehen lässt. So ist die beliebig gewählte Zahl 115 als wiederkehrendes Element zu identifizieren und das Abziehen der gedachten Zahl kann so als inverses Element der unbestimmten Zahl veranschaulicht werden.

6.9.2 Zweites Fallbeispiel: Ali

Als Ali der Zaubertrick zu Beginn des Interviews vorgestellt wird, verrechnet er sich zunächst bei der Kopfrechnung. Aus diesem Grund füllt Ali gemeinsam mit der Interviewerin die erste Spalte des Arbeitsblattes mit der Startzahl 1 aus. Die hier vorgestellte Szene setzt im Anschluss an das Ausfüllen der ersten Spalte an.

Transkriptausschnitt zu Alis Begründung des Zaubertricks

I.: Okay. Kannst du das vielleicht nochmal mit ein paar Zahlen probieren?

A.: Soll ich jetzt selber?

I.: Mmh. Irgendwelche Zahlen vielleicht einsetzen?

A.: Ist egal, was für ‚ne Zahl?

I.: Mmh, kannst ja immer verschiedene ausprobieren.

A.: [...] *(Füllt die Spalte mit der Startzahl 20 aus.)*

I.: Mmh, ok.

A.: Wieso kommt eigentlich immer die zehn raus?

I.: (Lächelt.) Das ist der Zaubertrick. Vielleicht willst du es nochmal mit ein paar Zahlen ausprobieren? Oder meinst du, da kommt immer die zehn raus?

A.: Nee, nicht immer.

I.: Nee?

A.: Weil, wenn man die *(kurze Pause)*, wenn man die zehn nimmt, dann auch. Vierzehn, zweiundzwanzig, zwölf, zwei, äh, doch, kommt immer die zehn raus. *(Füllt die Spalte mit der Startzahl 10 aus.)*

I.: Mmh. Meinst du, es gibt Zahlen, mit der das nicht funktioniert?

A.: Doch es funktioniert mit allen.

I.: Woher weißt du das, warum bist du dir so sicher?

A.: Ja, weil, ähm hier steht ja, ähm, subtrahiere die gedachte Zahl und dann nimmt man ja sofort, wenn man jetzt zum Beispiel tausend nimmt, dann kommt später dann, ähm zwölf raus und dann wieder hier minus zwei und dann kommt äh die zehn raus.

I.: Mmh, okay. Willst du das vielleicht mal mit tausend auch nochmal probieren?

A.: Okay. *(Füllt die Spalte mit der Startzahl 1000 aus).* Kommt immer die zehn raus.

I.: Ok, jetzt musst du mir das nochmal genau erklären warum. Du hast den ja schon durchschaut, warum das immer funktioniert.

A.: Weil hier steht, denke dir eine Startzahl, dann nimmt man jetzt zum Beispiel tausend. Dann addiere plus vier (zeigt auf die letzte Spalte) sind tausendvier, dann addiere plus acht sind wieder, äh, sind tausendzwölf und dann subtrahiere die gedachte Zahl und dann nimmt man ja tausend minus tausend und das sind zwölf. Und in jeder Reihe steht zwölf und dann darunter zehn.

Analyse des Transkriptausschnitts zu Alis Begründung des Zaubertricks

Als Ali aufgefordert wird, den Zaubertrick mit verschiedenen Startzahlen auszuprobieren, füllt er eine Spalte des Arbeitsblattes mit der Startzahl 20 aus und fragt die Interviewerin anschließend, nach dem Grund für das wiederkehrende Ergebnis zehn. Diese Frage muss nicht zwingend als Ausdruck einer allgemeinen Vermutung betrachtet werden, denn es könnte ebenso sein, dass der Schüler sich mit dem genutzten Ausdruck ,immer' nur auf die beiden bereits gewählten Startzahlen bezieht. Für letztere Interpretation spricht die daran anschließende Szene, in welcher der Schüler die Vermutung äußert, dass ,nicht immer' das Ergebnis zehn herauskommen muss, was aber ebenso auf die suggestiv gestellte Frage der Interviewerin zurückgeführt werden könnte. Als Begründung für diese Vermutung möchte Ali als Gegenbeispiel die Startzahl zehn anbringen (vermutlich in Bezug zum Ergebnis zehn), muss seine Begründung aber abbrechen, da er durch Nachrechnen erkennt, dass die Startzahl zehn kein Gegenbeispiel darstellt. Seiner anschließende Vermutung ,doch, kommt immer die zehn raus', ist wie bei der Interpretation der bereits beschriebenen Frage aufgrund der Mehrdeutigkeit des Ausdrucks ,immer' nicht zu viel Bedeutung zuzumessen. Auf Nachfrage der Interviewerin äußert er anschließend allerdings eindeutig die Vermutung, dass der Zaubertrick mit allen Zahlen funktioniert. Bei der Begründung bezieht Ali sich sofort auf die relevante Stelle des Zaubertricks. Ähnlich wie Niklas drückt er die Beliebigkeit der Startzahl mit Hilfe einer hohen Beispielzahl aus und verallgemeinert mit einem Bedingungssatz. Bei diesem ist allerdings nun zu bemerken, dass der zweite Teil des Satzes ,dann kommt später dann, ähm zwölf raus' nicht mehr in Abhängigkeit zur Bedingung der Verwendung der Zahl 1000 steht. Ali erzeugt hier keinen Bezug zwischen der vorzunehmenden Rechnung und der gewählten Startzahl, sondern gibt lediglich an, dass auch bei der beliebig gewählten Zahl 1000 das Ergebnis 12 zu erwarten ist.

Die Beispielzahl 1000 verwendet Ali auch bei seinem zweiten Begründungsansatz. Obwohl er seine Erklärung mit der kausalen Konjunktion ,weil' beginnt, kann von den nachfolgenden Ausführungen nicht eindeutig festgestellt werden, ob Ali mit ihrer Hilfe eine sich entwickelnde Beweisidee ausdrücken möchte, oder ob es sich um eine reine Beschreibung der erkannten Phänomene auf empirischer Ebene handelt. Die Beliebigkeit der zu wählenden Startzahl drückt Ali zunächst aus, indem er die gewählte Zahl 1000 als Beispiel angibt. Die daran anschließenden Erläuterungen geben die nötigen Rechenschritte in Form einer Beschreibung des Zaubertricks anhand der Startzahl 1000 wieder. Dabei rechnet Ali im Gegensatz zu Niklas die Zwischenergebnisse 1004 und 1012 direkt aus. Eine Ausnahme bildet die Stelle ,dann nimmt man ja tausend minus tausend und das sind zwölf'. Diese Transkriptstelle lässt zwei Interpretationswege offen. Einerseits kann vermutet werden, dass Ali mit der ersten ‚tausend' im Satz die zuletzt genannte Zahl 1012 meint und nur das Ende des Wortes unausgesprochen lässt. Für diese Interpretation spricht das direkt im Anschluss benannte Ergebnis ‚und das sind zwölf' ebenso, wie es seiner vorherigen Vorgehensweise entspräche, die einzelnen Rechnungen jeweils zu Teilergebnissen zusammenzurechnen. Andererseits könnte Ali an dieser Stelle mit ‚tausend minus tausend' versuchen, einen ersten Bezug zwischen Startzahl und zu subtrahierender Zahl herzustellen. Der letzte Satz von Alis Erläuterung ‚Und in jeder Reihe steht zwölf und dann darunter zehn' deutet auf eine empirische Feststellung hin. Sie beschreibt Alis Entdeckung, dass in jeder Spalte zwölf herauskommt, nachdem man den von ihm beschriebenen Rechenvorgang ausführt.

Obwohl Ali hier ähnlich wie Niklas eine hohe Zahl als Ausdruck der Beliebigkeit der Startzahl nutzt, wird in seinen Erklärungen nicht deutlich, ob er eine vorhandene Beweisidee beschreiben möchte oder die Aussagen des Schüler rein empirisch begründet sind. Da an keiner Stelle eine eindeutige Verbindung zwischen der abzuziehenden Zahl und der Startzahl hergestellt wird, ist nicht erkennbar, ob der Schüler die Reversibilität der unbestimmten beliebigen Startzahl durch deren Subtraktion erkennt.

6.9.3 Zusammenfassung und Fazit

Der Verallgemeinerung wird beim Beweisen eine besondere Rolle zugesprochen (vgl. Kapitel 3.3.3 oder KRUMSDORF 2009a, 2009b). Sie hilft, ein induktives Prüfen einer Behauptung von einer Versprachlichung der Beweisidee zu unterscheiden. Mit Hilfe der in Kapitel 6.2 aufgezeigten Verallgemeinerungsweisen können die Kinder ihre allgemein gedachten Strukturen des Terms und die Beziehungen zwischen den Zahlen des Zaubertricks ausdrücken. So können Verallgemeinerungen die Kommunizierbarkeit der Beweisidee unterstützen, was einerseits für andere Lernende in der Interaktion für den Nachvollzug der Begründung wichtig ist, andererseits ebenso für die Lehrkraft oder den mathematikdidaktischen Forscher, der Aufschluss über das Verständnis der Beweisidee des Schülers erhalten möchte (vgl. KRUMSDORF 2009b).

In diesem Kapitel wurde der folgenden Forschungsfrage nachgegangen:

Welche Rolle spielt die Verallgemeinerung der unbestimmten Zahlen beim Argumentieren?

Die Rolle der Verallgemeinerung konnte durch einen Vergleich der oben beschriebenen Begründungen näher betrachtet werden. Die vorliegenden Analysen beziehen sich dabei ausschließlich auf die Versprachlichung und Verallgemeinerung einer eventuell gegebenen Begründungsidee des Zaubertricks. Es ist nicht Gegenstand der Arbeit, über das tatsächliche Vorhandensein einer latenten oder subjektiv realisierten Beweisidee der Schüler zu diskutieren. Vielmehr werden hier Aspekte der Versprachlichung in den Blick genommen, die das Ausdrücken einer allgemeinen Begründung ermöglichen. Diese sind dabei nur als aufgabenspezifische Merkmale für die Begründung des Zaubertricks zu verstehen. Es können hier keine allgemeinen Kriterien für Argumentationen herausgearbeitet werden. Es soll aber im Sinne des Forschungsinteresses die Rolle der Verallgemeinerung im Argumentationsprozess beleuchtet werden.

Die oben dargestellten Begründungen zum Zaubertrick weisen verschiedene Verallgemeinerungen auf (vgl. Kapitel 6.9.1: Wortvariablen und Kapitel 6.9.2: Bedingungssätze und Verwendung eines Beispiels), mit deren Hilfe die beiden Schüler die unbestimmte Startzahl beschreiben. Diese Verallgemeinerungen scheinen bei Niklas und Ali jedoch unterschiedliche Wirkungen auf das Verständnis der Begründung zu haben. Niklas nutzt den Ausdruck ‚Millionenzahl' einerseits, um die Beliebigkeit der Startzahl auszudrücken. Andererseits erzeugt er aber durch das mehrmalige Verwenden dieses Ausdrucks (bzw. den ähnlichen Ausdruck ‚Millionen') Beziehungen zwischen verschiedenen Stellen der Rechnung. So schafft er es, die Reversibilität der zu Beginn der Rechnung gewählten Startzahl durch deren Subtraktion an späterer Stelle auszudrücken und so das wiederkehrende Ergebnis zu begründen. Den Verweis der abzuziehenden Menge auf die unbestimmte, beliebig gewählte Zahl kann er zusätzlich auch anhand der konkreten Zahl 115 darstellen, da er diese im Laufe der Rechnung nicht direkt verrechnet, sondern die Rechnungsschritte in Form einer Art Term versprachlicht.

Obwohl auch Ali in seiner Begründung seine Überlegungen verallgemeinert, nutzt er diese Verallgemeinerungen nicht, um die für den Zaubertrick relevanten Beziehungen zwischen den unbestimmten Zahlen darzustellen. So kann er zwar die Beliebigkeit der Startzahl auf empirischer Ebene verdeutlichen (unabhängig davon, welche Startzahl ich wähle, steht in der letzten Zeile immer zehn), nicht aber den Grund dafür in der Subtraktion eben dieser Startzahl als inverse Handlung zum anfänglichen Wählen (also Hinzufügen) einer Zahl explizit angeben. Seine Erläuterungen lassen im Gegensatz zu Niklas Begründungen Raum für Interpretationen, die Ali keine Beweisidee zusprechen, sondern von Beschreibungen der erkannten Phänomene auf empirischer Ebene ausgehen.

Es zeigt sich folglich, dass der Allgemeinheitsgrad der Argumentation kein alleiniges Unterscheidungskriterium für die Identifikation einer Beweisidee ist. Es kann auch bei einer Verallgemeinerung nicht zwischen empirischen Beschreibungen einer Entdeckung und einer theoretischen Begründung derselben unterschieden werden. Stattdessen zeigen sich bei dem Aufgabenformat *Zaubertrick* beispielsweise die Verdeutlichung der Beziehung zwischen den Operationen des anfänglichen Hinzufügens und späteren Abziehens der gleichen unbestimmten Zahl als inverse Operationen sowie das Verweisen bei der Benennung der abzuziehenden Menge auf die gewählte Ausgangsmenge als zentrale Elemente der Argumentation. Diese hängen natürlich stark von der jeweiligen Aufgabe beziehungsweise der auszudrückenden Beweisidee ab.

Es kann bezüglich der Rolle der Verallgemeinerung bei der Argumentation festgehalten werden, dass die Verallgemeinerung zwar eine zentrale, aber keine alleinige Komponente der Argumentation darstellt. Vielmehr müssen Verallgemeinerungen als Grundlage genutzt werden, um mit ihrer Hilfe den kontextspezifischen Kern der Beweisidee auszudrücken.

7 Zusammenfassung und Ausblick

Als Ausgangspunkt dieser Arbeit wurde im ersten Kapitel ein Spannungsverhältnis dargestellt, welches aus der Diskrepanz zwischen der enormen Bedeutung von Variablen für die elementare Algebra einerseits und den Schwierigkeiten der Schülerinnen und Schüler beim Verständnis von Variablen andererseits für den Mathematikunterricht der Sekundarstufe entsteht.

Der verständige Umgang mit Variablen ist in der elementaren Algebra von hoher Bedeutung, zum einen als Teil der algebraischen Sprache und der Formalisierung, die in der Algebra fester Bestandteil des Unterrichts sind (vgl. Kapitel 1.1.2.1), zum anderen aber auch als Mittel für mathematische Tätigkeiten auf allgemeiner Ebene, da Variablen im Unterricht tagtäglich genutzt werden, um mit ihrer Hilfe beispielsweise allgemein zu kommunizieren, zu argumentieren oder auch um mathematische Sachverhalte zu explorieren (MALLE 1993; vgl. Kapitel 1.1.2.2). In empirischen Untersuchungen zum Verständnis von Variablen zeigen Schülerinnen und Schüler der Sekundarstufe (und noch darüber hinaus) jedoch erhebliche Schwierigkeiten im Umgang mit Variablen. Festgestellt wird vor allem, dass die Lernenden kalkülhaft mit Variablen umgehen, ohne diese inhaltlich deuten zu können oder einen Sinn in deren Nutzung zu sehen (vgl. Kapitel 1.2.1), dass sie vielfältige Deutungen von Variablen vornehmen, die nicht tragfähig sind (vgl. Kapitel 1.2.2) und dass das Auftauchen von Variablen eine algebraische Sichtweise auf Terme und Gleichungen verlangt, die nicht den Erfahrungen der Lernenden aus dem Arithmetikunterricht entspricht (vgl. Kapitel 1.2.3).

Die Auseinandersetzung mit diesen Schwierigkeiten ist Aufgabe der rekonstruktiven Mathematikdidaktik, die sich mit der *Erforschung von Lern- und Denkprozessen beim Aufbau von tragfähigen Variablenkonzepten* befassen muss, und gleichzeitig Aufgabe der konstruktiven Mathematikdidaktik, die sich um die *Entwicklung und Erforschung von förderlichen Unterrichtskulturen, Aufgaben und Lernkontexten* bemühen muss (vgl. Kapitel 1.3).

Zu beiden Forschungsfeldern möchte die vorliegende Arbeit einen Beitrag leisten. Dazu beschäftigte sie sich in der empirischen Studie einerseits mit der Untersuchung der Begriffsbildungsprozesse der Schülerinnen und Schüler und rekonstruierte die propädeutische Entwicklung von Variablenkonzepten in den klinischen Interviews. Andererseits rückte sie den Lernkontext in den Forschungsfokus und bereitete den Kontext des Verallgemeinerns aus theoretischer Perspektive auf, um in der empirischen Studie spezifische Forschungsfragen zum Lernkontext und den verwendeten Aufgabenformaten zu beantworten.

In der empirischen Studie beschäftigte sich die vorliegende Arbeit entsprechend mit der zentralen Forschungsfrage:

Wie und mit welchen Mitteln verallgemeinern Schülerinnen und Schüler der Grundschule mathematische Muster und wie entwickeln sich dabei Variablenkonzepte?

Diese Forschungsfrage wurde in Kapitel 5.3 hinsichtlich ihrer verschiedenen Facetten aufgefächert und jeweils ein Teilaspekt in den Kapiteln 6.1 - 6.9 beantwortet. Dieser Strukturierung folgend werden in Kapitel 7.1 die zentralen Ergebnisse der Arbeit zusammenfassend dargestellt, bevor im Ausblick Folgerungen und Fragen aus den erhaltenen Ergebnissen abgeleitet werden (Kapitel 7.2).

7.1 Zusammenfassung

Zu den Forschungsfragen 1 bis 9, die im vorangehenden Kapitel jeweils einzeln in den Teilkapiteln 6.1 - 6.9 thematisiert wurden, können die Ergebnisse der empirischen Untersuchung zusammengefasst wie folgt festgehalten werden:

1. Wie lässt sich die Tätigkeit des Verallgemeinerns aus epistemologischer Perspektive fassen und kann im Verallgemeinerungsprozess eine Entwicklung von Variablenkonzepten ausgemacht werden?

- Das Verallgemeinern mathematischer Muster, welches in dieser Arbeit verstanden wird als *das Gemeinsame erfassen und beschreiben, welches vielen einzelnen Fällen oder Objekten zugrunde liegt und dadurch eine mathematische Regelmäßigkeit, ein Muster, eine Struktur oder eine Beziehung bildet* (vgl. Kapitel 4.3), lässt sich in der empirischen Untersuchung in der Interaktion bei der Beschäftigung mit mathematischen Mustern erkennen. Verallgemeinerungsprozesse entstehen bei den Schülerinnen und Schülern aus der Motivation, eine mathematische Struktur allgemein und über die konkreten Objekte hinaus zu kommunizieren.

- Aus epistemologischer Perspektive lassen sich Verallgemeinerungsprozesse als Beziehungsherstellung zwischen allgemeinen mathematischen Mustern und Strukturen und mathematischen Zeichen auf zweierlei untrennbar miteinander verbundenen Weisen beschreiben. Einerseits deuten die Lernenden eine allgemeine Struktur in die gegebenen mathematischen Zeichen und andererseits nutzen sie ihnen bekannte Zeichen (Wörter, Symbole) aus anderen Kontexten, um die allgemeinen Muster und Strukturen zu beschreiben.

- Eine Entwicklung des Variablenbegriffs findet im Verallgemeinerungsprozess durch die Herstellung neuartiger Wechselbeziehungen zwischen der allgemein zu beschreibenden Struktur und den in der Kommunikation verwendeten Zeichen statt, welche so bei der Verallgemeinerung die Rolle von Variablen einnehmen und auf die mathematischen Muster in ihrer Allgemeinheit verweisen.

- Der sich hier entwickelnde Variablenbegriff ist nach der Kategorisierung WYGOTSKIS (1986) den Alltagsbegriffen zuzuordnen und nimmt als solcher einen zentralen Stellenwert in der propädeutischen Begriffsentwicklung ein.

2. Welche sprachlichen Mittel nutzen die Schülerinnen und Schüler bei der Verallgemeinerung mathematischer Muster?

- Die Lernenden der vierten Jahrgangsstufe sind mit ihren Mitteln in der Lage, die vorgelegten Muster zu verallgemeinern und greifen dabei auf sprachliche Elemente zurück, die sich über alle Aufgabenformate hinweg in folgende fünf Kategorien von Verallgemeinerungsweisen einordnen lassen.

  - Angabe eines Beispiels

  - Aufzählung mehrerer Beispiele

  - Quasi-Variablen

  - Bedingungssätze

  - Variablen

- Von den dargestellten Verallgemeinerungsweisen der Schülerinnen und Schüler ist nur die letzte Kategorie (Variablen) geeignet, allgemeingültige Aussagen zu treffen, wie sie in der Mathematik das Ziel von Verallgemeinerungen sind (eine Beschreibung gilt für alle Objekte des Musters / mit gleicher Struktur). Die ersten vier Verallgemeinerungsweisen treffen Aussagen für ein oder mehrere konkrete Beispiele und verweisen darauf, dass es noch andere Fälle gibt, auf welche die getroffene Aussage bezogen und verändert werden muss. Alle vorgefundenen Verallgemeinerungsweisen sind jedoch dazu geeignet, den allgemeinen Charakter des Musters aufzuzeigen, da sie auf die allgemeine Struktur über die konkreten Objekte hinaus aufmerksam machen. Sie dienen so dem ‚Allgemein-verstanden-Werden' in der Interaktion.

- Vor dem Hintergrund der aufgeführten Ziele des Verallgemeinerns (allgemeingültige Aussagen zu treffen, beziehungsweise auf den allgemeinen Charakter des Musters zu verweisen) entstehen Bewertungsdifferenzen der verschiedenen Verallgemeinerungsweisen, die bedeutsam für eine Sinnstiftung von Variablen sind. Variablen sind nicht unbedingt notwendig, um allgemein kommunizieren oder sich in der Interaktion über mathematische Muster und Strukturen verständigen zu können, aber um Beschreibungen von Mustern und Strukturen vollständig und allgemeingültig zu gestalten.

3. Wie hängen Musterstrukturierung und Versprachlichung bei der Verallgemeinerung mathematischer Muster zusammen?

- Das Erkennen und das Beschreiben mathematischer Muster stellen sich als zwei sich wechselseitig bedingende Prozesse bei der Verallgemeinerung mathematischer Muster dar, sodass das Beschreiben nicht als der Deutung nachrangiger Prozess verstanden werden darf.

- Ein Einfluss von Versprachlichung auf die Musterstrukturierung geschieht durch eine Bezugnahme von der Versprachlichung auf die mathematischen Mustern und Strukturen. Bei der Versprachlichung können einerseits Informationen abstrahiert werden, sodass diese nicht mehr die Genauigkeit oder Details der allgemeinen Struktur enthalten und diese Diskrepanz zwischen Struktur und Beschreibung beim Rückbezug Veränderungen der Musterstrukturierung hervorrufen kann. Andererseits kann auch aufgrund mangelnder Versprachlichungsmöglichkeiten für die zunächst erkannte Struktur eine Umdeutung erfolgen und das Muster wird dann hinsichtlich seiner Kommunizierbarkeit strukturiert.

4. Welche Rolle spielt der Kontext bei der Verallgemeinerung mathematischer Muster?

- Verallgemeinerungen mathematischer Muster sind stark an den Kontext gebunden, in den die Muster eingebettet sind. Der Kontext stellt den Lernenden spezifische Möglichkeiten für Verallgemeinerungen und insbesondere zur Konstruktion von Zeichen mit Variablencharakter bereit.

- Die unterschiedlichen Zeichen, die von den Lernenden zur Verallgemeinerung in den jeweiligen Kontexten herangezogen werden, betonen unterschiedliche Facetten des Variablenbegriffs, sodass die kontextspezifischen Erfahrungen mit mathematischen Mustern und Strukturen eine Bereicherung des Variablenbegriffs darstellen können.

5. Wie verallgemeinern Schülerinnen und Schüler mathematische Muster, die durch verschiedene Darstellungsebenen geprägt sind?

- Bei der Verallgemeinerung mathematischer Muster auf verschiedenen Darstellungsebenen lassen sich hinsichtlich des Wechsels zwischen und der Verknüpfung von diesen Darstellungsebenen zwei eng verflochtene Prozesse erkennen:

- Bei der Verallgemeinerung der Muster erfolgt eine Ablösung von der geometrisch-visualisierten Ebene, da die Lernenden die Vorteile (bzgl. Schnelligkeit und Aufwand) des Einbeziehens der arithmetischen Ebene erkennen und nutzen.

- Die Lernenden wechseln bei der Verallgemeinerung der Muster flexibel zwischen den Darstellungsebenen und nehmen auch nach der Ablösung von der geometrisch-visualisierten Ebene (oftmals spontan) Rückbezug zu dieser.

• Aufgrund dieser beiden Komponenten stellt sich die Verallgemeinerung mathematischer Muster als Prozess dar, der durch die Vernetzung unterschiedlicher Darstellungsebenen geprägt ist. Auf den verschiedenen Darstellungsebenen werden Aspekte der Struktur entdeckt, verallgemeinert und aufeinander bezogen. Die Verknüpfung der Darstellungsebenen trägt dabei zur Entwicklung und Verallgemeinerung der Musterstrukturierung bei und lässt die dynamische Wechselbeziehung zwischen geometrisch-visualisierter und arithmetischer Darstellung sichtbar werden.

6. Welche Rolle spielen rekursive und explizite Sichtweisen bei der Verallgemeinerung mathematischer Muster?

• Aus epistemologischer Perspektive lassen sich explizite und rekursive Musterstrukturierungen auf verschiedene Fokussierungen in den Deutungen der geometrisch-visualisierten Folge zurückführen, wobei explizite Sichtweisen auf die Strukturen innerhalb der einzelnen Objekte und ihrer Stelle innerhalb des Musters (hier der Folge) fokussieren und rekursive Sichtweisen sich vorrangig auf die Beziehungen zwischen den Objekten des Musters und auf die Veränderung (hier des Zuwachses von Figur zu Figur) beziehen. Zwischen diesen beiden Sichtweisen können die Lernenden bei der Beschäftigung mit mathematischen Mustern wechseln.

• Zur Bestimmung der Plättchenanzahl einzelner Musterfiguren nehmen einige Schülerinnen und Schüler spontan ein proportionales Wachstum der Musterfolge an. Das proportionale Wachstum lässt sich als Deutung der Beziehungen des Musters auf arithmetischer Ebene (hier Beziehungen zwischen den Zahlen der Tabelle) erkennen.

• Verallgemeinerungen der Muster und Strukturen sind an die beschriebenen Sichtweisen gebunden. Für eine Verallgemeinerung einer rekursiv betrachteten Struktur ist eine Beschreibung der verschiedenen Stellen der Musterfolge und deren Beziehung notwendig sowie des Zuwachses zwischen den Musterfiguren. Bei einer expliziten Perspektive müssen die Strukturen innerhalb der Figur (z.B. durch eine Beschreibung von Raum-Lage-

Beziehungen von Teilfiguren) und deren Bezug zu ihrer Stelle innerhalb der Muster beschrieben werden. Je nach Sichtweise entstehen folglich unterschiedliche Anforderungen an die Schülerinnen und Schüler bei der Beschreibung der Musterfolge.

7. **Wie verallgemeinern Schülerinnen und Schüler mathematische Muster, die durch eine regelmäßige Beziehung zwischen unbestimmten Zahlen gebildet werden?**

- Bei dem Aufgabenformat *Partnerzahlen* können die Verallgemeinerungen der Beziehungen zwischen den unbestimmten Zahlen bezüglich verschiedener Merkmale differenziert werden:

  - Erstens lassen sich in Anlehnung an SFARD (1991; vgl. Kapitel 2) *operationale* und *strukturelle* Beschreibungen der erkannten Beziehungen unterscheiden.

  - Zweitens wird die erkannte Beziehung in verschiedene Richtungen gedeutet, sodass entweder einseitige[39] oder beidseitige[40] Beziehungen zwischen den unbestimmten Zahlen verallgemeinert werden.

- Die beschriebenen Sichtweisen auf das mathematische Muster hängen von der kontextspezifischen Anforderung bei der Auseinandersetzung mit dem gegebenen Muster ab. Die Aufgabenstellung, die das Erkennen und Verallgemeinern des Musters impliziert, hat bereits einen Einfluss auf die Deutung des Musters.

- Die beschriebenen Sichtweisen auf das mathematische Muster hängen von dessen spezifischem Charakter ab. Lernende wechseln bei quadratischen Beziehungen, die sehr schwer strukturell zu verallgemeinern sind, zu einer operationalen, einseitigen Beschreibung der Beziehung.

8. **Wie deuten Schülerinnen und Schüler die Wortvariable ‚Zahl' im Kontext des Verallgemeinerns?**

- Bei der Deutung der Wortvariablen ‚Zahl' und dem Term ‚Zahl + 20' im Aufgabenformat *Partnerzahlen* (vgl. Abb. 5.9 auf S. 138) lassen sich drei unterschiedliche Interpretationen erkennen:

  - Die Wortvariable ‚Zahl' im linken Kästchen wird als Unbestimmte gedeutet. Das Wort ‚Zahl' im Ausdruck ‚Zahl + 20' im rechten

---

[39] Beziehung der einen zur anderen Zahl.
[40] Beziehung beider Zahlen zur jeweils anderen Zahl.

Kästchen wird als neue unabhängige Variable gedeutet, die als Platzhalter für das Ergebnis dient.

- Die Wortvariable ‚Zahl' im linken Kästchen wird als Unbestimmte gedeutet und das Wort ‚Zahl' im rechten Kästchen wird als Bestandteil des Ausdrucks ‚Zahl + 20' gedeutet, sodass die Wortvariable in beiden Fällen als Platzhalter für dieselbe unbestimmte Zahl dient.

- Das Wort ‚Zahl' wird weder im rechten noch im linken Kästchen erkennbar als Wortvariable gedeutet. Die Anforderung, das Muster nach der beschriebenen Kurzregel fortzusetzen wird dennoch durch eine Interpretation der Zeichen ‚+20' im Kontext des Aufgabenformats *Partnerzahlen* bewältigt.

• Es lässt sich entsprechend der drei beschriebenen vorgefundenen Deutungen keine Deutungsvielfalt erkennen, so wie sie in Studien zur Interpretation von Variablen beschrieben wird (vgl. Kapitel 1.2.2). Es zeigt sich in den ersten beiden oben beschriebenen Deutungsweisen der Lernenden, dass diese in der Lage sind, die Wortvariable ‚Zahl' als Unbestimmte zu deuten, wenn sie im Kontext des Verallgemeinerns eingebettet ist, da durch diesen ein geeigneter Referenzkontext zur Deutung der Variablen bereitgestellt wird.

• Auch ohne Deutung des Wortes ‚Zahl' als Unbestimmte ist es Lernenden möglich, die Aufgabe der Fortsetzung des Musters zu bewältigen, indem die intendierte Anforderung durch eine Interpretation anderer Bestandteile (hier +20) des Terms erkannt wird. Es zeigt sich hier folglich für die Diagnose des Variablenkonzeptes im Mathematikunterricht, dass ein richtiges Befolgen einer durch einen Term beschriebenen Rechenvorschrift nicht zwingend auf ein Verständnis der Unbestimmten schließen lässt.

9. Welche Rolle spielt die Verallgemeinerung der unbestimmten Zahlen beim Argumentieren?

• Beim Argumentieren nutzen die Lernenden verschiedene der in Kapitel 6.2 dargestellten Verallgemeinerungsweisen, mit deren Hilfe sie die im Aufgabenformat zu verbalisierende Struktur des Terms und deren Unabhängigkeit von der unbestimmten Startzahl beschreiben.

• Es kann auch bei einer Verallgemeinerung nicht zwischen empirischen Beschreibungen einer Entdeckung und einer theoretischen Begründung derselben unterschieden werden. Für den Nachvollzug einer Beweisidee reicht die Verallgemeinerung der unbestimmten Startzahl nicht aus, wenn diese nicht genutzt wird, um mit ihrer Hilfe den kontextspezifischen Kern der Beweisidee auszudrücken. Verallgemeinerungen stellen folglich eine zentrale, aber keine alleinige Komponente der Argumentation dar.

7.2 Ausblick

Die Ergebnisse der empirischen Studie verdeutlichen, welche nicht zu unterschätzende Bedeutung dem Verallgemeinern mathematischer Muster in der Grundschule im Hinblick auf die Entwicklung von Variablenkonzepten zuzumessen ist. Es nimmt einen wichtigen Stellenwert in der Entwicklung des algebraischen Denkens ein und stellt gleichzeitig einen Anknüpfungspunkt für die Erarbeitung von Variablenkonzepten in der Sekundarstufe dar.

Im Folgenden werden die Ergebnisse der Arbeit auf zwei unterschiedlichen Ebenen reflektiert. Dazu wird in Kapitel 7.2.1 dargestellt, welche Folgerungen und Fragen sich hinsichtlich der beiden herausgearbeiteten Forschungsfelder (vgl. Kapitel 1.3) ergeben. In Kapitel 7.2.2 werden Schlussfolgerungen für die Unterrichtspraxis beschrieben.

7.2.1 Folgerungen und Fragen für die Erforschung von Lernprozessen und für die Unterrichtsentwicklung

In der empirischen Studie dieser Arbeit wurde eine Verbindung verschiedener Perspektiven auf das Verallgemeinern mathematischer Muster – als Zugang zur Algebra und als grundlegende Tätigkeit im Mathematikunterricht – dazu genutzt, die Möglichkeiten und die Bedeutsamkeit der propädeutischen Entwicklung von Variablenkonzepten in der Grundschule aufzuzeigen. Hinsichtlich beider in Kapitel 1 dargestellten Forschungsfelder – bezüglich der *Erforschung von Lern- und Denkprozessen* der Schülerinnen und Schüler beim Aufbau von Variablenkonzepten und für die *Entwicklung und Erforschung von neuen Unterrichtskulturen, Aufgaben und Lernkontexten* zur Förderung der Entwicklung von Variablenkonzepten – sind an die vorliegende Studie anschließend weitere Untersuchungen von Verallgemeinerungen mathematischer Muster in der Grundschule und insbesondere deren Initiierung und Förderung erforderlich.

Verallgemeinerungen im Unterrichtsdiskurs

Zur Bedeutung des Diskurses bei der Entwicklung mathematischen Wissens heben NÜHRENBÖRGER & SCHWARZKOPF (2010b) hervor, dass Kinder im Mathematikunterricht Zeichen gemeinsam nutzen, diese aber vor ihren individuellen Referenzkontexten unterschiedlich deuten und diese Deutungsunterschiede im Diskurs zu erweiterten Betrachtungen und Umdeutungen führen. Die Erweiterung der eigenen Perspektive durch die Aushandlung von Deutungen lässt neues mathematisches Wissen erst in der Interaktion entstehen. In Kapitel 2.2.2 wurde beschrieben, dass sich mathematische Zeichen in Aushandlungen von Bedeutung in der Interaktion als tragfähige, adäquate Codierungsmittel für das strukturelle mathematische Wissen erweisen müssen und sich so entwickeln (STEINBRING 2006). In der empirischen Untersuchung wurde die Kommunikation über die mathematischen Muster und Strukturen als Moment heraus gestellt, in der die Kinder die Notwendigkeit zur Verallgemeinerung verspüren, wenn sie ihrem Kommunikationspartner die erkannte allgemeine Struktur über das konkrete Beispiel hinaus beschreiben möchten. Verallgemeinerungsprozesse wurden in der vorliegenden Arbeit jedoch nur in der Interaktion zwischen Schülerin bzw. Schüler und Interviewerin untersucht. Von weiterem Interesse sind deshalb Aushandlungsprozesse im Unterricht:

- Wie gestalten sich Verallgemeinerungsprozesse in der Interaktion zwischen Lernenden und zwischen Lernenden und Lehrenden im Mathematikunterricht?

- Wie entwickeln sich Variablenkonzepte in der Aushandlung von mathematischen Zeichen bei der Verallgemeinerung mathematischer Muster und Strukturen im Unterricht?

- Welche Chancen und Herausforderungen zeigen sich in der Interaktion im Mathematikunterricht für die Förderung von Verallgemeinerungsprozessen und die Initiierung von Aushandlungen von mathematischen Zeichen mit Variablencharakter?

An verschiedenen Stellen wurden in der vorliegenden Arbeit verschiedene Sichtweisen der Kinder auf die vorgelegten Muster und Strukturen und deren Einfluss auf die Verallgemeinerung dargestellt. Interessant ist in diesem Hinblick eine Erforschung der Lernprozesse in der Interaktion, wenn Kinder mit unterschiedlichen Sichtweisen aufeinandertreffen und adäquate Verallgemeinerungen für die erkannten Muster aushandeln:

- Welche Lernprozesse zeigen sich im Diskurs über rekursive und explizite Sichtweisen auf Muster?

- Welche Lernprozesse zeigen sich im Diskurs über operationale und strukturelle Verallgemeinerungen von Beziehungen zwischen unbestimmten Zahlen?

- Welche Lernprozesse zeigen sich bei der Aushandlung von unterschiedlichen Deutungen von Zeichen oder Symbolen mit Variablencharakter (wie dem Ausdruck ‚Zahl+20' im Aufgabenformat *Partnerzahlen*)?

Die Bedeutung des Lernkontextes

BLANTON & KAPUT (2002) betonen, dass eine Förderung des algebraischen Denkens in der Grundschule (bzw. eine „Algebraisierung des Grundschulunterrichts") keiner Neuentwicklung von Aufgaben oder Lernmaterialien bedarf, sondern lediglich eines anderen Umgangs mit dem Material und einer Unterrichtskultur, die algebraische Denkhandlungen ermöglicht (vgl. auch Kapitel 3.2). Aufgaben im Arithmetikunterricht müssen so beschaffen sein, dass sie eine algebraische Sichtweise auf Zahlen, Terme und Gleichungen zulassen, gleichzeitig aber reichhaltig für arithmetische Prozesse sind und somit die Verbindung zwischen Arithmetik und Algebra stärken (BLANTON & KAPUT 2002, 111). Geeignet erscheinen hierfür substantielle Lernumgebungen (vgl. auch Kapitel 3.3), welche algebraische und arithmetische Prozesse ebenso ganzheitlich anregen können, wie inhaltliche und allgemeine oder entdeckende und übende Lernprozesse (WITTMANN 1995b). In der vorliegenden Arbeit wurden die Verallgemeinerungsprozesse vor dem Hintergrund der drei konzipierten Aufgabenformate *Plättchenmuster, Partnerzahlen* und *Zaubertrick* untersucht. Dabei wurde in Kapitel 6.3 herausgestellt, dass jeder Lernkontext neue, spezifische Möglichkeiten zur Verallgemeinerung bietet und in den Kapiteln 6.5 bis 6.9 wurden den jeweiligen Lernkontext betreffende Forschungsfragen formuliert. Forschungsfragen für die konstruktive Mathematikdidaktik ergeben sich folglich bezüglich einer weiterführenden Erforschung substantieller Aufgabenformate, die zur Beschäftigung mit und zur Verallgemeinerung von mathematischen Mustern anregen:

- Welche kontextspezifischen Möglichkeiten zur Verallgemeinerung und zur Nutzung von Zeichen oder Wörtern mit Variablencharakter stehen den Schülerinnen und Schülern in anderen Aufgabenformaten zur Verfügung?

- Welche Elemente von substantiellen Aufgabenformaten erweisen sich (im Unterricht) als gewinnbringend für eine Förderung von Verallgemeinerungsprozessen?

- Welche Lernprozesse lassen sich längsschnittlich, im Verlauf mehrerer Aufgabenformate zur Verallgemeinerung mathematischer Muster, beobachten?

7.2.2 Folgerungen für die Praxis

Nicht nur für die mathematikdidaktische Forschung ergeben sich Anregungen aus den gewonnenen Ergebnissen der vorliegenden Arbeit, sondern auch für die Unterrichtspraxis besitzen die Ergebnisse der Studie Bedeutung. Deshalb werden im Folgenden Überlegungen zur Integration des Verallgemeinerns in den Mathematikunterricht der Primarstufe diskutiert – zum einen bezogen auf Curricula und deren Implementierung, zum anderen im Hinblick auf mögliche Inhalte für die Lehrerbildung.

Folgerungen für Curricula und deren Implementierung

Die Entwicklung des algebraischen Denkens ist in Deutschland nicht so explizit in den Standards integriert, wie beispielsweise in den USA (NATIONAL COUNCIL OF TEACHERS OF MATHEMATICS 2000). Jedoch findet sich in den bundesweiten Bildungsstandards (KMK 2005) der Inhaltsbereich *Muster und Strukturen*, dessen Verbindung mit der Entwicklung des algebraischen Denkens in dieser Arbeit aufgezeigt wurde. Dort sind die zu erreichenden Kompetenzen für die Schülerinnen und Schüler am Ende der 4. Jahrgansstufe wie folgt formuliert (vgl. Tab. 7.1):

Tabelle 7.1: Auszug aus den bundesweiten Bildungsstandards (KMK 2005, 10f)

Gesetzmäßigkeiten erkennen, beschreiben und darstellen	- strukturierte Zahldarstellungen (z.B. Hunderter-Tafel) verstehen und nutzen, - Gesetzmäßigkeiten in geometrischen und arithmetischen Mustern (z.B. in Zahlenfolgen oder strukturierten Aufgabenfolgen) erkennen, beschreiben und fortsetzen, - arithmetische und geometrische Muster selbst entwickeln, systematisch verändern und beschreiben.
funktionale Beziehungen erkennen, beschreiben und darstellen	- funktionale Beziehungen in Sachsituationen erkennen, sprachlich beschreiben (z.B. Menge – Preis) und entsprechende Aufgaben lösen, - funktionale Beziehungen in Tabellen darstellen und untersuchen, - einfache Sachaufgaben zur Proportionalität lösen.

Die Entwicklung von Variablenkonzepten und die Verallgemeinerung mathematischer Muster ist eng an diesen inhaltsbezogenen Bereich Muster und Strukturen und an die prozessbezogenen Bereiche Argumentieren und Kommunizieren gebunden (KMK 2005, 8) und somit bereits Bestandteil der existierenden Standards.

Bei der Implementierung bedarf die Rolle der Verallgemeinerung von mathematischen Mustern im Hinblick auf die propädeutische Entwicklung des algebraischen Denkens einer weiteren Ausschärfung. So sind beispielsweise die Möglichkeiten und Herausforderungen des Verallgemeinerns als Bestandteil des ‚Erkennens, Beschreibens und Fortsetzens von Gesetzmäßigkeiten in geometrischen oder arithmetischen Mustern' für die jeweiligen Schuljahre auszuarbeiten. Soll das Verallgemeinern mathematischer Muster den gesamten Mathematikunterricht der Primarstufe durchziehen, so wie WITTMANN & MÜLLER (2008) es für die Leitidee ‚Muster und Strukturen' fordern (vgl. Kapitel 4.2.1), ist es notwendig, auf Verallgemeinerungsprozesse und entsprechende Lerngelegenheiten von der ersten Klasse an (z.b. durch *Schöne Päckchen* (WITTMANN & MÜLLER 1990) aufmerksam zu machen.

Folgerungen für die Lehreraus- und -weiterbildung

Sollen Verallgemeinerungen in der Unterrichtspraxis der Grundschule genutzt werden, um den Mathematikunterricht der Primarstufe einerseits zu bereichern und andererseits um Variablenkonzepte propädeutisch aufzubauen, so müssen die Lehrkräfte auf diese ‚Algebraisierung‘ vorbereitet werden (SIEBEL & FISCHER 2010). CHAZAN (2008) berichtet über Erfahrungen aus den USA, in welchen die schnelle Umsetzung der Forderungen nach einer neuen Sichtweise auf das Lehren und Lernen der Algebra in den Curricula viele Lehrkräfte überfordert, welche weder über das Wissen um das neue Verständnis der Algebra, noch über Diagnose- und Anleitungsmöglichkeiten der Lernprozesse ihrer Schülerinnen und Schüler verfügen. Deshalb ist bei allen didaktischen Überlegungen für den propädeutischen Aufbau von Variablenkonzepten im Grundschulunterricht zu beachten, dass diese sukzessiv in den bestehenden Unterricht integriert werden können und keine nicht zu bewältigenden Anforderungen für die Lehrkräfte darstellen (vgl. KAPUT & BLANTON 2000). Sie müssen also sowohl an die im Unterricht verwendeten Materialien und Schulbücher als auch an die Kompetenzen von Lehrkräften anknüpfen.

Folglich ist zu überlegen, wie die in der vorliegenden Arbeit erarbeiteten Ergebnisse zur propädeutischen Entwicklung von Variablenkonzepten und zur Bedeutung der Verallgemeinerung mathematischer Muster und Strukturen für den Aufbau diesbezüglicher Diagnose- und Handlungskompetenzen der Lehrkräfte in der Primarstufe genutzt werden können. SIEBEL & FISCHER (2010) betonen, dass es hinsichtlich der neuen Sichtweise auf das algebraische Denken nicht bei einer einfachen Implementierung in die Lehreraus- und -fortbildung belassen werden darf, sondern weitere Forschung in der Lehrerbildung erforderlich ist (vgl. auch BLANTON & KAPUT 2002, KAPUT & BLANTON 1999). Entstehende Anforderungen an die Lehrkräfte, bei deren Bewältigung sie von Seiten der Mathematikdidaktik unterstützt werden müssen, können wie folgt dargestellt werden:

- *Denkwege der Kinder verstehen und anregen*: Die Lehrkräfte müssen für die Verallgemeinerungen der Schülerinnen und Schüler sensibilisiert werden und zudem wissen, welche Möglichkeiten den Kindern ohne die Mittel der algebraischen Sprache zur Verallgemeinerung zur Verfügung stehen. KAPUT & BLANTON (1999) sprechen von der Ausbildung von ‚teachers algebra eyes and ears‘ und meinen damit, dass die Lehrer in der Lage sein müssen, die Verallgemeinerungsversuche der Lernenden zu erkennen und auch weiterzuentwickeln. Sie müssen verstehen, mit welchen

Zielen Kinder verallgemeinern (vgl. Kapitel 6.2) und Möglichkeiten und Grenzen von Verallgemeinerungen kennen.

- *Lerngelegenheiten schaffen:* Lehrkräfte müssen Situationen erkennen, nutzen und auch schaffen können, in denen sich Möglichkeiten zur Verallgemeinerung ergeben. Dazu müssen sie Aufgabenformate zur Entdeckung, Beschreibung und Begründung von mathematischen Mustern und Strukturen geeignet aufbereiten können und eine Unterrichtskultur schaffen, die zur Beschreibung und zum Austausch ihrer allgemeinen Entdeckungen anregt.

- *Anknüpfungspunkte nutzen:* Für eine gelingende Sinnstiftung für die Notwendigkeit von Variablen in der Sekundarstufe müssen sich die Lehrkräfte der Möglichkeiten und Ziele des Verallgemeinerns (Kapitel 6.2) bewusst sein und die Bewertungskriterien im Unterricht transparent machen können. Dies kann im Unterricht sicherlich nicht durch eine einmalige Thematisierung der unterschiedlichen Funktionen von Variablen geschehen. Vielmehr müssen Lehrkräfte wissen, wie sie die kindlichen Verallgemeinerungsweisen aufgreifen und zur Aushandlung von deren Möglichkeiten und Grenzen anregen können.

7.3 Schlussbemerkung

Zu Beginn dieser Arbeit wurde die Frage aufgeworfen, wie die Schülerin Kia ihr erfundenes Muster ‚Blumen-Zahlen' (Abb. 7.1, vgl. Abb. 0.1) beschreiben kann, wenn ihr noch keine Variablen zur Verfügung stehen, die als Mittel der Verallgemeinerung dienen können.

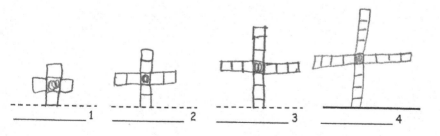

Abbildung 7.1: Erfundenes Plättchenmuster der Viertklässlerin Kia

Es wurde in der Arbeit herausgestellt, dass es sich um eine mathematikspezifische Anforderung an die Lernenden der Grundschule handelt, wenn diese im Mathematikunterricht über ihre entdeckten oder auch entwickelten Muster sprechen möchten, bevor sie der algebraischen Sprache mächtig sind, und so vor der Aufgabe stehen, über Regelmäßigkeiten, Strukturen und Beziehungen zu kommunizieren, die wie in Kias Muster über die gegebenen Objekte hinaus gehen und einen allgemeinen Charakter besitzen.

Es wurde in dieser Arbeit nicht nur dargestellt, dass Lernende der Primarstufe in der Lage sind, mit ihren eigenen Mitteln auf verschiedene Weise zu verallgemeinern und in der Interaktion den besonderen Charakter von mathematischen Mustern zu beschreiben, sondern auch dass diese Verallgemeinerungsprozesse eine fruchtbare Basis für die Entwicklung von Variablenkonzepten und dem algebraischen Denken darstellen.

Daher mag es nun nicht mehr überraschen, dass es auch der Schülerin Kia gelingt, ihr Muster zu verallgemeinern. Dazu nutzt sie die Wortvariable ‚Nummer' für die unbestimmte Stelle der Folge und gibt zusätzlich ein Beispiel an, für welches sie eine Berechnungsmöglichkeit der Plättchenanzahl beschreibt:

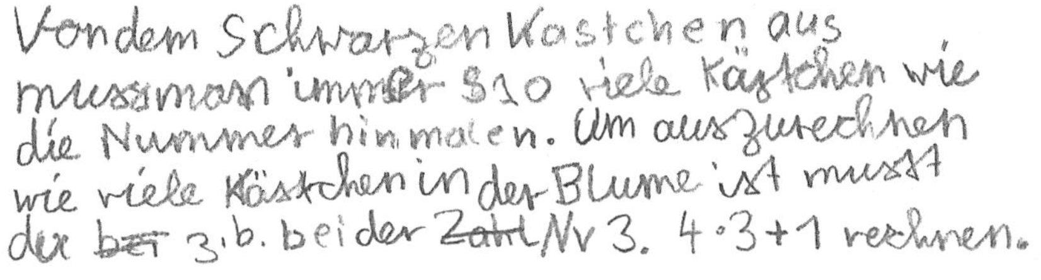
Vondem Schwarzen Kastchen aus mussman immer so viele Kästchen wie die Nummer hinmalen. Um auszurechnen wie viele Kästchen in der Blume ist musst du z.b. bei der Nr 3. 4·3+1 rechnen.

Abbildung 7.2: Kias Beschreibung des Plättchenmusters

Literaturverzeichnis

AFFOLTER, W., AMSTAD, H., DOEBELI,M. & WIELAND, G. (1999): *Das Zahlenbuch 5*. Zug: Klett.

AFFOLTER, W., BEERLI, G., HURSCHLER, H., JAGGI, B., JUNDT, W., KRUMMENACHER, R., NYDEGGER, A., WÄLTI, B. & WIELAND, G. (2003): *mathbu.ch 7. Mathematik im 7. Schuljahr für die Sekundarstufe I*. Zug: Klett.

AMEROM, B.A. VAN (2002): Reinvention of Early Algebra. Developmental research on the transition from arithmetic to algebra. Utrecht: CD-ß Press.

ANDELFINGER, B. (1985): *Didaktischer Informationsdienst Mathematik. Thema: Arithmetik, Algebra und Funktionen*. Soest: Landesinstitut für Schule und Weiterbildung.

ARCAVI, A. (1995): *Teaching and Learning Algebra: Past, Present and Future*. In: Journal of Mathematical Behavior, 14, 145-162.

BARALDI, C., CORSI, G. & ESPOSITO, E. (1997): *GLU. Glossar zu Niklas Luhmanns Theorie sozialer Systeme*. Frankfurt am Main: Suhrkamp.

BARZEL, B. & HUSSMANN, S. (2007): Schlüssel zu Variable, Term und Formel. In: Barzel, B., Berlin, T., Bertalan, D. & Fischer, A. (Hrsg.): *Algebraisches Denken. Festschrift für Lisa Hefendehl-Hebeker*. Hildesheim: Franzbecker, 5-16.

BASTABLE, V. & SCHIFTER, D. (2008): Classroom Stories: Examples of Elementary Students Engaged in Early Algebra. In: Kaput, J.J., Carrahrer, D.W. & Blanton, M.L. (Hrsg.): *Algebra in the Early Grades*. New York: Lawrence Erlbaum Associates, 165-184.

BAUMERT, J., LEHMANN, R., LEHRKE, M., SCHMITZ, B., CLAUSEN, M., HOSENFELD, I., KÖLLER, O. & NEUBRAND, J. (1997): *TIMSS – Mathematisch-naturwissenschaftlicher Unterricht im internationalen Vergleich. Deskriptive Befunde*. Opladen: Leske + Budrich.

BECK, CH. & MAIER, H. (1993): Das Interview in der mathematikdidaktischen Forschung. In: *Journal für Mathematikdidaktik*, 14 (2), 147-179.

BEDNARZ, N. KIERAN C. & LEE, L. (1996): Approaches to Algebra. Perspectives for Research and Teaching. In: Bednarz, N. Kieran C. & Lee, L. (Hrsg.): *Approaches to Algebra. Perspectives for Research and Teaching*. Dordrecht: Kluwer Academic Publishers, 3-15.

BERLIN, T. (2007): Metakognition als Schlüssel zur Einführung der algebraischen Formelsprache. In: Barzel, B., Berlin, T., Bertalan, D. & Fischer, A. (Hrsg.): *Algebraisches Denken. Festschrift für Lisa Hefendehl-Hebeker.* Hildesheim: Franzbecker, 17-25.

BERLIN, T. (2010a): Immer plus zwei? In: *Praxis der Mathematik in der Schule,* 52 (33), 21-24.

BERLIN, T. (2010b): *Algebra erwerben und besitzen. Eine binationale Studie in der Jahrgangsstufe 5.* Universität Duisburg-Essen: DUEPUBLICO.

BERTALAN, D. (2007a): Buchstabenrechnen? In: Barzel, B., Berlin, T., Bertalan, D. & Fischer, A. (Hrsg.): *Algebraisches Denken. Festschrift für Lisa Hefendehl-Hebeker.* Hildesheim: Franzbecker, 27-34.

BERTALAN, D. (2007b): Eine Unterrichtsreihe zum anschauungsgestützten Einstieg in die Algebra in Klasse 7. In: *Beiträge zum Mathematikunterricht 2007.* Hildesheim: Franzbecker, 132-135.

BEZUSZKA, S.J. & KENNEY, M.J. (2008): The three R's: Recursive Thinking, Recursion, and recursive Formulas. In: Greenes, C.E. & Rubenstein, R. (Hrsg.): *Algebra and Algebraic Thinking in School Mathematics. Seventieth Yearbook.* Reston, VA: The National Council of Teachers of Mathematics, 81-97.

BLANTON, M.L. & KAPUT, J.J. (2002): Design principles for tasks that support algebraic thinking in elementary school classrooms. In: Cockburn, A. & Nardi, E. (Hrsg.): *Proceedings of the 26th International Group for the Psychology of Mathematics Education, Vol.2.* Norwich: International Group for the Psychology of Mathematics, 105-111.

BLANTON, M.L. & KAPUT, J.J. (2005): Helping Elementary Teachers Build Mathematical Generality into Curriculum and Instruction. *Zentralblatt für Didaktik der Mathematik,* 37 (1), 34-42.

BLANTON, M.L. & KAPUT, J.J. (2011): Functional Thinking as a Route Into Algebra in the Elementary Grades. In: Cai, J. & Knuth, E. (Hrsg.): *Early Algebraization. A Global Dialogue from Multiple Perspectives.* Berlin: Springer, 5-23.

BOOTH, L. R. (1988): Children's difficulties in beginning algebra. In: Coxford, A.F. & Shulte, A.P. (Hrsg.): *The idea of Algebra, K-12, 1988 Yearbook.* Reston, VA: National Council of Teacher of Mathematics, 20-32.

BÖTTINGER, C. (2006): Arithmetische Darstellungen – Punktmusterdarstellungen. In: *Beiträge zum Mathematikunterricht.* Hildesheim: Franzbecker, 135-138.

BÖTTINGER, C. & SÖBBEKE, E. (2010): Growing Patterns as Examples for Developing a new View onto Algebra and Arithmetic. In: Durand-Guerrier, V., Soury-Lavergne, S. & Arzarello, F. (Hrsg.): *Proceedings of the Sixth Congress of the European Society for Research in Mathematics Education.* Lyon: Institut National de Recherche Pédagogique, 150-160.

BÖTTINGER, C. & STEINBRING, H. (2007): Prä-algebraisches Denken von Grundschulkindern. In: Barzel, B., Berlin, T., Bertalan, D. & Fischer, A. (Hrsg.): *Algebraisches Denken. Festschrift für Lisa Hefendehl-Hebeker.* Hildesheim: Franzbecker, 35-42.

BOYER, C.B. (1968): *A History of Mathematics.* New York: John Wiley & Sons.

BRITT, M. S. & IRWIN, K. C. (2011): Algebraic Thinking with and without Algebraic Representation: A Pathway for Learning. In: Cai, J. & Knuth, E. (Hrsg.): *Early Algebraization. A Global Dialogue from Multiple Perspectives.* Berlin: Springer, 137-159.

BRIZUELA, B. & SCHLIEMANN, A. (2004): Ten-Year-Old Students solving Linear Equations. In: *For the Learning of Mathematics,* 24 (2), 33-40.

BRUNER, J.S. (1970): Der Prozeß der Erziehung. Berlin: Berlin Verlag.

BRUNER, J. S. (1974): *Entwurf einer Unterrichtstheorie.* Berlin: Berlin-Verlag.

CARRAHER, D.W., BRIZUELA, B. & SCHLIEMANN, A. (2000): Bringing out the algebraic Character of Arithmetic: Instantiating Variables in Addition and Subtraction. In: Nakahara, T. & Koyama, M. (Hrsg.): *Proceedings of the 24th Conference of the International Group for the Psychology of Mathematics Education (PME 24),* 2. Hiroshima: Hiroshima University, 145-152.

CARRAHER, D.W. & EARNEST, D. (2003): Guess my rule revisited. In: Pateman, N.A., Dougherty, B.J. & Zilliox, J.T. (Hrsg.): *Proceedings of the 27th International Group for the Psychology of Mathematics Education Conference Held Jointly with the 25th PME-NA Conference (Honolulu, Hawaii, July 13-18, 2003), Volume 2.* Honolulu HI: International Group for the Psychology of Mathematics Education, 173-179.

CARRAHER, D.W. & SCHLIEMANN, A. D. (2007): Early Algebra and Algebraic Reasoning. In: Lester, F.K. (Hrsg.): *Second Handbook of Research on Mathematics Teaching and Learning.* Charlotte, NC: Information Age Publishing, 669-705.

CARRAHER, D.W., SCHLIEMANN, A.D. & BRIZUELA, B. (2001): Can young students operate on unknowns? In: Van den Heuvel-Panhuizen, M. (Hrsg.): *Proceedings of the 25th Conference of the International Group for the*

Psychology of Mathematics Education (PME 25), 1. Utrecht: Utrecht University, 130-140.

CARRAHER, D.W., SCHLIEMANN, A.D. & SCHWARZT, J.L. (2008): Early Algebra is not the same as algebra Early. In: Kaput, J.J., Carraher, D.W. & Blanton, M.L. (Hrsg.): *Algebra in the Early Grades*. New York: Lawrence Erlbaum Associates, 235-272.

CARPENTER, T.P. & FRANKE, M.L. (2001): Developing Algebraic Reasoning in the Elementary School: Generalization and Proof. In: Chick, H., Stacey, K., Vincent, J., & Vincent, J. (Hrsg.): *Proceedings of the 12th ICMI Study Conference: The future of the teaching and learning of algebra*. Melbourne: University of Melbourne, 155-162.

CARPENTER, T.P., FRANKE, M.L. & LEVI, L. (2003): Thinking Mathematically. Integrating Arithmetic and Algebra in Elementary School. Portsmouth: Heinemann.

CHAZAN, D. (2008): The Shifting Landscape of School Algebra in the United States. In: Greenes, C.E. & Rubenstein, R. (Hrsg.): *Algebra and Algebraic Thinking in School Mathematics. Seventieth Yearbook*. Reston, VA: The National Council of Teachers of Mathematics, 19-33.

COBB, P. & BAUERSFELD, H. (1995): Introduction: The Coordination of Psychological and Sociological Perspectives in Mathematics Education. In: Cobb, P. & Bauersfeld, H. (Hrsg.): *The Emergence of Mathematical Meaning: Interaction in Classroom Cultures*. Hillsdale: Lawrence Erlbaum, 1-16.

COOPER, T.J. & WARREN, E. (2011): Years 2 to 6 Students' Ability to Generalise: Models, Representations and Theory for Teaching and Learning. In: Cai, J. & Knuth, E. (Hrsg.): *Early Algebraization. A Global Dialogue from Multiple Perspectives*. Berlin: Springer, 187-214.

CORTES, A.; VERGNAUD, G.; KAVAFIAN, N. (1990): From arithmetic to algebra: Negotiating a jump in the learning process. In: Booker, G., Cobb, P.& De Mendicuti, T. (Hrsg.): *Proceedings of the 14th Conference of the International Group for the Psychology of Mathematics Education*, Vol. 2, Mexico: PME, 27-34.

DAVYDOV, V. (1975): The Psychological Characteristics of the 'Prenumerical' Period of Mathematics Instruction. In: Steffe, L. P. (Hrsg.): *Children's Capacity for Learning Mathematics: Soviet Studies in the Psychology of Learning and Teaching Mathematics*, 7. Chicago: University of Chicago Press, 109-205.

DETTORI, G., GARUTI, R. & LEMUT, E. (2001): From Arithmetic to Algebraic Thinking by Using a Spreadsheet. In: Sutherland, R., Rojano, T., Bell, A.,

Lins, R. (Hrsg.): *Perspectives on School Algebra*. Dordrecht: Kluwer Academic Publisher, S. 22, S. 191-207.

DEUTSCHER, T. (2012): Arithmetische und geometrische Fähigkeiten von Schulanfängern. Eine empirische Untersuchung unter besonderer Berücksichtigung des Bereichs Muster und Strukturen. Wiesbaden: Vieweg+Teubner.

DEVLIN, K. (1998): *Muster der Mathematik*. Heidelberg: Spektrum.

DEVLIN, K. (2006[5]): *Das Mathe-Gen. Wie sich das mathematische Denken entwickelt + Warum Sie Zahlen ruhig vergessen können.* München: dtv, 5. Auflage. Erste Auflage 2003.

DEWEY, J. (1974[12]): The child and the curriculum. In: J. Dewey (Hrsg.): *The child and the curriculum AND The school and society.* Chicago: University of Chicago Press, 3-31.

DOUGHERTY, B. (2008): Measure Up: A Quantitative View of Early Algebra. In: Kaput, J.J., Carrahrer, D.W. & Blanton, M.L. (Hrsg.): *Algebra in the Early Grades.* New York: Lawrence Erlbaum Associates, 389-412.

DOUGHERTY, B. & SLOVIN, H. (2004): Generalized Diagrams as a Tool for Young Children's Problem Solving. In: Hoines, M.J. & Fuglestad, A.B. (Hrsg.): *Proceedings of the 28th Conference of the International Group for the Psychology of Mathematics Education, 2.* Bergen: International Group for the Psychology of Mathematics, 295-302.

DUVAL, R. (1999): Representation, Vision and Visualization: Cognitive Functions in Mathematical Thinking. Basic Issues for Learning. In: *Proceedings of the 21st Annual meeting of the North American Chapter of the International Group for the Psychology of Mathematics Education.* Cuernavaca: International Group for the Psychology of Mathematics, 3-26.

DUVAL, R. (2000): Basic Issues for Research in Mathematics Education. In: Nakahara, T. & Koyama, M. (Hrsg.): *Proceedings of the 24th Conference of the International Group for the Psychology of Mathematics Education,* Vol. 1, Hiroshima: Hiroshima University, 55-69.

ENGLISH, L. D. & WARREN, E.A. (1998): Introducing the variable through pattern exploration. In: The Mathematics Teacher, 91 (2), 166-170.

ERNEST, P. (1991): The Philosophy of Mathematics Education. London: The Falmer Press.

ERNEST, P. (1994): Social Constructivism and the Psychology of Mathematics Education. In: Ernest, P. (Hrsg.): *Constructing Mathematical Knowledge: Epistemology and Mathematics Education.* London: The Falmer Press, 62-72.

EULER, L. (1959^2): Vollständige Anleitung zur Algebra. Stuttgart: Reclam. Erste Ausgabe: 1770.

FISCHER, A. (2009): Zwischen bestimmten und unbestimmten Zahlen – Zahl- und Variablenauffassungen von Fünftklässlern. In: *Journal für Mathematikdidaktik*, 30 (1), 3-29.

FISCHER, A., HEFENDEHL-HEBEKER, L. & PREDIGER, S. (2010): Mehr als Umformen: Reichhaltige algebraische Denkhandlungen im Lernprozess sichtbar machen. In: *Praxis der Mathematik in der Schule*, 52 (33), 1-7.

FLICK, U. (2008^6) : Design und Prozess qualitativer Forschung. In: Flick, U., Kardorff, E. von & Steinke, I. (Hrsg.): *Qualitative Forschung – Ein Handbuch*. Reinbek: Rowohlt, 252-265. Erste Ausgabe: 2000.

FLICK, U., KARDORFF, E. VON & STEINKE, I. (2008^6): Was ist qualitative Forschung? Einleitung und Überblick. In: Flick, U., Kardorff, E. von & Steinke, I. (Hrsg.): *Qualitative Forschung – Ein Handbuch*. Reinbek: Rowohlt, 13-29. Erste Ausgabe: 2000.

FRANKE, M. & WYNANDS, A. (1991): Zum Verständnis von Variablen – Testergebnisse in 9. Klassen Deutschlands. In: *Mathematik in der Schule*, 29 (10), 674-691.

FREUDENTHAL, H. (1973): *Mathematik als pädagogische Aufgabe. Band 1*. Stuttgart: Klett.

FREUDENTHAL, H. (1974): Soviet Research on Teaching Algebra at the Lower Grades of the Elementary School. In: *Educational Studies in Mathematics*, 5 (1), 391-412.

FREUDENTHAL, H. (1978): *Weeding and Sowing: Preface to a Science of Mathematics Education*. Dordrecht: Reidel.

FREUDENTHAL, H. (1982): Mathematik – eine Geisteshaltung. In: *Grundschule*, 14 (4), 140-142.

FREUDENTHAL, H. (1983): *Didactical Phenomenology of Mathematical Structures*. Dordrecht: Reidel.

FREUDENTHAL, H. (1986): Algebra in der Grundschule? In: *Mathematik lehren*, 15, 12-13.

FREUDENTHAL, H. (1991): *Revisiting Mathematics Education*. Dordrecht: Kluwer Academic Publishers.

FUJII, T. (2003): Probing students' understanding of variables through cognitive conflict problems: Is the concept of a variable so difficult for students to understand? In: Pateman, N.A., Dougherty, B.J. & Zilliox, J.T. (Hrsg.): *Proceed-*

ings of the 27th International Group for the Psychology of Mathematics Education Conference Held Jointly with the 25th PME-NA Conference (Honolulu, Hawaii, July 13-18, 2003), Volume 1. Honolulu: International Group for the Psychology of Mathematics Education, 49-65.

FUJII, T. & STEPHENS, M. (2001): Fostering an understanding of algebraic generalisation through numerical expressions: The role of quasi-variables. In: Chick, H., Stacey, K., Vincent, J., & Vincent, J. (Hrsg.): Proceedings of the 12th ICMI Study Conference: The future of the teaching and learning of algebra. Melbourne: University of Melbourne, S.258-264.

FUJII, T. & STEPHENS, M. (2008): Using Number Sentences to Introduce the Idea of Variable. In: Greenes, C.E. & Rubenstein, R. (Hrsg.): Algebra and Algebraic Thinking in School Mathematics. Seventieth Yearbook. Reston, VA: The National Council of Teachers of Mathematics, 127-140.

GLÄSER, J. (1920): Vom Kinde aus. Quellentext in: Hansen-Schaberg, I. & Schonig, B. (Hrsg.)(2002): Basiswissen Pädagogik: reformpädagogische Schulkonzepte. Bd. 1: Reformpädagogik - Geschichte und Rezeption. Baltmannsweiler: Schneider Verlag Hohengehren, 71-83.

GLASERSFELD, VON E. (1997): Radikaler Konstruktivismus. Ideen, Ergebnisse, Probleme. Frankfurt am Main: Suhrkamp.

GRIESEL, H. (1982): Leerstellenbezeichnung oder Bedarfsname – Anmerkungen zur Didaktik des Variablenbegriffs. In: Mathematische Semesterberichte, 29 (1), 68-81.

HARGREAVES, M., THRELFALL, J., FROBISHER, L. & SHORROCKS-TAYLOR, D. (1999): Children's Strategies with Linear and Quadratic Sequences. In: Orton, A. (Hrsg): Pattern in the Teaching and Learning of Mathematics. London: Cassell, 67-83.

HARPER, E. (1987): Ghosts of Diophantus. In: Educational Studies in Mathematics, 18 (1), 75-90.

HEFENDEHL-HEBEKER, L. (1989): Die negativen Zahlen zwischen anschaulicher Deutung und gedanklicher Konstruktion – geistige Hindernisse in ihrer Geschichte. In: Mathematik lehren, 35, 6-12.

HEFENDEHL-HEBEKER, L. (2001): Die Wissensform des Formelwissens. In: Weiser, W. & Wollring, B. (Hrsg.): Beiträge zur Didaktik der Mathematik für die Primarstufe. Festschrift für Siegbert Schmidt. Hamburg: Verlag Dr. Kovac, 83-98.

HEFENDEHL-HEBEKER, L. (2003): Das Zusammenspiel von Form und Inhalt in der Mathematik. In: Hefendehl-Hebeker, L., Hußmann, S. (Hrsg.): Mathema-

tikdidaktik zwischen Empirie und Fachorientierung. Festschrift für Norbert Knoche. 65-71. Hildesheim, Berlin: Franzbecker.

HEFENDEHL-HEBEKER, L. (2007): Algebraisches denken – was ist das? In: *Beiträge zum Mathematikunterricht 2007.* Hildesheim: Franzbecker, 148-151.

HEFENDEHL-HEBEKER, L. & MELZIG, D. (2010): Wissen in Formeln packen: Zum ersten Umgang mit Algebra in Klasse 7. In: Böttinger, C., Bräuning, K., Nührenbörger, M., Schwarzkopf, R. & Söbbeke, E. (Hrsg.): *Mathematik im Denken der Kinder – Anregungen zur mathematikdidaktischen Reflexion.* Seelze: Kallmeyer/Klett, 29-34.

HENGARTNER, E. (1992): Für ein Recht der Kinder auf eigenes Denken. In: *Die neue Schulpraxis, 7/8,* 15-27.

HENGARTNER, E., HIRT, U. & WÄLTI, B. (2006): *Lernumgebungen für Rechenschwache bis Hochbegabte. Natürliche Differenzierung im Mathematikunterricht.* Zug: Klett.

HERSCOVICS, N. & LINCHEVSKI, L. (1994): A cognitive gap between arithmetic and algebra. In: *Educational Studies in Mathematics*, 27 (1), 59-78.

HEWITT, D. (1998): Approaching arithmetic algebraically. In: *Mathematics Teaching*, 163, 19-29.

HEWITT, D. (2001): On learning to adopt formal algebraic notation. In: Chick, H., Stacey, K., Vincent, J., & Vincent, J. (Hrsg.): *Proceedings of the 12th ICMI Study Conference: The future of the teaching and learning of algebra.* Melbourne: University of Melbourne, 305-312.

HILDENBRAND, B. (2008[6]): Anselm Strauss. In: Flick, U., Kardorff, E. von & Steinke, I. (Hrsg.): *Qualitative Forschung – Ein Handbuch.* Reinbek: Rowohlt, 32-42. Erste Ausgabe: 2000.

HISCHER, H. (1993): *Wieviel Termumformung braucht der Mensch? Fragen zu Zielen und Inhalten eines künftigen Mathematikunterrichts angesichts der Verfügbarkeit informatischer Methoden.* Hildesheim: Franzbecker, 18-23.

HISCHER, H. (2003): Mathematikunterricht und Neue Medien – oder: Bildung ist das Paradies! In: Bender, P. (Hrsg.): Lehr- und Lernprogramme für den Mathematikunterricht. Hildesheim: Franzbecker, 24-42.

HOPF, CH. (2008[6]): Qualitative Interviews – ein Überblick. In: Flick, U., Kardorff, E. von & Steinke, I. (Hrsg.): *Qualitative Forschung – Ein Handbuch.* Reinbek: Rowohlt, 349-360. Erste Ausgabe: 2000.

HUSSMANN, S. (2001): *Konstruktivistisches Lernen an intentionalen Problemen.* Hildesheim: Franzbecker.

HUSSMANN, S. (2008): Ich mal mir ein Bild, dann versteh' ich es besser – Visualisierungen als Stütze algebraischen Denkens. In: *Praxis der Mathematik in der Schule*, 50 (21), 24-27.

HUSSMANN, S. & LEUDERS, T. (2008a): Wie geht es weiter? – Wachstum und Prognose. In: *Praxis der Mathematik in der Schule,* 50 (19), 1-7.

HUSSMANN, S. & LEUDERS, T. (2008b): Wachstum vorhersagen – Algebraisch denken lernen. In: *Praxis der Mathematik in der Schule,* 50 (19), 8-12.

HUSSMANN, S. & OLDENBURG, R. (2008): Algebra trifft Geometrie – Eine dynamische Wechselbeziehung. In: *Praxis der Mathematik in der Schule,* 50 (21), 1-9.

KAPUT, J. J. (2000): *Transforming Algebra from an Engine of Inequity to an Engine of Mathematical Power By "Algebrafying" the K-12 Curriculum.* Dartmouth, MA: National Center for Improving Student Learning and Achievement in Mathematics and Science.

KAPUT, J.J. (2008): What is Algebra? What is Algebraic Reasoning? In: Kaput, J.J., Carrahrer, D.W. & Blanton, M.L. (Hrsg.): *Algebra in the Early Grades.* New York: Lawrence Erlbaum Associates, 5-17.

KAPUT, J.J. & BLANTON, M. (1999): *Enabling Elementary Teachers to Achieve Generalization and Progressively Systematic Expression of Generality in Math Classrooms: The Role of Their Authentic Mathematical Experience.* Madison, WI: National Center for Improving Student Learning and Achievement in Mathematics and Science.

KAPUT, J.J. & BLANTON, M. (2000): *Algebraic Reasoning in the context of elementary mathematics making it implementable on a massive scale.* Dartmouth, MA: National Center for Improving Student Learning and Achievement in Mathematics and Science.

KAPUT, J.J. & BLANTON, M. (2001): Algebrafying the Elementary Mathematics Experience. Part I: Transforming task structures. In: Chick, H., Stacey, K., Vincent, J., & Vincent, J. (Hrsg.): *Proceedings of the 12th ICMI Study Conference: The future of the teaching and learning of algebra.* Melbourne: University of Melbourne, 344-351.

KAPUT, J.J., CARRAHER, D.W. & BLANTON, M.L. (2008a): Skeptic's Guide to Algebra in the Early Grades. In: Kaput, J.J., Carraher, D.W. & Blanton, M.L. (Hrsg.): *Algebra in the Early Grades.* New York: Lawrence Erlbaum Associates, XVII-XXI.

KAPUT, J.J., BLANTON, M.L. & MORENO, L. (2008b): Algebra From a Symbolization Point of View. In: Kaput,J.J., Carraher, D.W. & Blanton, M.L. (Hrsg.):

Algebra in the Early Grades. New York: Lawrence Erlbaum Associates, 19-55.

KAPUT, J.J. & CLEMENT, J. (1979): Letter to the Editor. In: The Journal of Childrens Mathematical Behavior, 2 (2), 208.

KIERAN, C. (1981): Concepts associated with the equality symbol. In: *Educational Studies in Mathematics*, 12 (3), 317-326.

KIERAN, C. (1989): The Early Learning of Algebra: A Structural Perspective. In: Wagner, S. & Kieran, C. (Hrsg.): Research Issues in the Learning and Teaching of Algebra. Reston: National Council of Teachers of Mathematics , 33-56.

KIERAN, C. (1992): The Learning and Teaching of School Algebra. In: Grouws, D.A. (Hrsg.): *Handbook of Research on Mathematics Teaching and Learning*. New York: Macmillan Publishing Company, 390-419.

KIERAN, C. (2007): Learning and teaching algebra at the middle school through college levels. In: Lester, F.K. (Hrsg.): *Second Handbook of Research on Mathematics Teaching and Learning*. Charlotte, NC: Information Age Publishing, 707-762.

KIERAN, C. (2011): Overall Commentary on Early Algebraization: Perspective for Research and Teaching. In: Cai, J. & Knuth, E. (Hrsg.): *Early Algebraization. A Global Dialogue from Multiple Perspectives*. Berlin: Springer, 579-593.

KILPATRICK, J. & IZSÁK, A. (2008): A History of Algebra in the School Curriculum. In: Greenes, C.E. & Rubenstein, R. (Hrsg.): *Algebra and Algebraic Thinking in School Mathematics. Seventieth Yearbook*. Reston, VA: The National Council of Teachers of Mathematics, 3-18.

KMK (2005): *Beschlüsse der Kultusministerkonferenz. Bildungsstandards im Fach Mathematik für den Primarbereich. (Jahrgangsstufe 4). Beschluss vom 15.10.2004.* München: Wolters Kluwer Deutschland.

KNOESS, P. (1989): *Fundamentale Ideen der Informatik im Mathematikunterricht – Grundsätzliche Überlegungen und Beispiele für die Primarstufe.* Wiesbaden: Deutscher Universitätsverlag.

KNUTH, E.J., ALIBALI, M.W., MCNEIL, N.M., WEINBERG, A. & STEPHENS, A.C. (2005): Middle-School Students' Understanding of Core Algebraic Concepts: Equivalence & Variable. In: *Zentralblatt für Didaktik der Mathematik*, 37 (1), 68-76.

KOPP, M. (1996): „Ist das besser als mit Zahlen?" In: *Mathematik in der Schule*, 34 (10), 524-532.

KOPP, M. (2001): Algebra mit Zahlenmauern. In: *Mathematik lehren*, 105, 16-19.

KRUMMHEUER, G. (1984): Zur unterrichtsmethodischen Dimension von Rahmungsprozessen. In: *Journal für Mathematikdidaktik* 5 (4), 285-306.

KRUMMHEUER, G. & BRANDT, B. (2001): *Paraphrase und Traduktion. Partizipationstheoretische Elemente einer Interaktionstheorie des Mathematiklernens in der Grundschule*. Weinheim: Beltz.

KRUMMHEUER, G. & VOIGT, J. (1991): Interaktionsanalysen von Mathematikunterricht. Ein Überblick über einige Bielefelder Arbeiten. In: Maier, H. & Voigt, J. (Hrsg.): *Interpretative Unterrichtsforschung*. Köln: Aulis Verlag Deubner, 13-32.

KRUMSDORF, J. (2009a): Beispielgebundenes Beweisen. In: Neubrand, M. (Hrsg.): *Beiträge zum Mathematikunterricht 2009*. Münster: WTM, 711-714.

KRUMSDORF, J. (2009b): Beweisen am Beispiel – Beispielgebundenes Beweisen zwischen induktivem Prüfen und formalem Beweisen. In: *Praxis der Mathematik in der Schule*, 51 (30), 8-13.

KÜCHEMANN, D. (1978): Children's Understanding of numerical Variables. In: *Mathematics in School*, 7 (4), 23-26.

KÜCHEMANN, D. (2011): Das Algebraverständnis englischer Schüler in den 70er-Jahren und heute. In: *Der Mathematikunterricht*, 57 (2), 41-54.

KÜHNEL, J. (1950[8]): *Neubau des Rechenunterrichts*. Düsseldorf: Turm-Verlag Steufgen & Sohn. Erste Auflage: 1916.

LANNIN, J. K., BARKER, D. D. & TOWNSEND, B. E. (2006): Recursive and explicit rules: How can we build student algebraic understanding? In: *Journal of Mathematical Behavior*, 25 (4), 299-317.

LEE, L. (1996): An initiation into algebraic culture through generalization activities. In: Bednarz, N. Kieran C. & Lee, L. (Hrsg): *Approaches to Algebra. Perspectives for Research and Teaching*. Dordrecht: Kluwer Academic Publishers, 87-106.

LEE, L. (2001): Early Algebra – but which Algebra? In: Chick, H., Stacey, K., Vincent, J., & Vincent, J. (Hrsg.): *Proceedings of the 12th ICMI Study Conference: The future of the teaching and learning of algebra*. Melbourne: University of Melbourne, 392-399.

LINCHEVSKI, L. (1995): Algebra With Numbers and Arithmetic With Letters: A Definition of Pre-Algebra. In: *Journal of Mathematical Behavior*, 14 (1), 113-120.

LUHMANN, N. (1997): *Die Gesellschaft der Gesellschaft*. Frankfurt am Main: Suhrkamp.

MACGREGOR, M. & STACEY, K. (1997): Students' Understanding of Algebraic Notation: 11-15. In: *Educational Studies in Mathematics*, 33 (1), 1-19.

MALLE, G. (1983): Zur Fähigkeit von Schülern im Aufstellen und Interpretieren von Formeln. In: *Mathematiklehrer*, 2, 11-17.

MALLE, G. (1985): Schülerinterviews zur elementaren Algebra. In: Dörfler, W. & Fischer, R. (Hrsg.): *Empirische Untersuchungen zum Lehren und Lernen von Mathematik*. Wien: Hölder-Pichler-Tempsky, 167-174.

MALLE, G. (1986a): Variable. In: *Mathematik lehren*, 15, 2-8.

MALLE, G. (1986b): Was denken sich Schüler beim Aufstellen und interpretieren von Formeln? In: *Mathematik lehren*, 15, 9-11.

MALLE, G. (1993): *Didaktische Probleme der elementaren Algebra*. Braunschweig: Vieweg.

MASON, J. (1996): Expressing Generality and Roots of Algebra. In: Bednarz, N. Kieran C. & Lee, L. (Hrsg): *Approaches to Algebra. Perspectives for Research and Teaching*. Dordrecht: Kluwer Academic Publishers, 65-86.

MASON, J. (2008): Making Use of Children's Powers to Produce Algebraic Thinking. In: Kaput,J.J., Carraher, D.W. & Blanton, M.L. (Hrsg.): *Algebra in the Early Grades*. New York: Lawrence Erlbaum Associates, 57-94.

MASON, J. (2011): Commentary on Part III. In: Cai, J. & Knuth, E. (Hrsg.): *Early Algebraization. A Global Dialogue from Multiple Perspectives*. Berlin: Springer, 557-577.

MASON, J., GRAHAM, A. & JOHNSTON-WILDER, S. (2005): Developing Thinking in Algebra. London: Sage Publications.

MASON, J., GRAHAM, A., PIMM, D. & GOWAR, N. (1985): Routes to/ Roots of Algebra. Milton Keynes: The Open University Press.

MASON, J. & PIMM, D. (1984): Generic Examples: Seeing the general in the particular. In: *Educational Studies in Mathematics*, 15 (3), 277-289.

MCNEIL, N.M., GRANDAU, L., KNUTH, E.J., ALIBALI, M.W., STEPHENS, A.C., HATTIKUDUR, S. & KRILL, D.E. (2006): Middle-School Students' Understanding of the Equal Sign: The Books They Read Can't Help. In: *Cognition and Instruction*, 24 (3), 367-385.

MEINEFELD, W. (2008[6]): Hypothesen und Vorwissen in der qualitativen Sozialforschung. In: In: Flick, U., Kardorff, E. von & Steinke, I. (Hrsg.): *Qualitative*

Forschung – Ein Handbuch. Reinbek: Rowohlt, 265-275. Erste Ausgabe: 2000.

MELZIG, D. (2010): "Diese Ls sind die 3 beim Kevin" – Algebraische Terme anhand von Strukturen in Holzwürfelmauern deuten. In: *Praxis der Mathematik in der Schule*, 52 (33), 8-11.

MOSS, J., BEATTY, R., BARKIN, S. & SHILLOLO, G. (2008): "What Is Your Theory? What Is Your Rule?" Fourth Graders Build an Understanding of Functions through Patterns and Generalizing Problems. In: Greenes, C.E. & Rubenstein, R. (Hrsg.): *Algebra and Algebraic Thinking in School Mathematics. Seventieth Yearbook*. Reston, VA: The National Council of Teachers of Mathematics, 155-168.

MOSS, J. & MCNAB, S.L. (2011): An Approach to Geometric and Numeric Patterning that Fosters Second Grade Students' Reasoning about Functions and Co-variation. In: Cai, J. & Knuth, E. (Hrsg.): *Early Algebraization. A Global Dialogue from Multiple Perspectives*. Berlin: Springer, 276-301.

MÜLLER, G.N. & WITTMANN, E. CH. (2007³): *Das kleine Zahlenbuch. Teil 1: Spielen und Zählen*. Seelze Velber: Kallmeyer. Erste Ausgabe: 2002.

MULLIS, V.S., MARTIN, M.O. & FOY, P. (2008): *TIMSS 2007 International Mathematics Report. Findings from IEA's Trends in International Mathematics and Science Study at the Fourth and Eighth Grade*. Chestnut Hill: TIMSS & PIRLS International Study Center.

NATIONAL COUNCIL OF TEACHERS OF MATHEMATICS (2000): *Principles and Standards for School Mathematics*. Reston: NCTM.

NAUJOK, N.; BRANDT, B. & KRUMMHEUER, G. (2008²): Interaktion im Unterricht. In: Helsper, W. & Böhme, J. (Hrsg.): *Handbuch der Schulforschung. 2., durchgesehene und erweiterte Auflage*. Wiesbaden: VS Verlag, 779-799.

NESSELMANN, G.H.F. (1842): Versuch einer kritischen Geschichte der Algebra: Die Algebra der Griechen, Band 1. Berlin: Reimer.

NÜHRENBÖRGER, M. & SCHWARZKOPF, R. (2010a): Einführung: Mathematische Denkprozesse von Kindern. In: Böttinger, C., Bräuning, K., Nührenbörger, M., Schwarzkopf, R. & Söbbeke, E. (Hrsg.): *Mathematik im Denken der Kinder – Anregungen zur mathematikdidaktischen Reflexion*. Seelze: Kallmeyer/Klett, 8-16.

NÜHRENBÖRGER, M. & SCHWARZKOPF, R. (2010b): Die Entwicklung mathematischen Wissens in sozial-interaktiven Kontexten. In: Böttinger, C., Bräuning, K., Nührenbörger, M., Schwarzkopf, R. & Söbbeke, E. (Hrsg.): *Mathematik*

im Denken der Kinder – Anregungen zur mathematikdidaktischen Reflexion.
Seelze: Kallmeyer/Klett, 73-81.

OELKERS, J. (1996³): Reformpädagogik. Eine kritische Dogmengeschichte.
Weinheim: Juventa. Erste Auflage: 1989.

OLDENBURG, R. (2010): Structure of algebraic competencies. In: Durand-
Guerrier, V., Soury-Lavergne, S. & Arzarello, F. (Hrsg.): *Proceedings of the
Sixth Congress of the European Society for Research in Mathematics Educa-
tion.* Lyon: Institut National de Recherche Pédagogique, 110-119.

ORTON, A. & ORTON, J. (1999): Pattern and the Approach to Algebra. In: Orton,
A. (Hrsg): Pattern in the Teaching and Learning of Mathematics. London:
Cassell,104-120.

ORTON, J., ORTON, A. & ROPER, T. (1999): Pictorial and Practical Contexts and
the Perception of Pattern. In: Orton, A. (Hrsg): Pattern in the Teaching and
Learning of Mathematics. London: Cassell, 121-136.

PESCHEK, W. (1988): Untersuchungen zur Abstraktion und Verallgemeinerung.
In: Dörfler, W. (Hrsg.): *Kognitive Aspekte mathematischer Begriffsbildung.*
Wien: Hölder-Pichler-Tempsky,127-190.

PIAGET, J. (1997⁵): *Das Weltbild des Kindes.* München: Deutscher Taschenbuch
Verlag. Erste französische Ausgabe: 1926.

PIAGET, J. (2003): *Meine Theorie der geistigen Entwicklung.* Weinheim: Beltz.
Originalausgabe: 1970.

PIAGET, J. & INHELDER, B. (1971): *Die Entwicklung des räumlichen Denkens
beim Kinde.* Stuttgart: Klett.

PIAGET, J. & INHELDER, B. (1972): *Die Psychologie des Kindes.* Olten: Walter.

PIMM, D. (1987): *Speaking Mathematically. Communication in Mathematics
Classrooms.* London: Routledge & Kegan Paul.

PREDIGER, S. (2004): *Mathematiklernen in interkultureller Perspektive. Mathe-
matikphilosophische, deskriptive und präskriptive Betrachtungen.* München:
Profil.

PREDIGER, S. (2007): „... nee, so darf man das Gleich doch nicht denken!". In:
Barzel, B., Berlin, T., Bertalan, D. & Fischer, A. (Hrsg.): *Algebraisches Denken. Festschrift für Lisa Hefendehl-Hebeker.* Hildesheim: Franzbecker, 89-99.

PULASKI, M.A. (1971): *Piaget. Eine Einführung in seine Theorie und sein Werk.*
Frankfurt am Main: Fischer.

RADFORD, L. (1996): Some reflections on teaching algebra through generalization. In: Bednarz, N. Kieran C. & Lee, L. (Hrsg): *Approaches to Algebra. Per-*

spectives for Research and Teaching. Dordrecht: Kluwer Academic Publishers, 107-111.

RADFORD, L. (1997): On Psychology, Historical Epistemology, and the Teaching of Mathematics: Towards a Socio-Cultural History of Mathematics. In: *For the Learning of Mathematics,* 17 (1), 26-33.

RADFORD, L. (1999): The Rhetoric of Generalization. In: *Proceedings of the 23rd Conference of the International Group for the Psychology of Mathematics Education.* Haifa: Technion-Israel Institute of Technology, Vol.4, 89-96.

RADFORD, L. (2000): Signs and Meanings in students' emergent algebraic thinking. A semiotic analysis. In: *Educational Studies in Mathematics,* 42 (3), 237-268.

RADFORD, L. (2001a): The Historical Origins of Algebraic Thinking. In: Bednarz, N., Kieran, C. & Lee, L. (Hrsg.): *Perspectives on School Algebra.* Dordrecht: Kluwer Academic Publishers, 13-36.

RADFORD, L. (2001b): Of course they can! In: Van den Heuvel-Panhuizen, M. (Hrsg.): *Proceedings of the 25th Conference of the International Group for the Psychology of Mathematics Education (PME 25),* 1. Utrecht: Utrecht University, 145-148.

RADFORD, L. (2003): Gestures, Speech, and the Sprouting of Signs. A Semiotic-Cultural Approach to Students' Types of Generalization. In: *Mathematical Thinking and Learning,* 5 (1), 37-70.

RADFORD, L. (2010a): Algebraic thinking from a cultural semiotic perspective. In: *Research in Mathematics Education,* 12(1), 1-19.

RADFORD, L. (2010b): Signs, gestures, meanings: Algebraic thinking from a cultural semiotic perspective. In: Durand-Guerrier, V., Soury-Lavergne, S. & Arzarello, F. (Hrsg.): *Proceedings of the Sixth Congress of the European Society for Research in Mathematics Education.* Lyon: Institut National de Recherche Pédagogique, XXXIII – LIII.

REDDEN, T. (1996): "Wouldn't it be good if we had a symbol to stand for any number": The relationship between natural language and symbolic notation in pattern description. In: Puig, L. & Gutierrez, A. (Hrsg.): *Proceedings of the 20th International Conference for Psychology of Mathematics Education* (4), Valencia: International Group for the Psychology of Mathematics, 195-202.

REINMANN-ROTHMEIER, G. & MANDL, H. (2006[5]): *Unterrichten und Lernumgebungen gestalten.* In: Krapp, A. & Weidenmann, B. (Hrsg.): *Pädagogische*

Psychologie. Ein Lehrbuch. Weinheim: Beltz PVU, 611-658. Erste Auflage: 1986.

ROSNICK, P. (1981): Some Misconceptions concerning the Concept of Variable. In: *Mathematics Teacher*, 47 (6), 418-420.

ROSNICK, P. & CLEMENT, J. (1980): Learning Without Understanding: The Effect of Tutoring Strategies on Algebra Misconceptions. In: The Journal of Mathematical Behavior, 3(1), 3-27.

RUSSEL, S.J., SCHIFTER, D. & BASTABLE, V. (2011): Developing Algebraic Thinking in the Context of Arithmetic. In: Cai, J. & Knuth, E. (Hrsg.): *Early Algebraization. A Global Dialogue from Multiple Perspectives.* Berlin: Springer, 43-69.

SAUSSURE, F. DE (1997): *Linguistik und Semiologie: Notizen aus dem Nachlaß; Texte, Briefe und Dokumente. Gesammelt, übersetzt und eingeleitet von Johannes Fehr.* Frankfurt am Main: Suhrkamp.

SAUSSURE, F. DE (2001³): *Grundfragen der allgemeinen Sprachwissenschaft.* Berlin: Walter der Gruyter. 1. Auflage: 1931.

SAWYER, W. W. (1955): *Prelude to Mathematics.* Harmondsworth: Penguin Books.

SAWYER, W. W. (1964): *Vision in Elementary Mathematics.* Harmondsworth: Penguin Books.

SCHLIEMANN, A.D., CARRAHER, D.W. & BRIZUELA, B.M. (2007): Bringing Out the Algebraic Character of Arithmetic: From Children's Ideas to Classroom Practice. Mahwah: Lawrence Erlbaum Associates.

SCHOENFELD, A. (2008): Early Algebra as Mathematical Sense Making. In: Kaput, J.J., Carrahrer, D.W. & Blanton, M.L. (Hrsg.): *Algebra in the Early Grades.* New York: Lawrence Erlbaum Associates, 479-510.

SCHOENFELD, A. H., & ARCAVI, A. (1988): On the meaning of variable. *Mathematics Teacher*, 81(6), 420-427.

SELTER, CH. (1990): Klinische Interviews in der Lehrerausbildung. In: Müller, K.P. (Hrsg.): *Beiträge zum Mathematikunterricht 1990.* Bad Salzdetfurth: Franzbecker, 261-264.

SELTER, CH. (1994): *Eigenproduktionen im Arithmetikunterricht der Primarstufe.* Wiesbaden: Deutscher Universitätsverlag.

SELTER, CH. (1996): Folgen – bereits in der Grundschule! *In: Mathematik lehren,* 96, 10-14.

SELTER, CH. (1997): Genetischer Mathematikunterricht: Offenheit mit Konzept. In: *mathematiklehren, 83*, 4-8.

SELTER, CH. (2005): Kompetenz-, Prozess- und Subjektorientierung als Leitideen des Mathematikunterricht. In: *Forum E*, 3, S. 8-12.

SELTER, CH. (2006): Veränderte Sichtweisen auf Kinder, auf Mathematik und auf das Lernen. In: Fritz, A., Klupsch-Sahlmann, R. & Ricken, G. (Hrsg.): *Handbuch Kindheit und Schule. Neue Kindheit, neues Lernen neuer Unterricht.* Weinheim: Beltz, 251-262.

SELTER, CH. & SPIEGEL, H. (1997): *Wie Kinder rechnen.* Leipzig: Klett.

SFARD, A. (1991): On the dual nature of mathematical conceptions: reflections on processes and objects as different sides of the same coin. In: *Educational Studies in Mathematics*, 22 (1), 1-36.

SFARD, A. (1995): The Development of Algebra: Confronting Historical and Psychological Perspectives. In: Journal of Mathematical Behavior, 14 (1), 15-39.

SFARD, A. (2008): *Thinking as Communcating. Human Development, the Growth of Discourses, and Mathematizing.* Cambridge: Cambridge University Press.

SFARD, A. & LINCHEVSKI, L. (1994a): The gains and the pitfalls of reification – The case of algebra. In: *Educational Studies in Mathematics*, 26, (2-3), 191-228.

SFARD, A. & LINCHEVSKI, L. (1994b): Between Arithmetic and Algebra: In the search of a missing link the case of equations and inequalities. In: *Rendiconti del Seminario Matematico*, 52 (3).

SIEBEL, F. (2005): *Elementare Algebra und ihre Fachsprache. Eine allgemein-mathematische Untersuchung.* Mühltal: Verlag Allgemeine Wissenschaft

SIEBEL, F. (2010): Wie verändert sich das, wenn ...? In: *Praxis der Mathematik in der Schule,* 52 (33), 17-20.

SIEBEL, F. & FISCHER, A. (2010): Communicating a Sense of Elementary Algebra to Preservice primary teachers. In: Durand-Guerrier, V., Soury-Lavergne, S. & Arzarello, F. (Hrsg.): *Proceedings of the Sixth Congress of the European Society for Research in Mathematics Education.* Lyon: Institut National de Recherche Pédagogique, 130-139.

SIERPINSKA, A. (1998): Three Epistemologies, Three Views of Classroom Communication: Constructivism, Sociocultural Approaches, Interactionism. In: Steinbring, H., Bussi, M.G. & Siepinska, A. (Hrsg.): *Language and Communi-*

cation in the Mathematics Classroom. Reston: National Council of Teachers of Mathematics, 30-62.

SKINNER, B. F. (1958): *Teaching machines. From the experimental study of learning come devices which arrange optimal conditions for self-instruction.* In: Science, 128, 969-977.

SKINNER, B. F. (1965): *Science and human behavior.* New York: The Free Press.

SLOVIN, H. & DOUGHERTY, B. (2004): Children's Conceptual Understanding of Counting. In: Hoines, M.J. & Fuglestad, A.B. (Hrsg.): *Proceedings of the 28th Conference of the International Group for the Psychology of Mathematics Education, 4.* Bergen: International Group for the Psychology of Mathematics, 209-216.

SÖBBEKE, E. (2005): *Zur visuellen Strukturierungsfähigkeit von Grundschulkindern – Epistemologische Grundlagen und empirische Fallstudien zu kindlichen Strukturierungsprozessen mathematischer Anschauungsmittel.* Hildesheim: Franzbecker.

SPECHT, B. J. (2007): „36 kleine lila z" – Zum Variablenverständnis von Schülerinnen und Schülern der vierten und achten Klasse. In: *Beiträge zum Mathematikunterricht 2007.* Hildesheim: Franzbecker, 124-127.

SPECHT, B. J. (2009): *Variablenverständnis und Variablen verstehen.* Hildesheim: Franzbecker.

SPIEGEL, H. (1999): Lernen, wie Kinder denken. In: Hengartner, E. (Hrsg.): *Mit Kindern lernen.* Zug: Klett,124-132.

SPIEGEL, H. & SELTER, CH. (2003): Wie Kinder Mathematik lernen. In: Baum, M. & Wielpütz, H. (Hrsg.): *Mathematik in der Grundschule.* Seelze: Kallmeyer, 47-65.

SPIEGEL, H. & SELTER, CH. (2006[3]): *Kinder und Mathematik. Was Erwachsene wissen sollten.* Seelze: Kallmeyer. Erste Ausgabe: 2003.

STACEY, K. (1989): Finding and using patterns in linear generalising problems. In: *Educational Studies in Mathematics,* 20, 147-164.

STEINBRING, H. (1998a): From "Stoffdidaktik" to Social Interactionism: An Evolution of Approaches tot he Study of Language and Communication in German Mathematics Education Research. In: Steinbring, H., Bussi, M.G. & Siepinska, A. (Hrsg.): *Language and Communication in the Mathematics Classroom.* Reston: National Council of Teachers of Mathematics, 102-119.

STEINBRING, H. (1998b): Mathematikdidaktik: Die Erforschung theoretischen Wissens in sozialen Kontexten des Lernens und Lehrens. In: *Zentralblatt für Didaktik der Mathematik*, 30 (5), 161-167.

STEINBRING, H. (1999): Epistemologische Analyse mathematischer Kommunikation. In: *Beiträge zum Mathematikunterricht 1999*. Hildesheim: Frankzbecker, 515-518.

STEINBRING, H. (2000a): *Epistemologische und sozial-interaktive Bedingungen der Konstruktion mathematischer Wissensstrukturen (im Unterricht der Grundschule). Abschlußbericht zum DFG-Projekt – Band I.* Dortmund: Universität Dortmund.

STEINBRING, H. (2000b): Mathematische Bedeutung als eine soziale Konstruktion – Grundzüge der epistemologisch orientierten mathematischen Interaktionsforschung. In: *Journal für Mathematikdidaktik*, 21 (1), 28-49.

STEINBRING, H. (2005): *The Construction of New Mathematical Knowledge in Classroom Interaction. An Epistemological Perspective.* New York: Springer.

STEINBRING, H. (2006): What Makes a Sign a Mathematical Sign? – An Epistemological Perspective on Mathematical Interaction. In: *Educational Studies in Mathematics*, 61 (1-2), 133-162.

STEINBRING, H. (2009): Ist es möglich mathematische Bedeutung zu kommunizieren? – Epistemologische Analyse interaktiver Wissenskonstruktionen. In: Neubrand, M. (Hrsg.): *Beiträge zum Mathematikunterricht 2009*. Münster: WTM, 107-109.

STEINKE, I. (2008[6]): Gütekriterien qualitativer Forschung. In: Flick, U., Kardorff, E. von & Steinke, I. (Hrsg.): *Qualitative Forschung – Ein Handbuch*. Reinbek: Rowohlt, 319-331. Erste Ausgabe: 2000.

STEINWEG, A.S. (1998): Children's understanding of number patterns. In:Bills, L. (Hrsg.): *Proceedings of the British Society for Research into Learning Mathematics* 18 (3). Leeds: BSRLM, 65-70.

STEINWEG, A.S. (2000): Wie heißt die Partnerzahl? Ein Übungsformat für alle Schuljahre. In: *Grundschulzeitschrift*, 133, 18-20.

STEINWEG, A.S. (2001): *Zur Entwicklung des Zahlenmusterverständnisses bei Kindern. Epistemologisch-pädagogische Grundlegung.* Münster: LIT-Verlag.

STEINWEG, A.S. (2003): Gut, wenn es etwas zu entdecken gibt – Zur Attraktivität von Zahlen und Mustern. In: Ruwisch, S. & Peter-Koop, A. (Hrsg.): Gute Aufgaben im Mathematikunterricht der Grundschule. Offenburg: Mildenberger, 56-74.

STEINWEG, A.S. (2004): Zahlen in Beziehungen – Muster erkennen, nutzen, erklären und erfinden. In: Scherer, P. & Böning, D. (Hrsg.): Mathematik für Kinder – Mathematik von Kindern. Frankfurt am Main: Grundschulverband – Arbeitskreis Grundschule, 232-242.

STEINWEG, A.S. (2006): ...sich ein Bild machen – Terme und figurierte Zahlen. In: *Mathematik lehren*, 136, 14-17.

STREEFLAND, L. (1985): Vorgreifendes Lernen zum Steuern langfristiger Lernprozesse. In: Dörfler, W. & Fischer, R. (Hrsg.): *Empirische Untersuchungen zum Lehren und Lernen von Mathematik*. Wien: Hölder-Pichler-Tempsky und B.G. Teubner.

TALL, D. (2001): Reflections on Early Algebra. In: Van den Heuvel-Panhuizen, M. (Hrsg.): *Proceedings of the 25th Conference of the International Group for the Psychology of Mathematics Education (PME 25)*, 1. Utrecht: Utrecht University, 149-152.

TEPPO, A. R. (2001): Unknowns or Place Holders? In: Van den Heuvel-Panhuizen, M. (Hrsg.): *Proceedings of the 25th Conference of the International Group for the Psychology of Mathematics Education (PME 25)*, 1. Utrecht: Utrecht University, 153-155.

TREFFERS, A. (1983): Fortschreitende Schematisierung. In: *mathematiklehren, 1*, 16-20.

USISKIN, Z. (1979): The First-Year Algebra Via Applications Development Project. Summary of Activities and Results. Final Technical Report. Chicago: Chicago University.

USISKIN, Z. (1988): Conceptions of School Algebra and uses of variables. In: Coxford, A.F. & Shulte, A.P. (Hrsg.): *The idea of Algebra, K-12, 1988 Yearbook*. Reston, VA: National Council of Teacher of Mathematics, 8-19.

VOIGT, J. (1984): *Interaktionsmuster und Routinen im fragend-entwickelnden Mathematikunterricht. Theoretische Grundlagen und mikroethnographische Falluntersuchungen*. Weinheim: Beltz.

VOIGT, J. (1991): Die mikroethnographische Erkundung von Mathematikunterricht. Interpretative Methoden in der Interaktionsanalyse. In: Maier, H. & Voigt, J. (Hrsg.): *Interpretative Unterrichtsforschung*. Köln: Aulis, 152-175.

VOIGT, J. (1995): Merkmale der interpretativen Unterrichtsforschung zum Fach Mathematik. In: Steiner, H.-G. & Vollrath, H. J. (Hrsg.): *Neue problem- und praxisbezogene Forschungsansätze*. Köln: Aulis-Verlag Deubner, 153-160.

VOLLRATH, H.-J. (1989): Funktionales Denken. In: *Journal für Mathematikdidaktik*, 3-37.

VOLLRATH, H.-J. & WEIGAND, H.-G. (2007): *Algebra in der Sekundarstufe.* Heidelberg: Spektrum.

VYGOTSKY, L.S. (1978): Mind in Society. Cambridge: Havard University Press.

WARREN, E. (2001a): Algebraic understanding: The importance of learning in the early years. In: Chick, H., Stacey, K., Vincent, J., & Vincent, J. (Hrsg.): *Proceedings of the 12th ICMI Study Conference: The future of the teaching and learning of algebra.* Melbourne: University of Melbourne, 633-640.

WARREN, E. (2001b): Algebraic understanding and the importance of operation sense. In: Van den Heuvel-Panhuizen, M. (Hrsg.): *Proceedings of the 25th Conference of the International Group for the Psychology of Mathematics Education (PME 25)*, 1. Utrecht: Utrecht University, 399-406.

WHEELER, D. (1996): Backwards and forwards: Reflections on different approaches to algebra. In: Bednarz, N. Kieran C. & Lee, L. (Hrsg): *Approaches to Algebra. Perspectives for Research and Teaching.* Dordrecht: Kluwer Academic Publishers, 318-325.

WIELAND, G. (2006): Terme bauen – Impulse für mehr Anschaulichkeit in der elementaren Algebra. In: *Mathematik lehren*, 136, 22-43.

WIELPÜTZ, H. (1998): Erst verstehen, dann verstanden werden. In: *Grundschule*, 30 (3), 9-11.

WINTER, H. (1982): Das Gleichheitszeichen im Mathematikunterricht der Primarstufe. In: *Mathematica Didactica*, 5,185-211.

WINTER, H. (1983): Über die Entfaltung begrifflichen Denkens im Mathematikunterricht. In: *Journal für Mathematikdidaktik*, 4 (3), 175-204.

WINTER, H. (1984a): Begriff und Bedeutung des Übens im Mathematikunterricht. In: *Mathematik lehren*, 2, 4-16.

WINTER, H. (1984b): Entdeckendes Lernen im Mathematikunterricht. In: *Grundschule*, 14 (4), 26-29.

WINTER, H. (1989): *Entdeckendes Lernen im Mathematikunterricht. Einblicke in die Ideengeschichte und ihre Bedeutung für die Pädagogik.* Braunschweig: Vieweg.

WITTMANN, E. CH. (1974): *Grundfragen des Mathematikunterrichts.* Braunschweig: Vieweg.

WITTMANN, E. CH. (1988): Das Prinzip des aktiven Lernens und das Prinzip der kleinen und kleinsten Schritte in systemischer Sicht. In: *Beiträge zum Mathematikunterricht 1988.* Bad Salzdetfurth: Franzbecker, 339-342.

WITTMANN, E. CH. (1990): Wider die Flut der „bunten Hunde" und der „grauen Päckchen": Die Konzeption des aktiv-entdeckenden Lernens und des produktiven Übens. In: Wittmann, E. Ch. & Müller, G.N. (Hrsg.): *Handbuch produktiver Rechenübungen. Band 1 – Vom Einspluseins zum Einmaleins.* Stuttgart: Klett, 161-171.

WITTMANN, E. CH. (1992): Üben im Lernprozeß. In: Wittmann, E. Ch. & Müller, G.N. (Hrsg.): *Handbuch produktiver Rechenübungen. Band 2 – Vom halbschriftlichen zum schriftlichen Rechnen.* Stuttgart: Klett, 175-182.

WITTMANN, E. CH. (1995a): Aktiv-entdeckendes und soziales Lernen im Rechenunterricht – vom Kind und vom Fach aus. In: G. N. Müller & E. Ch. Wittmann (Hrsg.). *Mit Kindern rechnen.* Frankfurt am Main: Arbeitskreis Grundschule, 10-41.

WITTMANN, E. CH. (1995b): *Mathematics Education as a ‚Design Science'.* In: Educational Studis in Mathematics, 29, 355-374.

WITTMANN, E. CH. (1996): Offener Mathematikunterricht in der Grundschule – vom FACH aus. In: *Grundschulunterricht*, 43, 3-7.

WITTMANN, E. CH. (1997): Von Punktmustern zu quadratischen Gleichungen. In: Mathematik lehren, 83, 50-53.

WITTMANN, E. CH. (2003): Was ist Mathematik und welche pädagogische Bedeutung hat das wohlverstandene Fach auch für den Mathematikunterricht der Grundschule? In: Baum, M. & Wielpütz, H. (Hrsg.): *Mathematik in der Grundschule.* Seelze: Kallmeyer, 18-46.

WITTMANN, E. CH. & MÜLLER, G.N. (1990): *Handbuch produktiver Rechenübungen. Band 1 – Vom Einspluseins zum Einmaleins Rechnen.* Stuttgart: Klett.

WITTMANN, E. CH. & MÜLLER, G.N. (1992): *Handbuch produktiver Rechenübungen. Band 2 – Vom halbschriftlichen zum schriftlichen Rechnen.* Stuttgart: Klett.

WITTMANN, E. CH. & MÜLLER, G.N. (2004a): *Das Zahlenbuch 1. Lehrerband.* Leipzig: Ernst Klett.

WITTMANN, E. CH. & MÜLLER, G.N. (2004b): *Das Zahlenbuch 2.* Leipzig: Klett.

WITTMANN, E. CH. & MÜLLER, G.N. (2005): *Das Zahlenbuch 4.* Leipzig: Klett.

WITTMANN, E. CH. & MÜLLER, G. N. (2008): Muster und Strukturen als fachliches Grundkonzept. In: Walther, G., van den Heuvel-Panhuizen, M., Granzer,

D. & Köller, O. (Hrsg.): *Bildungsstandards für die Grundschule: Mathematik konkret*. Berlin: Cornelsen Scriptor, 40-63.

WITTMANN, E. CH. & ZIEGENBALG, J. (2004): Sich Zahl um Zahl hochangeln. In: Müller, G.N., Steinbring, H. & Wittmann, E. Ch. (Hrsg.): *Arithmetik als Prozess*. Seelze: Kallmeyer, 35-53.

WYGOTSKI, L.S. (1986[6]): *Denken und Sprechen*. Frankfurt am Main: Fischer. Erste russische Ausgabe: 1934.

Dortmunder Beiträge zur Entwicklung und Erforschung des Mathematikunterrichts

Herausgeber: Prof. Dr. Hans-Wolfgang Henn,
Prof. Dr. Stephan Hußmann, Prof. Dr. Marcus Nührenbörger,
Prof. Dr. Susanne Prediger, Prof. Dr. Christoph Selter

Theresa Deutscher
Arithmetische und geometrische Fähigkeiten von Schulanfängern
2012. XXIX, 468 S. mit 198 Abb. u. 40 Tab.
Br. EUR 69,95
ISBN 978-3-8348-1723-5

Florian Schacht
Mathematische Begriffsbildung zwischen Implizitem und Explizitem
2012. XVI, 366 S. mit 53 Abb. u. 34 Tab.
Br. EUR 69,95
ISBN 978-3-8348-1967-3

Frauke Link
Problemlöseprozesse selbstständigkeitsorientiert begleiten
2011. XVI, 238 S. mit 35 Abb. u. 24 Tab.
Br. EUR 49,95
ISBN 978-3-8348-1616-0

Julia Voßmeier
Schriftliche Standortbestimmungen im Arithmetikunterricht
2012. XI, 548 S. mit 253 Abb. u. 75 Tab.
Br. EUR 79,95
ISBN 978-3-8348-2404-2

Michael Link
Grundschulkinder beschreiben operative Zahlenmuster
2012. XXII, 308 S. mit 88 Abb. u. 77 Tab.
Br. EUR 69,95
ISBN 978-3-8348-2416-5

Stand: April 2012. Änderungen vorbehalten.
Erhältlich im Buchhandel oder beim Verlag.

Abraham-Lincoln-Straße 46
D-65189 Wiesbaden
Tel. +49 (0)6221. 345 - 4301
www.springer-spektrum.de